牛步千里 주말 사찰여행

산사에서 나를 보다

| 건국불자회 발간 |

채희영 건국불자회장이
인도 여행 중
수집한 목불상

牛步千里 주말 사찰여행

산사에서 나를 보다 | CONTENTS

건국불자회 사찰순례 기념집을 다시 펴내면서

마음 비우고 사찰 찾아 떠나는 여행의 길라잡이

산을 다니다 보면 심심치 않게 만날 수 있는 것이 바로 사찰입니다. 각 지역의 진산과 명산에는 그 산을 대표하는 절 하나쯤은 꼭 있게 마련입니다. 사찰은 천년을 넘는 세월 동안 우리 민족과 함께하며 우리네 삶의 일부분이 되어왔습니다. 그래서 사찰 구석구석을 살피다 보면 우리 선조들의 숨결이 서려 있음을 발견하게 됩니다.

사찰이 명당으로 이름난 터에 자리를 잡다보니 주변 풍광이 특히 뛰어나고 아름답기로 유명합니다. 또한 속세와 떨어진 탓에 고요하기 이를 데 없습니다. 비단 불자가 아니더라도 사찰을 만나게 되면 몸과 마음이 한없이 평온해짐을 느낍니다. 나 자신을 되돌아보는 공간으로 사찰만큼 좋은 곳도 없을 듯합니다. 한 발자국씩 발걸음을 옮기노라면 산사가 들려주는 이야기에 속세에서 겪은 고통과 번민이 눈 녹듯이 사라지고 마음이 사찰로 치유됨을 느낍니다.

사찰을 찾아가는 즐거움을 알기 위해서는 그 안에 자리한 전각과 도량의 장엄불이 가진 의미와 가치를 알면 좋습니다. 대웅전, 극락전, 미륵전, 삼신당 등의 전각과 범종, 목어, 죽비 등의 법구는 저마다 고유의 용도와 의미를 지니고 있습니다. 전각(殿閣)은 부처님과 보살을 모신 전(殿)과 민간신앙의 측면에서 중요시되어 불교에 수용된 산신·칠성·용왕 등을 모신 각(閣)을 모두 포함하는 건물이며 법구(法具)는 불법을 수행하는 데 필요한 도구나 불전을 장엄하는 사물들을 의미합니다. 이들은 단순히 사찰의 구조를 이루는 데 그치지 않고 깨달음을 이룰 수 있도록 인도합니다. 전각 이외에도 사찰에는 불교문화를 이루는 다양한 장엄물이 있습니다. 탑과 불상, 탱화, 부도 등의 조형물은 종교적인 의미는 물론 예술성까지 겸비하여 산사의 고즈넉한 매력을 더해줍니다.

사찰은 부처님이 상주하는 공간이자 스님들과 불자들이 수행하는 신성한 곳입니다. 일주문을 통과하면 비로소 부처님의 세계로 들어서게 됩니다. 속세의 모든 욕망을 내려놓고 몸과 마음을 경건히 해야 합니다. 경내에 들어서기 전 두 손을 마주 잡는 차수(叉手), 두 손바닥을 마주 모으는 합장(合掌), 법당에서 부처님께 몸을 굽혀 정

"절이 명당으로 이름난 터에 자리를 잡다보니 주변 풍광은 특히 뛰어나고 아름답기로 유명하다. 또한 속세와 떨어진 탓에 고요하기 이를 데 없다. 비단 불자가 아니더라도 절을 만나게 되면 몸과 마음이 한없이 평온해짐을 느낀다. 나 자신을 되돌아보는 공간으로 절만큼 좋은 곳도 없을 듯하다. 한 발자국씩 발걸음을 옮기노라면 산사가 들려주는 이야기에 속세에서 겪은 고통과 번민이 눈 녹듯이 사라지고 마음이 절로 치유됨을 느낀다."

중히 인사하는 절 등의 사찰예절을 미리 배워놓으면 한층 사찰의 매력에 빠질 수 있습니다.

건국대학교 불자회는 그간 한 달에 한 번 사찰 순례를 하며 각 지역 사찰들을 둘러보는 뜻깊은 시간을 가져왔습니다. 그 의미와 느낌을 함께 나누고자 전국의 사찰 중 가보면 좋을 만한 곳을 엄선하고 추려서 지난 2015년 한 권의 책으로 엮어 발간했습니다. '산사에서 나를 보다─우보천리(牛步千里) 주말 사찰여행'입니다. 지난해 신종 코로나 바이러스로 인해 소중한 일상이 멈추는 사태를 겪으며 사찰의 고즈넉한 풍경과 그 속에서 느꼈던 따뜻한 위로가 한없이 그리워졌습니다. 옛 추억들을 꺼내 혹독한 시절을 견디면서, 책자의 글과 사진을 보완해 2021년 새해 재출간을 하게 되었습니다.

이 책은 우리나라 구석구석에 자리한 사찰들을 모두 48개 지역으로 분류하여 소개했습니다. 우보천리(牛步千里)라는 말도 있듯이 부지런히 발품 팔아 매주 한 지역씩 순례하다 보면 일 년 안에 우리나라를 대표하는 사찰을 모두 만나게 됩니다.

특히 책에 소개된 사찰들은 불교의 대표적인 불교성지들로 그 명성이 자자한 곳들입니다. 영험하기로 이름 높은 곳도 있고 사람의 발길이 쉬이 닿기 어려운 곳도 있습니다. 삼보사찰, 적멸보궁,

관음·나한·지장·약사·문수기도성지 등 전통사찰은 물론이고 근현대에 지어져 새로운 기도도량으로 떠오르고 있는 곳도 빼놓지 않고 포함시켰습니다. 사찰에 대한 기본 정보와 사찰 내 빛나는 불교문화유산, 오랜 세월 사찰과 함께해온 신비로운 이야깃거리들을 풍부한 사진과 함께 실었습니다. 아울러 사찰 주변의 다양한 명승지와 문화유적 등 볼거리, 즐길거리도 곁들였습니다. 마음을 비우고 사찰을 찾아 떠나는 여행의 발걸음에 이 책이 훌륭한 나침반이 되어줄 것임을 확신합니다.

가벼운 마음으로 사찰 답사를 하려는 사람이나 기도를 하려는 사람, 부처님의 가르침을 배우려는 사람 모두에게 이 책이 길을 밝혀주는 등불이 되기를 바랍니다. 마지막으로 '우보천리(牛步千里) 주말 사찰여행'을 발간하는 데 물심양면으로 애써주신 정건수 건국불자회 고문님과 우재영 건국불자회 고문님 그리고 편집을 맡아 수고하신 심재추 박사에게 깊은 감사를 드립니다. 이 책과 함께하는 모든 이들이 성불하시기를 빕니다.

2021년 신축년 아침에
건국불자회 회장 **채 희 영**

사찰여행의 색다른 맛 전해줄 아름다운 책

"사찰여행에 대한 기대를 충족시켜줄 책이 충분치 않은 속에서 사찰에 대한 이해를 보다 넓고 깊게 해줄 이 책이 나오게 된 것은 매우 뜻 깊은 일이라 여겨집니다. 바라건대 '우보천리(牛步千里) 주말 사찰여행'이 사찰여행의 좋은 길라잡이가 되어 많은 사람들이 일상의 걱정과 근심을 내려놓고 잠시나마 산사의 매력을 접할 수 있기를 바랍니다."

먼저 건국대학교 불자회의 '우보천리(牛步千里) 주말 사찰여행' 재발간을 진심으로 축하드립니다. 건국대학교 불자회의 발전에 애쓰시며 '우보천리(牛步千里) 주말 사찰여행'의 발간을 위해 아낌없는 열정을 쏟으신 관계자 여러분의 노고에 대해 감사와 찬사의 말씀을 드립니다.

사찰은 예로부터 우리 마음에 안식과 휴식을 주는 마음의 고향이자 쉼터가 되어 왔습니다. '우보천리(牛步千里) 주말 사찰여행'은 사찰이 몸과 마음을 힐링하고 싶은 누구에게나 열려있는 곳임을 상기시켜주고 사찰여행에 대한 관심과 흥미를 한층 높이는 매개체 역할을 해줄 것이라 기대합니다.

'우보천리(牛步千里) 주말 사찰여행'은 사찰여행에 대한 채희영 건국불자회 회장님과 심재추 사무처장을 비롯한 건국대학교 불자회의 깊은 애정과 열정의 결과물이라 생각합니다. 사찰에 담긴 역사와 의미를 한 권의 책으로 정리하여 세상에 내놓으신 데 대해 감사와 존경을 표합니다. 높아지는 사찰여행에 대한 기대를 충족시켜줄 책이 충분치 않은 속에서 사찰에 대한 이해를 보다 넓고 깊게 해줄 책이 나오게 된 것은 매우 뜻깊은 일이라 여겨집니다. 물론 부족하고 아쉬운 점이 있겠지만 지친 마음에 생기를 불어넣고 사찰여행의 색다른 맛을 전해줄 책이 될 것임을 믿어 의심치 않습니다.

바라건대 '우보천리(牛步千里) 주말 사찰여행'이 사찰여행의 좋은 길라잡이가 되어 많은 사람들이 일상의 걱정과 근심을 내려놓고 잠시나마 산사의 매력을 접할 수 있기를 바랍니다. 건국대학교 불자회의 발전과 회원 여러분의 건승을 기원하며 의미 있는 책자를 발간하여 주신 관계자분들의 노고에 박수를 보내드립니다.

건국불자회 고문 우 재 영

하나의 문화 트렌드로 자리잡은 사찰여행

" 불자가 아니더라도 심신을 다지려는 이들이 명산을 많이 찾으면서 사찰순례가 하나의 문화 트렌드로 자리 잡고 있습니다. 이러한 때 건국대학교 불자회에서 발간하는 '우보천리(牛步千里) 주말 사찰여행'은 사찰의 진정한 가치와 의미를 발견하고 즐겁고 행복한 사찰여행을 이끄는 소중한 안내서가 되어줄 것입니다. "

달마다 전국의 명산과 명찰을 찾아다니며 성지순례를 해온 건국대학교 불자회에서 전국 각 지역의 대표 사찰을 소개하는 '우보천리(牛步千里) 주말 사찰여행'을 다시 발간하게 된 것을 매우 뜻깊게 생각하며 진심으로 축하와 감사를 드립니다. 힘든 여건에서도 책이 발간될 수 있도록 아낌없는 노력을 다해주신 건국불자회 여러분들의 노고에 경의를 표합니다.

불교는 한민족이 이 땅에 터를 잡은 이래 우리 민족과 가장 오랫동안 함께 해온 종교로서 때로는 민족의 슬픔을 위로하고 때로는 고난과 역경을 이겨낼 수 있는 힘이 되어준 정신적인 지주였습니다. 특히 민족의 정신과 융화되어 화려한 불교문화를 꽃피우며 귀중한 민족유산으로 자리매김했습니다. 최근에는 불자가 아니더라도 심신을 다지려는 이들이 절을 많이 찾으면서 사찰순례가 하나의 문화 트렌드로 자리잡기도 하였습니다. 앞으로도 불교는 우리의 생활 및 사회 전반과 더욱 밀접한 관계를 이루며 더욱 폭넓은

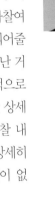

역할과 기능을 하리라 생각합니다.

이러한 때 '우보천리(牛步千里) 주말 사찰여행'은 사찰의 진정한 가치와 의미를 발견하고 즐겁고 행복한 사찰여행을 이끄는 소중한 안내서가 되어줄 것입니다. 이 책에는 전국의 이름난 거찰은 물론 숨은 암자들이 종합적으로 서술되어 있습니다. 사찰에 대한 상세한 소개와 그에 얽힌 이야기, 사찰 내 눈여겨봐야 할 불교문화재들을 상세히 소개하여 실용성 면에서도 손색이 없습니다.

2021년 백우(白牛)의 해를 맞아 재출간하는 '우보천리(牛步千里) 주말 사찰여행'이 불교와 사찰에 대한 이해를 돕고 사찰여행을 하는 첫걸음에 든든한 길잡이가 될 수 있기를 바랍니다. 마지막으로 다시 한 번 책이 발간되기까지 힘써주신 모든 분들에게 감사의 인사를 드리며 건국대학교 불자회에 부처님의 가피가 함께하여 더 큰 발전을 이루기를 바랍니다.

건국불자회 고문　정 건 수

우리 사회 정화하고 리드하는 소금과 목탁 되길

"부처님의 정신은 자리이타의 보살사상이며 자비구현인 것입니다. 가정이나 단체나 국가나 모든 것이 자비와 도덕이 없는 사회는 발전할 수가 없는 것이며 문화가 생산되지 않는 것이라 하였습니다. 건국불자회 회원 여러분께서 더욱 분발하시어 국가와 사회를 정화하고 리드하는 소금과 목탁과 청량제가 되어 활동하여 주시기를 간절히 기원 드립니다."

귀의삼보 하옵고 건국대학교 동문 불자회 회원 여러분들에게 신축년 새해 더욱 건승하시기를 기원 드립니다. 특히 건국대 동문 불자회가 1997년 창립 이후 23년간 전국의 명찰을 순례참회하며 수행한 원력과 가피에 회장님 이하 모두에게 축하와 격려를 드립니다.

건국대 동문 불자회는 건국대 창립 90주년을 맞이한 장고한 세월 속에서 이 나라 건국발전과 민주화에, 또 경제발전에 많은 소임을 잘 이행하고 있음을 알고 있습니다. 더구나 매월 전국에 명찰을 순례하고 고승 대덕 스님들의 법문을 경청하는 동시에, 금년에는 명찰 순례 기념집을 재발간하게 되어 더욱 기쁘게 생각하며, 이에 소승이 창간 축사를 하게 된 것을 영광으로 생각합니다.

부처님의 정신은 자리이타의 보살사상이며 자비구현인 것입니다. 현대 21세기는 물질만능의 시대로 자비와 도덕과 진리가 구현되어야 할 것이며 이에 중추적인 역할을 담당하는 것이 동문회원 여러분들의 소임인 것입니다.

가정이나 단체나 국가나 모든 것이 자비와 도덕이 없는 사회는 발전할 수가 없는 것이며 문화가 생산되지 않는 것이라 하였습니다.

탄허 큰스님의 말씀에 대도(大道)가 없어지자 인의(仁義)가 나왔으며 도(道)를 잃은 후에 덕(德)이 나왔고 덕(德)을 잃은 후에 인(仁)이 나왔고 인(仁)을 잃은 후에 의(義)가 나왔으며, 의(義)를 잃은 후에 예(禮)가 나왔으며, 예(禮)를 잃은 후에 법(法)이 나왔다고 강조하였습니다.

지금 세상은 말세의 세상이라 법(法)이 나왔으나 지켜지지 않고 인륜과 도덕이 폐허화된 사회인 것입니다. 이즈음에 건국불자회 회원 여러분께서 더욱 분발하시어 대한민국의 기수로서 국가와 사회를 정화하고 리드하는 소금과 목탁과 청량제가 되어 활동하여 주시기를 간절히 기원 드리며 성불하시기 바랍니다.

월정사 부주지
원 행 스님

산사를 찾아,
내 마음을 찾아

사찰은 예로부터 우리 마음에 안식과 휴식을 주는 마음의 고향이자 쉼터가 되어왔다. 그러나 사찰을 찾아가는 즐거움을 알기 위해서는 그 안에 자리한 전각과 도량의 장엄물이 가진 의미와 가치를 알면 좋다. 대웅전, 극락전, 미륵전, 삼신당 등의 전각과 범종, 목어, 죽비 등의 법구는 저마다 고유의 용도와 의미를 지니고 있다. 이들은 단순히 절의 구조를 이루는데 그치지 않고 깨달음을 이룰 수 있도록 인도한다. 전각 이외에도 사찰에는 불교문화를 이루는 다양한 장엄물이 있다. 탑과 불상, 탱화, 부도 등의 조형물은 종교적인 의미는 물론 예술성까지 겸비하여 산사의 고즈넉한 매력을 더해준다.

■ 사찰이란 무엇인가

산사를 찾아, 내 마음을 찾아

사찰(寺刹)의 의미와 기원

사찰이란 불교에서 귀하게 여기는 3가지 보물인 불(佛), 법(法), 승(僧)의 3보(三寶)를 갖춘 곳을 이른다. 불보(佛寶)는 인생의 깨달음을 가르쳐 인도하는 불교의 교주인 부처님을 이르고, 법보(法寶)는 부처님의 깨달음을 설한 경전을 이르며, 승보(僧寶)는 부처님의 가르침을 배우고 실천하는 스님과 신도들을 이른다. 이 3보가 있는 곳이라면 어디라도 절이 될 수 있으며 우리나라에서 사찰은 주로 산 속에 있다.

절의 기원과 관련하여 다음과 같은 이야기가 전해온다. 신라 제19대 눌지왕 때 고구려에서 온 승려 묵호자가 당시 고구려와 신라의 접경지대였던 일선군(지금의 구미)의 지방 부호인 털례(毛禮)의 집에 머물며 몰래 불교의 가르침을 전했다고 한다. 모례는 우리말 '털례'를 한자로 음사한 것이다. 털례는 최초의 불교신자가 되었고 털례의 집은 가람이 되었다고 한다. 그 후 부처님을 모시고 불교를 행할 수 있는 집을 털례라 부르기 시작했고 차츰 털례에서 뎔례로, 다시 뎔례에서 뎔로, 뎔이 절로 변형됐다고 전해진다. 일본에서는 절을 데라(寺)라고 하는데 역시 털례에서 변천된 것이라는 학설이 있다.

사찰을 뜻하는 명칭은 다양하다. '사(寺)' '암(庵)' '정사(精舍)' '총림(叢林)' 등이 있는데 보통은 앞에 고유명사를 붙여서 'ㅇㅇ사' 'ㅇㅇ암' 식으로 쓴다.

① 사(寺) : 원래 중국 한(韓)나라 때 외국사신이 임시로 머물던 관청의 명칭인데 중국에 불교를 전하러 온 서역 스님을 사(寺)에 머물게 하면서 자연스레 스님이 머무는 곳을 사(寺)라 부르게 됐다. 사(寺)에는 본사와 말사가 있는데 일반적으로 큰 절을 본사라 하며 본사는 지역에서 행정적인 중추를 담당한다. 말사는 본사에 속한 주변의 작은 절이다.

② 암(庵) : 본래 마을과 떨어진 곳에 지은 작은 초가의 뜻이었으나 지금은 스님 한명이 머물 정도의 작은 절을 의미한다. 보통은 큰 절에 부속된 형태로 있으며 규모가 커지면 절로 승격되기도 한다.

③ 정사(精舍) : 절을 가리키는 범어 '아란야'나 '승가람' 등을 한역한 것으로 수행에 정련(精鍊)하는 자가 있는 집이라는 뜻이다.

④ 총림(叢林) : 여러 승려들이 숲처럼 모여 화합하고 수행하기 위해 머무는 곳을 이르며 종합수도원으로서의 격을 말할 뿐 절의 명칭으로 사용하지는 않으며 보통 선원(禪院)과 강원(講院), 율원(律院) 등 3원을 갖춘 곳을 말한다.

⑤ 포교, 포교당 : 각 사찰에서 지방에 있는 불자들을 포교하기 위해 건립한 곳을 이르며 포교원이 포교당보다 규모가 더 크다.

산과 사찰

불상을 모시고 있고 스님들이 수행하는 곳인 절은 대부분 산에 위치해 있다. 그 이유는 무엇일까? 우리나라는 예부터 산을 숭상하며 밀접한 관계를 맺어왔다. 지금은 개발로 인해 산이 많이 없어졌지만 우리 민족이 한반도에 삶의 터전을 잡았을 당시 우리나라의 대부분은 산악지대였다. 산은 민족의 정신과 생활 깊숙이 영향을 미쳤고 사람들은 산을 생활의 터전으로 삼으며 신성시했다. 그러한 산악 숭배사상이 불교에 영향을 미쳤을 것이다. 또한 우리 민족은 산에 정기가 있다고 믿어왔다. 좋은 기운을 가진 산의 명당자리에 사찰을 건축했음은 당연하다. 게다가 절은 조선시대에 접어들어 유교를 숭상하고 불교를 억압하는 이른바 숭유억불 정책에 의해 설 곳을 잃으면서 어쩔 수 없이 산 속에 터전을 잡기도 하였다. 하지만 현대에 들어 도심에 들어서는 절이 하나둘씩 늘어나는 추세니 도심 속의 절을 만나기가 한층 쉬워질 것이다.

우리나라와 사찰

우리나라에 불교가 처음으로 전래된 시기는 기록에 의하면 고구려 제17대 소수림왕 2년(372년)의 일이다. 전진(前秦)의 왕 부견이 사신과 승려 순도를 보내 불상과 불경을 전하면서 고구려에 처음 불교가 전래됐다. 그로부터 2년 뒤인 374년에는 다시 진(晉)나라로부터 승려 아도가 들어와 불도를 전했다. 이에 소수림왕은 375년 성문사(省門寺 또는 초문사 肖門寺)와 이불란사(伊弗蘭寺)를 세워 각각 순도와 아도를 머물게 하였으니 우리나라 최초의 사찰이었다. 소수림왕은 불교를 적극 수용하고 보급하는데 힘을 쏟으며 불교를 호국사상으로 삼았다.

한국 사찰의 종류

■ 삼보사찰(三寶寺刹)

삼보(三寶)란 불교에서 가장 가치 있고 귀하게 여기는 '세 가지 보배'라는 뜻으로 '부처님(佛)', 부처님이 설하신 '법(法)', 그 가르침을 수행하고 실천하는 '스님(僧)'을 말한다. 삼보 가운데 가장 중심이 되는 것은 법으로, 불은 법을 깨우친 분이고 승은 법을 이해하고 실천함으로써 부처님과 같은 경지에 도달하고자 하는 수행자를 이른다. 우리나라의 불보(佛寶)사찰은 부처님 진신사리를 모시고 있는 ▲경남 양산 영축산 통도사이고, 법보(法寶)사찰은 부처님의 말씀을 담은 팔만대장경을 가지고 있는 ▲경남 합천 가야산 해인사이며, 승보(僧寶)사찰은 ▲전남 순천 조계산 송광사이다.

양산 영축산 통도사

합천 가야산 해인사

순천 조계산 송광사

■ 5대 적멸보궁

석가모니 부처님의 진신사리를 모신 전각을 적멸보궁이라 한다. 우리나라에는 신라의 자장율사가 당나라에서 모셔온 부처님 사리와 정골을 나누어 봉안한 5대 적멸보궁이 있으니 ▲양산 영축산 통도사 ▲정선 태백산 정암사 ▲영월 사자산 법흥사 ▲평창 오대산 상원사 ▲양양 설악산 봉정암이다. 적멸보궁은 불사리(佛舍利)를 봉안함으로써 부처님이 항상 그곳에서 적멸의 법을 법계에 설하고 있음을 상징하기 때문에 불상을 안치하지 않고 적멸보궁의 바깥에 사리탑을 세우거나 계단(戒壇)을 만든다.

양산 영축산 통도사

정선 태백산 정암사

영월 사자산 법흥사

평창 오대산 상원사

양양 설악산 봉정암

■ 조계종 8대 총림

불교의 한 종파인 조계종은 근대 불교계 유일의 종파로 재발족되어 1,700년 한국 불교의 역사, 문화자산을 온전히 계승해온 전통종단이다. 대한불교조계종은 기존 5대 총림에서 2012년 3곳의 총림을 추가해 8대 총림을 지정했다. 8대 총림은 ▲양산 통도사 영축총림 ▲합천 해인사 해인총림 ▲순천 송광사 조계총림 ▲예산 수덕사 덕숭총림 ▲장성 백양사 고불총림 ▲부산 범어사 금정총림 ▲대구 동화사 팔공총림 ▲하동 쌍계사 쌍계총림이다.

양산 통도사 영축총림

합천 해인사 해인총림

순천 송광사 조계총림

예산 수덕사 덕숭총림

장성 백양사 고불총림

부산 범어사 금정총림

대구 동화사 팔공총림

하동 쌍계사 쌍계총림

총림(叢林)은 범어 Vindhyavana(빈댜바나)의 음역으로 많은 수행자들이 숲처럼 모여 수행하기 위해 머무는 곳을 이른다. 종합수도원으로서의 격을 말하며 절의 명칭으로 사용하지는 않는데 보통 선원(禪院)과 강원(講院), 율원(律院) 등 3원을 갖춘 곳을 말한다. 원(院)은 큰 절에 딸린 별채를 뜻하는데 선원은 선(禪)을 전문으로 하는 승려들인 선승들이 모여 수행하는 곳이고 강원은 불교의 경전을 배우는 교육기관이며 율원은 율법을 가르쳐 승려들의 기강을 세우는 율사(律師)를 양성하는 교육기관이다.

■ 기도성지

기도처로 유명한 사찰들을 기도 대상에 따라 나누면 다음과 같다.

관음기도성지	조계산 송광사, 월출산 무위사, 성덕산 관음사, 설악산 오세암, 두타산 관음암, 금오산 향일암, 금산 보리암, 낙가산 보문사, 양양 홍련암
나한기도성지	천봉산 대원사, 삼각산 삼성암,. 가야산 희랑대, 와룡산 고산사, 팔공산 거조암, 관악산 연주암, 호거산 사리암
약사기도성지	칠갑산 장곡사, 팔공산 갓바위
지장기도성지	등운산 고운사, 태화산 광덕사, 보개산 원심원사, 도솔산 도솔암, 상왕산 개심사
문수기도성지	북한산 문수사,. 오대산 상원사, 청량산 문수암, 백화산 반야사

■ 33관음 기도사찰

관음성지는 관음신앙에 기초한 전통 가람 구성의 기본적인 전각을 갖춘 사찰로 대한불교조계종은 한국관광공사와 함께 관음신앙을 중시하는 전통사찰 33곳을 33관음성지로 지정했다.

보문사(인천 강화군)	금산사(전북 김제시)	송광사(전남 순천시)	불국사(경북 경주시)	고운사(경북 의성군)
조계사(서울 종로구)	내소사(전북 부안군)	화엄사(전남 구례군)	기림사(경북 경주시)	신흥사(강원 속초시)
용주사(경기 화성군)	선운사(전북 고창군)	쌍계사(경남 하동군)	해인사(경남 가야군)	낙산사(강원 양양군)

수덕사(충남 예산군)	백양사(전남 장성군)	보리암(경남 남해군)	직지사(경북 김천시)	월정사(강원 평창군)
마곡사(충남 공주시)	대흥사(전남 해남군)	범어사(부산 금정구)	동화사(대구 동구)	법흥사(강원 영월군)
법주사(충북 보은군)	향일암(전남 여수시)	통도사(경남 양산시)	은해사(경북 영천시)	구룡사(강원 원주시)
신륵사(경기 여주시)	봉은사(서울 강남구)	도선사(서울 강북구)		

사찰의 구조

■ 문(門)

사찰의 문은 부처님의 세계로 들어가는 출입문으로 일주문, 천왕문, 해탈문, 불이문(不二門) 등이 있다.

① 일주문(一柱門)

절 입구에 있는 정문에 해당하며 경내와 경외를 구분 짓는다. 두 기둥이 한 줄로 되어 있어 일주문이라고 하며 기둥 위에 지붕을 얹은 형태의 건축물이다. 일주문을 지나면 천왕문이 맞이한다.

② 천왕문(天王門)

부처님의 세계를 지키는 사천왕을 양쪽에 모신 문이다. 사찰의 수호신이기에 부릅뜬 눈, 크게 벌린 입 등 무서운 얼굴을 하고 있으며 손에는 칼과 창을 들고 있고 발로 마귀를 밟고 있는 모습을 하고 있다. 사천왕은 동서남북의 네 지역을 관장하는데 동쪽의 지국천왕(持國天王, 비파를 가짐), 서쪽의 광목천왕(廣目天王, 여의주와 새끼줄을 가짐), 남쪽의 증장천왕(增長天王, 보검을 가짐), 북쪽의 다문천왕(多聞天王, 보탑을 가짐)을 말한다.

③ 해탈문(解脫門)

문을 통과하는 동시에 모든 번뇌와 망상을 벗어나 깨달음을 얻는다는 문으로 불이문과 함께 법당에 이르기 위해 마지막으로 통과하는 문이다.

④ 불이문(不二門)

부처와 중생, 선과 악, 유와 무 등 상대적 개념에 의한 모든 대상이 둘이 아니라는 불교진리인 불이사상을 표현하는 문이다.

천은사 일주문

수덕사 사천왕문

도갑사 해탈문

석종사 불이문

통도사 대웅전

■ 법당(法堂)

법당은 불·보살을 모신 사찰의 중심 건물로 'ㅇㅇ전(殿)'으로 표시한다. 법당 안에 모신 대상이 어떤 부처와 보살이냐에 따라 명칭이 달라진다.

① 대웅전(大雄殿)

사바세계의 교주인 석가모니 부처님을 본존불로 모신 법당을 이른다. 대웅(大雄)은 큰 영웅을 뜻하며 석가모니 부처님을 달리 이르는 말이다. 격을 높여 대웅보전이라고도 한다.

② 비로전(毘盧殿)

화엄경의 주불인 비로자나 부처님을 모신 법당으로 대명광전 또는 대적광전이라고도 한다.

③ 극락전(極樂殿)

서방정토에 주재하는 아미타 부처님을 모신 법당으로 극락보전, 아미타전 또는 무량수전이라고 한다.

④ 미륵전(彌勒殿)

미래의 부처님인 미륵 부처님을 봉안한 법당으로 미륵부처님이 계시는 곳이 용화세계기 때문에 용화전이라고도 한다.

⑤ 지장전(地藏殿)

지옥중생을 구제하는 지장보살을 모신 법당으로 명부전, 시왕전 혹은 대원전이라고도 한다.

⑥ 약사전(藥師殿)

중생을 병고에서 구제하는 약사여래를 모신 법당이다.

⑦ 관음전(觀音殿)

천 개의 손과 천 개의 눈으로 중생을 보살피는 대자대비 관세음보살을 모신 법당으로 원통전이라고도 한다.

이외에 부처님의 일생을 8가지로 나누어 그린 여덟 폭의 그림을 모시고 중앙에 석가모니 부처님을 모신 팔상전(八相殿), 비로자니 부처님과 화엄경의 여러 장면을 그림으로 그려 모신 화엄전(華嚴殿), 석가모니 부처님의 제자인 나한을 모신 나한전(羅漢殿) 등이 있다.

■ 탑(塔)

탑은 범어로 스투파(Stupa)라고 하는데 본래 부처님의 사리를 묻고 그 위에 돌과 흙을 높이 쌓은 무덤을 말한다. 석가모니 부처님이 돌아가신 뒤 사리를 8등분하여 여덟 부족이 각기 자신의 땅에 사리를 안치하고 그 위에 이를 기념하는 구조물을 쌓은 데서 비롯됐다. 스님들의 사리를 모신 것은 탑이라고 하지 않고 부도(浮屠)라고 한다. 탑은 재료에 따라 석탑(石塔), 전탑(塼塔. 벽돌탑), 목탑(木塔)으로 나뉘는데 우리나라는 석탑이 발달했고 중국은 전탑, 일본은 목탑이 발달했다.

■ 사찰의 법구

불교의식에 사용하는 범종, 법고, 목어, 운판의 네 가지 법구(法具)를 사물(四物)이라 이른다.

① 범종(梵鐘)

절에서 사용하는 종으로 조석예불 때나 기타 법요행사 때 대중에 알리기 위해 사용된다. 범종의 소리를 듣는 순간 모든 번뇌가 사라지고 지옥중생까지도 악도에서 벗어날 수 있는 지혜가 생긴다고 한다. 일반적으로 새벽예불에는 28번의 타종을, 저녁예불에는 33번의 타종을 한다. 종을 매단 곳을 종루 또는 종각이라 한다.

② 법고(法鼓)

조석예불 때와 의식을 치를 때 치는 북으로 불법을 널리 전하여 중생의 번뇌를 물리치고 해탈을 이루게 한다는 의미가 담겨 있다. 법고는 잘 건조된 나무로 몸통을 만들고 소의 가죽으로 소리를 내는 양면을 만드는데 몸통 부분에 용을 그리거나 조각하며 두드리는 부분에는 '卍(卍)'자를 태극 모양으로 둥글게 그려 장엄하기도 한다.

③ 목어(木魚)

나무를 잉어모양으로 만들어 속을 비게 파낸 것을 이른다. 조석예불 때와 경전을 읽을 때 두드리며 물속에 살고 있는 모든 생물들을 위해 울린다.

④ 운판(雲版)

청동이나 철로 구름 모양의 넓은 판을 만든 것으로 두드리면 청아한 소리를 내는 악기다. 판 위에 보살상이나 '옴마니반메훔' 등의 진언을 새기기도 하고 가장자리에는 두 마리 용이 승천하거나 호위하는 듯한 모습을 조각하거나 구름과 달을 새기기도 한다. 허공을 날아다니는 짐승을 교화하기 위해 울리며 옛날에는 참선을 하는 여러 사람들에게 끼니 때를 알리기 위해서 울렸지만 지금은 조석예불 때 범종·법고·목어 등과 함께 사용하는 의식용구로 사용되고 있다.

■ 불상의 종류

불상은 그 격(格)에 따라 크게 불상, 보살상, 나한상 등으로 나뉜다.

① 석가모니불(釋迦牟尼佛)
대웅전의 주불로 봉안하며 응진전, 나한전, 영산전, 팔상전에도 주불로 봉안된다. 석가모니불의 수인은 항마촉지인, 선정인, 전법륜인 등을 하고 있고 가사를 걸친 모습은 우견편단의 모습이다. 협시보살로 왼쪽에 문수보살, 오른쪽에 보현보살 또는 왼쪽에 관음보살, 오른쪽에 허공장보살 또는 왼쪽에 관음보살, 오른쪽에 미륵보살을 배치한다.

② 비로자나불(毘盧遮那佛)
대일여래부처님으로 법신 또는 진신의 부처님이다. 협시보살로 왼쪽에 문수보살, 오른쪽에 보현보살을 배치하며 삼존불일 경우 왼쪽에 보신 노사나불, 오른쪽에 응신 석가모니불을 모신다.

③ 아미타불(阿彌陀佛)
서방극락 정토세계의 부처님이다. 수인은 9품인. 가사를 걸친 모습은 통견의 모습이다. 협시보살로 왼쪽에 관음보살, 오른쪽에 대세지보살 또는 지장보살을 배치한다.

④ 약사여래불(藥師如來佛)
약사유리광여래 또는 대의왕불로도 부르며 일광보살과 월광보살 또는 약사 12지신상을 거느린다. 의식주와 무병장수의 깨달음을 주시는 부처님이다.

⑤ 미륵불(彌勒佛)
석가모니 부처님이 미처 제도하지 못한 중생들을 구제할 미래의 부처님으로 전각 밖에 따로 모신다.

※삼세불(三世佛)
삼세불은 시간적, 공간적 의미로 나누어 살펴볼 수 있다. 시간적 의미로 삼세불은 과거, 현재, 미래의 부처님을 의미한다. 즉 과거의 ▲연등불, 현재의 ▲석가모니불, 미래의 ▲미륵불이다. 공간적 의미의 삼세불은 사바세계의 ▲석가모니불, 동방 유리광세계의 ▲약사여래불, 서방극락세계의 ▲아미타불을 말한다.

⑥ 관세음보살(觀世音菩薩)
대자대비(大慈大悲)를 상징하며 자비로 중생을 구제하고 이끄는 보살이다. 관세음(觀世音)은 세상에서 중생들이 구원을 바라는 소리를 모두 살펴본다는 뜻이다. 일반인에게 가장 친근한 보살이며 중생이 처한 상황에 따라 32가지의 다양한 모습으로 변한다고 한다. 손에는 감로수(甘露水)의 정병(淨瓶)을 들거나 연꽃을 잡기도 한다.

⑦ 문수보살(文殊菩薩)
석가모니불의 왼쪽에 위치하며 지혜를 상징하는 보살이다. 머리에 상투를 5번 묶는 형태를 하고 있으며 오른손에는 지혜의 칼을, 왼손에는 꽃 위에 지혜의 그림이 있는 청련화(靑蓮花)를 들고 있고 청사자(靑獅子)에 올라타고 있는 모습을 하고 있다.

⑧ 보현보살(普賢菩薩)

석가모니불의 오른쪽에 위치하며 중생들의 수명을 연장하는 덕을 가졌으므로 연명보살(延命菩薩)이라고도 한다. 문수보살이 대지(大智)의 상징이라면, 보현보살은 대행(大行)의 상징으로 문수보살과 함께 모든 보살의 으뜸이 되어 언제나 여래가 중생제도하는 일을 돕고 있다.

⑨ 지장보살(地藏菩薩)

석가여래 부처님이 입멸하신 뒤 미륵 부처님이 출현할 때까지 몸을 육도에 나타내어 천상에서 지옥까지의 모든 중생을 교화하여 해탈하게 한다는 대자대비의 보살이다.

⑩ 대세지보살(大勢至菩薩)

아미타부처님의 오른쪽에 위치하며 지혜의 문으로 중생을 제도하는 보살이다. 머리의 보관 내에 보배병을 나타내며 손에는 연꽃을 들거나 합장 모습을 하고 있다.

⑪ 미륵보살(彌勒菩薩)

지금은 천상의 사람들에게 설법하고 있으나 석가가 입멸한 후 내세에 성불하여 중생을 제도한다는 석가모니 부처님의 뒤를 이어 오실 부처님이다.

※4대보살

보살은 깨달음을 구하면서 중생을 교화하는 수행으로 미래에 성불(成佛)할 자를 이르며 4대보살은 관세음보살, 문수보살, 보현보살, 지장보살을 이른다.

관세음보살

문수보살

보현보살

지장보살

■ 일주문에서 법당까지 사찰 둘러보기

① 사찰에 들어서면 제일 먼저 만나는 구조물은 일주문이다. 이곳에서 경건한 마음으로 법당을 향해 반배한다.

② 일주문을 지나면 불법을 수호하는 사천왕상을 모시고 있는 사천왕문이 나온다. 이곳에서도 사천왕을 향해 합장 반배를 올리고 법당을 향해서도 합장 반배한다.

③ 천왕문을 지나면 불이문이 보인다. 진리를 깨닫는 문을 넘으면 부처님의 청정도량에 들어서는 것이기 때문에 다시 반배를 한다.

④경내에 들어서면 법당을 향해 반배하고 스님을 만나면 공손히 반배한다.

⑤법당 앞에는 흔히 불탑이 서 있는데 탑은 본래 부처님의 사리나 경전을 모신 곳이므로 멀리 탑 앞에 서서 합장 반배한 다음 합장한 채 시계 방향으로 세 바퀴를 돈다. 그리고 다시 탑을 향해 합장 반배를 한다.

⑥ 법당은 부처님을 모신 곳이므로 들어가 참배한다.

⑦ 각 부속전각을 참배한다.

조계사 · 문수사 · 봉원사 · 옥천암 · 백련사

대한민국 심장에서
과거와 미래를 한 눈에 보다

■ ■ ■ 　종로구는 조선시대 이래로 서울의 중심부를 형성한 서울의 심장으로 경복궁과 청와대는 물론 정부기관이 밀집해 있는 곳이다. 특히 가회동 일대의 전통 한옥지대와 현대식 고층 빌딩이 밀집해 있어 우리나라의 과거와 미래를 한 눈에 볼 수 있는 특별한 공간이다. 인왕산 연봉이 종로구와 경계를 이루는 서대문구는 안산과 백련산 등이 있어 자연경관이 화려하다. 도시와 산이 조화를 이룬 이곳에 조계사, 문수사, 봉원사가 자리 잡고 있어 심신이 지친 시민들에게 휴식처가 되고 있다.

한국불교를 대표하는 조계종의 총본산, 조계사

▲ 한국불교를 대표하는 조계종의 총본산이자 한국 근현대사의 격동기를 우리 민족과 함께한 역사의 현장, 조계사

　조계사는 한국불교를 대표하는 조계종의 총본산으로 한국근현대사의 격동기를 우리 민족과 함께한 역사의 현장이다. 특히 조계사는 일제치하인 1910년, 조선불교의 자주화와 민족자존 회복을 염원하는 스님들에 의해 각황사란 이름으로 창건되었다. 이후 각황사를 현재의 조계사로 옮기는 공사를 시작하여 지금의 조계사에 이르렀다. 한국불교의 주요 사원으로서 해인사, 송광사, 통도사 등 삼보사찰을 비롯해 부처님 진신사리를 모신 5대 적멸보궁은 물론 전국의 약 3천여 개의 사찰을 관장하고 있다.

　조계사 경내에는 한국불교 역사문화기념관이 있으며 이곳에는 불교중앙박물관과 공연장, 국제회의장 등이 있다. 서울 도심인 종로 한가운데에 위치하고 있어 교통이 매우 편리하다. 또한 24시간 경내를 개방하여 많은 관광객이 찾고 있다.

▲ 조계사 대웅전은 모셔져 있는 삼존불이 유명하다. 중앙에는 석가모니여래, 우측에는 약사여래, 좌측에는 아미타여래가 있어 불자들의 지치고 아픈 마음을 어루만진다.

조계사의 대웅전은 아미타부처와 약사여래부처가 봉안되어 있어 대웅전이라는 명칭보다 더 격이 높은 대웅보전이라 불리는 곳이다. 이 대웅전 편액은 전남 구례 화엄사에 있는 대웅전 편액을 탁본하여 조각한 것으로 대웅전 낙성 당시에 단 것이다. 글씨는 조선 시대 선조대왕의 여덟 번째 아들인 의창군 이광이 썼다. 대웅전에는 삼존불이 있는데 가운데는 석가모니 부처를 모셨고 우측에는 약사여래를 좌측에는 아미타여래를 모셨다. 삼존불을 바라보고 서 있는 우측에는 목조석가모니 부처가 있는데 조선 초기에 조성된 아주 귀한 불상이다. 현재까지 남아있는 조선 초기 목조 불상은 아주 드물기 때문에 신앙적으로도 학술적으로도 매우 가치가 높다.

▶ 경건함이 묻어나는 조계사의 대웅전은 격이 더 높은 대웅보전이 어울리는 곳으로, 조계사의 중심이다.

북한산이 품고 있는 고려 최고의 기도도량, 문수사

북한산의 전망이 한눈에 들어오는 경관이 뛰어난 사찰로 고려 예종 4년 묵암 탄연스님이 창건하였다고 전해진다. 이에 관한 재미있는 설화가 있는데 묵암 탄연국사가 이곳의 절묘한 기암괴석과 천연동굴에 매료되어 바위와 굴을 문수암(文殊庵), 문수굴(文殊窟)이라 명명(命名)하였다고 한다. 스님은 이곳, 천연동굴에서 정진하다 청의동자에게 차를 마시고 활연대오(豁然大悟) 하였으며 그 후 수많은 고승의

▲ 문수사에는 묵암 탄연국사와 천연동굴의 전설이 잠들어 있다. 스님은 이 천연동굴에서 정진하여 깨달음을 얻었으며 이후 많은 고승들이 이곳을 찾아 기도를 드렸다고 전해진다.

기도 도량이 되었다. 특히 이 사찰은 나한도량으로 매우 유명한데 초대 대통령 이승만의 어머니가 이 절에서 나한에게 백일기도를 한 뒤 이승만을 낳았다고 전해진다. 이러한 인연으로 1960년 경 이승만이 이곳에 들러 참배하였고, 이 때 이승만이 쓴 문수암이라는 현판이 요사에 걸려 있다.

절 안에는 고려 예종 4년, 대감탄연국사가 매료된 천연동굴, 문수굴이 있다. 처음과 같은 모습은 아니지만 혜정스님의 중창불사로 동굴법당으로 중수되어 문수보살을 모시고 불자들의 기도처로서 사용된다. 문수사의 유명한 나한전에는 오백나한이 모셔져 있다.

▲ 초대 대통령 이승만의 이야기로도 유명한 문수사 천연 동굴

오백나한은 아라한과를 성취한 부처님의 제자들을 말하며 오백나한에 대하여는 여러 경전에 기록이 있는데 『증일아함경(增一阿含經)』이나 『십송률(十誦律)』에 의하면 부처님께서 중인도 교살라국의 사위성(舍衛城)에서 500명의 나한들을 위하여 설법하였다고 한다.

문수사 편액은 1960년 경 우남 이승만이 쓴 글씨다. 생전에 이 절을

다녔던 인연으로 모신 부모의 신위를 참배하기 위해 그가 산길을 걸어 올라가 그 기념으로 쓴 글씨라고 전한다. 우남의 글씨는 필획이 원윤(圓潤)하고 운필이 유려한 것이 많은데 이 편액은 주경한 필치로 쓴 글씨다. 또, 경내에 해발 837m 문수봉에서 나오는 약수가 있어 등산객들이 자주 찾는다.

태고종 총본산으로 영산재를 지키는 천년 고찰, 봉원사

봉원사는 신라 51대 진성영왕 3년에 도선국사가 지금의 연세대 터에 처음 지었던 천년고찰이다. 이후 고려말 공민왕대에 활약한 보우 스님이 크게 중창하였으며 조선시대 태조부터 고종까지 절과 관련된 기록이 있어 이절의 위상을 알 수 있다. 한국 태고종의 총본산으로 전법수행의 맥을 이어가고 있으며 영산보존회에서는 단청과 범패분야에서 후학을 지도하고 있다.

▲ 조용하고 고즈넉한 사찰의 모습을 한 봉원사는 영산재가 유명하다. 영산재는 부처님이 영취산에서 여러 중생들을 모아놓고 법화경을 설 할 때를 재연한 불교의식이다.

봉원사의 대웅전은 조선후기의 사찰의 특징을 잘 반영하고 있는 건축물로 영조 27년(1748년) 이전에 건립되었다. 외 9포 내 11포 위의 5량 5포의 특징을 가지고 있으며 영조의 하사품인 현판이 특징이다. 또한 현대건물의 양식을 한 미륵전이 있다. 경내에 오르면 관음보살이 누워있는 듯 한 모습의 관음바위를 볼 수 있다.

봉원사는 인도 영취산에서 석가모니 부처님이 여러 중생들을 모아놓고 법화경을 설 하실 때의 모습을 재연한 불교의식인 영산재가 유명한 절이다. 대한민국 중요무형문화재 제50호로 영산재 보존회가 있으며 2009년에는 유네스코 세계무형문화유산으로 등재되어 있다.

보도각을 쓴 백불이 지키는 옥천암

북한산 끝자락에 자라 잡은 아담한 사찰 옥천암은 대한불교조계종 직할사찰이다. 옥천암은 삼각산의 맥이 비봉과 향로봉을 거쳐 인왕산으로 이어지기 직전 삼각산이 끝나는 지점에 위치하였기 때문에 옥 같은 물이 흘렀다고 해서 옥천암이 되었다. 창건에 관해서는 자세한 기록이 없지만 조선시대에 옥천암에 관한 기록이 있다. 조선 고종 5년 명성왕후의 명으로 정관스님이 이곳에 관음선을 선립하여 천일기도를 올렸다고 전해진다. 이후 1927년에 이성우 주지스님이 칠성각과 관음전을 건립하여 몇 번의 중수 끝에 지금의 아담한 사찰의 품격을 지녔다.

▲ 옥천암에는 보도각을 쓴 백불이 있어 많은 사람들이 발걸음을 멈춘다. 이곳 백불은 해수관음이라고 불리며 영험담을 가지고 있다고 한다.

옥천암은 보도각을 쓴 백불이 유명하다. 홍은동 보도각 마애보살좌상으로 흰색의 호분이 전체적으로 두껍게 칠해졌기 때문에 백불 또는 해수관음이라고도 불린다. 이 마애불은 홍지문아래 홍제천 개울가에 위치하고 있는데 신라시대의 절인 장의사 경내에 있었던 것으로 추정되나 지금은 장의사의 자취를 찾아보기 어렵다. 태조 이성계가 서울에 도읍을 정할 때 이 마애불상 앞에서 기원했다고 하며 조선후기 명성황후가 고종의 천복을 이 보살상에게 빌었다고 전해진다.

신라 진표율사가 아미타정토사상을 펴낸 천년고찰 백련사

백련산 자락에 위치한 백련사는 태고종 소속의 사찰이다. 백련사는 신라 경덕왕 진표율사에 의해 창건되었다고 전해지고 있다. 진표율사가 아미타경의 내용에 근거하여 "누구든 아미타불을 염하면, 극락정토에 왕생한다 아미타사상을 널리 펴기 위해 정토사"라고 명명하였다고 한다. 이후 조선조 정종 원년(1399년) 무학왕사의 지휘로 함허화상이 크게 중창하였고, 세조의 장녀인 의숙공주가 부마인 하성부원군 정현조의 원찰로 정하면서 사명(寺名)을 백련사(白蓮寺)로 개칭되었다. 선조 25년(1592년)에 임진왜란의 병화로 건물이 소실되었으나, 대중의 노력으로 중창되었고 3년만인 현종 3년에 대법전을 중건하였으며, 영조 50년에는 본사에서 수행하던 낙창군 이탱이 크게 중창하여 대사찰의 규모를 가지게 되었다. 이후 수차례 중수를 거듭하다, 1965년 이후 본사의 스님들이 합심해 범종을 조성하여 현재의 면모를 갖추었다.

백련사는 명지전문대 뒤쪽에 위치하고 있는데 일주문만 지나면 금세 조용한 사찰의 분위기가 느껴진다. 경내에 들어서면 가장 먼저 만나게 되는 건물은 명부전이다.

지장전이라고도 불리며 지장보살이 모셔져 있다. 왼쪽으로 난 길을 따라 걷다보면 이 절의 중심 무량수전이 나온다. 아미타불을 모셨으며 당당하고 늠름한 건물이 시선을 압도한다. 그밖에도 약사전, 원통전 등의 건물이 있다.

▶ 백련사 무량수전에는 아미타불이 모셔져 있는데 신라의 고승 진표율사가 아미타사상을 전파하기 위해 이 절을 세웠다고 전해진다.

주변 둘러보기

하나. 경복궁 경회루

경복궁 창건 당시 서쪽 습지에 연못을 파고 경회루라는 다락집을 세웠었는데 태종은 12년(1412년)에 연못을 넓히고 다락도 크게 짓도록 지시하여 공조판서 박자청이 완성하였다. 연못 속에 잘 다듬은 긴 돌로 둑을 쌓아 네모반듯한 섬을 만들고 그 안에, 경회루를 세웠으며 돌다리 셋을 놓아 뭍과 잇도록 하였다. 48개의 돌기둥에 용을 새기고 연못 속에 인공 섬인 당주 2개를 더 만들었다. 규모는 정면 7칸, 측면 5칸의 중층 건물로 익공계 양식이며 전후 퇴칸 11

랑 구조에 팔작지붕으로 되었다. 방형의 연못 안에 동쪽으로 치우쳐 장대석으로 축대를 쌓아 기단을 삼았으며, 둘레에는 하엽동자와 팔각의 돌란대를 두어 돌난간을 만들었고, 난간의 엄지기둥에는 12지상을 조각하였다. 임진왜란 때 불에 타 돌기둥만 남은 상태로 270여 년이 지난 후 고종 4년(1867년) 경복궁을 다시 지을 때 경회루도 다시 지었으나 옛날처럼 돌기둥에 용 조각을 넣지는 못하였다. 경회루는 다락집 건물로는 국내에서 제일 규모가 큰 것에 속한다.

둘. 창덕궁 부용정

창덕궁 후원에 조성된 인공 연못과 열 십(十)자 모양의 정자로 조선시대 왕이 과거에 급제한 이들에게 주연을 베풀어 축하해 주던 장소이다. 이곳에서 정조는 신하들과 낚시를 즐겼다고 전해져 운치를 더하고 있다. '부용(芙蓉)'은 '연꽃'을 이르는 말이다. 연못 중앙에 소나무를 심은 작은 섬이 하나 떠 있는데 네모난 연못과 둥근 섬은 천원지방(天圓地方) 사상을 표현한 것이라고 한다.

셋. 남산한옥마을

조선시대만 해도 경관이 뛰어나고 아름다워 한양에서 손에 꼽던 필동의 모습을 그대로 복원한 곳이 남산한옥마을이다. 1993년부터 4년에 걸쳐 서울 각처에 있던 한옥 다섯 가구를 옮겨놓은 이곳에서는 가옥에 걸맞은 살림살이도 예스럽게 배치해놓아 전통 한옥의 아름다운 모습과 선조들의 생활을 엿볼 수 있다. 남산 한옥마을의 다섯 가구는 순정효황후 윤씨의 친가, 해풍부원군 윤택영의 재실, 부마도위 박영효 가옥, 오위장 김춘영 가옥, 도편수 이승업 가옥으로 제각기 세워진 시기와 장소, 사용했던 사람의 신분은 달랐지만 가옥마다 부족한 대로 사람의 온기가 살아 있다.

넷. 북한산

서울을 지키는 서울의 진산으로 대한민국 오악에 포함되는 명산이다. 삼국시대에는 부아악이라고 불렸고 고려시대, 조선시대까지는 세 개의 봉우리를 따서 삼각산이라 불렀다. 북한산이라는 이름은 서울의 옛 이름인 한산에서 유래한 것으로 한산의 북쪽을 가리킨다. 근교 산중에서 가장 산세가 높고 웅장하며 서울 시내와 사방이 한 눈에 들어오는 곳이다. 골짜기마다 빼어난 풍경의 계곡을 자랑하며 진관사계곡, 세검정계곡, 성북동계곡, 정릉계곡, 우이동계곡, 구기계곡, 삼천사계곡, 산성계곡, 구천계곡, 평창계곡, 효자리계곡, 소귀천계곡 등의 여러 계곡도 볼 만하다. 백운대 북쪽에 있는 인수봉은 암벽 등반 코스로 인기가 높으며 등산코스도 다양해 많은 사람들이 이곳을 찾는다.

다섯. 서대문 자연사박물관

서대문 자연사박물관은 어린이와 시민들이 자연과 생명에 대한 올바른 가치관을 가지도록 설립된 종합자연사박물관으로 우리나라 지방자치단체가 설립한 최초의 사례이다. 박물관에는 전 세계에서 수집한 광물, 암석, 공룡을 포함한 화석, 동·식물 및 곤충에 이르기까지 다양한 실물 표본들을 직접 볼 수 있다. 모형, 디오라마, 입체영상 등의 다양한 최신 전시기법을 활용한 생동감 있는 전시를 통해 지구를 구성하고 있는 자연과 그 속에서 살아온 생물들의 역사를 살펴볼 수 있어 가족단위 여행객들에게 인기가 좋다.

📷 꼭 들러야할 이색 명소

서울한양도성 스탬프투어

제주에 올레길이 있다면 서울에는 도성길이 있다. 인왕산, 백악산, 낙산, 남산으로 이어지는 18.627㎞의 도성 둘레를 걷는 도심 속 투어다. 조선의 한양을 에워싸고 있는 도성인 숭례문, 흥인지문, 숙정문, 돈의사문을 중심으로 국보 8개를 포함하여 총 178개의 문화재를 볼 수 있는 코스로 역사와 경관 두 마리 토끼를 잡을 수 있다. 도성을 걷다가 4대문지점에서 4개의 스탬프를 모두 모으면 지정장소에서 완주기념 배지도 받을 수 있으니 참고하도록 하자.

**사찰
정보**

조계사 | 서울특별시 종로구 우정국로 55 / ☎ 02-768-8600 / www.jogyesa.kr

문수사 | 서울특별시 종로구 구기동 산2 / ☎ 02-391-2062 / www.munsusa.or.kr/

봉원사 | 서울특별시 서대문구 봉원동 산1 / ☎ 02-392-3007 /www.bongwonsa.or.kr/

옥천암 | 서울특별시 서대문구 홍지문길 1-38 / ☎ 02-395-4031 / www.okcheonam.com/

백련사 | 서울특별시 서대문구 백련사길 170-72 / ☎ 02 302-0288 / www.paengryontemple.or.kr/

보문사 · 길상사 · 경국사 · 정법사 · 내원사 · 삼성암

맑은 산과 어울리는 유서 깊은 사찰,
넓은 자비를 전하다

■ ■ ■ 　성북구과 강북구는 서울의 위쪽에 해당하는 지역으로 넓게 자리 잡은 북한산 국립공원이 있어 맑은 공기와 탁 트인 전망을 자랑하는 곳이다. 또한 도심에서 가까운 전통적 주택지역으로 볼거리도 많다. 성북구의 보문동 일대는 한옥이 밀집되어 있고 서울성곽에는 소중한 문화유산이 있다. 강북구는 서울 자치구 중 공원녹지가 가장 넓은 지역으로 여름에 열대야가 가장 적은 곳이기도 하다. 또한 북한산 둘레길을 제대로 즐길 수 있는 지역으로 정평이 나있다. 성북구와 강북구 이곳, 북한산 일대에는 유서깊은 사찰이 많아 서울 시민들에게 부처님의 넓은 자비를 전하고 있다.

비구니 종단인 보문종의 총 본산, 보문사

　전통 사찰로 등록된 보문사는 고려 예종 10년에 담진국사에 의하여 창건되었다. 조선 후기 숙종 18년에 묘첨스님이 대웅전을 중건하였다. 예로부터 보문사 일대를 '탑골승방'이라 일컬어 왔으며, 조선 후기 한양지도인 수선전도에도 승방으로 기록되어 있는 등 보문사는 많은 문화재와 역사적 전통성을 지닌 비구니 스님들의 수행도량이다. 일제 강점기에는 절이 황폐할 지경에 이르렀는데 광복과 함께 주지 송은영스님이 취임하면서

▲ 도심 속에 큰 숲을 품고 있는 보문사는 서울 시민이 사랑하는 사찰이다. 문을 들어서면 고즈넉한 보문사 경내가 보이며 경주 석굴암을 본떠 만든 석굴암이 있다.

30여 년 간의 불사의 중흥과 대사찰의 면모를 갖추었다. 송은영 스님은 석굴암을 비롯한 많은 건축물을 새롭게 짓고, 보문종이라는 독립된 종단을 설립함으로써 비구니스님들만의 고유한 수행 풍토를 유지하고자 하였다.

　보문사는 세계 유일의 비구니 종단인 보문종의 총 본산이자 도심 속에 큰 숲을 품고 있는 친환경적인 템플스테이 사찰이며, 많은 참배객과 외국인이 찾아오는 관광명소이다. 보문사에서 가장 주목되는 것은 석굴암이다. 보문사의 석굴암은 암석의 지형적의 특성을 고려하여 조성한 경주 석굴암을 본떠 제작한 것으로 1970년 8월에 시작하여 23개월 동안 진행되었다. 경주 석굴암정면에는 문이 하나인데 여기는 세 개의 문으로 되어 있다. 경주 석굴암과 또 다른 점은 공간상의 문제로 팔부신장이 생략되어 있다는 것이다.

법정스님의 맑고 향기로운 성정 느끼게 하는 길상사

　법정스님의 맑고 향기로운 법문이 울렸던 길상사는 성북구가 자랑하는 사찰 중 하나로 그 이름이 높다. 이 절은 공덕주 길상화(법명) 김영한이 법정스님께 시주하여 지어진 절이다. 원래는 고급식당인

▲ 법정스님의 법문이 울렸던 길상사는 성북구에 자리잡은 사찰이다. 평일에도 법정스님의 흔적을 느끼기 위해 많은 사람들이 찾는다.

대원각이 있었던 곳으로 김영한이 법정 스님의 무소유 철학에 감화를 받아 아름다운 사찰로 거듭났다. 법정스님이 김영한의 시주를 몇 차례 사양하였다고 전해져 법정스님의 맑은 성정을 다시금 느끼게 한다.

도로를 지나 일주문을 통과하면 바로 사찰의 고즈넉하고 청청한 기운이 바로 느껴진다. 이 절에는 2000년 4월 천주교신자인 조각가 최종태가 만들어 봉안한 석상인 관음상이 있어 전통적인 보살상과 다른 느낌을 준다. 길상사에는 아미타부처님을 봉안한 본 법당이 있고 여타 사찰과 같이 지장보살님을 주존으로 모시고 있는 전각인 지장전이 있다. 특별하게도 일반인도 사용할 수 있는 침묵의 집을 운영하고 있으며 극락전 옆에 있는 송월각 아래에 맑고 향기롭게 사무실이 있다. 이곳에서 사단법인 '맑고 향기롭게'의 중앙사무국 업무가 이루어지고 있다. 또한 매달 1회씩 '맑고 향기롭게'라는 제목으로 선 수련회를 열고 있어 일반인들도 참선을 체험할 수 있으니 꼭 한번 둘러보도록 하자.

◀ 길상사 관음보살상으로 천주교신자인 조각가 최종태가 만들었다. 전통적인 관음보살상과 다르나 차분하고 경건한 표정에서 관음보살의 자비와 성스러움을 느낄 수 있다.

미국 닉슨 부통령도 감탄하고 간 경국사

성북구 정릉동 삼각산 동쪽 기슭에 있는 절로 산속에 청아하게 자리 잡고 있어 많은 사람들에게 사랑받는 사찰이다. 고려 충숙왕 12년에 자정대사가 창건하였다고 한다. 창건 당시에는 청암사라고 불리었는데 이는 절이 청봉 아리에

▶ 삼각산의 청아한 기운이 감싸고 있는 경국사는 신록의 푸르름을 느낄 수 있는 아름다운 사찰이다.

▲ 삼각산의 청아한 기운이 감싸고 있는 경국사는 신록의 푸르름을 느낄 수 있는 아름다운 사찰이다.

있어서 붙여진 이름이다. 고려 충혜왕 1년에는 채홍철이 요사채를 중축하고 선방을 열어 많은 선승과 함께 수도하였다. 조선시대에 들어와 숙종 19년에 연화선사 승성이 중수하고 천태각을 지었으며 영조 13년에는 주지인 의눌이 중수하였고 현종 8년에도 낭오가 중수해 나라의 제사를 치루는 대찰이 되었다. 고종 때에는 등위재를 지냈으며 1986년 쇠락해지는 국운을 염려해서 칠성각, 산신각을 짓고 호국 대법회를 열었다. 1915년에 극락보전이 중수가 되고 1921년 탱화, 단청에 조예가 깊은 보경이 주지가 되어 자비로 중수하고 영산전·산신각 등을 단장하여 유명해졌다.

1950년대에는 이승만 대통령이 절에 들렀다가 보경스님의 인격에 감화되어 몇 차례나 찾아왔다고 전해진다. 그래서인지 1953년에는 닉슨 미국 부통령이 방문하였을 때도 이 절을 구경하였다. 후일 닉슨은 자신의 회고록에 경국사에 참배했던 경험이 한국방문 중에 가장 인상적이었다고 밝히고 있다. 오랜 사찰답게 고즈넉하게 자리 잡은 경국사는 현재 17동이 남아있어 대찰의 면모를 지닌다. 극락보전에는 보물 제748호인 목각아미타여래설법상이 남아있다. 아미타여래의 설법하는 모습을 만든 상으로 그 자체가 매우 화려하며 여러 불보상을 한 번에 볼 수 있는 매우 중요한 상이다. 우리나라 불상 중 설법장면을 조각한 매우 드문 예로 경국사에 들르면 불교신자가 아니더라도 한 번쯤 보는 것도 좋다.

국운과 왕실의 안녕 기원한 원찰 정법사

삼각산에 위치한 정법사는 조선후기 유명한 학승인 호암 대선사가 창건한 사찰로 원래는 복천암으로 불리었으며 국운과 왕실의 안녕을 기원하는 원찰이었다. 이후 건봉사 만일염불회의 회주인 보광 대선사와 현 정법사 회주이신 석산 하상께서 건봉사 포교당인 성법원을 이전 중창하여 정법사로 개명

하였고 지금의 모습이 되었다. 절은 아담하고 고즈넉하며 멀리서 절의 경관이 한 눈에 들어온다. 현재 오래된 건물은 없고 근대에 지어진 것으로 깔끔하고 아담하여 잠시 쉬어가기에 좋다. 사찰 건물로는 대웅전, 팔상전, 극락전, 산신각, 범종 등이 있으며 행사는 초하루기도, 보름기도, 관음기도등이 있다.

▲ 정법사는 삼각산과 아름답게 조화를 이룬 사찰이다. 건물은 대부분 근대에 지어진 것으로 깔끔하고 아담하여 잠시 쉬어가기에 안성맞춤이다.

목멱산 바라보이는 자리에 위치한 내원사

삼각산 자락에 위치하는 내원사는 정릉 골짜기를 지나 어느 정도 오르면 멀리 목멱산이 바라다 보이는 자리에 위치한 사찰이다. 역사적인 내원사의 존재를 알 수 있는 기록은 김정호가 제작한 〈수선전도〉와 1859년 철종 10년에 만들어진 사찰에 전하는 〈백의대사불도〉라는 목판이 유일하다. 수선전도에는 현재 내원사가 위치한 곳에 내원암이라는 표시가 되어 있고 〈백의대사불도〉에는 목판에 삼각산내원암이라

▲ 정릉 골짜기를 지나 멀리 목멱산이 바라다 보이는 자리에 위치한 내원사는 깨끗하고 아담하여 쉬어가기 그만이다.

는 기록이 있어 늦어도 19세기 전반만 해도 법등이 이어오고 있음을 알 수 있다. 창건은 고려시대 보조국사에 의해 창건되었다고 하나 자세한 기록은 현재 남아있지 않고 있다. 절은 아담하고 깨끗하여 쉬어가기에 그만이다.

마애 관음보살의 영험한 기운이 스며있는 도선사

삼각산에 자리 잡은 도선사는 우이동 버스 종점에 내려 한참 걸어 올라가면 만날 수 있는 사찰로 신

라시절에 창건되었다고 전해진다. 1,100여 년전 신라말에 유명한 도승 도선국사가 창건하였다. 도선국사는 명산승지를 답사하다가 산세가 절묘하고 풍경이 청수하여 천년 후 이곳에 말세불법이 재흥하리라 예언하고 사찰을 세웠다. 그 후 도선국사는 신통력으로 사찰 옆에 서있는 큰 바위를 반으로 잘라 그 한쪽 면에다 20여 척에 달하는 관세음보살상을 주장자로 새겼다고 하는데, 이 마애상은 정으로 때린 흔적을 찾을 수 없어 불가사의로 남아 있다.

▲ 야외에 있는 도선사 석불전은 예로부터 관세음보살 기도 영험이 있는 곳으로 많은 사람들의 사랑을 받았다. 현재는 부식을 우려해 건물을 만들어 보호하고 있다.

질의 중심이 되는 대웅전은 다른 절들보다 큰 건물로 내부에는 아미타 삼존불이 봉안되어 있다. 외벽에는 팔상도가 조성되어 있고 대웅전의 현판은 당대의 신동이었던 12세 강창회가 썼다고 전해져 유명하다. 야외에 있는 석불전은 예부터 관세음보살 기도 영험이 있는 곳으로 널리 알려져 기도객의 발길이 계속 이어지는 곳이다. 석불은 암벽을 깎아 만든 마애불로 부식을 우려해 건물로 만들어 보존하고 있다. 건물로는 삼성각, 명부전, 관음전 등이 있는데 재미있게도 관음전 안에는 석불로 된 관음보살을 모시고 있어 독특한 기운을 풍긴다. 도선사에 들러 내부와 외부에 있는 관세음보살 모두에게 자신의 소원을 빌어보는 게 어떨까.

독성기도 도량 삼성암

수유동에 자리 잡은 삼각산의 삼성암은 대한불교조계종 총본산인 조계사의 직할사찰로 고종 9년 치

▶ 삼각산의 힘 있는 지세의 꼭지점에 위치하고 있는 삼성암은 아름다운 대웅전으로 유명하다. 5칸의 다포팔작지붕이 웅장함을. 내부의 화려한 닷집이 많은 사람들의 시선을 잡아끈다.

상진 거사가 창건하였다. 초기에는 소난야(小蘭若)라고 불렸던 삼성암은 독성기도 도량으로 유명하다. 삼각산의 힘 있는 지세의 꼭지점에 위치하고 있다. 아름다운 대웅전은 5칸의 다포팔작지붕으로 40평 청기와집이다. 내부에는 화려한 닷집이 보이며 아미타불과 관세음보살, 지장보살을 모시고 있다. 이 부처님은 한국전쟁 때 심원사(경기도 연천)에 있었던 상으로 이 절이 불에 타게 되자 스님들이 천불전에 있던 부처님을 업고 피난하여 이곳에 모셔오게 된 것이라고 한다. 심성암 제일 높은 곳에 위치한 독성각은 홀로 머무는 성자라는 뜻을 가진 나반존자를 모시고 있으며 남쪽의 청도 운문사 사리암과 더불어 중부지방의 독성기도 영험도량으로 유명하다. 이 삼성암이 독성(나반존자)의 상주처로 알려지자, 국내외에서 독성기도를 위해 찾는 신도들이 매해 늘어나고 있다고 한다. 그래서 언제든지 독성각의 목탁소리를 들을 수 있다. 이 밖에도 지장보살을 보신 지장전과 칠성각이 있다.

주변 둘러보기

하나. 이태준고택 〈수연산방〉

월북 작가 이태준이 1933년에 지어 '수연산방'이란 당호를 짓고, 1933년부터 1946년까지 이곳에 거주하면서 단편으로는 〈달밤〉, 〈돌다리〉, 중편으로는 〈코스모스피는 정원〉, 장편으로는 〈황진이〉, 〈왕자호동〉 등 문학작품 집필에 전념하였다. 지금은 까페로 쓰이고 있어 차를 마실 수 있다. 이태준의 정원이 내려다보이는 사랑채에서 커피를 마시며 1930년대의 옛스런 낭만을 만끽하는 것도 나쁘지 않을 듯하다.

둘. 북한산 둘레길

북한산 둘레길은 개장 후 두 달만에 117만 명이 찾는 등 세간의 많은 관심과 사랑을 받는 서울의 명소이다. 사시사철 각각의 아름다움을 느낄 수 있는 곳으로 평일에도 많은 사람이 찾는다. 서울 6개 구와 경기도 3개 시에 걸쳐 둘레길이 형성되어 있으며 북한산과 도봉산을 한 바퀴 도는 이 길의 총길이는 63.2km이다. 특히 13 코스 가운데 흰 구름길은 특별한데 유일하게 12m 높이의 구름전망대가 있어 인수봉을 한 눈에 조망할 수 있다. 북한산을 다 오르지 않아도 정상을 볼 수 있으며 흰 구름길과 솔샘길과 합치면 반나절 산책 코스로 너무 힘든 산행을 하지 않아도 돼 인기가 많다.

셋. 우이동 솔밭근린공원

우이도 덕성여대 맞은편에 위치한 솔밭근린 공원은 100년생 소나무 1천여 그루가 서울 주택가 한복판에 있는 매우 특별한 공원이다. 우이동이라는 이름은 삼각산의 봉우리가 마치 소의 귀처럼 생긴 것에 유래하였다. 우이동은 산에서 흘러내려오는 계곡을 따라 마을이 형성되었으며 육당 최남선 선생의 만년 거처도 이곳에 있으며 근처에 도선사도 위치해 있다. 솔밭근린공원은 꾸미거나 가꾸지 않은 자연 그대로의 숲으로 원래는 사유지였다. 자칫 사라질 수 있는 위기의 숲을 주민과 지방자치단체가 보존운동을 벌려 살린 곳으로 그 의미가 특별하다.

넷. 개운산

'개운산'은 나라의 운명을 새롭게 열었다는 뜻의 개운사 절이 있어 붙여진 이름이다. 광복 전에는 이 일대 울창한 산림으로 인해 인근 마을 사람들의 휴식처가 되고 낙엽이나 잔가지들은 땔감으로 활용되었다. 그러나 광복과 함께 많은 월남민들이 산비탈에 정착하면서 나무를 마구 베어냈고, 6·25전쟁 때 포격으로 한때는 민둥산이 되었다. 1960년대 말부터 시작 된 조림과 식목사업으로 지금은 수령 30년~40년 된 나무들이 자라고 있으며 1982년 근린공원으로 지정되어 다양한 휴양시설과 운동시설을 확충하여 인근 주민의 휴식공간으로 각광받고 있다.

꼭 들러야할 이색 명소

간송 미술관 여행

간송미술관은 간송 전형필 선생이 설립한 우리나라 최초의 근대적 사립 미술관으로 서울 성북구 성북로에 위치해 있다. 간송미술관은 가을 전시를 여는 것으로 매우 유명한데 이 시기를 제외하고 대부분은 학자들이 연구를 목적으로 미술관을 운영하고 있다. 일반공개 전시는 1971년 가을 〈겸재전〉부터 시작되어 이후 〈추사전〉, 〈단원 김홍도 회화전〉 등을 개최하였다. 우리나라 대표적인 화가의 작품을 연구하고 잘 보전하여 일반인들은 물론 학계에도 큰 파장을 일으키고 있다. 2000년대 들어 간송미술관의 전시는 더욱더 풍요로워지고 있어 매번 많은 인파로 긴 줄을 서서 관람하여야 한다. 봄, 가을 전시가 시작되면 많은 사람들이 몰리니 예약은 필수다.

알아두면 좋아요

간송 전형필 선생의 피와 땀으로 만들어진 간송 미술관

간송 전형필 선생은 1906년 고려 말 학자 채미헌공 전오륜의 16대 손으로 우리나라에서 손꼽는 부자 전영기의 장남으로 태어났다. 선생은 유복한 유년시절을 보냈지만 직계가족의 연이은 죽음으로 매우 힘든 나날을 보냈는데 이때 한학과 신학문을 넘나들며 서책을 모으고 책읽기에 몰두한다. 나중에 외종사촌 월탄 박종화가 다녔던 휘문고보를 다녔는데 이때 민족주의자였던 고희동 선생을 만난다. 선생은 간송의 비범함과 웅지를 간파하고 『근역서화징』의 저자인 위창 오세창에게 간송을 소개하게 된다. 그는 간송에게 우리 문화의 소중함을 일깨워주는 정신적 은사 역할을 하고 간송은 그때부터 오늘날에도 끝없이 회자되는 극단적인 문화재 수집을 시작한다. 일제강점기와 한국전쟁의 참화 속에서 전 재산을 털어 우리나라 문화재를 살리기 위해 헌신의 노력을 기울였던 간송의 피와 땀이 서려있는 곳이 바로 간송미술관이다.

사찰 정보 Temple Information

보문사 | 서울특별시 성북구 보문사길 20 / ☎ 02-928-3797 / www.bomunsa.or.kr/

길상사 | 서울특별시 성북구 선잠로 5길 68 / ☎ 02-3672-5945 / kilsangsa.info/

경국사 | 서울특별시 성북구 보국문로 113-10 / ☎ 02-914-2828

정법사 | 서울특별시 성북구 대사관로 13길 44 / ☎ 02-762-0774 / www.jbtemple.org/

내원사 | 서울특별시 성북구 보국문로 262-151 / ☎ 02-941-2011 / www.naewonsa.net

두선사 | 서울특별시 강북구 삼양로 173길 504 / ☎ 02-993-3164 / www.두선사.한국

삼성암 | 서울특별시 강북구 인수봉로 23길 235 / ☎ 02-988-9300 / www.samsungam.org

광륜사 · 천축사 · 망월사 · 회룡사 · 원효사

절경 도봉산에 올라
천년 서울의 속내음을 맡다

천혜의 절경인 도봉산을 품고 있는 도봉 일대는 서울 동북구의 관문이다. 삼국시대에는 군사요충지로 고구려와 신라가 각각 매성군과 내소군을 설치하였다. 고려 때는 견주라 바뀌고 양주로 편입되었다가 조선시대 이르러 한성부의 성외지역이 되었다. 도봉구와 경계를 이루는 의정부 또한 도봉구처럼 천혜의 자연을 자랑하는 곳이다. 사통팔달로 넓게 흐르는 하천과 크고 작은 산들이 조화를 이룬 도시로 현재 반환되는 미군기지 터를 재정비하여 친환경 도시로 변화하기 위해 쉼 없이 달리고 있다. 천혜의 절경 도봉산을 중심으로 사람들의 아프고 지친 마음을 어루만져주는 사찰들이 다수 위치하고있다.

도봉산 제일도량 광륜사

▲ 도봉산 자락에 대찰의 위엄이 숨쉬는 광륜사의 대웅전. 몇 번의 중축으로 현재의 모습에 이르렀다.

천혜의 절경 도봉산 자락에 위치한 광륜사는 대찰의 위엄이 숨쉬는 곳으로 역사는 신라 때로 거슬러 올라간다. 신라 673년 의상대사가 창건하였다고 전해지며 당시의 이름은 만장사였다. 이후 조선시대에는 쇠락하다가 임진왜란을 겪으면서 대부분 소실된 아픈 역사를 간직하고 있다. 조선시대 후기 신정왕후가 부친인 풍은 부원군 조만영이 죽자 풍양 조씨 선산과 인접한 이곳 도봉산 입구에 만장사를 새로 신축하고 별장으로 삼았다고 한다. 고종 때는 흥선대원군이 이곳에

◀ 식조보살상으로 도봉산을 오르는 등산객을 위해 만들어졌다. 등산화를 벗을 필요 없이 등산가는 길가에서 가볍게 예를 올릴 수 있어 좋다.

서 휴식을 취하며 국정을 보기도 하였다.

보살 금득이 1970년대 사찰을 대대로 중창하고 이후 몇 번의 중축으로 현재의 모습에 이르렀다. 이름은 무주당 청화 대종사가 부처님의 자비가 천지에 두루두루 미치기를 염원하여 광륜사라고 하였다. 경내에 오래된 느티나무와 은행나무가 서 있어 유구한 역사를 말해준다. 사찰에 들어서면 가장 눈에 띄는 것이 석조관음보살상이다. 이 보살상은 도봉산을 오르는 등산객들을 위해 만들어졌다고 한다. 등산화를 벗고 법당에 들어가 삼배를 올리는 수고로움을 덜고 등산가는 도중에 가벼이 예를 올릴 수 있도록 말이다.

엄격한 고행의 정진처 천축사

깎아지는 절경, 만장봉을 배경으로 도봉산 동쪽에 자리한 천축사는 소나무와 단풍나무들이 아름다운 수림을 이루는 곳에 위치한다. 천축사의 역사는 신라 문무왕 13년으로 거슬러 올라가며 의상대사가 의상대에서 수도할 때 현재 위치에 절을 창건하고 옥천암이라고 명명하였다.

고려 명종 때에는 영국사를 창건한 뒤 이 절을 부속암자로 삼았으며 조선시대에는 태조 7년(1398년) 함흥으로 갔다가 돌아오던 태조가 옛날 이곳에서 백일기도하던 것을 상기하여 천축사라는 사액(寺額)을 내리고 절을 크게 중창하였다. 절 이름을 천축사라고 한 것은 고려 때 인도 승 지공(誌公)이 나옹화상(懶翁和尙)에게 이곳의 경관이 천축국의 영축산과 비슷하다고 한 데서 유래되었다고 하니 당시의 영험한 절의 분위기를 반영한다. 성종 5년(1474년)에는 왕명으로 다시 절을 중창하였고 명종때 문정왕

◀ 만장봉을 배경으로 자리잡은 천축사는 뛰어난 절경으로 유명한 절이다. 소나무와 단풍나무들의 아름다운 수림뿐 아니라 많은 고승을 배출한 유명한 사찰이다.

후가 화류용상을 헌납하여 불좌를 만들고 순조때 경학이 중창하였다. 그 뒤에도 이 절의 영험한 기도도량으로 여러 차례 중수되었고 1959년의 중수 이후에 현재의 모습에 이르렀다.

▲ 무문관은 근래에 세워진 건물로 참선 정진처로서 부처의 6년의 고행을 본받아 한번 들어가면 4년 또는 6년 동안 면벽수행을 하게 되어 있다.

오래된 절의 역사만큼이나 당당하고 아름다운 사찰의 면모를 보이는데 특히 절의 중심 대웅전이 아름답다. 뒤로 보이는 만장봉의 모습이 대웅전과 조화되어 대웅전의 영험하고 신비한 느낌을 더 한다. 주변에는 원통전, 복운각, 산신각, 요사채 등의 건물이 있으며 참선도량으로 유명한 무문관이 이 절의 특징이다. 이 무문관은 근래에 세워진 건물로 참선 정진처로서 부처의 6년의 고행을 본받아 한번 들어가면 4년 또는 6년 동안 면벽수행을 하게 되어 있다. 방문 밖 출입은 일체 금지되어 있고 음식도 창구를 통해서 들여보내지게 되어 있어 수행 규범의 엄격함이 대단하다. 고승 중 이 무문관에서 오랜시간 정진한 이들이 많다고 하니 이 절의 삼엄한 분위기를 짐작게한다.

토끼 모양의 바위와 월봉이 보이는 망월사

도봉산에 자리 잡은 망월사는 대한불교조계종 제25교구 본사인 봉선사의 말사이다. 이 절은 도봉산에 있는 다른 절처럼 오래된 역사를 자랑한다. 신라 선덕여왕 8년에 해호화상이 왕실의 융성을 기리고자 창건하였다고 전해진다. 절의 이름은 대웅전 동쪽에 토끼 모양의 바위가 있고, 남쪽에는 달 모양

▲ 도봉산 중턱에 자리잡아 경관이 뛰어난 망월사에는 대웅전을 비롯하여 영산전 칠성각. 낙가암. 선원. 범종각과 혜거국사부도 등의 문화재가 있다.

의 월봉(月峰)이 있어 마치 토끼가 달을 바라보는 모습을 하고 있다는 데서 유래되었다. 또한 신라 경순왕의 태자가 이곳에 은거하였다고 하여 신라시절 왕실과의 관계를 짐작케 한다.

고려시대에는 문종 20년 혜거국사가 중창한 이후 여러 차례의 전란으로 황폐해졌다가 조선시대 1691년 동계 설명이 중건하였다. 정조 때에는 여월이 선월당을 세웠고 순조 때는 칠성각을 신축하였다. 이후 1827년의 대대적인 중수를 겪는다. 고종 때에는 완송이 중건하였으며 1884년에는 인파가 독성각을 건립하고 이후 약사전, 설법루 등이 중수되었다. 그리고 몇 번의 중수를 거치고 현재의 모습이 되었다. 건물은 대웅전을 비롯하여 영산전, 칠성각, 낙가암, 선원, 범종각 등이 있으며 문화재로는 망월사 사자 혜거국사부도와 천봉 태흘의 부도가 있다. 이 밖에도 원세개가 1891년에 이 절을 유람하고 쓴 망월사 현판과 영산전 전면에 걸려 있는 주련 4매 등이 있다.

태조 이성계가 돌아왔다고 해서 붙여진 이름 회룡사

회룡사는 조선의 개국과 초기 격동의 역사와 인연이 깊은 절이다. 한자를 그대로 풀어보면 용이 돌아온다는 뜻으로 '용'은 바로 조선을 개국한 이성계를 뜻한다. 고종 18년(1881년)에 우송 스님이 쓴 「회룡사중창기」를 보면 태조 7년에 태조가 함흥에서 한양의 궁성으로 돌아오는 길에 무학대사를 방문하는데 바로 이곳이다. 당시 무학대사는 정도전의 미움과 시기를 받아 이곳 토굴에서 몸을 숨기고 있었다. 태조는 이곳에 절을 짓고 임금이 환궁한다는 뜻으로 절의 이름을 회룡으로 하였다. 절은 조선 후기에 여러 차례 중수되었다. 그러나 1950년 한국전쟁에서 폐허가 되었다. 이에 비구니 도준이 복구를 착수하여 지금의 삼성각과 대웅전과 약사전, 선실, 요사등을 복원하였고 이후 대대적인 복원이 이루어졌다. 현재는 도봉산 대표적인 비구니 사찰로 관음도량의 모습을 갖추고 있다.

▲ 회룡사는 조선의 초기 격동의 역사와 인연이 깊은 절이다. 태조 이성계가 함흥에서 한양의 궁성에서 돌아오는 길에 무학대사를 방문한 절이 이 곳이라고 한다.

이 절의 서쪽 12km 쯤 되는 곳에 천연동굴이 있는데 아마도 무학대사가 정진하던 무학골이 아닌가 싶다. 또한 절의 북쪽 중봉 밑에는 '석굴암'이라는 곳이 있어 일제 강점기 때 김구 선생이 적들의 감시를 피해 숨어 있던 은신처였다고 한다. 사찰은 아름다운 절경을 바탕으로 늠름하게 서 있다. 특히 한국 전쟁 때 불타 없어졌던 대웅전은 1971년에 신축하였는데 당당하고 화려한 모습이 회룡사의 위엄을 보여준다. 대웅전 안에는 석가모니, 관세음보살, 대세지보살을 모시고 있다. 극락전 역시 근래에 신축된 곳으로 아미타부처와 관세음보살과 지장보살을 모시고 신도들이 기도하는 곳으로 법당이 석축 위에 서 있어 그 풍채가 늠름하다. 이 밖에도 약사채, 삼성각, 요사채 등이 있으며 사찰 유물로는 신중탱화, 오층석탑, 석조, 노주 등이 있다.

▲ 화룡사 북쪽 중봉 밑에는 '석굴암'이라는 곳이 있다. 일제 강점기 때 김구 선생이 적들의 감시를 피해 숨어 있던 은신처였다고 한다.

원효대사의 수도처 원효사

도봉산 자락에 자리잡은 원효사는 가는 길에 폭포도 만날 수 있는 작고 소박한 전통 사찰이다. 1988년 10월 25일에 경기도 전통사찰 77호로 지정되었으며 원효대사의 이름을 따서 원효사가 되었다. 창건 연대는 자세히 알려지지 않았으나 신라시대로 추정되고 있다. 선덕왕 때 원효대사가 한동안 이곳에서 도를 닦았다고 알려져 있으며 절 내에 원효대사의 동상이 있다. 1954년 재창할 당시에 절터에서 불기, 수저, 기와, 구들, 동전 등의 유물이 나와 전해 오는 이야기들이 전혀 근거 없는 낭설은 아닌 것 같으나 사적에 대한 기록이 없어 언제 개창되고 무슨 연고로 멸실되었는지 알 수 없다.

1956년 10월 복원 사업으로 요사채를 짓고 1960년대 대웅전과 석가모니불, 문수보살, 지장보살을 모셔 지금의 틀을 갖추었다. 이후 미륵전, 관음전, 원효동상과 미륵불상을 봉안하였다. 이곳에는 묘법연화경이 있는데 이 경전은 법화삼부경의 하나로, 가야성에서 도를 이룬 부처가 세상에 나온 본뜻을 말한 것으로 불교 경전 중 매우 귀한 것이다. 조선 인조 4년에 한글로 필사된 것이 궁중 상궁이 여러 사람들에게 도움을 주기 위해 만든 공덕경으로 글씨가 매우 바르고 잘 보존되어 있어 한글의 표음법을 연구하는데 큰 도움이 된다.

▶ 작고 소박한 전통 사찰인 원효사는 원효대사의 이름에서 유래되었다.

하나. 도봉산

북한산과 함께 북한산국립공원에 포함된 도봉산은 주봉이 자운봉이다. 도봉구와 경기도 의정부시, 양주시와 경계를 이루고 있다. 산 전체가 큰 바위로 이루어져 있으며 자운봉 만장봉, 선인봉, 주봉, 우이암과 서쪽으로 5개의 암봉이 나란히 줄지어 서 있는 오봉이 유명하다. 각 봉우리는 기복과 굴곡이 다양하여 절경을 이루는데 특히 선인봉은 암벽 등반코스로 유명하다. 여름철에는 도봉산의 3대 계곡 문사동계곡, 망월사계곡, 보문사계곡이 산행지점과 연결되 많은 피서객과 등산객이 찾고 있다.

둘. 연산군묘

조선시대 제10대 임금인 연산군과 왕비였던 거창군부인 신씨의 묘로 다른 왕릉보다는 간소하나 조선시대 전기 능묘석물의 조형이 잘 남아 있는 곳이다.

셋. 서울창포원

서울 강북의 끝자락인 도봉산과 수락산 사이에 세계 4대 꽃 중 하나로 꼽히는 붓꽃이 가득한 특수식물원이다. 약 1만 6천 평에 붓꽃원, 약용식물원, 습지원 등 12개 테마로 구분 조성되어 '붓' 모양의 꽃봉오리로 된 붓꽃류 1300여종의 아름다움을 감상할 수 있다. 또한 우리나라에서 생산되는 약용식물의 대부분을 한자리에서 관찰 할 수 있으며, 습지원에서는 각종 수생식물과 습지 생물들을 관찰할 수 있도록 관찰데크가 설치되어 있다.

넷. 무수골

무수천을 거슬러 1.5㎞가량을 올라가면 무수골이라는 자연마을에 이르는데 이곳은 성종 8년에 세종의 9번째 아들 영해군의 묘가 조성되면서 유래되었다. 옛 명칭은 수철동이었으나 세월이 지나면서 무수동으로 바뀌었다. 아무런 걱정 근심이 없는 골짜기, 마을이란 뜻으로 세종이 먼저 간 아들의 묘를 찾아 왔다가, 약수터의 물을 마시고 "물 좋고 풍광 좋은 이곳은 아무런 근심이 없는 곳"이라 했다고 해서 무수골이 되었다고 한다. 도심에서 볼  수 없는 친환경 농법으로 벼농사를 짓고 있으며 모내기와 추수, 탈곡 등 체험행사 및 주말농장도 있어 안전한 먹거리에 관심 있는 이들에게 인기가 좋다.

다섯. 수락산

기암괴석이 웅장한 수락산은 아름다운 바위산으로 명성이 자자하다. 수목은 울창하지 않으나 산세가 수려하고 계곡이 깊으며 산행 내내 시야를 가리지 않는 탁트인 전망이 명산의 면모를 드러낸다. 산의 해발이 637.7m로 그리 높지 않고 산행 역시 힘들고 지루하지 않아 사시사철 등산객들로 문전성시를 이룬다.

여섯. 천보산

의정부와 양주 및 포천의 접경구역까지 있는 장방형의 산이다. 예전 주위에 인삼을 많이 경작하였다. 천보산에는 소나무 군락이 많아 사계절 푸르름을 잘 간직하고 있으며 많은 문화재들이 산재해 있다.

📷 꼭 들러야할 이색 명소

도깨비만 없는 방학동 도깨비 시장

필요한 각종 문물이 즐비하게 늘어선 방학동 도깨비 시장은 도봉구의 옛 상권을 그대로 갖추고 있는 전형적인 골목형 재래시장이다. 1980년 이래 90년대 대규모 유통 할인마트로 인해 침체 되었으나 2003년   시설을 현대화해 새로운 모습으로 변모하고 있다. 상인들의 지속적인 노력과 도봉인들의 관심과 사랑 속에서 방학동 도깨비 시장은 새로운 성공을 이루어낸 혁신적인 시장이 되었다. 현재 방문객들의 편의를 위한 주차장도 완공되어 더욱 편리해졌으며 한정된 품목을 1/10의 가격으로 반짝 세일하고 있으니 찾아가보도록 하자.

알아두면 좋아요

천보산에 살았던 효자이야기

약 300여년 전에 오백주라는 효자가 살고 있었는데 그는 효성이 지극하기로 인근 마을까지 소문이 자자했다. 그가 귀성 도호사로 있을 때 고향에 계신 부친이 위독하다는 소식을 듣고 벼슬을 버리고 고향에 돌아와 부친을 열심히 간호했다. 그러나 병에 차도가 없었는데 어느 날 잠을 자다가 꿈에 산신령이 나타나 산삼과 석밀(벌이 산속에 나무와 돌 속에 모아 둔 꿀)을 복용하면 아버지의 병이 낫는다고 알려주었다. 효성이 지극한 오백주는 겨울철에 꿀을 구하기 위해 애를 쓰다 천보산 축석령을 넘게 되고 호랑이 한 마리를 만나게 된다. 이에 호랑이에게 석밀을 구하고 나서 잡혀먹겠다고 업드려 애원했는데 정신을 차려보니 호랑이는 간데없고 큰 바위 밑에 석밀이 나오고 있었다. 이 석밀을 아버지께 갖다 드리고 아버지병이 나았는데 효성이 지극한 오백주에게 산신령이 가호를 베풀었다고 해서 그 바위를 범 바위라 불렀다. 그 후 오백주는 매년 이 바위에서 고사를 지냈고 그래서 천보산의 축석령이 되었다.

**사찰
정보**

Temple
Information

광륜사 | 서울특별시 도봉구 도봉산길 86-1 / ☎ 02-9565-5555 / www.gwangryunsa.com/

천축사 | 서울특별시 도봉구 도봉산길 92-2 / ☎ 02-954-1474 / www.cheonchuksa.kr

망월사 | 경기도 의정부시 망월로28번길 211-500 / ☎ 031-873-7744

회룡사 | 경기도 의정부시 전좌로 155번길 262 / ☎ 031-873-3391

원효사 | 경기도 의정부시 망월로28번길 164-100 / ☎ 031-873-6083

봉은사 · 능인선원 · 법수선원 · 영화사

바쁜 도심 속에서
명찰이 주는 여유를 만끽하다

■ ■ ■ 대한민국의 대표 부촌 강남구는 서울의 동남부에 위치하고 있다. 문자 그대로 한강 이남에 있다고 해서 강남이 되었으며 1970년대 서울 도시개발계획이 세워지면서 점차 지금의 모습으로 변했다. 서울시 25개 자치구 중 재정자립도 1위를 자랑하고 있다. 광진구는 조선시대 한강 나루터 '광나루'의 이름을 따서 광진구가 되었으며 온달 장군과 평강 공주의 이야기가 전해 내려오는 문화유적 지역이다. 한강의 북쪽 강변과 아차산을 끼고 있으며 삼국시대에는 전략전 요충지로 많은 유적들이 남겨져있다. 우리나라 대표적인 부촌, 강남구와 온달장군과 평강공주의 이야기가 잠들어 있는 광진구에 바쁘고 지친 현대인들의 잠깐의 휴식처가 되고 있는 사찰이 숨쉬고 있다.

강남 한복판에 서 있는 천년고찰 봉은사

▲ 봉은사는 오래된 역사를 자랑하는 천년고찰이다. 현판은 추사 김정희가 쓴 것으로 봉은사의 오래된 역사를 읽을 수 있다.

사찰과 어울리지 않을 것 같은 강남 한복판, 삼성동에 위치한 봉은사는 오래된 역사를 자랑하는 천년고찰이다. 즐비한 빌딩숲을 지나 봉은사 경내로 들어서면 스스로 강남에 있는 건가 하는 의구심이 든다. 봉은사는 신라시대 고승 연희국사가 원성왕 10년에 경선사로 창건한 곳으로 삼국유사에 따르면 연회국사는 영축산에 은거하면서 법화경을 외우며 보현행을 닦았던 신라의 고승이다. 또한 삼국사기 38권 〈잡지(雜誌)〉 제7에는 봉은사에 관한 또 다른 기록이 실려 있는데 이른바 성전사원에 해당하는 일곱 사찰 가운데 하나로 봉은사

▲ 강남의 한복판에 위치한 봉은사는 도심 속의 대찰의 면모를 보여주는 중요한 사찰이다. 이층 누각으로 지어진 종루의 모습에서 봉은사의 위엄이 느껴진다.

45

가 언급되고 있다. 성전은 왕실에서 건립하는 사찰의 조성과 운영을 위해 설치하는 일종의 관부이다.

봉은사는 신라시절 대단히 큰 비중을 차지했던 곳으로 신라 진지왕의 추복을 위해 건립되었으며 혜공왕 대에 사찰 조성을 시작하여 선덕왕을 거쳐 원성왕 대 이르러 완성된 고찰인 것이다. 고려시대에는 사료적으로 찾기에는 어려움이 있으나 충혜왕 5년(1344년)에 조성된 은입사향로에 대한 내용으로 봉은사의 역사를 짐작해 볼 수 있다. 이것은 현재 보물 제311호로 지정되어 봉은사에 있다가 지금은 동국대 박물관에 소장되어 있다.

조선시대에는 문정왕후의 정책으로 보우스님의 활동에 힘입어 수사찰의 지위를 확고히 다진다. 선종 수사찰이 된 봉은사는 교종의 수사찰인 봉선사와 함께 불교계를 이끌었으며 명실상부 전국 으뜸의 사찰이 되었다. 임진왜란을 거치며 봉은사도 피해를 입었으나 대체적인 절의 모습은 그대로 유지하였다. 이후 벽암대사가 피해 입은 당우를 중건하였고 당시 벽암대사의 여러 사대부 친구들이 이 절을 많이 찾았다. 애석하게도 병자호란때 봉은사는 큰 피해를 입게 된다. 몇 간의 당우만 남기고 전소되었지만 경림 스님을 중심으로 중창되어 다시 옛 형세를 유지하였다. 이후 몇 번의 재앙을 만나 수차례 중사를 거쳤으며 숙종이 중창을 돕는 재물을 내리기도 하였다. 그 다음에도 여러 번의 중창이 이루어져 지금의 모습이 되었다.

코엑스를 지나 봉은사의 진여문을 지나면 절의 고즈넉한 분위기가 좌중을 압도한다. 종각 아래쪽 연못 가운데 백색의 관음상이 아름다운 모습으로 서 있는데 이는 아미타불 극락세계의 연꽃이 핀 아홉 개의 연못 중 하나에 서 있는 모습을 형상화 한 것이다. 그 옆으로는 부도와 탑비 공덕비가 나란히 늘어져 있으며 이 공덕비를 마주보고 보우당과 향적원이 있다. 보우당은 아셈정상회의를 위해 국가의

▲ 봉은사는 신라시절 대단히 큰 비중을 차지했던 곳으로 신라 진지왕의 추복을 위해 건립되어 선덕왕을 거쳐 원성왕 대에 이르러 완성되었다.

▲ 영각 옆에는 위치한 미륵대불. 10년간에 이루어진 대작불사로 1996년에 완공된 23m의 국내 최대의 부처님이다.

지원을 받아 사하촌을 정리하고 건립한 건물로 보우대사의 불교 중흥의 뜻을 기리기 위해 보우당이라고 명명하였다. 기초학당, 불교대학, 노인대학, 경전학교 등의 신도교육이 상시 이루어지고 있으며 지하에는 무의탁자나 외국인노동자를 위한 무료진료소가 운영되고 있다. 이층 누각으로 지어진 종루 옆에는 대웅전과 마주한 법왕루가 있다. 사시예불을 올리는 장소로 대법회와 기도, 수행 등이 이루어지고 있는 대법회 장소이다.

봉은사의 중심 대웅전은 옛 사찰의 풍모를 보여주는 고즈넉한 건물이다. 법당 안에는 2층 닫집을 짓고 중앙에는 석가모니불과 아미타불, 약사여래를 모셨다. 이 삼존불은 보물 1819호로 지정되어 있으며 후불탱화는 삼여래회상도를 안치하였다. 대웅전을 뒤로 하고 걸으면 영산전과 북극보전(삼성각), 영각이 나온다. 영각 옆에는 미륵대불이 서 있는데 10년간에 이루어진 대작불사로 1996년에 완공된 23m의 국내 최대의 부처님이다. 이밖에도 많은 건물들이 있으며 가장 외진 곳에 서 있는 현대식 건물은 수련원으로 도심의 전통 불교문화의 거점지로 활용되고 있다. 강남구의 빌딩숲에서 지친 걸음을 다시 회복하고 싶다면 이 봉은사에 잠깐 휴식을 취하며 부처님의 넓은 도량을 느껴 보는 건 어떨까.

부처님 말씀 전해주는 쉼터, 능인선원

대한불교 조계종에서 운영하는 사회복지법인으로 강남구 포이동 55번지에 위치하고 있다. 현대적 건물로 일반적으로 생각하는 사찰건물과는 거리가 멀다. 그러나 부처님의 가르침을 근본으로 불자양성과 포교 및 사회복지를 증진하는 수행도량이다. 능인종합사회복지관과 능인불교대학 등을 운영하고 있으며 국제적인 포교활동에도 적극적이어서 영어법회가 있으며 미국, 태국, 자카르타 등지에도 지원을 한다. 포이동 법당은 지상 3층, 지하 5층 규모의 현대식 건물로 신도 25만 명이 있다. 바쁜 일상에서 부처님의 말씀을 전해주는 쉼터의 역할을 잘 수행하는 대형도심사찰이다.

▶ 능인선원은 조계종에서 운영하는 사회복지법인으로 현대적 건물의 사찰이다.

참선수행 정진하는 아담한 도심 사찰 법수선원

강남구에 자리한 법수선원은 재단법인 선학원의 분원이다. 선학원은 친일불교 및 일제의 사찰정책에 대해 전통불교를 수호하고 일제의 사찰정책에 대항하기 위해 1922년 3월 30일 선우공제회(禪友共濟會)를 결성한데서 시작되었다. 1926년 범어사 포교당으로 전환되었다가 1931년 재건기를 거쳐 1934년 12월 5일 조선불교중앙서리참구원으로 인가받았다. 이듬해 조선불교전국수좌대회를 개최하였고, 1941년 2월 26일에는 청정승풍과 전통 선맥 선양을 위해 청정비구 34인이 참석한 유교법회를 개최하기도 하는 등 일제 강점기 식민지 불교정책에 맞서 전통계율을 지키고 선전통을 유지하기 위해 노력했던 단체이다. 법수선원은 일반 불자들의 선수행과 신앙생활의 공간으로 아주 아담한 도심사찰이다. 현재 있는 당우는 대적광전, 명부전, 종각등의 건물이며 관련된 문화재로는 명부전에 봉안된 산신도가 유명하다. 이 산신도는 선학원 소유로 법수선원 개원 이전 주지 혜광 스님이 1950년경 도봉산 망월사에서 이관한 것으로 알려져 있다. 부분적으로 촛농으로 인한 훼손이 있고, 화기가 남아 있지 않아 정확한 조성연대와 화승은 알 수 없으나 화풍으로 볼 때 19세기 후반 그려진 것으로 추정된다. 소나무, 산신, 호랑이 등이 안정된 배열구성을 이루고 있고 일반적인 산신도에서 호랑이가 해학적으로 묘사되는 것과는 달리 이빨을 드러내며 꼬리를 길게 쳐들고 앞 발톱을 세운 채 이글거리는 눈으로 정면을 응시하고 있으며, 터럭 하나까지도 섬세하게 표현된 사실적인 묘사가 돋보이며 2005년 2월 11일 서울특별시 문화재자료 제28호로 지정되었다.

◀ 아담한 도심사찰 법수선원은 일반 불자들의 선수행과 신앙생활의 공간이다.

소나무향 그윽한 아차산의 천년고찰 영화사

▲ 소나무향이 그윽하고 강 내음이 바람을 타고 올라오는 아차산 남단에 위치한 영화사는 키가 큰 고목들이 많아 경건한 분위기가 물씬 풍기는 사찰이다.

영화사는 소나무향이 그윽하고 강 내음이 바람을 타고 올라오는 광진구 아차산 남단 중턱 햇살이 가득한 곳에 자라잡고있는 천년고찰이다. 신라 문무왕 12년에 화엄종을 개창한 의상대사가 화양사라는 이름으로 처음 창건하였다고 전해진다. 조선시대에는 1395년 태조가 이 절의 등불이 궁성(宮城)에까지 비친다고 하여 산 아래의 군자동으로 옮겨 짓게 하였다. 그 뒤 다시 중곡동으로 이건하였다가 1907년에 현 위치로 이전하면서 영화사라 이름을 바꾸었으며, 1909년에 도암스님이 산신각과 독성각을 건립하여 현재의 모습이 되었다.

영화사에는 거대한 미륵석불입상이 미륵전에 모셔져 있다. 이 미륵불은 세조가 이곳에서 기도하여 지병을 치유하였다는 설화가 전해지고 있어 영험한 것으로 이름이 높다. 현재까지도 이 영험함을 믿고 미륵불을 찾는 이들이 많다고 한다. 현존하는 당우로는 극락보전을 중심으로 삼성각·미륵전, 선불, 요사채 등이 있다.

경내에 들어서면 탁 트인 전망과 넓은 경내가 시선을 사로잡는다. 오래된 사찰의 역사만큼이나 큰 키를 자랑하는 고목들이 사찰의 경건한 분위기를 더해주고 있다. 깨끗하고 청량한 약수와 우물이 유명해 등산객들도 산행중 목이 마르면 자주 찾는다. 현재까지도 많은 신도들을 보유하고 있으며 학생들이 많이 찾고 있어 이 일대에서 이름이 높은 사찰이다.

▶ 영화사의 미륵전에는 거대한 미륵석불입상이 모셔져있다.

주변 둘러보기

하나. 신사동 가로수길

이국적인 카페와 상가들이 즐비하게 길을 이루는 가로수길은 이색적인 정취를 자아내는 장소로 강남의 얼굴로 인기가 높은 곳이다. 기업은행 신사동 지점에서 신사동 주민센터까지 이르는 거리로 천천히 걸으면서 건물 구경하기 안성맞춤이다. 유럽풍의 카

페와 일본 전통 음식점, 한국 전통음식점과 빈티지 상점과 유명 옷가게 등이 혼합되어 있다. 한국에서 가장 세련된 동네라는 명성에 걸맞게 이런 상점들이 눈에 보기 좋게 잘 정돈되어 있다.

둘. 선정릉

빌딩숲을 이루는 테헤란로 옆에 위치한 숲에 선정릉이 있다. 이곳에는 조선 9대 임금 성종과 계비 정현왕후 윤씨의 무덤인 선릉, 11대 임금 중종의 무덤인

정릉이 있다. 이 능은 유네스코 세계유산에 등록된 문화적 자산으로 왕릉이 시작되는 홍살문과 신도부분, 제사를 지내는 정자각, 시신이 모셔진 능침부로 이루어져 있다. 선정릉을 걸을 때는 주의할 게 있다. 영혼들이 걸었던 길 신로를 걷지 말아야 하는데 T자모양의 정자각으로 가는 돌길을 살펴보면 왼쪽에 살짝 올라간 부분이 있다. 이게 바로 신로다. 비록 옛 법이라고 하나 주의를 당부한다.

셋. 도산공원

작은 공원이지만 30년 넘게 신사동의 한자리를 묵묵히 지킨 신사동의 터줏대감이다. 아담한 규모로 도산 안창호 선생의 애국정신과 교육 정신을 기리고자 공원으로 조성되었다. 공원 안에는 안창호 선생과 부인 이혜련 여사의 묘소, 동상, 기념관, 말씀비, 체육 시설들이 있으며 기념관 안에는 임시정부 사료집과 도산 일기가 전시되어 있다.

넷. 아차산

삼국시대 고구려와 백제, 신라가 한강 유역 주도권 다툼을 활발히 할 때 광장동 아차산 일대는 치열한 각축전이 벌어졌던 장소이다. 백제, 고구려, 신라가 차례로 장악하면서 삼국의 유물이 공존하는 곳이기도 하다. 아차

산성은 백제가 고구려의 남하 정책에 맞서 도읍을 지키는 요새였으며 『삼국사기』에도 기록되어 있다. 5호선 광나루역에서 새로 난 등산로를 따라 오르면 아차산 입구와 생태공원이 나오고 온달장군과 평강공주의 동상을 볼 수 있다.

넷. 어린이대공원

1973년 5월 5일 어린이날 문을 열어 현재 동물 100여 종이 살고 있는 어린이대공원은 광진구의 자랑이다. 호랑이와 사자를 비롯한 맹수와 초식동물 등을 한 자리에서 볼 수 있으며 넓은 공원에 많은 수목이 심어져있다. 특히 봄에는 벚꽃이 흐드러지게 피고 여름에는 시원한 그늘을 드리워서 많은 가족단위 관광객이 찾는 곳이다.

알아두면 좋아요

온달장군이 전사한 곳 아차산성

고구려 평원왕에게는 울보공주가 있었는데 이름이 평강이었다. 평강이 울때마다 왕은 자꾸 울면 바보 온달에게 시집을 보낸다고 겁주고 달랬다. 공주가 자라 혼기가 되자 권문세족 고씨집안으로 공주를 시집보내려고 하자 공주는 궁을 뛰쳐나와 온달과 만나 부부가 된다. 평강은 온달에게 학문과 무예를 가르쳐 훌륭한 장군으로 만들었는데 온달이 신라에 뺏긴 한수 이북의 땅을 두고 싸우다 전사한 곳이 아단성, 즉 아차산성이라고 전해진다. 이 아차산성에는 신분을 뛰어넘은 사랑을 한 평강공주와 온달장군의 사랑이 잠들어 있다.

📷 꼭 들러야할 이색 명소

바다로 떠나는 색다른 여행, 코엑스 아쿠아리움

바다를 사랑하는 사람이면 발걸음을 떼기 힘든 코엑스 아쿠아리움은 전시 생물 6500여 종 4만 마리에 이르는 대형 수족관이다. 물의 여행이라는 주제로 아마조니아월드, 맹그로브오 해변, 오션킹 덤, 해양포유류존, 딥블루씨 등 13개 구역으로 나뉘어 있으며 다양한 생물을 자연에 가까운 상태로 전시해 놓았다. 아쿠아리움에 들어 선 순간 바다 속에 들어와 있는 것 같은 착각이 들 정도로 생생하게 바다생물을 만날 수 있다. 특히 초대형 식인상어와 가오리, 바다거북 등이 헤엄치는 평화로운 모습을 볼 수 있어 어린이들에게 인기가 많다.

사찰 정보
Temple Information

봉은사 ｜ 서울특별시 강남구 봉은사로 531 / ☎ 02-3218-4800 / www.bongeunsa.org/

능인선원 ｜ 서울특별시 강남구 양재대로 340 / ☎ 02-577-5800 / www.nungin.net/

법수선원 ｜ 서울특별시 강남구 헌릉로 590길 109-30 / ☎ 02-3411 1139 / www.bcsw.or.kr/

영화사 ｜ 서울특별시 광진구 영화사로 107

보광사·용암사·자인사·흥룡사·자재암

분단 경계에서 민족 아픔을
부처님 자비로 달래다

■ ■ ■ 파주, 동두천와 포천 지역은 경기도의 최북단에 위치한 고장이다. 사방이 산으로 둘러싸여 있고 드넓은 평야와 맑고 깊은 강, 맑은 계곡 등이 있어 서정적인 정취가 흐른다. 그러나 역사적으로 볼 때는 수난과 분단의 아픔을 겪었던 지역으로 북한과 맞닿아 있는 경계이다. 황해도와 파주 사이를 지나는 임진강 주변은 경치가 아름답기로 유명해 예로부터 시인묵객이 많이 찾던 곳으로 수직 절벽이 병풍처럼 형성되어 있다. 깨끗한 강과 깊은 산이 한 폭의 그림이 되는 이곳에 분단의 아픔을 치유하며 사람들의 마음까지 편안히 만드는 사찰이 숨쉬고 있다.

부처님 자비로 파주를 살피는 보광사

파주 광탄면 고령산 자락에 자리잡은 보광사는 유구한 역사를 지닌 사찰이다. 조계종 제25교구 본사 봉선사의 말사로 신라 진성여왕 8년에 왕명을 받은 도선이 창건하였다고 전해진다. 고려시대에는 원진이 중창하고 범민이 불보살상 5위를 봉안하였으며 우왕 14년에 무학자초가 중창하였다. 그 뒤 임진왜란 때 소실되었던 절을 광해군 4년에 설미와 덕인이 중건하였고 현재 범종을 봉안하였다. 이후 영조때 대웅보전, 관음전을 중수하였고 인근에 있던 영조의 생모 숙빈 최씨의 묘소인 소령원의 기복사로 삼았다. 조선시대에도 몇 번의 중수를 하여 쌍세전, 나한전, 큰방, 수구함 등을 새로 지었으나 6·25전쟁 때 일부 건물이 소실되었다.

맑은 산 공기를 뒤로 하고 일주문을 지나 경내로 들어오면 고즈넉한 절의 풍경이 들어온다. 비탈길에 세워진 사찰답게 석축을 쌓았으며 당당한 모습이 보기 좋다. 가장 먼저 눈에 들어오는 것은 1740년 무렵에 창건된 만세루이다. 만세루 툇마루에 가보면 목어가 조각되어 있는데 몸통은 물고기 모양이지만 눈썹과 둥근 눈이 꼭 용의 형상을 하고 있다. 만세루를 지나면 범종각이 보인다. 이곳에 있는 승정칠년명동종은 경기도 유형문화제 제158호로 1634년에 승려 천보와 상륜, 경립에 의해 조성된 것

▼ 보광사는 고령산 자락에 자라 잡은 고즈넉한 사찰로 아름다운 경내를 자랑한다. 비탈길에 세워진 사찰로 경내에 들어서면 맑은 산 맑은 공기가 맞아준다.

▲ 보광사 만세루는 1740년 무렵에 세워졌으며 이 곳의 승정칠년 명동종은 조선후기 범종양식이 잘 나타나 있는 소중한 문화재이다.

으로 조선후기 범종양식이 잘 나타나 있다.

그 뒤를 걷다보면 높게 쌓은 석축기단 위에 당당하게 서 있는 대웅보전이 보인다. 서향으로 앉은 다포계양식의 겹처마 팔작지붕으로 만세루와 마주보고 있다. 주춧돌에 맞춰 자연스럽게 깎은 배흘림기둥이 눈길을 사로잡는다. 천장의 단청은 다른 대웅보전과 달리 잘 보존되어 있으며 안에는 목조석가여래좌상이 모셔져 있다. 대웅보전 편액은 목판에 양각으로 되어 있는데 영조의 친필로 전해진다. 대웅보전 오른편에는 영조의 생모인 숙빈 최씨의 신위가 모셔져 있으며 어실각 바로 앞에 영조가 생모에 대한 그리움을 달래기 위해 심었다는 향나무가 있어 영조의 효심을 엿볼 수 있다. 대웅전 옆에는 원통전이 있어 관음보살을 모시고 삼장탱화가 있다. 이밖에도 석가삼존상과 나한상 16위를 모신 응진전과 산신각, 지장전이 있다. 영각전 뒤로 1981년에 조성된 호국대부로 불리는 석불전이 있는데 이 안에는 부처님의 진신사리 11과 5대주에서 가져온 각종 보석과 법화경, 아미타경 및 국태민안 남북통일의 발원문이 등이 봉안되어 있다.

두 개의 석불입상이 지키는 부녀자들의 기도처 용암사

장지산 기슭에 자리 잡은 용암사는 절 뒤에 서쪽을 향하고 있는 보물 제93호인 파주 용미리석불입상과 깊은 관계가 있다. 창건 전설에 의하면 고려 선종이 왕후와 후궁으로부터 아들을 얻지 못하여 고민하던 중, 하루는 후궁인 원신공주의 꿈에 두 도승이 나타나서 파주군 장지산에 사는데 식량이 떨어져 곤란하니 그 곳의 두 바위에 불상을 조각하라고 하고 이를 지키면 소원을 이루어 주겠다고 하였다. 이에 조사해보니 꿈속에 말 한 대로 바위 두 개가 서 있었고 서둘러 그곳에 불상을 조성하였다. 그 때 두 도승이 다시 나타나 좌측은 미륵불을 우측에는 미륵보살상을 조성할 것을 지시하였고 모든 중생이 와서 기도하면 아이를 원하는 자는 득남하고 병이 있는 자

▶ 장지산의 아름다움을 한 눈에 볼 수 있는 용암사는 조용하고 운치있는 사찰이다.

는 쾌차할 거라는 말을 남기고 사라졌다고 한다. 이후 불상이 완성되고 그 밑에 절을 창건하였는데 바로 용암사이다. 그 후 원신공주에게 태기가 있었고 한산후 물을 낳았다. 그래서 이 절과 불상은 예로부터 아기를 원하는 부인들에게 기도하면 영험이 있다고 믿어져 왔기 때문에 부녀자들의 기도처로 알려졌다.

용암사는 오래된 역사와 영험한 기도처임에도 1997년 화재로 많이 소실되어 사람들의 마음을 안타깝게 하였다. 몇 년 전부터 재건축을 하고 있으나 아

▲ 용암사 파주용미리석불입상은 고려 선종의 후궁인 원신공주와 깊은 인연이 있는 마애불로 예로부터 아기를 원하는 부인들에게 기도하면 영험이 있다고 믿어져 왔다.

직도 완전한 모습을 갖추고 있지는 못하다. 현재 당우로는 대웅전과 미륵전, 요차채 등이 있는데 이 절에 있는 쌍석불은 1953년에 이승만 대통령이 참배한 것을 기념하기 위해 건립한 것으로 현재 대웅전 옆에 있다.

궁예의 울음이 남아있는 자인사

▲ 자인사는 궁예가 부하인 태조 왕건에게 패한 후 크게 울었던 명성산에 자리 잡은 사찰이다. 자인사 대웅전 앞에는 울음을 터트렸던 궁예의 일화와 대비되게 호탕한 웃음 석불이 자리하고 있다.

궁예가 자신의 부하였던 고려 태조 왕건에게 패한 후 이곳으로 쫓겨 와 크게 울었다고 해서 이름 붙여진 포천의 명성산 기슭에 자리잡은 자인사는 경내에 솟아나는 샘물이 맛좋기로 유명하다. 이 자인사의 터에 궁예가 제사상을 차리고 자주 기도를 올렸다고 전해지고 있으며 왕건이 고려를 세우고 즉위하자 그의 시호를 따라 절 이름을 신성암이라고 하였다. 거란의 침입과 6·25 전쟁으로 수

많은 문헌과 역사적 기록이 소실되어 구전으로 전하는 이야기와 절터만 남았다. 1964년에 허물어진 축대와 옛 법당자리로 추정되는 곳에 김해공 스님이 다시 중수하였고 이름을 자인사로 불렀다. 암벽을 배경으로 아담한 자인사가 서 있는데 대웅전 앞에는 호탕한 웃음을 터트리는 석불이 자리하고 있다.

55

도선국사가 창건한 흥룡사

포천 백운산에 위치하고 있는 흥룡사는 대한불교조계종 제25교구 본사인 봉선사의 말사로, 신라말 도선국사가 창건하여 내원사라고 불렀다고 한다. 도선이 이 절을 정할 때 나무로 세 마리의 새를 만들어 공중에 날려 보냈더니 그 중 한 마리가 백운사에 앉았기 때문에 그곳에 절을 창건하였다고 전해진다. 조선 태조때에

▲ 신라말 도선국사가 창건했다고 전해지는 흥룡사는 많은 건물이 소실되어 옛 자치를 찾아 볼 수는 없지만 대웅전과 요사채가 남아있어 오고가는 사람들의 쉼터가 되고 있다.

는 무학왕사가 중창하였으며 그 뒤에 인조 6년 무영이 다시 중수하였다. 정조 10년에는 태천이 중건하여 백운사로 하였다가 다시 흥룡사로 고쳤다. 6·25전에 대웅전을 비롯한 많은 건물이 불에 타서 소실되어 현재는 36평의 대웅전과 요사채를 겸한 1동의 당우만 있다. 그러나 주춧돌과 돌담이 남아 있고 청암당부도와 무너진 무영대사부도를 통해 옛 사찰의 규모를 짐작케 볼 수 있다.

인근의 백운계곡은 광덕산(1,046m)과 백운산 정상에서 발원한 물이 모여 형성된 골짜기로 계곡의 길이만 해도 10km에 달하며, 계곡물이 흘러내리며 연못과 기암괴석이 어우러져 빚어내는 아름다움은 절

경이다. 백운계곡에서 광덕 고개로 넘어가는 길은 주변 경관이 아름다워 드라이브 코스로도 유명하다.

◀ 주변 경관이 아름다운 백운계곡. 매년 겨울에는 계곡 일대에서 동장군 축제를 개최하여, 다양한 겨울 놀이 행사 및 전시를 진행하고 있다.

소요산의 맑은 기운을 담은 천년고찰 자재암

소요산에 자리잡은 자재암은 맑은 산길을 따라 걷다보면 그 모습을 드러내는 사찰이다. 신라 무열왕 1년 원효스님이 창건하였다고 전해진다. 고려시대에 들어오면 광종 25년 각규대사가 태조의 명을 받아 중창하고 소요사라고 명명하였다. 그 후 화재로 소실된 것을 의종 7년 각령이 대웅전과 요사채를 복구하여 명맥을 이어왔다. 조선시대에 들어와서 사찰에 대한 구체적인 연혁이 전해지지는 않으나

▲ 소요산의 한적한 산길을 따라가다 보면 모습을 드러내는 자재암은 맑은 공기가 지친 심신을 어루만져 주는 작은 사찰이다.

『세종실록지리지』에 따르면 태조의 원당으로 밭 1백 50결을 하사했다고 적고 있어 당시의 규모를 짐작해 볼 수 있다. 현재의 사찰의 모습은 진정스님, 성각스님 등이 중수로 이루어진 것이다.

　소요산 전철역에서 한 십여 분 걸어가게 되면 자재암 입구를 만나게 되는데 계곡을 끼고 올라가는 108계단은 단풍이 들 때가 되면 매우 아름답다. 절 내는 아담하고 깔끔하게 정리되어 있으며 보물 제 1211호 금강반야바라미다심경약소가 있다. 자재암의 대웅전은 정면 3칸, 측면 2칸의 규모의 팔작지붕으로 1961년 진정스님이 불사하여 건립된 것이다. 법당 내부에는 석가여래좌상과 관음보살좌상, 대세지보살좌상, 지장보살좌상, 위태천입상이 봉안되어 있다. 경내에 원효샘이 있는데 원효대사가 이 물로 차를 마시며 수행을 하였다고 전해진다. 고려시대 시인인 백운 이규보는 이 물맛을 '젖 같이 맛있는 차가운 물'이라고 하였다. 자재암에서 소요산의 풍광을 느끼며 차 한 잔 마셔보는 건 어떨까.

▶ 원효스님이 정진했다는 동굴. 지금의 부처님을 모신 나한전이다. 바로 옆에 약수가 나오는 원효샘이 있다.

하나. 자운서원

광해군 7년 지방 유림의 공의로 율곡 이이의 학문과 덕행을 기리기 위해 창건되었으며 효종 원년에 자운이라는 사액을 받은 곳이다. 높은 대지 위에 사당을 앉히고 사문 앞 계단을 오르도록 설계 되었다. 1970년대 정화사업으로 깔끔한 분위기의 공원으로 꾸며 졌으며 율곡기념관도 같이 있다.

둘. 임진강

이북 한남 마식령에서 근원하여 강원도를 거쳐 경기 연천, 적성, 고랑포를 지나 파주시 사이에서 한강으로 유입되어 황해로 흐르는 강으로 아름다운 풍광을 자랑한다. 임진강 주변의 수직절벽과 물안개는 절경 중의 절경으로 사진작가들이 많이 찾는 명소이다.

셋. 소요산

웅장한 산세는 아니나 산능선이 병풍처럼 연출되어 성벽을 이룬 것 같은 듯하여 경기의 소금강이라고 불리는 경승지이다. 봄이면 진달래, 가을이면 단풍으로 유명하여 사시사철 많은 관광객들이 찾는 명산이다.

넷. 명성산

가을철이면 억새산행으로 유명한 산으로 산자락에 산정호수를 끼고 있어 등산과 호수의 정취를 만낄 할 수 있는 곳이다. 태봉국을 세운 궁예의 애환과 울음이 숨겨져 있다. 언제부턴가 산능선 넘어 억새꽃이 장관을 이룬다는 것이 입소문을 타고 많은 관광객에게 전해져 이제는 명성산 억새꽃 축제가 되었다.

소요산에 숨어 있는 원효대사와 요석공주의 사랑

원효스님이 일찍이 어느 날 갑자기 거리에서 다음과 같이 노래를 불렀다. "누가 자루 없는 도끼를 내게 빌려 주겠는가? 내가 하늘 떠받칠 기둥을 깎으리." 사람들이 아무도 그 노래의 뜻을 알지 못했으나 태종은 말의 의미를 알 수 있었다. 이에 "이 스님은 필경 귀부인(貴婦人)을 얻어서 귀한 아들을 낳고자 하는구나. 나라에 큰 현인(賢人)이 있으면 이보다 더 좋은 일이 없을 것이다." 이때 요석궁에 과부 공주가 있었는데 왕이 궁리에게 명하여 원효대사와 요석공주를 만나게 하라고 하였다. 이에 궁리가 원효대사를 요석공주에게 데리고 갔고 그 후에 공주는 과연 태기가 있더니 설총을 낳았다고 전해진다. 현재 소요산 농쪽에 요석공주가 아들 설총과 함께 기기히던 터가 남아 있다.

꼭 들러야할 이색 명소

프랑스의 정취를 느끼는 파주 프로방스

프로방스란 프랑스 동남부, 이탈리아와의 경계에 있는 지방을 말한다. 파주 프로방스는 1996년 8월 프로방스를 닮은 이태리 정통 레스토랑을 시작으로 리빙, 도자기 공방, 베이커리, 카페 등 다양한 사람들이 모여 일구어진 아름다운 마을로 얼마 전 방영한 〈별에서 온 그대〉의 촬영지로 사랑받고있다.

예술의 이름으로 모두 모인
헤이리 예술마을

헤이리는 다양한 장르가 한 공간에서 소통하는 문화예술마을로 파주지역에 전해 내려오는 전래 농요'헤이리 소리'에서 이름을 따왔다. 1998년 발족된 헤이리는 15만평에 미술인, 음악가, 작가, 건축가 등 380여 명의 예술인들이 회원으로 참여해 집과 작업실, 미술관, 박물관, 갤러리, 공연장 등 문화예술공간을 조성한 곳이다. 산과 산 사이에 위치해 있으며, 마을 한 가운데 자연지형의 갈대 늪지와 다섯 개의 작은 다리가 있다. 숲과, 냇가, 건축과 예술이 어우러져 있어 걸으며 관람해 보는 게 어떨까.

효과 100배 코스 ㅣ 파주

반구정 ····· 파주 이이유적지 ····· 용미리마애이불입상, 용암사

**사찰
정보**
Temple
Information

보광사 ㅣ 경기도 파주시 광탄면 보광로 474번지 87 / ☎ 031-948-7700 / www.bokwangsa.net/

용암사 ㅣ 경기도 파주시 광탄면 용미리 산 11 / ☎ 031-942-0265

자인사 ㅣ 경기도 포천시 영북면 산정호수로 808 / ☎ 031-532-6141

흥룡사 ㅣ 경기도 포천시 이동면 포화로 236-73 / ☎ 031-535-/363 / 흥동사.kr/

자재암 ㅣ 경기도 동두천시 평화로2910번길 406-33 / ☎ 031-865-4045 / www.jajaeam.org/

연주암 · 용덕사 · 봉녕사 · 용주사 · 칠장사

넉넉한 인심 담은 고장에서
만나는 정겨운 사찰

■ ■ ■ 과천, 용인, 수원, 화성, 안성 지역은 경기도의 서남부를 차지하는 넓은 지역으로 깨끗한 물과 공기를 갖춘 사람이 살기 좋은 고장이다. 과천은 남태령을 넘으면 바로 정부과천청사가 있어 행정도시로 이름이 높고 용인은 아름다운 자연과 역사를 자랑하고 있으며 수원은 도심지가 아름다운 성곽으로 둘러싸여 있다. 화성은 드넓은 땅과 사통팔달의 교통망을 가진 도시로 안성은 안성맞춤이라는 말이 태어난 곳답게 사람이 살기 편한 땅이다. 너른 들과 착한 사람들이 사는 이곳의 마음씨를 닮은 사찰들이 자리 잡고 있어 지친 도심여행자의 심신을 어루만지고 있다.

관악산에 자리한 아름다운 사찰 연주암

▲ 연주암은 관악산 연주봉 남쪽에 자리잡고 있어 관악산의 명소로 손꼽히는 아름다운 사찰이다. 높은 산정에 자리한 기도도량으로 고려후기 양식이 나타나고 있는 고찰이다.

관악산 연주봉 남쪽에 자리잡은 연주암은 기암절벽 정상에 위치한 연주대와 관악산의 명소로 손꼽히는 아름다운 사찰이다. 대한불교조계종 제2교구 본사 용주사의 말사로 높은 산정에 자리한 기도도량으로 이름이 높다. 이 사찰은 처음 신라시대 의상(義湘)이 창건하였다고 전해지고 있으며 현존하는 3층 석탑이 고려후기 양식을 나타내고 있어 고찰임을 짐작게 한다.

사찰의 이름에 관한 두 가지 유래담이 있는데 다음과 같다. 고려 말의 충신들이 고려가 망하자 이산에 은신하였는데 이들이 이곳에서 송도쪽을 쳐다보며 고려 왕조를 바라보며 그리워했다고 해 연주암이라고 부르게 되었다는 것이다. 다른 이야기는 조선 태종의 두 아들 양녕과 효령에 관한 것으로 두 대군이 이 관악산에서 수행했는데 이곳에서 멀리 왕궁이 보였기에 이 연주암으로 거처를 옮겼다. 이에 두 대군의 심정을 기리기 위해 연주암으로 불렀다는 것이다.

사찰을 향해 길을 떠나면 곳곳에 드러난 암봉들과 깊은 골짜기, 험준한 산세가 보인다. 경내에 들어서면 관음전을 제일 먼저 볼 수 있는데 이 관음전은 천수천안전이라고도 불린다. 천수천안의 모습을 한 관음보살이 경내에 모셔져 있어 부처님의 한량없는 자비를 전파한다. 경내의 너른 마당에 고려후기 양식으로 서 있는 삼층석탑을 볼 수 있다. 대웅전 앞을 지키고 있는 탑으로 전형적인 신라 양식을 따라 만들어졌다. 대웅전은 당당한 풍채를 보이는 팔작지붕의 형식의 건물로 부처님과 여러 불상을 모시고 있다. 이밖에도 효령각, 종각, 영산전, 삼성각 등이 있다. 이 절은 특이하게도 근래에 건립한 12지탑이 있는데 절 내 가장 뒤에 위치하고 있다. 이곳에서 연주대를 바라보기가 더할 나위 없이 좋다.

효심에 감동한 용이 지키던 천년고찰 용덕사

용인 성륜산에 위치한 용덕사는 대한불교조계종 제2교구 본사인 용주사의 말사이다. 용덕사의 이름은 다음과 같은 전설에서 유래되었다. 대웅전 뒤편에 있는 굴에 용이 살았는데 천년을 기다린 끝에 여의주를 얻었다고 한다. 때마침 아버지의 병을 고치러 암굴에 한 처녀가 기도를 하였는데 용이 그 처녀의 정성에 탄복하여 여의주를 처녀에게 주고 아버지의 병을 고치게 하였다고 한다. 이에 용덕사가 되었다.

▲ 용덕사는 대웅전 뒤에 위치한 굴에서 용이 여의주를 얻기 위해 오랜 시간 도를 닦았다는 전설이 전해지는 사찰이다.

용덕사의 창건은 신라 문성왕 때 영거선사가 하였다고 전해지고 있다. 신라 말기에 도선국사가 중창하였으나 자세한 기록을 찾을 수 없다. 절 내에 있는 석가여래삼존불이 고려시대의 것으로 보이고 대웅전에 봉안된 57위의 나한상 역시 고려시대의 것으로 보여 절의 역사를 말해준다. 경내에는 대웅전과 극락전, 산신각, 굴암 등이 있으며 암굴 입구에 도선국사가 조성하였다는 보살좌상 1구가 있다.

비구니 승가교육의 대가람 봉녕사

광교산 기슭에 자리잡고 있는 봉녕사는 넓은 경내와 맑은 공기를 자랑하는 사찰로 대한불교조계종 제 2교구 용주사의 말사이다. 고려시대 1208년에 원각국사가 창건하여 성창사라 하였고, 조선시대 1469년 혜각국사가 중수하고 절 이름을 봉녕사라 하였다. 이후 계속 유지해 오다가 1971년 묘엄스님이 주석하신 이후 40여년동안 비구니 승가교육 요람으로서 발전을 거듭해 1974년 봉녕사 강원개원, 1996년 6월 세계 최초로 비구니 율원인 금강율원을 개원하여 수행도량과 승가교육을 담당하고 있는 대가람이다.

봉녕사 경내에 들어서면 웅장한 절내 풍경이 시선을 압도한다. 범종루을 중심으로 육화당, 우화궁, 청운당, 약사보전, 대적광전, 용화각 등이 둘러있다. 주중 가장 늠름한 기상을 보이고 있는 대적광전은 화엄경에 등장하는 부처님인 비로자나 부처님을 주불로 좌우에 보신 노사나불, 화신 석가모니불을

모시고 있다. 법당 내부 벽에는 80
권 화엄경에 따라 칠처구회(七處九
會)의 설법장면을 그린 80화엄 변
상도가 그려져 있다. 묘엄 큰스님이
평생 소장해온 각종 불교자료가 보
관된 소요삼장이 있는데 이 건물은
현재 지상 3층 건물이다. 불교관련
서적 2만 여 권이 소장되어 학인 스
님들이 공부를 하는 곳으로 이 절의
학풍을 대변한다. 현대적인 건물인
소요삼장을 돌아 조금 밑으로 내려
가면 아담하고 깔끔한 다비공원이

▲ 광교산 기슭에 넓게 자리잡고 있는 봉녕사는 청정한 기운으로 유명한 사찰이다. 그 기운을 닮은 봉녕사의 약사여래는 아픈 사람들을 위한 영험으로 그 이름이 높다.

나온다. 묘엄 큰스님의 다비식이 거행됐던 장소로 나무가 한 구루가 서 있어 삶과 죽음을 넘어선 불교의 깊이를 느낄 수 있다.

정조가 부친 장헌세자를 위해 지은 사찰 용주사

화성시 송산동 화산 기슭에 세워진 사찰로 현륭원을 왼쪽에 두고 걷다보면 숲에 싸인 용주사가 나온다. 본래 이곳은 신라 문성왕 16년(854년)에 세운 길양사가 있던 곳으로 고려시대 광종 3년에 병란으로 소실된 것을 조선시대 정조가 부친 장헌세자를 위해 세운 절이다. 정조는 장헌세자의 능인 현륭원

▲ 용주사는 화산 기슭에 세워진 사찰로 숲에 싸인 아름다운 절이다. 이 절의 대웅전은 특이하게 전형적인 사원건축양식을 지녀 오고가는 이들의 눈길을 잡는다.

▲ 용주사 천보루는 경기도 문화재자료 제36호로 높게 지은 2층 누각건물이다. 천보루의 늠름한 자태는 이 절의 깊이를 느끼게 한다.

을 화산에 옮긴 후 이 절을 능사로서 세우고 부친의 명복을 빌었다. 당시 이 사찰을 세우기 위해 전국에서 시주 8만 7천 냥을 거두고 보경이 4년 간의 공사 끝에 완공하게 하였는데, 낙성식 전날 밤 용이 여의주를 물고 승천하는 꿈을 꾸고 용주사라 부르게 되었다고 전해진다. 팔로도승원(八路都僧院)을 두어 전국의 사찰을 통제하였으며 보경에는 도총섭이라는 칭호를 주어 이 절을 주재하게 하였다. 이런 역사로 보아 당시 용주사 대찰의 면모를 읽을 수 있다.

용주사 경내로 들어서면 정조의 효성으로 지어진 절답게 효행박물관이 자리하고 있는 걸 볼 수 있다. 효행박물관을 지나 삼문을 넌너면 대규모의 전각이 정면에 나타나는데 천보루이다. 경기도 문화재자료 제36호로 높게 2층 누각으로 지어진 이 건물은 대웅보전을 향하는 통로로 여섯 개의 목조기둥 아래 높다란 초석이 받치는 웅장한 건물이다. 천보루 앞에는 세존사리탑이 있는데 1701년 성정스님이 부처님의 진신사리 2과를 사리병에 담에 안치하였다고 전해진다. 천보루를 지나면 늠름한 기상이 느껴지는 대웅보전이 나온다. 가장 중심되는 건물로 전형적인 사원건축양식을 지녔다. 조선시대 학자 이덕무가 이 건물의 주련(柱聯)을 썼으며 용주사의 대표석인 보물이 여기에 있다. 바로 김홍도가 그린 대웅보전의 후불탱화이다. 김홍도의 감독 하에 우리나라 최초의 후불탱화에 서양화의 음영기법을 볼 수 있는 작품이며 수작으로 뽑힌다. 또한 국보 제120호로 지정되어 있는 범종이 있는데 이 범종은 보기 드물게 큰 규모로 신라시대의 범종양식을 지니고 있으며 화려하고 정교한 용뉴과 용통을 보여준다. 용주사는 큰 사찰의 모습을 잘 간직한 사찰로 일주문을 들어선 순간 사찰의 깊이를 느낄 수 있다.

▶ 국보 제120호로 지정되어 있는 범종. 보기 드물게 큰 규모로 화려하고 정교한 용뉴과 용통을 보여준다.

일곱 명의 도적을 감화시킨 부처님의 자비 칠장사

철따라 아름답게 바뀌는 칠현산에 안겨 있는 사찰 칠장사는 이름에 관한 재미있는 이야기가 전해진다. 고려 때 혜소국사가 일곱 도적을 만나 부처의 가르침으로 제도하니 이들 모두 일심으로 정진해 도를 깨달았다고 한다. 이 덕에 칠현산이 생겼고 칠장사가 되었는데 한때는 칠현사로 불리었다. 칠장사의 역사를 살펴보면 이 혜소국사가 왕명으로 중건하였다고 전해지며 우왕 9년에 중추 개원사에 있던 고려역대실록을 이곳으로 옮겨왔다는 기록이 있다. 공양왕 1년

▲ 혜소국사와 일곱 도적들의 이야기가 담겨있는 칠장사의 일주문.

에 왜구의 침입으로 전소된 것을 조선시대 중종 1년에 흥정스님이 중건하였다. 인종 1년에는 인목대비가 아버지 김제남과 아들 영창대군의 원찰로 삼아 크게 중창하였다. 그러나 현종때 권력자들의 장지로 쓰기 위해 불태워지고 숙종 20년에도 불탔던 비극을 안고 있다. 이후 몇 번의 중건으로 지금의 모습을 갖추게 되었다고 한다.

칠장사에 도착하면 하늘 높이 솟아있는 철제 원통 당간지주를 볼 수 있는데 현재는 14층으로 원래는 28층이었다고 한다. 이 위에 칠장사를 알리는 깃발을 꽂았다고 하니 이를 통해 칠장사의 규모를 짐작케 한다. 사천왕상을 지나 칠장사 경내로 들어서면 고즈넉한 절내의 청정한 분위기가 느껴진다.

칠장사의 대웅전은 빛바랜 단청이 고색창연하여 보는 이로 하여금 숙연하게 만드는 멋이 있다. 법당 안의 삼존불 역시, 위엄 가득한 모습이 아니라 친근한 모습이다. 대웅전 오른쪽에는 조각 솜씨가 빼어난 석불입상 한 기가 모셔져 있는데 원래 죽산리 봉업사 터에 있던 불상이라고 한다. 불상은 큼직한 꽃무늬 대좌 위에 모셔진 모습으로 마모가 심하지만 그 솜씨가 매우 곱고 섬세하다. 몸 전체를 감싸고 있는 신광 화염문 등의 세부적인 묘사가 8세기 통일신라시대 양식의 우수한 수작이라고 하며 보물 제

988호이다. 이밖에도 혜소국사 비를 볼 수 있다. 원래는 9층의 혜소국사 부도가 옆에 있었다고 하나 임진왜란 때 파괴되었다고 전한다. 현재는 부도의 흔적을 찾아볼 수 없지만 칠장사 입구와 절 뒤로 있는 많은 부도들이 칠장사의 옛 모습을 말해주고 있다.

▶ 칠장사의 경내는 빛 바란 단청이 고색창연하여 보는 이로 하여금 숙연하게 만드는 멋이 있다.

주변 둘러보기

하나. 관악산

기암절벽과 울창한 산림이 어우러진 관악산은 서울과 경기
도 경계에 널찍이 자리 잡고 있다. 해발 629m로 갓 모양을
닮은 아름다운 바위산이다. 주봉인 연주봉에는 고려 충신들
의 설화가 담겨 있고 과천향교, 온온사, 연주암들이 있으며
4계절 신록을 자랑해 많은 등산객들이 찾는 산이다.

둘. 추사박물관

선바위역 1번 출구로 나가 시내버스를 타고 도착하면 추사박물관이 있다. 과
천은 추사 김정희가 말년 4년간 과지초당에서 학문과 예술에 몰두하여 마지
막 예술혼을 태운 곳으로 그의 예술의 정수를 알리기 위해 과천시가 박물관을
개관하였다. 추사 김정희의 종합적인 연구는 물론 기획전시실, 체험실, 강좌실
등을 갖추고 있어 추사의 예술혼과 일생을 느껴보는 것도 좋다.

셋. 화성행궁

화성에서 빼놓을 수 없는 화성행궁은 1794년부터 1796년까지
화성이 축성될 당시에 함께 건축된 건물이다. 이 건물은 임금님
의 능행차 시 거처하던 임시 궁궐로 모두 657칸이나 되는 국내
최대의 규모로 조선왕조의 멋과 웅장함이 살아있다. 11년간 12
차례에 걸친 능행을 거행하였는데 정조는 이때마다 화성행궁에

머물면서 어머니 혜경궁 홍씨의 회갑연을 여는 등 여러 가지 행사를 거행했다. 일제강점기에 안타깝게 많이 파괴되었으
나 수원시민들의 노력으로 지금의 모습을 갖추게 되었다.

넷. 용인 연미향마을 캠핑장

구봉산 자락에 있는 용인 연미향마을
캠핑장은 곳곳에 원두막이 있어 농촌
의 정취를 자아내는 자연을 이불삼아
하룻밤을 보낼 수 있는 최고의 체험 프
로그램을 선사하고 있어 가족 단위 관
광객이 많다. 근처에 두창저수지가 있

어 낚시도 같이 즐길 수 있다. 마을은 주말마다 1시간 꼴로 체험교실을 통해 떡 만들기, 손두부 만들기, 슬로우 푸드 체험,
인형, 시계 만들기 등 다양한 공예 체험 프로그램을 운영하고 있다. 캠핑객들에게는 체험비를 따로 받고 있지 않으니 참
가할 만하다. 특히 정월대보름에는 달집태우기, 쥐불놀이 등을 열고 있으니 참고하도록 하자.

다섯. 미리내 성지

미리내 성지는 우리나라 최초 신부인 김대건(1822~1846)의 묘소가 있는 곳으로 대표적인 한국 천주교의 성지이다. '은하
수'의 순 우리말인 미리내는 산이 높고 골이 깊은 곳에 있다. 1801년 신유박해와 1839년의 기해박해를 피해 이곳으로 찾아

든 신자들이 냇가를 중심으로 흩어져 살았다고 한다. 이곳에는 천주교 103위의 성인 시성을 기념하기 위한 웅장한 성당이 있으며 김대건 신부의 묘소와 유해가 모셔져 있는 경당, 겟세마네 동산, 피정의 집 등이 있다. 성지 지역은 자연림으로 원앙새 등 천연기념물들이 서식하고 있으며 미산 저수지를 비롯해 여러 개의 저수지가 한 폭의 그림 같다. 길게 뻗은 사철수가 자란 산책로를 걷다보면 마음이 절로 정갈하고 경건해지는 곳이다.

📷 꼭 들러야할 이색 명소

남사당풍물단을 볼 수 있는 안성 바우덕이 축제

우리나라 대표 문화사절단인 남사당 풍물단을 볼 수 있는 안성 바우덕이 축제는 매주 많은 관광객이 찾는 안성의 대표적인 축제이다. 남사당패는 조선시대 구한말에 이르러 서민층에서 자연발생적으로 생겨난 유랑연예집단으로 그중 안성남사당이 가장 유명하였다. 현재 안성시는 전통놀이인 남사당풍물놀이를 계승하기 위해 보존회와 안성남사당바우덕이풍물단을 만들고 보개면 복평리에 남사당 전수관을 조성했다. 이 전수관 앞에 야외무대가 있는데 해마다 4~10월까지 매주 토요일 저녁 6시 30분 무료 상설공연을 한다. 공연은 총 풍물, 접시돌리기, 땅재주, 줄타기, 덧뵈기, 꼭두각시 놀음 등 총 여섯마당으로 구성되어 있다.

알아두면 좋아요

박문수에게 시험문제를 알려주었던 칠장사

칠장사에는 조선시대 가장 유명한 어사인 박문수에 관한 재미있는 설화가 내려온다. 32세가 되도록 과거에 급제를 못하고 있던 박문수는 다시 과거에 응시하려던 참이었다. 이때 박문수 어머니가 내일 과거를 떠나는 아들에게 칠장사에 나한전이 있는데 그곳에 기도를 드리면 한 가지 소원이 이루어진다고 하니 그곳에 기도를 드리라고 조언한다. 이에 박문수가 한양 과거길에 칠장사를 들러 기도를 드리고 잠을 잤는데 그날 꿈에 나한전 부처님이 나와 과거에 나올 시제를 알려주었다. 총 여덟 줄 중 첫째 줄부터 일곱째 줄까지 알려주고 나머지 한 줄은 스스로 생각하라며 사라졌다. 박문수가 꿈을 꾸고 성균관 관장에 들어서니 자신이 꿈에서 본 시험 문제가 고스란히 걸려있었다. 이에 박문수가 마지막 문장을 지어 내 장원 급제를 하였다. 지금까지도 그 명성이 이어져 칠장사에는 시험 응시자나 가족들이 많이 찾아와 기도를 드린다고 한다.

**사찰
정보**
Temple
Information

연주암 | 경기도 과천시 자하동길 63 / ☎ 02-502-3234 / www.yeonjuam.or.kr/

용덕사 | 경기도 용인구 처인구 이동면 묵리 산57/ ☎ 031-332-0426

봉녕사 | 경기도 수원시 팔달구 청룡대로 236-54/ ☎ 031-256-4127 / www.bongnyeongsa.org

용주사 | 경기도 화성시 용주로 136 / ☎ 031-234-0040 / www.yongjoosa.or.kr/

칠장사 | 경기도 안성시 죽산면 칠장로 399-18 / ☎ 031-673-0776

봉선사 · 수종사 · 묘적사 · 흥국사 · 봉인사

유구한 역사의 땅에서
보석처럼 빛나는 물길에 취하다

남양주 지역은 서울과 강원도를 가는 길목에 위치한 곳으로 자연과 역사가 아름답게 어우러진 고장이다. 북쪽으로는 가평군과 남쪽으로는 서울과 한강을 사이에 두고 맞닿아 있다. 남양주는 전체 면적 중 41%가 개발제한구역으로 쾌적하고 아름다운 자연환경을 품고 있다. 특히 남한강과 북한강이 만나는 두물머리의 풍경은 남양주의 자랑으로 많은 사람들이 찾는 관광명소이다. 경기도의 아름다운 땅 남양주에 보석처럼 자리 잡은 고즈넉한 사찰이 있어 많은 사람들 마음의 쉼터가 되고 있다.

나라사랑이 배어있는 고려시대의 사찰 봉선사

▲ 운악산의 맑은 기운이 감싼 천년고찰인 봉선사에 들어서면 대찰의 면모를 느낄 수 있다. 운허스님이 유일하게 '큰 법당'이라는 한글 현판을 썼다.

대한민국 오대 명산 중에 하나인 운악산 기슭에 맑은 기운이 감싼 천년 고찰 봉선사가 있다. 봉선사 가는 길은 하늘을 가릴 듯 높이 자란 수목원의 나무를 따라 걷다 보면 나오는데 그 길이 매우 아름답다.

봉선사의 역사는 고려시대부터 시작되는데 원래 봉선사의 자리에는 고려 광종 20년 법인국사가 창건한 운악사라는 절이 있었다고 한다. 그러나 여러 난리를 겪으며 절은 폐허가 되었고 이를 조선시

▲ 봉선사의 관음보살상은 조선시대의 양식을 따르고 있으며 봉선사에 들어선 모든 이들에게 자애로운 미소를 보여준다.

대 예종 원년 정희왕후 윤씨가 세조의 영혼을 봉안코자 중창하였다. 선왕의 능을 받들어 모신다라는 뜻이 담겨 있으며 이때 현판을 예종이 썼다고 하나 지금은 남아 있지 않아 확인할 수 없다. 명종 때에는 문정왕후가 불교중흥정책을 펴면서 봉선사를 선종의 우두머리 사찰로 삼았고 전국 사찰을 관장하게 되었다고 하니 이 사찰의 면모를 짐작케 한다. 이후 봉선사는 임진왜란과 병자호란, 한국

▲ 봉선사의 가람배치는 당초 궁궐건축과 사원건축이 혼합된 형식으로 높은 대웅전과 그 좌우에 어실각과 노전이 있는 기본골격 그대로이다.

전쟁 때 병화를 입는 비운을 겪었으나 낭혜대사, 계민선사가 다시 절을 중건하였으며 여러 번의 중수 끝에 지금의 고고하고 장중한 대찰의 면모를 되찾았다.

이 절의 가람배치는 당초 궁궐건축과 사원건축이 혼합된 형식으로 높은 대웅전과 그 좌우에 어실각과 노전이 있는 기본골격 그대로이다. 이절의 유명한 운허스님은 흥사단에 가입하고 독립운동을 펼치다 30세에 출가한 분으로 동국대 역경원장을 역임하면서 대장경의 한글 번역도 이곳에서 하였다. 이에 운허스님이 쓰신 '큰 법당'이라는 현판이 걸린 대웅전 건물은 그 감회가 새롭다.

봉선사는 깔끔하고 정갈한 모습으로 경내에 들어선 사람들을 맞이한다. 처음 맞이하게 되는 건물은 청풍루로 한국전쟁으로 전소되기 전에 천왕문과 해탈문 및 소설루가 있던 자리라고 한다. 이제는 2층 건물로 참배객을 맞이하고 있으며 1986년에 건립되었다. 청풍루의 맞은편에는 큰법당이 있는데 조선 예종 1년에 초창되었으며 89칸으로 서울 이북에서 가장 큰 건물이었다고 한다. 그러나 지금은 89칸의 모습은 아니지만 당당한 모습이다. 그 옆으로 관음전과 지장전이 있으며 지장전 근처에는 스님들이 거주하는 방적당이 있다. 절내에는 보물 제37호로 지정된 범종과 칠성탱화, 독성탱화등이 있는데 칠성탱화와 독성탱화는 1902년 동대문 밖 원흥사가 폐사되면서 옮겨온 것이라고 한다.

절내에서 바라보는 두물머리의 장관 수종사

남한강과 합류하는 북한강 끝자락 운길산 중턱에 자리 잡은 수종사는 뛰어난 경치로 유명한 사찰이다. 이 절의 창건에 대해서는 잘 알려있지는 않으나 전해오는 이야기가 있다. 1458년 세조가 문무백관을 거느리고 금강산을 구경 다녀오다가 이곳에서 하룻밤 묵게 되었다. 꿈속에서 난데없는 종소리가 들려서 잠이 깨 조사를 명령하였고 뜻밖에도 바위굴이 있는 걸 발견하였다. 그 굴속에는 18나한이 있었는데 굴속에서 물방울이 떨어지는 소리가 마치 종소리처럼 울려 그 자리에 절을 짓고 이름을 수종사라고 하였다한다.

▲ 수종사가 남한강과 북한강이 합류하는 자락에 자리 잡고 있기에 경내에서 아름다운 북한강이 한눈에 들어온다.

조선후기에 고종이 중수하여 현재에 이르고 있다. 절 내는 고즈넉하고 아담하여 고찰의 면모를 드러내고 있다. 수종사 내에 500년이 넘은 유명한 은행나무가 있는데 이 은행나무 옆에 앉아 두물머리를 내다보고 있노라면 온갖 시름이 사라진다. 중요문화재로 보물 제259호인 수종사 부도 내의 유물이 있는데 석조부도 탑에 들어있던 청자유개호와 금동 9층탑 및 은제도금 6각감 등 3개는 국립중앙박물관에 소장되어 있다.

무엇보다 수종사는 북한강과 남한강이 합류하는 두물머리(양수리)를 바라볼 수 있는 저명한 경관 전망지점으로 자연경관 가치가 높은 곳이다. 예부터 많은 시인 묵객들이 이곳의 풍광을 시, 서, 화로 남겼으며, 특히 서거정은 수종사를 '동방에서 제일의 전망을 가진 사찰'이라 하였다. 정약용은 일생을 통해 수종사에서 지낸 즐거움을 '군자유삼락'에 비교할 만큼 좋아했고 또한 다선(茶仙)으로 일컬어지는 초의선사가 정약용을 찾아와 한강의 아름다운 풍광을 즐기며 차를 마신 장소로서, 차문화와 깊은 인연이 있는 곳이기도 하다. 현재 수종사는 삼정헌(三鼎軒)이라는 다실을 지어 차 문화를 계승하고 있어 차 문화를 상징하는 사찰로 이름이 높다.

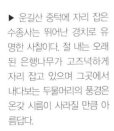

▶ 운길산 중턱에 자리 잡은 수종사는 뛰어난 경치로 유명한 사찰이다. 절 내는 오래된 은행나무가 고즈넉하게 자리 잡고 있으며 그곳에서 내다보는 두물머리의 풍경은 온갖 시름이 사라질 만큼 아름답다.

국왕 직속의 비밀요원들이 군사훈련 하던 묘적사

묘적사는 백봉산이라고 불리는 묘적산 남쪽 골짜기에 위치한 사찰로 오래된 역사를 자랑한다. 창건은 신라 문무왕 때 원효가 창건하였다고 전해지며 고려시대에는 알려진 바가 없다. 조선시대 세종 때 학열이 중창하였고 『신증동국여지승람』에도 절 이름이 나오고 있다. 일설에 따르면 이 절은 국왕 직속의 비밀요원들이 군사훈련을 하던 곳으로, 국왕이 필요한 사람을 뽑아 승려로 출가하게 한 뒤 이곳에 머물게 하였

▲ 묘적사는 묘적산 남쪽 골짜기에 위치한 작고 아름다운 사찰로 『신증동국여지승람』에 따르면 국왕 직속의 비밀요원들이 군사훈련을 하였다고 한다.

다고 한다. 임진왜란 때는 유정이 승군을 훈련하는 장소로 쓰였으며, 임진왜란과 병자호란이 끝난 뒤에는 승려들이 무과시험을 준비하는 훈련장으로 쓰였다고 전해진다. 흥미롭게도 절 앞 동쪽 공터에서 화살촉이 자주 발굴되어 이곳에 당시 활터가 있었음을 추정케 하여 설화에 무게가 실리고 있다.

조선 중기에는 경내에 민간인의 무덤이 들어설 정도로 폐사가 되었고 고종 32년까지 그 상태로 남아있었다고 한다. 1895년 규오가 산신각을 중건하고 산왕신상을 모셨으며 1969년 화재로 전각이 불에 탔으나 1971년 자신(慈信)이 요사채를 중건하였다. 현재 절의 규모는 옛 자취를 알아볼 수 없게 매우 작아졌다.

묘적사 가는 길은 꼬불꼬불한 개울을 따라 가야 하는데, 이때 절 인근의 많은 폭포를 볼 수 있다. 잘

◀ 묘적사 대웅전 안에는 관세음보살상을 비롯한 후불탱화와 산신, 칠성탱화가 모셔져 있고 전면에 팔각칠층석탑이 있다.

정리 된 아담하고 깔끔한 경내에는 대웅전과 요사채 두 동이 남아 있다. 대웅전 안에는 관세음보살상을 비롯한 후불탱화와 산신, 칠성탱화가 모셔져 있고 팔각칠층석탑이 있다. 옛날의 대가람의 모습을 찾아보기 어려우나 깔끔하고 아담한 절의 품격이 느껴져 묘적산에 오면 찾아갈 만하다.

왕실의 안녕 빌며 관할 사찰 관리하던 흥국사

남양주시 별내면 수락산의 골짜기에 자리하고 있는 흥국사는 봉선사의 말사로, 신라 진평왕 21년, 원광(圓光) 법사가 창건했다고 전해진다. 처음에는 수락사라고 하였다가 조선시대 선조 1년에 선조가 그의 아버지인 덕흥대원군의 원당으로 이곳에 '흥덕사'라는 편액을 하사하였다. 그 뒤 인조 4년에 절 이름이 지금의 흥국사로 바뀌었다.

▲ 선조의 아버지인 덕흥대원군의 원당으로 이곳에 '흥덕사'라는 편액을 하사하였고, 이후 왕실의 원당으로서 발전하였다.

흥국사는 조선중기 이후 왕실의 원당으로서 발전하였으며 정조 14년에는 봉은사, 봉선사, 용주사, 백련사 등과 함께 오규정소(五糾正所) 가운데 한 사찰로 선정되며 유명한 사찰이 되었다. 오규정소는 나라에서 임명한 관리들이 머물면서 왕실의 안녕을 비는 동시에 관할 사찰들을 관리하던 곳이다. 현재 사찰은 대부분 보수 공사를 하고 있어 사찰의 아름다움을 감상하기에 어려움이 있으나 궁궐 같은 건축양식과 사찰의 건축양식이 혼합되어 있는 걸 충분히 느낄 수 있다.

효심과 불심의 도량 봉인사

천마산에 위치한 봉인사는 대한불교 조계종에 소속된 사찰이다. 누가 언제 창건했는지는 알 수 없으나 「봉선사본말사지」에 따르면 조선 초에도 사찰이 존재해 있었다고 한다. 광해군 11년에 중국에서 부처 사리를 가져오자 이듬해 5월 광해군이 예관에게 이 절에 석가법인탑(釋迦法印塔)과 부도암(浮圖庵)을 세우게 하였다. 영조 41년에는 금강산에서 수도하던 풍암(楓巖)이 이곳에 들러 석가법인탑이 낡은 것을 보고 왕실의 시주를 받아 중수하였으며 고종 24년에는 왕실에서 향과 촛대를 시주하였다. 그러나 대웅전 안에 설치한 황촉 등에서 불이 나 대법당과 응진전·시왕전 등이 타 없어졌다. 1907년 이후 주민과 소유권 분쟁에 휘말리기도 했다. 1925년에 주지 동파(東坡)가 절터를 되찾아 중수하였으나 다시 폐사가 되었으며, 1979년 한길로가 복원하였다. 1984년 법륜사 승려 덕암이 스리랑카에서 부처 사리를 가져와 봉인사탑을 세우고, 1999년 1월 24일 자광전을 새로 지었다. 절은 아담하고 깔끔하다. 현존하는 건물로는 법당과 자광전과 요사채 등이 있다. 이 중 자광전은 3층으로 된 현대식 건물로 수련원으로 쓰인다.

이절에는 유명한 석가법인탑과 풍암대사 부도비가 있다. 특히 풍암대사 부도비는 1979년 한길로가 절을 복원할 때 발굴한 것으로 부도의 내용을 확인하여 석가법인탑이 있었다는 사실을 알아내 소재를 추적해 오사카시립미술관 뜰에 전시되어 있는 것을 찾아왔다. 1983년 반환 요청 뒤에 4년의 시간이 걸린 후 찾은 귀한 문화재로 이 탑에서 발굴된 사리 장엄구 6점과 탑은 현재 보물 제928호로 지정되어 국립중앙박물관에 있다.

▶ 봉인사는 천마산에 위치한 절로 누가 언제 창건했는지 정확히 알 수는 없으나 조선시대에도 존재했던 사찰이다. 우여곡절 끝에 오래된 건물은 사라졌지만 현대식 건물이 아담하고 깔끔하게 자리하고 있다.

주변 둘러보기

하나. 두물머리

두물머리는 아침에 피어나는 물안개와 일출 등으로 한국관광 100선에 선정된 한강 제 1경이다. 특히 아름다운 풍광으로 각종 드라마와 영화촬영장소로 각광을 받고 있다. 두물머리는 금강산에서 흘러내린 북한강과 강원도 금대봉 기슭 검룡소에서 발원한 남한강 두물이 합쳐진 곳으로 한강의 시작이다. 두물미리 일대는 다양한 관광자원과 연결되며 스토리와 테마가 함께 있어 관광객들에게 인기가 높다.

둘. 축령산 자연휴양림

경기도 남양주시 수동면 외방리에 소재한 축령산 자연휴양림은 서울에서 약 1시간 거리에 있다. 다양한 등산로와 함께 울창한 잣나무 숲에는 숲속의 집 등 각종 편의 시설이 잘 갖추어져 있어 가족단위 여행객들에게 인기가 높다. 자연과 함께 숨 쉬며 스트레스와 지친 심신을 말끔히 씻는 곳으로 손색이 없다. 특히, 연분홍 터널을 형성하는 서리산 정상에 1만여평 철쭉군락지와 사계절 푸른 50~60년생의 아름드리 잣나무 숲은 말로는 표현할 수 없는 진한 감동으로 다가온다.

셋. 남양주 연꽃마을

경기도 남양주시 조안면에 있는 작은 마을로 마을 앞에 한강이 흐르고 양 옆으로는 산이 서 있는 풍광이 아름다운 곳이다. 깨끗한 자연을 이용하여 연꽃생태 학습장을 조성한 연꽃체험 마을이다. 이곳 근처에 다산 정약용 선생의 유적지가 있어 역사 공부를 하기에도 좋은 곳이다. 다산의 묘와 기념관, 문학관이 있으며 한확 선생 신도비도 근처에 있다.

넷. 몽골문화촌

몽골 울란바타르시와 우호 협력관계를 체결하고 몽골 민속예술단 초청 공연, 역사관, 생태관, 체험관 등 다양한 문화를 진행하는 몽골 문화촌이다. 2002년부터는 몽골민족예술공연단이 2010년부터는 몽골마상공연단이 운영되고 있다. 몽골인의 정신과 감정이 담긴 춤과 기예를 볼 수 있는 곳으로 몽골문화전시관, 어린이몽골문화체험관, 민속예술공연장 등이 있다.

📷 꼭 들러야할 이색 명소

남양주의 올레, 다산길

다산길은 경기도 남양주시가 최근 개장한 트레일로 특별한 걷기 여행코스를 제공하는 길이다. 남양주의 총면적의 70%가 산림으로 되어 있고 북한강과 남한강이 만나는 지점이 있어 산과 강을 따라 가는 길로 경치가 빼어나다. 또한 조선시대 실학자 다산 정약용의 생가와 묘가 잇는 능내를 중심으로 길이 펼쳐져 있어 역사도 느낄 수 있는 곳이다. 한강을 따라 펼쳐진 철길을 걷고 있노라면 더 이상 기차가 지나지 않는 쓸쓸한 정취에 쉽사리 마음이 취한다.

사찰 정보
Temple
Information

봉선사 ┃ 경기도 남양주시 진접읍 봉선사길 32 / ☎ 031-527-1956/ www.bongsunsa.net/

수종사 ┃ 경기도 남양주시 조안면 북한강로 433번길 186 / ☎ 031-576-8411

묘적사 ┃ 경기도 남양주시 와부읍 월문리 222 / ☎ 031-577-1761 / www.myojeoksa.org/

흥국사 ┃ 경기도 남양주시 별내동 331 / ☎ 031 527 9557

봉인사 ┃ 경기도 남양주시 진건읍 사릉로 156번길 293 / ☎ 031-574-5585 / www.bonginsa.net/

현등사 · 용문사 · 상원사 · 사나사

명산 병풍처럼 두르고,
푸른 강 휘감아 도는 천혜의 땅

■ ■ ■ 가평과 양평 일대는 명산을 병풍처럼 두르고 아름다운 호수와 남한강과 북한강의 푸른 물줄기를 휘감고 있는 땅으로 가는 곳마다 절경이라고 할 수 있다. 위로는 가평군의 연인산도립공원과 청평호의 맑은 물, 아래로는 양평군의 용문산, 남한강변의 깨끗한 강변은 절경중의 절경이다. 공장 굴뚝 하나 없는 청정지역인 이곳에서 자란 농산물은 전국으로 팔려 나간다. 가평과 양평에는 그림 같은 강 물줄기를 뒤로하고 사시사철 다양한 축제가 열린다. 하늘 아래 절경뿐인 이곳에 사람들의 마음까지 깨끗하게 닦아줄 사찰이 그림처럼 자리하고 있다.

인도에서 온 승려를 위해 세운 사찰 현등사

▲ 가평 지역에서 가장 높고 빼어난 운악산 동쪽 한 자락에 안겨있는 신라시대 고찰 현등사. 극락보전을 중심으로 보광전, 지장전, 삼성각 등이 서 있고 새로 지어진 전각 영산보전이 보인다.

이 고장에서 가장 높고 빼어난 운악산 동쪽 한 자락에 안겨있는 신라시대 고찰 현등사는 명산의 품격을 더해주는 사찰로 등산객들의 쉼터 구실도 하는 절이다. 신라 법흥왕때 인도에서 불법을 전하기 위해 온 인도 승려 마라가미를 위해 창건되었다고 전해진다. 그 당시 신라와 인도와의 직접적인 교류를 보여주는 역사의 장으로서 매우 중요한 이절은 이후 수 백년 동안 폐사되었다가 신라 효공왕 2년에 도선국사가 중창하였다.

고려 희종때는 보조국사 지눌에 의해 재건되었으며 현등사라 명명하였다. 지눌이 어느 날, 밤중에 산 속에서 빛이 나 가보니 버려진 절터에서 등이 빛나고 있어서 현등사라고 이름을 지었다고 한다. 이후 조선시대에도 많이 중창되었다. 한국전쟁 내 소실되었으나 많이 숭장되어 현재 지금의 모습이 되었다.

운악사 초입 일주문에 들어서면 한글 현판이 반갑게 맞아준다. 108계단을 지나 불이문을 지나면 경내

77

이다. 이 사찰은 근래에 불사한 건축물이 많아 다소 고찰이라는 느낌은 덜하다. 우람한 관음전 뒤로 극락보전이 자리하고 있다. 극락보전에는 영조 35년에 조성된 아미타삼존상이 있다. 극락보전을 중심으로 보광전, 지장전, 삼성각 등이 서 있고 새로 지어진 전각 영산보전이 보인다. 다소 절 내가 많은 건물들로 비좁아 보일 수 있으나 주변의 산세와 탁 트인 조망이 이를 보완한다.

◀ 108계단을 올라 불이문을 지나면 현등사 경내인데 고찰의 풍모가 느껴져 등산객들의 쉼터로 사랑받고 있다.

천년의 향기 은행나무와 단풍이 아름다운 용문사

경기도 양평군 용문산 자락에 위치한 용문사는 신라 신덕왕 2년에 대경 대사에 의해 창건되었다고 전해지는 천년고찰이다. 고려 우왕 때 지천대사가 개경에 있는 경천사의 대장경을 여기다 옮겨와 봉안하였다고 하며 조선시대에는 조안화상이 중창하였고 세종 29년에 수양대군이 어머니 소헌왕후의 원찰로 삼으며 왕실과 가까운 절이 되었다. 이후 몇 번의 중창을 거쳐 절집이 304칸이나 되고 300명이 넘는 승려

▲ 용문사는 신라 신덕왕 2년에 창건되었다고 전해지는 고찰로 천년이 넘었다는 은행나무가 유명하다. 용문사 범루의 범종은 무늬가 소박하고 소리가 은은한 게 특징이다.

▲ 용문사 대웅전 우측에는 지장전과 관음전 개금불사전 등이 자리잡고 있다. 용문사는 전쟁의 풍파 속에서 여러 본 소실되었으나 사력을 다한 재건으로 오늘의 위용을 갖추었다.

들이 기거 하는 대찰이 되었는데 1907년 왜군의 병화로 전 건물이 소실되는 비운을 겪기도 한다. 당시의 주지 취운 스님이 사력을 다해 소규모로 재건하였던 것이 또 다시 6·25전쟁 때 파괴되어 3칸의 대웅전과 관음전, 산령각, 종각, 요사채만 남게 되었다. 이후 1982년부터 재건을 시작, 일주문에서 용문사까지 도량물이 흐르는 진입로 길을 정비하였으며, 2011년에는 산신각, 범종루, 템플스테이, 심신치유명상 수련관 등을 신축하여 지금의 모습에 이르게 되었다. 경내에는 고려 말의 고승

▶ 마의태자가 심었다는 전설이 있는 수령 1,100년이 넘은 은행나무, 현재 동양에서 가장 큰 은행나무로 천연기념물 30호로 지정되어 있다.

전지국사 부도 및 비(보물 제531호)와 지방유형 문화재 제172호인 금동관음보살좌상 등이 있다. 앞마당에는 1,100년이 넘은 은행나무가 서 있는데 이는 마의태자가 심었다는 전설이 있으며 현재 동양에서 가장 큰 은행나무로 천연기념물 30호로 지정되어 있다.

효령대군의 원찰로 용문산을 지키는 상원사

용문사와 같이 용문산에 있는 사찰로 창건 시기는 정확히 알려있지는 않으나 유물로 미루어 보아 고려시대에 창건된 것으로 추정된다. 1330년대에 보우가 이 절에 머물며 수행했고, 태조 7년(1398년)에 조안이 중창했으며, 무학이 왕사를 그만둔 뒤 잠시 머물렀다고 전해진다. 1458년 해인사의 대장경을 보관하기도 하였다. 1462년에는 세조가 이곳에 들러 관세음보살을 친견하고 어명을 내려 크게 중수했다고 전해져 당시 이 절이 위세를 실감케 한다. 그때의 모습을 기록한 최항의 『관음현상기』기 지금까지 전해지고 있다. 1463년에는 왕이 직접 거동하였으며 효령대군의 원찰이 되었다. 커다란 대찰의

면모로 용문사를 지키던 상원사는 1907년 의병 봉기때 일본군이 놓은 불로 법당만 몇 개 남은 채 소실되었다. 1918년 화송스님이 큰방을 복원하고 1934년에는 경언스님이 객실을 신축했으나 6·25전쟁 때 용문산 전투를 겪으면서 다시 불에 타 없어졌다. 이후 여러 번의 중수 끝에 지금의 모습에 이르게 되었다. 조선시대 왕실의 비호를 받으며 대찰의 면모를 보이던 모습은 남아있지 않으나 아름다운 풍광과 사찰의 고고한 향기는 지금까지 보존되어 있다. 아담하고 소박한 느낌으로 용문산에 오면 용문사와 함께 이곳 또한 들러보는 것도 좋다.

▲ 상원사는 용문산에 있는 작은 사찰로 이곳에서 발견된 유물로 미루어 고려시대에 창건된 것으로 추정된다. 종루에서 내다보이는 용문산의 아름다운 산새는 소박하고 경건한 상원사와 닮아있다.

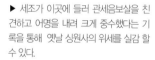

▶ 세조가 이곳에 들러 관세음보살을 친견하고 어명을 내려 크게 중수했다는 기록을 통해 옛날 상원사의 위세를 실감 할 수 있다.

백운봉의 기운이 가득 담긴 사나사

용문산의 주봉인 백운봉의 기슭에 안긴 사나사는 신라 경명왕 7년 고승인 대경대사가 제자 용문과 함께 5층 석탑과 노사나불상을 조성하여 봉안하고 거기에서 이름 따와 사나사라고 하였다고 전해지는 절이다. 다른 한편으로는 고려 태조의 국정을 자문한 대경국사 여엄이 제자 융천과 함께 세웠다고 전해지며 비로자나불과 오층석탑을 조성하였다고 〈봉은사본말사지〉에 기록되어 있다. 이후 공민왕 16년에 태고 보우스님이 140여 칸으로 크게 중건하였으나 임진왜란 때 모두 타 없어졌다.

그 후 몇 번의 중수 끝에 지금의 아담한 모습이 남게 되었다. 절에 들어오는 길복에는 수노산 봉은사에서 옮겨온 일주문이 서 있고 대웅전 옆에는 석조미륵여래입상이 서 있다. 대웅전 앞에는 삼층석탑

▲ 사나사는 신라 경명왕 7년 고승인 대경대사가 제자 용문과 함께 5층 석탑과 노사나불상을 조성하여 봉안하고 거기에서 이름 따와 사나사라고 하였다고한다.

과 사나사원증국사석종과 사나사 원증국사종비가 있다.

사나사 계곡 중간 쯤에 보면 계곡 물 속에 작은 동굴 같은 것이 있는데, 이곳이 바로 함씨의 시조가 태어났다는 함왕혈이다. 고려시대에 양평지방의 호족인 함규(咸規)의 원당(願堂)이 되면서 사나사는 크게 번창하였다는 이야기가 전해오는 것을 보면 어쩌면 사찰 내에 함씨각이 세워진 것이 당연한 일인지도 모르겠다. 또한 사나사 주변으로 함왕성지나 함왕혈 같은 유적들이 남아있는 것을 보면 함왕혈에 얽힌 내용이 조금 과장된 부분은 있으나 아주 틀린 이야가는 아닌 듯하다.

▲ 사나사 범종각
◀ 사나사 삼층석탑은 전형적인 한국석탑의 형태를 지니고 있다.

주변 둘러보기

하나. 운악산

가평 8경 중의 6경으로 지정된 운악산은 이름 그대로 구름을 뚫은 봉과같이 기암괴석이 절경을 이루고 있다. 산중턱에 있는 현등사와 백년폭포, 눈썹바위 등이 특히 유명하며 정상에 오르면 시가지가 한눈에 들어온다. 가평군 내에 있는 모든 산 중에 아름답기로 으뜸이고, 산과 계곡 그리고 수림의 정취를 함께 맛볼 수 있어 등산객들에게 인기가 높다.

둘. 청평호반

1944년 청평댐이 준공됨으로써 이루어진 곳으로 옆으로 호명산이 높이 솟아 절경을 자아내고 있다. 여름에는 피서객들이 특히 많고 사계절 내내 관광객들이 찾고 있는 명소이다. 호수에서 수상스키를 탈수 있으며 사업의 일환으로 치어를 방류하고 있어 낚시터로도 각광받고 있다. 물이 맑고 차서 낮보다는 밤낚시가 더 잘된다고 하니 참고하도록 하자.

셋. 용문사 은행나무

우리나라에 생존하고 있는 은행나무들 중 가장 크고 오래된 것으로 농양에서 가장 큰 은헹나무다. 은행나무의 나이는 약 1,100∼1,500여년으로 추정된다. 전해오는 말에 의하면 신라의 마지막 왕인 경순왕이 그의 스승인 대경 대사를 찾아와서 심은 것이라 전한다. 다른 전설에는 마의태자(麻衣太子)가 나라를 잃은 설움을 안고 금강산으로 가던 도중에 심은 것이라고도 하며 신라의 고승 의상대가 짚고 다니던 지팡이를 꽂아 놓은 것이라고 해 오래된 역사를 짐작케 한다.

넷. 세미원

물과 꽃들이 함께 하는 터전으로 물을 보며 마음을 씻고 꽃을 보며 마음을 아름답게 하라는 뜻으로 세미원이라 명명되었다. 풍광이 아름나울 뿐 아니라 수생식물의 환경 정화능력을 실험하고 그 현상을 교육하는 곳이다. 한강을 어떻게 하면 더 맑고 푸르게 할 것인지 고민하는 곳으로 우리나라 수자원의 미래가 달려 있는 곳이기도 하다. 연꽃박물관과 수련온실, 석창원을 비롯한 다양한 시설조성과 체험행사가 있어 교육과 나들이에 안성맞춤이다.

다섯. 북한강

두말할 것이 아름다운 북한강은 양평의 푸른 보석이다. 특히 북한강 물줄기들 사이로 순식간에 피어오르는 물안개는 거대한 구름 위를 걷는 것 같다. 여름 장마기간에는 엄청난 물안개가 만들어져 더욱 아름다운 풍광이 연출된다.

여섯. 용문산

경기도 내에 화악산과 명지산 다음으로 산세가 높고 웅장한 산으로 고산의 풍모를 지닌 양평의 상징이다. 수많은 암반 사이로 흐르는 계곡은 자연의 웅장함은 물론 시원한 청량감까지 전하고 있어 등산객들에게 인기기 높다.

별 바라보며 재즈를 듣는 자라섬 재즈페스티벌

자라섬에 누워 강에서 불어오는 바람을 맞으며 듣는 재즈는 여름밤의 열기처럼 뜨겁고 달달하다. 가평군 자라섬은 마치 자라목처럼 생겨 자라섬이 되었는데 그전에는 '중국섬'이라 불렸다. 해방 후 중국사람 몇 명이 이곳에서 농사를 지었기 때문이라고 한다. 이전에는 찾는 사람도 이름조차 없었던 작은 섬이었다. 이후 가평군이 이 섬을 테마파크와 국제적 축제의 장으로 만들었는데 이후 매년 재즈페스티벌이 열리면 세계 각지에서 사람들이 찾는 명소가 되었다. 코스모스 군락지와 해바라기, 유채꽃, 갈대밭이 어우러진 이곳에는 국내외 할 것 없는 정상급 재즈가들이 매년 찾는다. 외국 유명 뮤지션들은 가평을 찾는 나양한 연령대 관객들의 취향에 놀란다고 하니 매년 재즈페스티벌은 성황일 수밖에 없다. 축제기간 내에 가평의 청정 농수산물을 이용하여 재즈 막걸리, 뱅쇼를 제작하니 이 또한 즐겨보자. 사랑하는 사람들과 편히 앉아 최고의 뮤지션들의 아름다운 선율을 듣고 있노라면 일상에 찌든 스트레스가 한 방에 날아가는 것 같다.

황순원 문학촌, 소나기마을

첫사랑의 순수함이 잘 담긴 황순원 선생의 소설 소나기를 그대로 옮겨 놓은 문학촌이 양평에 있다. 이곳은 황순원 선생의 고결한 삶과 그의 문학정신을 기리기 위해 경기대학교와 양평군이 힘을 모아 조성한 테마파크로 소설의 장면을 고스란히 옮겼으며 황순원 문학관과 황순원 묘소도 있다. 재미있게도 소나기 광장에 가면 매일 두 시간씩 소나기가 오고 소년과 소녀가 만났던 시냇물과 징검다리도 있어 체험할 수 있다. 또한 소설이 끝나고 나서 새로운 이야기가 애니메이션으로 만들어져 찾는 이들의 아쉬운 마음을 달래준다.

| 효과 100배 코스 | 양평 |

황순원 문학관   두물머리(세미원)   용문사

사찰 정보
Temple Information

현등사 | 경기도 가평군 하면 현등사길 34 / ☎ 031-585-0707 / www.운악산현등사.kr/

용문사 | 경기도 양평군 용문면 용문산로 782 / ☎ 031-773-3797 / www.yongmunsa.biz/

상원사 | 경기도 양평군 용문면 용문면 상원사길 292 / ☎ 031-773-4653

사나사 | 경기도 양평군 옥천면 용천리 304 / ☎ 031-772-5182

망월사 · 장경사 · 개원사 · 국청사 · 신륵사

물 맑아 백자 빚었던 고장에서
만나는 순백의 향기

경기도 동남쪽에 위치한 광주와 여주 지역은 중부지방의 중추ㅍ도시이자 풍광이 아름다운 지역으로 풍부한 문화유산과 전통이 살아 숨쉬는 역사의 고장이다. 특히 광주는 팔당호와 천진암의 천혜의 조건과 옛 조선왕실의 도자기를 진상하던 사옹원이 있던 곳으로 최고의 주거 관광의 지역으로 각광받고 있다. 여주는 예부터 평화로운 집단부락을 영위해 왔으며 국보 및 천연기념물 등 75점의 문화재를 보유한 문화보고이다. 물이 맑아 백자를 만들었던 이곳의 백자를 닮은 사찰로 떠나보는 건 어떨까.

어둠 비추는 광명처럼 중생 구제하는 천년 고찰 망월사

▲ 망월사의 경내는 산기슭에 지어져서 가파르지만 탁 트인 경관을 자랑하는 곳이다. 여러 차례 전란으로 황폐해졌다가 조선시대에 다시 재건되었다.

남한산성 동문에서 동북쪽에 난 작은 길을 따라가 보면 망월사가 나온다. 망월사는 대한불교조계종 제25교구 본사인 봉선사(奉先寺)의 말사로 신라 선덕여왕 8년에 창건되었다고 한다. 절의 이름은 대웅전 동쪽에 토끼 모양의 바위가 있고, 남쪽에는 달 모양의 월봉(月峰)이 있어 마치 토끼가 달을 바라보는 모습을 하고 있다는 데서 유래했다. 신라 왕실과 연관이 많은 절이고 신라 경순왕의 태자가 이곳에 은거했다고도 전해진다.

고려시대에는 문종 20년에 혜거국사가 중창하였고 여러 차례 전란으로 황폐해졌다가 조선시대 동계 설명이 다시 중건하였다. 이후 몇 번의 중건이 있었으며 1969년 주지 춘성(春城)이 퇴락한 선실을 철거하고 2층의 석조 대웅전을 지었다. 이후 주지 도관스님이 염불당과 낙가암(洛迦庵)을 헐고 현대식 건물의 낙가암을 새로 지었으며 다시 주지 능엄스님이 대웅전을 헐고 선방, 관음전, 영산전, 요사채를 신축하였다.

망월사에는 극락보전이 있는데 이 극락보전은 법식에 따라 아미타불, 관세음보살, 지장보살 등 삼존불을 모시고 있는 팔작지붕의 건물이다. 기둥에 포를 많이 배열하여 화려하고 웅장하며 부재에는 연꽃 장식이 가득하다. 대웅보전은 고려시대의 양식으로 지어졌으며 습기의 침습으로부터 목재를 보호하기 위해 초석과 돌기둥을 세우고 다시 기둥을 세우는 특수공법으로 건축되었다. 망월사에서 조금 떨어진 곳에 광법암이라는 부속암자가 있는데 원래는 영산전 앞에 있던 것을 지금의 자리로 옮긴 것이다.

망월봉에 우뚝 선 호국사찰 장경사

▲ 승군을 위해 건립된 장경사는 늠름하고 당당한 위상을 보여주는 사찰. 대웅전에는 이미타여래상을 중심으로 관음보살상과 지장보살상이 모셔져 있다.

망월봉의 남사면 중턱에 위치한 장경사는 넓은 대지위에 우뚝 솟은 가람으로 역사적으로 살펴보면 인조 2년 남한산성 수축 시 승군의 숙식과 훈련을 위해 건립된 군막사찰이다. 병자호란 당시 인조 15년에 적이 동쪽 성을 침범하여 성이 함몰 위기에 빠지자, 어영별장 이기축이 장경사에 있다가 죽을힘을 다해 군사들을 독려했다고 전해진다. 이후 왕이 친히 이곳에 와 그를 치하했다. 장경사는 남한산성 내의 아홉개 절 중 당시의 모습을 그대로 간직하고 있는 사찰로 형국이 좋고 앞이 시원하게 트여 그윽한 경치가 으뜸인 곳이다. 효종이 북벌을 이 절에서 승군을 훈련시키기도 하였으며 고종때에는 전국에서 뽑은 270여명의 승려들로 항상 번승을 상주하게 하였다. 즉, 조선시대 승병들의 국방활동이 활발하였던 사찰이다. 장경사의 일주문을 지나면 바로 종무소가 있고 좌우로 요사채가 있다. 정면에는 9층 석탑이 있는데 근래에 만들어진 것이다. 계단을 오르면 왼쪽에 대웅전과 범종각이 보인다.

늠름한 기상으로 이 나라 수호하는 개원사

남한산성 내에 있으며 남문에 가까운 절로 동문으로도 갈 수 있다. 산성천 다리를 건너 신선계곡 골짜기로 접어들면 시원한 풍광과 함께 개운사 일주문이 나온다. 이 사찰의 창건연대나 창건자는 미상이지만 남한총섭(南漢總攝)이 있던 오규정소의 하나로 군기, 화약, 승별이 집결한 사찰이었다. 인조

15년에 대장경을 실은 배가 서호에 닿았는데 그 함 위에 '중원개원사간'이라는 책함만 있고 사람은 없었다. 그것을 들은 인조가 전국에 개원사라는 절을 찾아 봉안하라고 함으로써 대장경을 이 절에 봉안하였다. 고종 3년 갑오경장까지 370년 간 수도 한양을 지켜온 호국 사찰로 전국 사찰의 승품을 규찰하는 규정소가 설치되어 조선불교의 총본산의 역할을 다하였다. 이후 선효화상이 주지로 부임되어 지금의 모습에 이르렀다. 경내는 깔끔하고 정리가 잘 되어 있으며 천왕문을 지나면 승장각, 관세음보살, 석탑이 순서대로 보인다. 대각전, 화현전이 있으며 경내 넓은 숲에는 부도가 위치하고 있다.

▶ 신선계곡 근처를 지나면 개원사 일주문이 나온다. 시원한 풍광이 한눈에 들어오는 작은 절로 찾아오는 이들을 반갑게 맞이해준다.

한 때 의병의 무기창고였던 국청사

　남한산성 내에 위치한 국청사는 대한불교조계종 제24교구 선운사의 말사로 아담하고 작은 사찰이다. 1624년 벽암 각성대사가 창건하였다. 각성은 당시 팔도도총섭(八道都摠攝) 총절제중군주장(總節

▲ 봄이면 아름답게 핀 꽃으로 향기로운 국청사는 구한 말 의병의 무기창고로 이용되기로 하였다. 일제에 의해 폭파되는 비운을 맞기도 하였으나 현재 아담하고 청정한 경내를 유지하고 있어 찾아오는 이들의 좋은 쉼터가 되고 있다.

制中軍主將)에 임명되었으며 팔도의 승병을 동원하여 남한산성을 쌓으면서 외적의 침입에 대비하여
비밀리에 무기와 화약·군량미 등을 비축해 두기 위해 국청사와 천주사, 개원사 등 7개 사찰을 세웠
다. 구한말에는 의병의 무기창고로 이용되기도 하였으나 1905년 을사조약이 체결된 이후 비밀이 누
설되어 일제에 의해 폭파되었다. 그 뒤 오랫동안 절터만 남아 있다가 1968년 보운스님이 중창하여 오
늘에 이른다. 절 내에 들어오면 왼쪽에 석불과 삼성각이 있고 오른쪽에 요사채가 있다. 그리고 정문에
서 대웅전이 보인다. 대웅전은 아담하며 석가삼존불좌상과 영산회상도 신중정 등이 봉안되어있다.

여주를 대표하는 천년고찰 신륵사

  여주대교를 건너면 낮고 부드러운 곡선의 봉미산이 나오는데 이 산의 남쪽 기슭에 천년고찰 신륵사
가 자리 잡고 있다. 사찰 뒤로는 봉미산이 왼쪽에는 암벽이, 마당 앞으로는 남한강이 흐리고 있어 명
당의 기운이 서려있는 곳이다. 신라 진평왕 때 원효가 창건했다고 하나 확실한 근거는 없다. 고려시
대에는 우왕 2년에 나옹 혜근 스님이 절에 머물렀다고 하여 당시에는 200여 칸에 달하는 대찰이었다
고 전해진다. 조선 성종 3년에는 영릉의 원찰로 삼아 보은사로 불렀다. 신륵사의 이름에 관해 몇 가지
전설이 전해지고 있는데 하나는 "미륵이, 또는 혜근이 신기한 굴레로 용마(龍馬)를 막았다"는 것이고,
다른 하나는 "고려 고종 때 건너 마을에서 용마가 나타나, 걷잡을 수 없이 사나우므로 사람들이 붙잡
을 수가 없었다. 이 때 인당대사(印塘大師)가 나서서 고삐를 잡자 말이 순해졌다. 인당대사의 신력(神
力)으로 말을 제압하였다"하여 절 이름을 신륵사라고 했다고 전해진다.

▲ 신륵사 극락보전은 정조 21년에 건축을 시작하여 1800여년에 완공된 정성이 많이 들어간 건축물이다. 법당의 천장은 우물천정이고 불단 위에는
정교하게 짜여 진 닫집이 있고 불단을 받치는 수미산의 단청은 학, 연꽃, 코끼리 등이 섬세하게 표현되어 있어 장엄하다.

▶ 신륵사 보제존자 석종 앞 석등은 부도를 장엄하기 위한 공양구로 어두운 중생을 위해 불을 밝힌다는 뜻을 담고 있다.

경내 중심에 위치하고 정남향을 하고 있는 극락보전은 정조 21년에 건축을 시작하여 1800년에 완공되었다. 법당의 천정은 우물천정이고 불단 위에는 정교하게 짜여진 닫집이 있고 불단을 받치는 수미산의 단청은 학, 연꽃, 코끼리 등이 섬세하게 표현되어 있어 장엄하다. 극락보전 내부 대들보에 나옹화상의 필적이라고 구전되어 온 '천수만세'라는 현판이 걸려 있다.

절 내에는 사찰의 역사만큼이나 중요한 문화재가 많은데 보물 제180호인 신륵사 조사당이 그중 하나다. 신륵사에서 가장 오래된 건물로 지공, 나옹, 무학 3화상의 덕을 기리고 법력을 숭모하기 위해 영정을 모은 곳이다. 조선초기 다포집 계통의 특징이 잘 나타난다. 현재 조사당 내에는 중앙에 나옹, 그리고 좌우에 지공과 무학대사의 영정을 봉안해 두고 있으며, 중앙 나옹화상의 영정 앞에는 목조로 된 나옹스님의 독존을 안치했다. 보물 제225호 다층석탑은 신륵사 극락보전 앞에 있는 것으로 흰 대리석으로 재료 만든 조형감각이 매우 뛰어난 우아한 석탑이다. 현재 원형

▲ 보물 제225호 신륵사 다층석탑은 신륵사 대웅전 앞에 있는 것으로 흰 대리석으로 재료 만든 조형감각이 매우 뛰어난 우아한 석탑이다.

이 많이 훼손되어 정확한 층수는 알 수 없으나 탑 아래 부분에 새겨진 용과 구름 문양의 세부 조각이 매우 우수하다.

신륵사 보제존자 석종 앞 석등은 부도를 장엄하기 위한 공양구이다. 사찰에서 석등을 밝히는 이유는 중생들의 어두운 마음을 밝히는 의미가 있다. 신륵사 보제존자 석종은 보물 제228호로 소나무 숲을 배경으로 탁 트인 남한강이 굽어보이는 곳에 모셔진 보제존자 나옹스님 부도이다. 고려시대의 다른 부도에 비해 이 부도는 완전히 형태를 벗어나 새로운 조형적 의지를 보여주고 있다. 보물 제229호 보제존자 석종비는 석종 뒤편에 나옹화상이 밀양 영원사로 가는 도중 이곳 신륵사에 입적한 후 정골사리를 봉안한 부도를 조성한다는 내용을 기록한 묘비이다.

주변 둘러보기

하나. 남한산성

남한산성은 서울에서 동남쪽으로 24km 떨어진 광주시 중부면 산성리에 있다. 이곳은 한강과 더불어 삼국의 패권을 결정짓는 주요 거점으로 백제인에게는 성스러운 대상이자 진산으로 여겨졌다. 산성 안에는 백제의 시조인 온조대왕을 모신 사당인 숭열전이 있다. 조선시대에는 국방의 보루로서 그 역할을 톡톡히 했는데 특히 인조는 남한산성과 축성과 몽진, 항전이라는 역사를 이곳 산성에서 모두 맞았다.

둘. 무갑산

초월읍에 위치한 무갑산은 정상에 오르면 팔당호의 주변 풍광이 시원하게 펼쳐진 곳으로 곤지암읍과 퇴촌면으로 지맥을 뻗치고 있다. 이름에 대해서는 임진왜란 때 항복을 거부한 무인들이 은둔했다는 설도 있고, 산의 형태가 갑옷을 두른 듯 하다해서 붙여진 것이라고 한다. 산행지로 별로 알려진 것이 없어 조용하고 호젓해 가족들과 함께 신행하기 좋다. 봄이면 진달래가 만발하고 여름에는 우거진 녹음, 가을이면 단풍이 아름답다. 특히 겨울 산의 모습은 한라산과 견줄 만큼 뛰어나다.

셋. 경안습지생태공원

사시사철 갈대와 어우러지는 경안습지생태공원은 온갖 철새가 노니는 장소로 자연생태계의 보고이다. 호숫가 근처 갈대 숲에서 날아가는 철새들의 모습은 한 폭의 그림 같다. 1937년 팔당댐이 건설되면서 일대 농지와 저지대가 물에 잠긴 후 자연적으로 조성된 습지로 다양한 수생식물과 철새, 텃새가 서식한다. 현재 조류 관찰과 자연 학습의 장으로 잘 조성된 산책로도 있어 가족 단위의 여행객에게 인기가 좋다.

넷. 세종대왕릉

조선 4대 임금 세종과 소헌왕후의 능이 있는 곳으로 조선시대 최초의 합장릉이다. 세종 28년에 소헌왕후가 승하하자 광주 헌릉의 서쪽에 쌍실의 능을 만들었다. 이때 오른쪽 석실은 미리 만들어 놓았다가 세종이 승하하자 합장하였다. 세조대에 영릉의 자리가 좋지 않다는 이유로 능을 옮기자는 주장도 있었으나 실현되지 못하다가 예종이 이곳, 여주로 옮겨왔다. 조선시대 왕릉의 아름다움을 느낄 수 있는 곳이다.

다섯. 명성왕후 생가

개화기에 뛰어난 외교력을 발휘하여 개방과 개혁을 추진하던 고종의 왕후인 명성왕후가 어린 시절을 보냈던 생가다. 명성황후가 어렸을 때 쓰던 방이 있던 자리에 그녀의 탄생을 기념해 세운 '명성황후 탄강구리'라고 새겨진 비가 있다. 생가 앞에 기념관이 건립되어 있어 관광객을 맞고 있다.

여섯. 고달사지

고달사지는 '고달원'이라고도 불리며 신라 이래의 유명한 삼원의 하나이다. 고려시대에는 국가가 관장하던 대찰로 왕실의 비호를 받았던 곳으로 현재 이곳에는 국보 제4호 고달사지 부도와 보물 제6·7·8호로 각각 지정되어 있는 원종대사혜진탑비 귀부 및 이수, 원종대사혜진탑, 고달사지 석불대좌 등이 남아 있다.

📷 꼭 들러야할 이색 명소

에스파냐 발렌시아의 토마토 축제 vs 퇴촌 토마토 축제

에스파냐 발렌시아 주의 작은 마을 부뇰에서는 매년 여름이면 토마토 축제가 열리는데 빨갛게 익은 토마토를 던지고 맞고 싶어 세계 각지 사람들이 참여한다. 광주의 퇴촌에서도 매년 6월에 토마토 축제가 열리는데 이 축제와 많이 닮아 있다. 퇴촌의 빨갛게 익은 토마토를 풀장안에서 던지고 뭉개고 온 몸으로 느낄 수 있는 축제이다. 이밖에도 토마토 할인판매, 다양한 공개행사. 환경사랑 글짓기, 가요제 등이 열리고 있어 많이 사람들이 참여한다.

 알아두면 좋아요

신륵사와 고려말 고승 나옹 혜근

서천 지공스님과 절강 평산스님에게 법을 이어받아 승품을 크게 떨쳤던 고려말의 고승으로 중국으로부터 보우와 함께 새로운 임제의 선풍을 도입하여 한국불교의 초석을 세운 승려다. 20여 년의 유학기간 동안 강남지방 간화선을 깊이 공부하고 귀국하여 널리 선양하며 많은 제자들을 키웠다. 기록에 따르면 신륵사는 나옹이 도를 펼쳤던 곳으로 목은 이색과 함께 머물며 교류하였다고 전해진다.

사찰 정보
Temple Information

망월사 ┃ 경기도 광주시 중부면 남한산성로 680 / ☎ 031-747-3312

장경사 ┃ 경기도 광주시 중부면 남한산성로 676 / ☎ 031-743-6548 / www.jangkyungsa.org

개원사 ┃ 경기도 광주시 중부면 남한산성로 731-73 / ☎ 031-741-8829

국청사 ┃ 경기도 광주시 중부면 산성리 802 / ☎ 031-743-6801

신륵사 ┃ 경기도 여주시 신륵로 신륵사길 73 / ☎ 031-885-2505 / www.silleuksa.org

전등사 · 정수사 · 보문사

비단 결처럼 고운 서해와
그 내면에 담긴 민족의 숨결

■ ■ ■ 　강화군은 인천광역시의 서북쪽에 위치하고 있으며 우리나라에서 다섯 번째로 큰 섬인 강화도를 비롯하여 크고 작은 15개의 섬으로 이루어진 곳이다. 사면이 바다로 둘러싸인 섬들은 온난한 기후와 오랜 역사를 자랑한다. 섬 전체가 박물관이라고 할 수 있을 만큼 많은 유적지가 있는데 청동기 시대의 고인돌, 단군신화가 꿈틀대는 마니산의 참성단이 대표적이다. 특히 강화도는 고려 때 39년동안의 임시수도였던 곳이어서 호국불교의 상징인 고려대장경을 보관했던 선원사터가 남아있다. 이처럼 한반도의 역사를 한눈에 볼 수 있는 곳으로 아름다운 바다와 인심좋은 사람들이 살아가는 터전이다. 반짝이는 섬들 사이로 각 시대마다 민중들과 함께한 사찰이 강화군의 바다를 지금도 지키고 있다.

우리나라에서 현존하는 최고의 사찰 전등사

　강화도를 대표하는 전등사는 강화도에서 가장 크며 현존하는 한국 사찰 중 가장 오랜 역사를 가진 곳이다. 일찍이 삼랑성 안에 창건되어 강화의 역사와 더불어 지금껏 강화민과 함께 동고동락한 사찰로 창건은 고구려 시대로 거슬러 올라간다. 서기 381년, 고구려 소수림왕 11년에 멀리 진나라에서 건너온 아도 화상이 창건했다고 전해지며 절 이름을 '진종사'라고 하였다고 한다. 이후 고려 시대가 되면서 강화도에서 팔만대장경이 조성되는데 이때 선원사를 창건했다. 전등사는 오랜 역사를 가진 고찰로 선원사와 더불어 대장경 조성의 정신적인 지주가 되었을 것으로 여겨진다. 이후 충렬왕의 왕비인 정화공주가 경전과 옥등을 시주한 것을 계기로 '전등사'라고 이름을 바꾸었다. 전등이란 '불법의 등불을 전한다'는 의미로 법맥을 받아 잇는 것을 상징한다.

　몇 번의 화마를 겪었는데 광해군 6년(1614년)에 화재로 건물이 모두 소실되자 지경스님이 재건하였다. 지금의 대웅전도 그 당시에 만들어진 것이다. 이후 숙종이 전등사에 조선왕조실록을 보관하기 시

▼ 강화도민과 오랜시절 동고동락해 온 전등사는 강화도에서 가장 크고 오래된 사찰로 남문을 향해 대웅전, 극락암, 요사채 등이 자리잡고 있다.

▲ 전등사의 대웅전은 다포집의 우아함은 물론 창방뿌리에 연꽃, 공포 위 보머리의 도깨비, 그리고 추녀 밑의 나체의 여인상 등 다양한 이야기 거리가 있어, 왜 보물 제178호로 지정되었는지 짐작케 한다.

도작하면서 왕실 종찰로 더욱 성상하였다. 조선 말기에 접어들면서 지형적인 특성으로 국난을 지키는 요충지 구실을 하며 호국사찰의 본분을 다 한다.

현재 전등사로 들어가는 문은 둘인데 정문인 삼랑성문이 동문이고 남문이 외돌아 있다. 삼랑성문에 들어서면 오른쪽에 양헌수 장군의 승전비가 서 있어 색다른 정서를 보여준다. 울창한 나무가 늘어선 길을 따라 걷다보면 대조루

▲ 전등사 대웅전 삼존불. 법신, 보신, 화신의 세 부처님이 당당하고 인자한 얼굴로 참배객을 맞이하고 있다.

에 닿는데 이곳에서 보는 대웅보전의 모습이 그림 같다. 다포집의 우아함은 물론 창방뿌리에 연꽃, 공포 위 보머리의 도깨비, 그리고 추녀 밑의 나체의 여인상은 왜 전등사의 대웅전이 보물 제178호로 지정되었는지 짐작케 한다. 그 옆에 대웅전과 같은 형식으로 지은 약사전이 있어 대웅전이 두 채 있는 것처럼 느껴진다. 대웅전에는 삼존불이 있는데 법신, 보신, 화신의 세 부처님이 당당하고 인자한 얼굴로 참배객을 맞이하고 있다.

이 전등사에는 많은 문화재가 있는데 중국 북송때 주조한 범종은 보물 제393호로 우리나라 전형적인 종의 형태와 매우 판이해 독특하다. 이 종은 1079년 중국 하남성 숭명사에서 조성된 것으로 음통이 없으며 기하학적 무늬가 장중하고 소박하다. 특히 종소리가 맑고 깨끗해서 유명하다. 이종은 일제

말기 군수 물자 수집에 일제가 공출이란 명분으로 빼앗아 갔다가 다시 찾은 귀중한 문화재로 전등사를 지키고 있다.

▶ 보물 제393호로 지정된 전등사 범종은 무늬가 기하학적이고 장중한 것이 특징이다.

마니산에 안겨 서해바다 한눈에 보는 천년 고찰 정수사

강화도 남단 마니산의 동쪽 기슭에 안겨있는 정수사는 신라시절에 세워진 천년고찰이다. 신라 선덕왕 8년(639년)에 회정선사가 창건했다는 설화가 전해온다. 낙가산의 회정선사가 마니산 참성단을 배관하고 그 동쪽 기슭에 확 트인 땅을 보고 불제자가 가히 선정삼매(禪定三昧)를 정수(精修)할 곳이라고 하며 사찰을 짓고 정수사라고 불렀다고 한다.

조선시대에도 사찰과 관련된 기록이 있는데 함허 기화선사가 중창할 때 법당 서쪽에 맑고 깨끗한 물이 흘러 절 이름을 '정수'라고 했다는 것이다. 이후 조선시대 기록을 보면 몇 번의 중창을 이루었다는 걸 알 수 있으며 구한말에 이르러 정일스님의 큰 발원과 노력으로 현재의 모습에 이르게 되었다.

오래된 역사와 달리 절은 울창한 숲속에 아담한 모습이다. 소박하고 은은한 모습이 동자승의 미소를

▲ 서해바다의 은은한 풍경이 정취를 더해 주는 곳은 정수사의 전경. 낙가산의 회정선사가 마니산 참성단을 배관하고 그 동쪽 기슭에 확 트인 땅을 보고 제자 가히 선정삼매를 정수할 곳이라고 하며 사찰을 짓고 정수사라고 불렀다.

닮은 듯 한데 경내에 들어서면 대웅보전이 주변 산세와 조화되어 더욱 은은하다. 또한 경내 마당에서 내려다보는 서해바다의 은빛물결은 이 절의 풍취를 더해준다. 이 대웅보전은 조선 초기 세종 5년에 준공되어 그 당시의 건축양식을 보이고 있어 건축사의 그 가치가 매우 커 보물 제161호로 지정되었

다. 후면은 조선초기의 건축 양식을 고스란히 간직하고 있다. 1426년 절이름을 지금처럼 고치고 가람을 중수했던 함허대사의 승탑도볼 수 있다. 옥개성이 육각형인 이승탑은 신라말 고려 초의 승탑 형태를 잘 보여준다.

▶ 조선 초기 세종 5년에 준공된 정수사 대웅보전은 건축사의 그 가치가 매우 커 보물 161호로 지정되었다.

낙가산에 영험한 관음도량 보문사

강화군 서부에 위치한 석모도에 있는 사찰로 상봉산과 해명산 사이에 위치하는데 절이 위치한 이곳

▲ 보문사는 석모두에 위치한 사찰로 상봉산과 해명산 사이에 있어 예로부터 낙가산이라 불렸다. 낙가산은 관음보살이 상주한다는 보타낙가산의 준말로 절의 창건과 관련이 크다.

을 낙가산이라고 부른
다. 낙가산이라는 명칭
은 관음보살이 상주한다
는 보타낙가산의 준말로
사찰의 창건설화와 관련
이 깊다. 신라 선덕여왕
4년에 회정대사가 금강
산에서 수행하던 중 관
세음보살을 친견하고 강
화도에 내려와 이 절을
창건하였다는 설화가 있
어 보문사가 역사 깊은
관음도량임을 알 수 있

▲ 23나한을 모셔놓은 자연석으로 만든 거대한 석실의 나한전 영험함과 신통력을 보이고 있어 많은 사람들이 기도를 드리는 곳이다.

다. 특히 양양의 낙산사, 금산의 보리암과 함께 우리나라 3대 해상 관음기도 도량으로 석모도 낙가산 중턱 눈썹바위 아래 마애 관세음보살은 시원한 서해만큼이나 큰 자비로 기도를 잘 들어주기로 유명하다.

서해의 바닷바람을 맞으며 낙가산을 오르면 보문사가 보이는데 인천시 기념물 제17호로 지정된, 수명이 약 600여 년이 넘은 향나무가 은은한 향을 풍기고 있어 이 절의 품격을 더 하고 있다. 향나무 뒤에는 나한전이 있는데 23나한을 모셔놓은 자연석으로 만든 거대한 석실이다. 이 나한전에 대한 전설이 내려오는데 보문사 아랫마을에 사는 어부들이 바다에서 건져 올린 것이라는 전설이 있다. 또한 나한전과 관련하여 '신기한 약수', '깨지지 않는 옥등잔' 등 영험함과 신통력을 보이고 있어 많은 사람들이 기도를 드리는 곳이다.

◀ 오래된 관음도량인 보문사의 보물인 마애 관음보살상은 기도를 잘 들어주기로 유명하다. 서해바다의 탁 트인 경치만큼이나 커다란 자비로 많은 이들의 근심을 덜어준다.

사찰
여행

경기 인천 · 강화 지역

주변 둘러보기

하나. 강화 갑곶돈

돈대는 해안가나 접경 지역에 돌이나 흙으로 쌓은 소규모 관측 · 방어시설을 말하는데 이곳, 강화 갑곶돈은 숙종 5년(1679년) 5월에 완성된 48돈대 가운데 하나이다. 포좌가 있는 본래의 갑곶돈대는 옛 강화대교 입구의 북쪽 언덕에 있었다. 지금 사적으로 지정된 갑곶돈대는 제물진과 강화 외성의 일부로 교육의 장은 물론 풍경이 아름답다.

둘. 강화역사박물관

강화역사박물관은 강화의 문화유산을 보존 · 연구하여 전시할 목적으로 세워진 공립박물관으로 2010년 개관했다. 상설전시실에는 강화의 선사시대 유적지와 고려왕릉에서 출토 된 유물과 향교, 전통사찰 소장품 등의 문화재가 전시되어 있으며 기획전시실에서는 해마다 다채로운 주제의 특별전이 열린다. 강화역사박물관은 고인돌공원 옆에 위치해있어 세계문화유산으로 지정되어있는 강화고인돌을 함께 관람할 수 있다.

셋. 강화평화전망대

강화평화전망대는 일반인의 출입이 엄격히 통제되었던 양사면 철산리 민통선 북방지역에 지어졌다. 타 지역에선 전망하기 힘든 이북의 독특한 문화 생태를 아주 가까이에서 느낄 수 있다. 특히 3층에는 이북의 온 산하가 한눈에 가까이 볼 수 있는 전망시설과 흐린 날씨에도 영상을 통해 북한 전경 등을 볼 수 있도록 스크린 시설이 되어있다. 본 전망대는 전방으로 약 2.3㎞ 해안가를 건너 예성강이 흐르고 우측으로 개성공단, 임진강과 한강이 합류하는 지역을 경계로 김포 애기봉 전망대와 파주 오두산 통일전망대 등이 위치해 있다.

넷. 옥토끼 우주센터

강화군 불은면에 위치한 옥토끼 우주센터는 어린이에게 우주항공에 대한 지식을 전달하기 위해 전시와 교육을 하고 있다. 각종 우주에 관련 전시 및 우주항공에 한 원리를 익힐 수 있도록 다양한 체험이 있어 창의력을 키워나가는 데 큰 도움이 된다.

📍 **효과 100배 코스** | 강화도

갑곶돈대 ── 고인돌 역사박물관 ── 평화 전망대 ── 전등사

세계문화유산 강화 고인돌 문화축제

강화 고인돌을 소재로 어린이와 가족을 대상으로 하는 놀이와 교육이 어우러진 축제로 강화축제의 얼굴이다. 오천년 전 하점면에 살고 있는 부족들의 재미있는 이야기는 물론 고인돌 축조과정을 퍼포먼스로 직접 볼 수 있으며 당시의 생활을 체험할 수 있어 아이들에게 인기가 높다.

진홍빛의 향이 가슴 가득히 물드는 고려산 진달래 축제

고려산 가득히 펼쳐진 진분홍빛의 향연을 가슴 가득히 느낄 수 있는 강화도의 대표 축제이다. 고려산은 장수왕 4년에 인도의 천축조사가 가람터를 찾기 위해 찾은 산으로 정상에 5가지 색상의 연꽃을 발견하고 불심으로 이를 날려 꽃이 떨어진 장소 마다 절을 세웠다는 전설이 있는 곳이다. 봄이 되면 산 곳곳마다 진홍빛의 진달래가 수놓아져 이곳을 찾는 등산객의 가슴을 적신다. 행사는 꽃이 만발하는 4월말부터 5월 초에 개최되며 고려산 정산에 사진전을 비롯하여 꽃차시음회, 연 만들기 행사 등을 하고 있다.

보문사 나한전의 전설

신라 진덕왕 3년, 보문사 아랫마을에 사는 어부들은 만선의 꿈을 꾸며 바다에 그물을 쳤다. 무거운 그물을 올려보니 물고기는 보이지 않고 돌덩이가 22개나 걸려 있었다. 사람의 형상과 꼭 닮아있는 것으로 그 모습이 기이하여 어부는 무서운 생각에 바다에 던지고 멀리 떨어진 바다에 다시 그물을 쳤다. 그런데 이게 웬일인가? 그물에서 다시 22개의 석상이 올라오는게 아닌가. 어부들은 무서운 마음에 석상을 바다에 버리고 서둘러 육지로 올라왔는데 그날 밤. 어부들은 모두 같은 꿈을 꾼다.
맑은 얼굴에 고고한 노스님이 나타나 천축에서 온 스물 두 성인이 돌배를 타고 이곳에 왔는데 그대들이 물속에 있는 자신들을 꺼내주었다가 다시 두 번이나 물속에 버렸다고 하며 명산으로 안내해주면 그 공덕으로 후손들까지 길이 복을 누르게 된다는 내용이었다. 새벽에 일어난 어부들은 어제 버렸던 석상을 다시 바다에서 꺼냈고 낙가산으로 옮기는데 보문사 석굴에 이르니 석상이 무거워 움직이지 않았다. 이에 굴 안에다 석상을 차례로 모셨다. 그날 밤 그 노스님이 나타나 빈두로존자(16 나한 중의 한 사람) 라고 소개하고 복덕을 약속했다고 한다.

사찰정보
Temple
Information

전등사 | 인천광역시 강화군 길상면 전등사로 37-41 / ☎ 032-937-0125 / www.jeondeungsa.org/

정수사 | 인천광역시 강화군 화도면 해안남로 1258번지 142 / ☎ 032-937-3611 / www.jeongsusa.or.kr/

보문사 | 주소 인천시 강화군 삼산면 삼산남로 828번길 44 / ☎ 032-933-8271 / www.bomunsa.me

도피안사 · 청평사 · 상원사

분단의 현장에서
평화 염원하는 성지 되리라

■■■ 강원도 철원과 춘천 일대는 서울에서 비교적 가까운 근교에 위치해있어 주말을 이용해 손쉽게 다녀올 수 있는 여행지 중 한 곳이다. 휴전선이 지나는 최전방 지대에 위치해있는 철원은 한국전쟁 때는 치열한 격전지였고 지금은 남북이 첨예하게 대치하고 있는 땅이지만 계곡과 산이 어우러진 절묘한 자연경관은 단연 최고로 꼽힌다. 그런가하면 춘천은 잔잔한 호숫가와 힘차게 흐르는 강 위로 우뚝 선 산이 새록새록 추억을 떠올리게 하는 낭만이 숨 쉬는 곳이다.

분단의 아픔이 서린 도피안사

▲ 피안(彼岸)에 이른다는 뜻을 지니고 있는 다소 독특한 이름의 도피안사는 이름과 달리 사연 많은 천년사찰이다.

강원도 철원군 화개산에 소재한 천년고찰 도피안사(到彼岸寺)는 설악산 신흥사의 말사다. 기록에 의하면 신라 경문왕 5년(865년)에 도선국사가 철조비로자나불좌상을 만들어 철원에 있는 안양사에 봉안하기 위해 운반하다가 불상이 없어져 찾아보니 현재의 도피안사 자리에 앉아 있어 그 자리에 절을 세우고 불상을 모셨다고 한다. 절의 이름은 철조불상이 열반의 세계를 뜻하는 피안(彼岸)에 이르렀다는 뜻에서 유래됐다.

▲ 도피안사의 보물 철조비로자나불좌상은 불상은 물론, 불상을 받치는 대좌(臺座)까지도 철로 만든 보기 드문 작품이다.

전통사찰들이 흔히 그렇듯 도피안사 역시 화재와 한국전쟁을 겪으며 완전히 폐허가 되었고 철조불상과 대좌 및 석탑만이 모습을 보존하고 있다. 1595년 군에서 재건하여 1980년대까지 군부가 관리했는데 휴전선 북쪽 민통선 북방에 위치한 까닭에 사찰은 오랫동안 출입이 자유롭지 못한 곳이었다.

아담한 도피안사에는 일주문이 없고 바로 사대천왕문이 있다. 문을 지나고 다시 해탈문을 지나면 깨달음의 세계와 마주하게 된다. 대적광전에는 도피안사의 보물 철조비로자나불좌상(국보 제63호)이 모셔져 있다. 신라 말에서 고려 초에 유행한 철로 만든 불상의 대표적인 예로, 불상을 받치는 대좌(臺座)까지도 철로 만든 보기 드문 작품이다. 능숙한 조형수법과 알맞은 신체 비례가 눈을 황홀하게 한다.

법당 앞마당에는 도피안사 삼층석탑(보물 제223호)이 있다. 신라계 일반 석탑에서 흔히 보이는 4각 기단이 아닌 8각 모양의 2단 기단으로 되어 있고 아래층 기단의 8면에는 안상(眼象)이 조각되어 있다. 기단의 독특한 양식과 지붕돌 받침이 4단, 3단으로 일정치 않은 점 등은 통일신라에서 고려로 넘어가는 과도기적인 모습의 반영이다.

▲ 도피안사 앞마당에 서있는 삼층석탑은 통일신라 석탑에서만 볼 수 있는 특이한 모습을 보여준다. 지붕돌의 네 귀퉁이가 하늘을 향해 한껏 들려 있는 수법이 아름답다.

공주설화 한가득 품은 청평사

청평사(淸平寺)가 고즈넉이 자리 잡은 오봉산은 다섯 개의 봉우리가 있다하여 붙여진 이름이다. 5개의 봉우리를 이어주는 능선마다 기암괴봉과 노송이 경쟁하듯 어우러져 매혹적인 풍경을 뽐낸다. 산 아래로 내려다보이는 소양댐의 풍경 또한 절경이다. 정상 부근은 암반이지만 대체로 흙으로 이루어진 평길이라 산행이 그리 고단하지는 않다. 청평사(淸平寺)는 오봉산 자락에 한적하게 자리하고 있다.

청평사로 가는 길은 두 가지다. 편하게 육로를 통해 가도 되고 운치 있게 배를 타고 가도 좋다. 소양강댐 유람선 선착장에서 배를 타면 강 너머 보이는 풍경을 감상할 겨를도 없이 금세 청평사

◀ 청평사 오르기 전 보이는 구송폭포는 주변에 소나무 아홉 그루가 있어 붙여진 이름이지만 아홉 가지 폭포 소리를 들려주어 구성폭포라고도 한다.

입구 선착장에 도착한다. 식당이 즐비하게 늘어선 유원지를 지나 계곡을 따라 20여 분간 오르면 청평사가 보인다. 청평사 가는 길목마다 재미있는 이야깃거리들이 숨어 있어 지루함이 없다.

청평사계곡을 따라 얼마 오르지 않으면 뱀 한

▲ 청평사로 가는 길목에는 곳곳에 지역 설화나 민담 등 재미있는 이야깃거리들이 숨어있다.

마리를 손 위에 올려놓은 공주 동상이 보인다. 청평사에 전해지는 당나라 공주에 관한 설화를 표현한 조형물이다. 당나라 공주를 사랑한 한 남자가 죽어 상사뱀으로 환생한 뒤 공주를 휘감으며 놓아주지 않아 체념한 공주가 청평사를 찾았더니 뱀이 공주에게서 벗어나 해탈했다고 한다.

공주설화가 어린 장소를 찾는 재미도 쏠쏠하다. 아홉 가지 폭포 소리를 들려주는 구송폭포 옆에는 당시 공주가 하룻밤 묵었다는 공주굴이 있고 조금 더 오르면 뱀을 떼어낸 공주가 은혜를 갚기 위해 건립했다는 삼층석탑(강원도 문화재자료 제8호)이 있다. 일명 공주탑이라고도 불리는데 고려 초기에 건립된 3m짜리 탑이다. 다른 사찰처럼 법당 앞에 탑이 있지 않고 절 근처 암반 위에 세워진 것이 이채롭다. 다시 오르면 머지않은 곳에 계곡물이 모여 이뤄진 소(沼)가 나타난다. 설화 속 공주가 목욕했다는 공주탕이다. 사랑에 얽힌 슬픈 전설이 깃든 곳이어서인지 청평사와 그 주변일대는 특히 연인들의 발걸음이 잦다.

청평사에서 오른쪽으로 5분 거리에는 우리나라에서 가장 오래된 고려정원의 흔적인 영지(影池)가 있다. 고려시대 학자 이자현이 머물며 손수 만든 연못으로, 물결이 잔잔할 때면 이름 그대로 부용봉이 그림자처럼 비친다. 그는 이곳

▶ 소박한 모습의 청평사는 한국전쟁 때 건물 대부분이 소실되는 아픔을 겪었다가 1970년대 다시 사찰로서의 모습을 갖추기 시작했다.

▲ 청평사는 고려 광종 24년(973년)에 백암선원으로 창건됐다가 조선 명종 때 보우선사가 중건하여 청평사로 부르면서 대사찰로 성장했다

에 머물며 청평사 일대를 정원으로 꾸몄다고 한다. 이자현의 흔적은 또 있다. 청평사 앞에는 그가 죽은 뒤 절에서 세웠다는 부도가 있다. 그의 호를 따 이름을 '진락공이자현부도'라 하였다. 헌데 만든 양식이 조선시대의 것이어서 다른 스님의 부도라는 이야기도 있다.

조금 더 오르면 오봉산을 배경으로 청평사가 소박한 모습을 슬며시 드러낸다. 청평사는 고려 광종 24년(973년)에 백암선원으로 창건됐다가 조선 명종 때 보우선사가 중건하여 청평사로 부르면서 대사찰로 성장했다. 하지만 한국전쟁 때 회전문만 남기고 완전히 소실됐다가 1970년대 들어 다시 전각들을 짓고 회전문을 보수하고 범종각과 요사채를 증축했다.

절 마당에 들어서면 보물 제164호로 지정된 회전문(廻轉門)이 보인다. 회전문이라 하여 빙글빙글 돌

아가는 문을 떠올리겠지만 중생들에게 윤회전생을 깨우치게 하기 위한 마음의 문이다. 여기에도 공주설화가 깃들어 있다. 공주를 감고 있었던 뱀이 이 문을 지나면서 윤회를 벗어나 해탈했다고 하여 회전문이라는 이름이 붙여졌다고

◀ 한국전쟁 때 유일하게 살아남은 회전문은 중생들에게 윤회전생을 깨우치게 하기 위한 마음의 문이다.

한다. 앞면 3칸·옆면 1칸 규모로 가운데에 드나드는 통로가 있고 좌우 칸에 마루가 있다. 절의 당우로는 대웅전과 함께 극락보전, 삼성각, 관음전, 나한전, 범종각, 요사채 등이 있다.

세 번 악소리 내고 오른다는 삼악산 상원사

▲ 현재 상원사는 대웅전과 삼성각·요사채 등의 건물과 원형을 알아보기 힘든 석탑 1기만이 남아 있어 단출하지만, 건물 뒤로 서 있는 암벽들이 절경을 이루며 빼어난 경치를 자랑한다.

예로부터 강원도에서 한양으로 가는 관문이자 춘천을 지키는 수문장 역할을 했다는 삼악산. 세 번 악소리를 내야 오를 수 있다는 말이 있듯이 산세가 험준하다. 이곳 중턱에 자리잡은 상원사(上院寺)에 닿으면 발아래 눈부신 의암호가 펼쳐지고 맞은편에 서 있는 드름산의 날카로운 바위벽이 눈앞에 쏟아진다.

상원사 사적기에 의하면 백제 성왕 22년(544년)에 신라의 진흥왕으로부터 백제 땅에 사찰을 창건하라는 명령을 받고 백제 땅인 고창현에 온 고봉, 반릉 두 법사가 성왕 24년(546년) 방장산 아래에 상원사를 창건했다고 전한다. 조선 후기 화재로 소실되었으며, 조선 철종 9년(1858년) 금강산에서 내려온 풍계(楓溪)가 상원사의 암자였던 고정암(高精庵)을 중건하여 이름을 상원사로 바꿨다. 1930년 주지 보련(寶蓮)이 운송(雲松)과 함께 중건하였으나 1950년 6·25전쟁 때 불에 타 없어졌고 1954년 보련이 인법당과 칠성각을 중건하고 1984년에 대웅전을 세워 오늘에 이른다.

현재 대웅전과 삼성각·요사채 등의 건물과 원형을 알아보기 힘든 석탑 1기만이 남아 있어 단출하지만, 건물 뒤로 서 있는 암벽들이 절경을 이루며 빼어난 경치를 자랑한다. 또 주변에 등선폭포를 비롯하여 나무꾼과 선녀의 전설이 서린 옥녀탕, 삼악산성 등 볼거리도 산재해 찾는 이들이 많다.

▶ 삼악산 주변에는 등선폭포를 비롯하여 나무꾼과 선녀의 전설이 서린 옥녀탕, 삼악산성 등 볼거리가 많다.

▲ 삼악산 중턱에 자리잡은 상원사에 닿으면 발아래 눈부신 의암호가 펼쳐지고 맞은편에 서 있는 드름산의 날카로운 바위벽이 눈앞에 쏟아진다.

　춘천에는 청평사 이외에도 흥국사(興國寺)라는 절이 있다. 높지 않지만 가파른 바위로 이루어진 삼악산(654m)에 위치한 흥국사는 비교적 규모가 아담하다. 후삼국시대 후고구려의 궁예가 왕건과 전투를 벌일 때 나라의 재건을 염원하며 세웠다고 한다. 지금도 당시의 흔적이 남아 있어서 삼악산 곳곳에는 그 때 쌓았다는 석성이 있다. 또한 궁궐이 있던 곳을 대궐터, 기와 구웠던 곳을 왜(와)데기, 말을 매었던 곳을 말골, 칼싸움 하였던 곳을 칼봉, 군사들이 옷을 널었던 곳을 옷바위라 부른다. 마을 주민들은 흥국사를 큰절이라 부르기도 한다. 여러 차례 전란을 겪으며 소실과 중수를 거치다 1986년에 대웅전을 중창했다. 대웅전 앞에는 오래되어 보이는 삼층석탑이 있다.

주변 둘러보기

하나. 한탄강

우리말로 큰 여울이라는 뜻의 한탄강은 화산 폭발로 분출된 용암이 굳어져서 생긴 현무암 사이로 물이 스며들어 이루어진 강이다. 깊기도 하지만 워낙 빠른 물살에 바위가 이리저리 깎이면서 가파른 협곡과 수직 절벽이 탄생했고 급격한 화산 활동으로 주상절리가 생겨났다. 물이 맑고 풍부하여 각종 민물고기가 서식하며 철원평야의 농업용수로도 사용되고 있다. 해마다 겨울이면 각지에서 날아온 철새 수만 마리로 장관을 이룬다.

둘. 고석정

한탄강에서 가장 으뜸가는 절경을 꼽으라면 단연 고석정이다. 강가에 우뚝 선 높이 10여m의 바위와 그 위에 자라는 소나무 군락, 주변의 현무암 계곡을 통틀어 고석정이라 부른다. 바위절벽의 한쪽은 현무암, 반대편은 화강암으로 이루어졌는데 두 암석이 깎이는 정도가 달라 더 독특한 멋이 묻어난다. 고석정 주변의 기암괴석을 생동감 있게 훑고 싶다면 유람 보트를 이용하면 된다. 조선시대 의적 임꺽정이 활동한 근거지로 고석정 입구에 임꺽정 동상이 서있다.

알아두면 좋아요

춘천 닭갈비·막국수축제

매년 7~9월경이면 춘천의 향토 음식인 닭갈비와 막국수를 주인공으로 한 춘천 닭갈비·막국수축제가 열린다. 축제의 주인공인 닭갈비와 막국수를 입맛대로 먹고 다양한 체험과 공연을 즐기는 것은 물론, 여러 가지 특산품들도 구매할 수 있다.

꼭 들러야할 이색 명소

평화전망대

민통선 안쪽으로 들어가면 더 생생한 철원의 풍경을 조망할 수 있다. 모노레일을 타고 철원 평화전망대에 오르면 DMZ는 물론, 북한 선전마을과 평강고원이 한눈에 들어온다. DMZ에는 후고구려를 세운 궁예가 도읍을 송악에서 철원으로 옮기면서 만든 궁예도성 터가 있다. 전망대 옥상에서는 비무장지대가 더 가까이 눈앞에 펼쳐진다. 단, 사진은 촬영할 수 없다.

효과 100배 코스 | 청평사

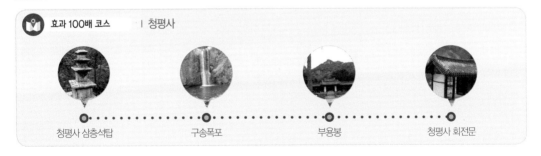

청평사 삼층석탑   구송폭포   부용봉   청평사 회전문

사찰
정보

Temple
Information

도피안사 | 강원 철원군 동송읍 도피동길 23 / ☎ 033-455-2471

청평사 | 강원 춘천시 북산면 오봉산길 810 / ☎ 033-244-1095 / www.cheongpyeongsa.co.kr

상원사 | 강원 춘천시 서면 덕두원리 / ☎ 033-244-6753

구룡사 · 상원사 · 수타사 · 법흥사 · 보덕사 외

유서깊은 역사와 청정자연 끌어안은
천년고찰의 넉넉한 마음

■ ■ ■　천혜의 자연경관을 자랑하는 강원도. 그 중에서도 원주·홍천·영월 지역은 자연 본연의 모습을 가장 잘 간직한 청정지역으로 손꼽힌다. 강원도 남서부에 위치한 원주는 전설이 살아있는 고찰부터 기암괴봉과 노송이 어우러진 풍경이 눈길을 사로잡고, 전국 시군 가운데 면적이 가장 넓은 홍천은 군 전체의 90% 가량이 산지로 오염되지 않은 청정 휴양지로 널리 알려져 있다. 그런가하면 영월은 지붕 없는 박물관이라 불릴 만큼 유서 깊은 역사와 자연을 지니고 있다.

그윽한 정취에 취해 걷다보면 이르는 구룡사

▲ 1,000m를 훌쩍 넘는 봉우리들이 남북으로 시원스럽게 뻗은 치악산을 배경 삼아 구룡사가 위풍당당하게 들어서있다.

　차령산맥에 솟아 있는 치악산(1,288m)은 강원도 원주시와 횡성군의 경계에 있다. 주봉인 비로봉을 비롯하여 1,000m를 훌쩍 넘는 봉우리들이 남북으로 시원스럽게 뻗어 산맥을 형성하고 있다. 구룡사가 위치한 북쪽은 능선이 비교적 가파른 편인데 등산객들이 우스갯소리로 '치를 떨고 악에 받친다'고 말할 정도다. 험난한 산세 속에 들어찬 깊은 계곡과 우거진 숲이 마치 한 폭의 수채화를 보는 것 같다.

　원주 8경 중에 제1경인 구룡사(龜龍寺)는 치악산에 자리 잡은 천년고찰이다. 신라 문무왕 8년(668년)에 의상대사가 창건했으며 현재는 조계종 제4교구 본사인 오대산 월정사의 말사이자 33관음성지 중 한 곳이다.

　구룡사는 이름과 관련하여 2개의 설화를 품고 있다. 원래 절터는 아홉 마리의 용이 사는 연못이었다. 의상대사는 천하의 명당인 이 곳에 절을 지으려했지만 용들은 소나기를 내리며 이를 방해했다. 이에 의상대사가 부적을 연못 속에 집어넣었고 연못물이 끓어오르자 용들은 하늘로 달아났다. 의상대사는 연못을 메우고 절을 짓고는 아홉 마리의 용이 살던 곳이라 하여 구룡사(九龍寺)라 이름 지었다. 지금 동해를 향해 뻗어있는 여덟 개의 골은 당시 용이 도망치면서 생긴 흔적이라 한다. 이후 구룡사는 몰락해갔고 절운을 지켜주는 거북바위가 쪼개지자 이를 다시 살린다는 뜻에서 절의 이름을 다시 거북 구(龜)자를 써서 구룡사(龜龍寺)로 바꿨다.

매표소에서 구룡사로 가는 약 1km의 길은 금강송으로 가득 차 있어 그윽한 정취를 느끼며 걷기에 최상이다. 얼마 걷지 않은 곳에 황장금표(黃腸禁標)라고 새겨진 바위

▲ 중층으로 지어져 웅장한 멋이 나는 구룡사 사천왕문. 구룡사는 아홉 마리의 용이 살던 연못을 메우고 지어진 절이라 전해온다.

하나가 있다. 조선시대 이 일대에서 송림에 대한 무단벌목이 성행하자 이를 금하기 위해 세운 표지석이다. 이는 금강소나무의 무단벌채를 금하는 현존 유일의 표지석으로 알려져 있다. 큰 경사 없이 굽이굽이 금송길이 펼쳐져 있어 산책하듯 걷기에 좋다. 조금 더 가면 거북이와 용머리가 조각된 구 공교가 나온다.

머지않은 곳에 일주문인 원통문이 있다. 곁에는 수백 년 된 듯한 은행나무가 버티고 서있다. 부도전과 사리를 모신 부도탑을 지나 다시 숲길을 조금 더 걸으면 구룡사가 소박한 모습을 드러낸다. 중층으로 지어진 사천왕문은 규모가 상당하여 웅장한 멋이 나는데 2층 천정에 그려진 만다라가 참으로 화려하다. 절 내에는 앞면 3칸·옆면 3칸 규모로 신중탱화와 감로탱화가 걸려 있는 대웅전(강원도 유형문화재 제24호), 90여 평의 심검당, 설선당, 서상원, 보광루, 삼성각, 범종각, 국사단, 응진전 등이 있다.

2002년 전국 최초로 템플스테이를 실시한 구룡사는 매회 다양한 주제로 템플스테이를 진행하여 큰 호응을 얻고 있으며 지역민을 위한 불교대학을 운영하고 있다. 절을 둘러본 뒤에는 근처에 있는 작지만 아름다운 절경을 뽐내는 구룡폭포와 세렴폭포에 들러 맑은 물빛을 감상해보는 것도 좋다.

◀ 구룡사 근처에는 작지만 아름다운 절경을 뽐내는 세렴폭포가 있다. 맑은 물과 화려하게 물든 단풍이 어울려 그림 같은 풍경을 자아낸다.

꿩의 보은 설화로 더욱 유명한 상원사

치악산 가장 높은 곳 남대산 기슭에는 상원사(上院寺)가 자리 잡고 있다. 남대봉 중턱의 해발 1,200m 지점이 상원사가 위치한 곳이다. 신라시대에 지어졌으나 누가 지었는지는 분명치 않다. 문무

왕 때 의상대사가 지었다는 설도 있고 경순왕의 왕사였던 무착
스님이 지었다는 얘기도 전해온다. 고려 말 나옹스님이 중건했
으나 한국전쟁 때 소실됐다가 1968년 중건됐고 1988년 현재
의 위치로 이전하여 중창됐다.

상원사에는 은혜 갚은 꿩 설화가 전해진다. 치악산에서 수행
중인 한 승려가 새끼 품은 꿩을 큰 구렁이로부터 구해주자 앙
심을 품은 구렁이가 밤에 잠든 승려의 몸을 칭칭 감고는 날이
새기 전 종소리가 울리지 않으면 잡아먹겠다고 하였다. 승려가
체념하고 죽기를 기다리자 갑자기 상원사에서 종소리가 들렸
고 구렁이로부터 무사히 풀려난 승려가 부랴부랴 상원사에 오
르자 종루 밑에는 꿩과 새끼들이 피투성이가 된 채 죽어 있었
다. 원래 붉은 단풍이 아름다워 적악산(赤岳山)이라 불렀으나
꿩의 보은설화를 담아 꿩 치(雉)자를 써서 치악산(雉岳山)으로
바꾸었다 한다.

▲ 치악산 높은 곳에 위치한 상원사에는 은혜 깊은
꿩 설화가 전해온다.

상원사에는 대웅전, 심우당, 심검당, 범종각, 산신각 등의 건
물이 있다. 대웅전 앞에는 삼층짜리 쌍탑(강원도 유형문화재 제
25호)이 나란히 있다. 상륜부는 일반 탑에서 보기 힘든 둥근 연
꽃봉오리 모양이 새겨져있다. 1964년 우측 석탑을 보수할 때 탑신에서 신라 때 유행한 수법으로 제작
된 관음보살좌상, 인왕상, 아미타불립상, 석가여래입상의 금동불 4구가 발견됐다. 불상은 이미 오래 전
에 사라졌고 불상 뒤를 장식하던 광배와 불상을 받치던 대좌만이 석탑 주위에 남아 있다. 부처의 몸 전
체에서 나오는 빛을 형상화한 광배는 부처님의 머리와 몸에서 나오는 빛을 둥근 선으로 새기고 바깥에
는 불꽃 무늬를 양각했다. 대웅전은 앞면 3칸 · 옆면 2칸의 겹처마 팔작지붕 건물로 앞쪽에 용머리 조
각을 배치하여 눈길을 끈다. 비로자나불, 석가모니불, 노사나불, 후불탱화, 지장탱화, 신중탱화를 모시
고 있다.

이 외에도 원주에는 치악산 중턱에
위치한 입석사(立石寺), 향로봉의 서쪽
골짜기인 보문골에 위치한 보문사(普
門寺), 남대봉 기슭에 자리한 영원사
(鴒願寺), 신라 경순왕대에 무착대사가
창건했다는 국형사(國亨寺), 고려 중엽
에 창건된 영천사(靈泉寺) 등이 있다.

▶ 상원사 대웅전 앞에는 삼층짜리 쌍탑이 나란히 있다.
상륜부는 일반 탑에서 보기 힘든 둥근 연꽃봉오리 모양
이 새겨져있다.

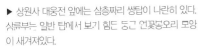

아미타불의 무량한 수명을 기원하다, 수타사

수타사(壽陀寺)는 공작산에서 내려오는 덕지천 상류 계곡에 위치해있다. 수타사가 자리한 수타사계곡은 넓은 암반과 큼직한 소가 어우러져 수려한 경치를 자아낸다. 주차장에서 공작교를 지나 계곡을 따라 오르면 수타사가 있다. 크지 않은 규모지만 천년고찰이다.

▲ 공작이 날개를 펼친 듯한 공작산 끝자락에 위치한 수타사는 주변에 기암절벽과 울창한 숲을 호위하고 있다.

수타사는 신라 성덕왕 7년(708년)에 원효스님이 창건하여 우적산 일월사라 하였다고 전해지나 원효스님이 입적한 해가 686년이니 창건자나 연대가 잘못 전해졌을 가능성이 높다. 조선 선조 2년(1568년) 현 위치로 이전하면서 공작산 수타사라 부르기 시작했으나 발음만 같고 뜻은 조금 달랐다. 임진왜란 때 모두 불타 40년 동안 폐허로 남아 있던 것을 조금씩 중창하여 오늘에 이르렀다. 순조 11년(1811년) 아미타불의 무량한 수명을 상징하기 위해 현재의 이름으로 한자를 바꾸었다.

당우로는 대적광전, 봉황문, 백연당, 원통보전, 홍회루, 보장각, 삼성각, 심우산방, 수타사 부도 등이 있다. 대적광전(강원도 유형문화재 제17호)은 수타사의 중심 법당으로 앞면 3칸·옆면 3칸의 다포계 팔작지붕이다. 지붕에 청기와 2장을 얹고 지붕의 39개 수막새 기와 위에 각각 연꽃 봉오리 모양의 백자를 얹었다. 대적광전 내부의 닫집은 정교하고 화려하면서도 장중한 멋이 있다. 안에는 주불로 비로자나부처님이 모셔져 있다. 새벽과 저녁에 이곳에서 예불을 드린다.

수타사 동종(보물 제11-3호)은 조선 현종 11년(1670년) 승려이자 장인으로 이름을 떨친 사인 비구스님이 신라 종의 제조기법에 독창성을 적용하여 만든 종이다. 높이 1m에 무게 2,500근으로 종을 치는 부분인 당좌를 독특하게 표현했으며 몸통 밑 부분에 새겨진 문구를 통해 제작연대를 정확히 알 수 있다.

▲ 앞면 3칸·옆면 3칸의 다포계 팔작지붕 형태로 지붕에 청기와 2장을 얹고 지붕의 39개 수막새 기와 위에 각각 연꽃 봉오리 모양의 백자를 얹어 고색창연한 아름다움을 더한 수타사 대적광전

3층석탑(강원도 문화재자료 제11호)은 고려 후기에 세운 것으로 추측되며 2, 3층 몸돌이 없어지고 네 귀퉁이가 치켜 올라간 지붕돌만 남아있다. 지붕돌 너비는 거의 비슷하며 1, 2층은 3단, 3층은 2단의 받침을 두었다. 꼭대기 머리 장식으로 동그란 돌 하나가 얹혀 있다.

진신사리의 신비 안은 기도도량, 법흥사

강원도 영월군 수주면 사자산의 남쪽 기슭에 5대 적멸보궁(寂滅寶宮) 중 하나인 법흥사(法興寺)가 있다. 신라 선덕여왕 12년(643년) 자장율사가 당에서 모셔온 부처님 진신사리를 5개 사찰에 모셨는데 가장 마지막으로 사리를 봉안한 곳이다. 처음 건립할 때는 흥녕사라 이름 지었다. 한 때 2천여 명의 수도승이 운집한 큰 가람이었으나 수차례 화재를 겪으며 소실됐고 1902년 대원각 스님이 중건하여 법흥사로 이름을 고쳤다. 33관음성지 중 한 곳이다.

금강문과 원음루를 지나 경내로 들어서면 극락전과 삼성각, 관음전, 종루 등의 당우가 있다. 징효국사의 사리를 모신 영월징효국사부도(강원도 유형문화재 제72호)는 작은 언덕을 바라보며 서

▲ 5대 적멸보궁의 하나이자 33관음성지 중 한 곳인 법흥사는 자장율사가 부처님 진신사리를 봉안한 곳이다.

있다. 징효대사는 신라 말 구산선문 가운데 사자산파를 창시한 철감국사 도윤의 제자로, 886년에 사자산 법흥사에 선문을 개창했다. 법흥사는 해마다 '징효 절중국사 헌다례'를 봉행하고 있다.

장송들이 가득한 숲길을 500m쯤 걸어 올라가면 적멸보궁을 만난다. 자장율사는 진신사리를 연화봉 어딘가에 숨겨놓았다고 하나 현재로선 정확한 위치를 알 길이 없다. 화려한 단청과 좌우 용머리 장식이 특징인 적멸보궁은 뒤로 커다란 창이 뻥 뚫려 있다. 창 너머로 보이는 산 전체가 부처님의 몸인 것이다.

적멸보궁 뒤로 가면 영월법흥사

◀ 절에서 장송들이 가득한 숲길을 500m쯤 걸어 올라가면 화려한 단청과 좌우 용머리 장식이 특징인 법흥사 적멸보궁을 만난다. 법당 뒤로 뚫린 창 너머로 보이는 산 전체가 바로 부처님의 몸이다

석분(강원도 유형문화재 제109호), 영월법흥사부도(강원도 유형문화재 제73호), 흥녕선원지(강원
기념물 제6호) 등의 문화재가 나란히 있다. 석분은 좁은 입구가 달려 있는 둥근 무덤처럼 생겼다.
자장율사가 수행하던 토굴이었다고도 한다. 내부 벽면은 자연석으로 10단을 쌓았는데 그 방식이
고려시대의 것으로 추정된다. 석분 옆에는 자장율사가 당나라에서 사리를 모셔올 때 넣어 왔다는
석함의 흔적이 있다. 부도는 고려시대에 세운 것으로 추측되나 모신 사리의 주인이 누구인지는 아
직 밝혀지지 않았다.

장릉을 지키는 사찰, 보덕사

영월에 있는 또 다른 사찰로는 보덕사(報德寺)가 있다. 비운의 임금인 단종의 원찰로서 영월의 주산
인 발산의 서쪽 기슭에 있다. 신라 문무왕 8년(668년)에 의상조사가 지덕사라는 이름으로 창건했으며
1457년 노릉사로 개칭했다가 영조 2년(1726년) 보덕사로 바꾸었다. 장릉의 조포사찰(능이나 원에 딸
려 제향에 쓰는 두부를 맡아서 만드는 절)이었다.

일주문을 지나면 천왕문이다. 천왕문에는 비파를 든 다문천왕, 탑을 든 광목천왕, 검을 든 지국천
왕, 용을 든 증장천왕이 표현된 사천왕상이 모셔져있다. 천왕문을 통과하면 극락보전(강원도 문화재
자료 제23호)이 있다. 고려 의종 15년(1161년)에 늘려 지은 것으로 독특한 지붕선이 인상적이다. 지
금의 극락보전은 조선 후기의 양식
을 갖추고 있다. 이 밖에 사성전,
나한전, 칠성각, 산신각 등의 전각
과 5층석탑이 있다. 발산 기슭에는
보덕사에 속해 있는 암자인 금몽암
(禁夢庵)도 있다.

▶ 영월의 주산인 발산의 서쪽 기슭에 있는 보덕사
는 장릉의 조포사찰이었다.

주변 둘러보기

하나. 청령포

청령포(명승 제50호)는 천연기념물인 관음송을 비롯하여 빽빽하게 들어선 송
림이 삼면을 돌아 흐르는 서강과 어우러져 뛰어난 자연경관을 자랑하는 명승
지이기도 하지만 어린 나이에 숙부인 수양대군에게 왕위를 빼앗긴 단종이 유
배되어 머물렀던 슬픈 역사를 간직한 곳이기도 하다. 강이 삼면을 둘러싸고
있고 다른 한 면은 육육봉의 우뚝 솟은 암벽이 가로 막고 있어 단종에게는 마
치 감옥과도 같이 여겨졌을 것이다. 단종이 한양을 바라보다 시름에 잠겼다
는 노산대와 망향탑 돌무더기, 금표비 등이 단종의 흔적을 말해준다.

둘. 김삿갓유적지

조선 후기 방랑시인으로 이름을 떨친 김삿갓의 생애와 문학세계를 엿볼 수 있는 곳으로, 2003년 지어졌다. 그의 묘소와 주거지, 김삿갓문학관과 시비공원이 자리하고 있다. 김삿갓문학관에는 전국각지를 방랑하며 서민들의 애환과 양반들의 잘못된 생활상을 시로 표현한 김삿갓의 삶을 기록한 연구자료와 유물들이 전시되어 있다.

셋. 장릉

영월은 단종의 유배지이기도 하고 평생의 안식처이기도 하다. 영월 시내에는 단종의 무덤인 장릉(사적 제196호)이 있다. 선조 때 상석, 표석, 장명등, 망주석이 세워졌고 숙종 24년(1698)에 복위시켜 장릉이라 하였다. 해마다 한식날이 다가오면 그에 맞춰 단종제를 지낸다.

📷 꼭 들러야할 이색 명소

조선민화박물관

조선민화박물관은 조선시대의 민화를 수집하여 전시하기 위해 2000년에 건립된 국내 최초 민화전문박물관이다. 전시된 조선 민화 3,800여 점에는 옛 서민의 소박한 생활상과 정서가 담겨있다. 전국민화공모전에 입상한 작가들의 다양한 현대민화작품도 전시되어 있다.

💡 알아두면 좋아요

적멸보궁

석가모니 부처의 진신사리(眞身舍利)를 모신 전각을 적멸보궁이라 한다. 석가모니가 설법을 펼친 보리수 아래의 적멸도량을 뜻하는 전각을 일컬었으나 사후에 와서는 그의 사리를 봉안하고 있는 절, 탑, 암자 등으로 그 뜻이 바뀌었다. 보통 절 자체를 적멸보궁이라 말하지만 엄밀히 말하자면 사찰 내 진신사리를 봉안한 당우를 적멸보궁이라 한다.

33관음성지

관음신앙의 의미를 널리 알리기 위해 조계종에서는 2008년 전국 각지의 관세음보살을 모신 관음사찰 가운데 33곳의 사찰을 '33관음성지'로 선정했다. 관음보살은 중생을 구제하기 위해 부처의 자리를 버려 자비의 보살로 불린다. 해당되는 사찰의 종무소 처마 아래에는 33관음성지라고 적힌 명패가 걸려있다.

사찰 정보
Temple Information

구룡사 | 강원 원주시 소초면 구룡사로 500 / ☎ 033-732-4800 / www.guryongsa.or.kr

상원사 | 강원 원주시 신림면 성남로 930 / ☎ 033-765-1608 / www.sangwonsa.com

수타사 | 강원 홍천군 동면 수타사로 473 / ☎ 033-436-6611 /

법흥사 | 강원 영월군 수주면 무릉법흥로 1352 / ☎ 033-374-9177 / www.beopheungsa.org

보덕사 | 강원 영월군 영월읍 보덕사길 34 / ☎ 033-374-3169

백담사·오세암·봉정암·월정사·상원사·정암사

피안의 길 향한 구도 여행 통해
부처님 큰 세상을 만나다

■ ■ ■   강원 인제와 평창, 정선 일대는 천혜의 청정환경 속에서 다채로운 축제와 스릴만점 레포츠, 체험거리를 한꺼번에 즐길 수 있는 관광도시로 특히 명성이 자자하다. 쾌적하고 아름다운 자연환경은 이들 지역만의 특권이다. 인제는 전국 최고의 생물다양성을 가진 '생물자원의 수도'라는 타이틀에 걸맞게 전국 최대의 산림을 보유하고 있으며 동쪽의 태백산맥과 서남쪽으로 뻗은 차령산맥 사이에 위치한 평창은 오대산, 가리왕산, 태기산 등에 둘러싸인 산지로 형성된 지역이다. 폐광지역으로 이름을 떨치던 정선은 고원관광 휴양지로 거듭나고 있다.

깊은 계곡 끝에서 만나는 내설악 백담사

▲ 백담사 매표소에서 경내까지는 걸어서 1시간 이상 걸리지만 천혜의 절경을 오롯이 눈에 담고 싶다면 도보로 가는 것도 시도해 볼만하다.

설악산에서 가장 높은 봉우리인 대청봉을 기준으로 인제 쪽에 해당하는 내설악은 설악산 가운데서도 특히 아름다운 자연 경관을 자랑하는 곳이지만 굽이친 험준한 협곡으로도 유명하여 옛날에는 사람들이 발길이 닿기 힘든 곳이었다.

내설악의 깊고 깊은 백담천 계곡을 따라 숲길을 오르면 백담사(百潭寺)가 그 모습을 고즈넉이 드러낸다. 계곡을 오르는 길이 그리 녹록지 않아 백담사 매표소와 백담사의 6~7km 구간만을 오가는 셔틀버스가 있지만 백담계곡이 빚어내는 천혜의 절경을 오롯이 눈에 담고 싶다면 도보로 가는 것도 시도해볼만하다.

백담사 안을 들어서면 법당, 법화실, 화엄실, 나한전, 관음전, 산신각 등의 옛 건물을 비롯하여 한용운의 문학사상과 불교정신을 구현하기 위해 만든 만해기념관, 만해교육관 등의 건물이 위치해있다.

금강역사의 상을 만들어 모신 금강문과 해탈문인 불이문을 지

▶ 백담사는 만해 한용운이 기거하며 〈님의 침묵〉을 탈고한 곳으로 잘 알려진 사찰이다.

나면 불국정토로 들어오는 구도자를 환영하기 위해 주악을 연주하는 범종이 있고 범종루 뒤로 가면 화엄실과 법화실의 두 전각이 마주하고 있다. 화엄실은 만해 한용운이 기거하며 〈님의 침묵〉을 탈고한 곳으로 잘 알려져 있다. 법화실과 화엄실 사이를 지나 뒤로 가면 삼층석탑을 앞세우고 늠름하게 서있는 법당이 시야에 들어온다. 극락보전이다. 중앙에 있는 '백담사목조아미타불좌상'은 영조 24년(1748년)에 조성되었는데 18세기 전반의 불상 가운데 수작으로 평가될 만큼 그 역사적·문화적 가치가 높아 불상 안에서 발견된 유물과 함께 보물 제1182호로 지정되어 있다.

백담사는 신라 제28대 진덕여왕 원년(647년)에 자장(慈藏)율사가 설악산 한계리에 창건한 한계사(寒溪寺)가 그 기원이다. 1,400년을 훌쩍 넘는 세월을 거치는 동안 수차례 전쟁과 화재 등 모진 시련을 겪으며 소실과 재건을 반복한 끝에 지금의 모습에 이르렀다.

고행 끝에 만나는 오세암과 봉정암

백담사만으로 아쉬움이 남는다면 백담사의 암자인 오세암(五歲庵)과 봉정암(鳳頂庵)을 함께 들러도 좋다. 오세암은 관음기도성지로서, 봉정암은 적멸보궁으로서 그 명성이 자자하다. 보통은 백담사에서 출발해 먼저 오세암을 거친 뒤 봉정암으로 향한다. 오세암은 백담사에서 산길을 따라 30리 오르면 나오는데 설악산 깊숙한 곳에 자리 잡고 있어 사람의 발길이 드물다. 신령스러운 산봉우리를 병풍처럼 두른 연꽃의 형상 속에 사리한 오세암은 만해 한용운이 1915년 백담사가 화재로 불타자 주로 정진한 곳이다. 엄마를 찾아 길을 나선 다섯 살 아이가 부처가 된 절이라하여 붙여진 이름 오세암. 만해는 이 곳에서 장경각의 팔만대장경을 읽으며 최고의 깨달음을 얻지 않았을까.

오세암에서 3시간정도 더 오르면 봉정암이 보인다. 설악산에서 가장 높은 곳에 위치한 암자다. 1,244m의 높이도 놀랍지만 길이 워낙 험준하고 가팔라 산행은 그야말로 고통과 고행의 연속이다. 아찔한 산비탈마다 마련된 로프와 철제계단을 부여잡으며 연신 "아이고"를 연발해야 겨우 이를 수 있으니 간절한 믿음이 없다면 실로 불가능한 일이다. 고행 끝에 다다르면 법당과 요사채가 반겨준다. 봉정암은 신라 선덕여왕 13년(644년)에 자장율사가 당나라에서 구해온 부처님의 진신사리를 봉안하려고

▲ 엄마를 찾아 길을 나선 다섯 살 아이가 부처가 된 절이라하여 붙여진 이름 오세암. 관음기도성지로 명성이 자자하다.

창건했다고 알려진 국내 5대 적멸보궁의 하나다. 진신사리가 봉안되어 있는 '봉정암 5층석탑'은 최근 국가지정문화재 보물로 지정됐다.

▶ 국내 5대 적멸보궁의 하나인 봉정암은 설악산에서 가장 높은 곳에 위치한 암자다.

어머니처럼 푸근한 오대산 품에 안긴 월정사

바위로 이루어져 거칠고 굳센 기백이 느껴지는 설악산과 달리 오대산은 흙으로 이루어져 푸근하면서도 넉넉한 멋을 자랑한다. 오대산은 주봉인 비로봉(1,563m)를 비롯하여 상왕봉, 두로봉, 동대산, 호령봉의 다섯 봉우리를 합쳐 지은 이름이다. 오대산은 32개의 산봉우리와 31개의 계곡, 12개의 폭포를 안고 사계절 색다른 모습을 전해준다. 가을이면 노란색, 갈색이 형형색색 찬란한 빛을 선사하고 겨울이면 수북이 눈 쌓인 고즈넉한 설경을 선사한다.

▲ 울창한 선나무 숲 속에 오대산을 뒤로 하여 자리 잡고 있는 월정사. 가람 배치는 일직선 상에 놓는 일반적인 신라 시대 양식과는 달리 탑 옆쪽으로 부속 건물이 세워져 있다. 방한암과 탄허 등의 고승들이 이곳에 머물렀다.

문수보살 신앙의 중심지인 오대산의 동쪽 계곡 속으로 들어가면 사철 푸른 침엽수림에 둘러싸인 월정사(月精寺)를 만날 수 있다. '33관음성지' 중 한 곳으로 조계종 제4교구 본사이다. 사찰의 정문이라 할 수 있는 일주문을 지나 월정사로 향하면 좌우로 길게 전나무숲이 펼쳐진다. 하늘을 향해 끝도 없이 쭉쭉 뻗은 전나무 1,700여 그루가 만들어내는 웅장한 자태는 차마 눈에 담기에도 버겁다. 보는 내내 '과연 천년의 숲 길답구나'하는 감탄사가 절로 나온다. 이곳에는 소나무는 거의 없고 전나무가 숲을 이루고 있는데 거기에는 사연 하나가 전해내려 온다. 고려 말 무학대사의 스승인 나옹선사가 부처님께 공양하기 위해 콩비지국을 가져가다가 소나무 가지에 쌓여있던 눈이 떨어져 국을 바닥에 쏟았다. 그 때 산신령이 나타나 소나무를 꾸짖은 뒤 쫓아내고 대신 전나무 아홉 그루를 불러들였는데 그 이후로 전나무가 번성하여 지금과 같은 숲을 이루었다는 것이다.

▲ 월정사 적광전의 앞뜰에는 8각9층석탑과 석조보살좌상이 놓여 있다. 석탑은 여러 차례 위기 속에서도 큰 손색없이 본 모습을 잘 갖추며 화려함과 균형미를 뽐내고 있다.

숲 냄새에 취해 걷다보면 어느새 월정사에 이른다. 월정사는 신라 선덕여왕 12년(643년)에 자장율사가 당나라에서 돌아온 뒤 지금의 절터에 암자를 짓고 머무른대서 출발한다. 그 후 여러 스님이 머물며 차츰 규모가 커졌고 지금의 모양새를 갖추게 되었다. 1400여 년 동안 한암, 탄허 등 수많은 고승들이 머물렀다. 월정사에 들어서면 가장 먼저 눈에 띄는 것은 본당인 적광전의 앞뜰에 놓인 8각 9층석탑(국보 제48호)이다. 고려 초기 석탑을 대표하는 이 탑은 한국전쟁을 비롯하여 여러 차례 화재를 겪으며 절이 전소되는 와중에도 큰 손색없이 본 모습을 잘 갖추고 있다. 연꽃무늬로 장식된 2층 기단부와 균형미를 갖춘 탑신부, 금동장식으로 화려함을 뽐낸 상륜부가 아름답게 조화를 이룬다. 석탑 앞에는 공양하는 모습의 석조보살좌상(보물 제139호)이 마주보고 있어 묘한 조화를 이룬다. 또한

◀ 오대산 월정사 북쪽 10리 남호암 기슭에 있었던 조선 후기 5대 사고의 하나. 1606년(선조 39년)에 설치되었다. 오대산 사고의 서책 중 일부 남아 있는 것은 현재 서울 대학교 도서관에 소장되어 있다.

월정사에는 육수관음상(강원도 유형문화재 제53호)이 모셔져 있는데 조선시대 보살상으로 현세에서 자비로 중생을 구제한다는 의미를 지닌 관음보살을 표현한 것이다. 손이 왼쪽과 오른쪽 어깨에 각각 3개씩 모두 6개 달려 있어 6수(六手) 관음보살이라 불린다. 월정사에서는 석가탄신일, 정원대보름 등의 날이면 스님, 신자, 지역주민들이 함께 어우러져 탑공양을 하고 절과 석탑을 돌며 범패와 승무, 탑돌이노래와 연등띄우기 의식 등을 치르는 탑돌이 행사를 치른다. 부처의 공덕을 찬미하고 바람도 비는 즐거운 축제다.

구도 여행 통해 부처님과 함께 깨달음 얻는 상원사

월정사를 빠져나오면 또 다른 길이 시작된다. 월정사와 마찬가지로 천년의 역사를 자랑하는 상원사(上院寺)로 오르는 선재길이다. '선재'라는 이름은 화엄경에 등장하는 어린 구도자인 선재동자에서 따왔다. 그가 구도 여행을 통해 부처님과 같은 깨달음과 실천의 경지에 이른 것처럼 선재길을 걸으며 깨달음의 시간을 가져보는 것은 어떨까. 9km에 달하지만 전나무숲길 못지 않게 좋은 길로 정평이 나있어 걷기에 무리가 없다. 오르내림이 적고 폭이 좁지 않아 산책하기에 좋은데다 산새소리와 곁에서 흐르는 오대천의 물소리가 꽤나 잘 어울린다. 계곡을 따라 자연이 그려내는 진귀한 풍경을 감상하다보면 오래지않아 오대천을 가로지르는 돌다리가 나타난다. 상원사로 가려면 모두 17개의 징검다리를 건너야하는데 다리를 건너며 물에 비친 풍경을 감상하는 맛이 일품이다.

▲ 오대산 상원사는 문수보살상을 모시고 있는 문수기도성지이자 부처님의 진신사리를 모시고 있는 적멸보궁이 있는 사찰이다.

▶ 머리를 양쪽으로 묶어 올린 동자머리와 도톰한 볼이 인상적인 상원사 목조문수동자좌상(국보 제221호).

오대산 주봉인 비로봉 기슭에 자리한 상원사에 이르면 입구에 상원사 표지석이 서있다. 그 안에는 오대산 상원사라는 절 이름과 함께 '적멸보궁', '문수성지'가 한자로 쓰여 있다. 상원사가 문수보살상을 모시고 있는 문수기도성지이자 부처님의 진신사리를 모시고 있는 적멸보궁이 있는 사찰이기 때문이다. 신라 성덕왕이 왕이 되기 전 오대산에 입산하여 1만 문수보살을 친견하고 왕에 오른 뒤 신라 성덕왕 4년(705년) 이곳에 진여원을 창건하면서 문수보살상을 봉안한 것이 절의 시작이다. 그 후 조선 세조가 이곳에 행사했다가 문수동자를 만나 부스럼병을 고치고는 권선문을 작성하고 진여원을 확장하여 상원사로 이름을 바꾸고 원찰로 정하여 문수동자상을 봉안했다고 한다.

현존 당우로는 선원인 청량선원, 승당인 소림초당, 종각인 동정각, 영산전 등이 있다. 영산전은 상원사에서 가장 오래된 건물로, 1946년 화재가 났을 때 유일하게 불타지 않은 전각이다. 석가모니를 중심으로 좌우에 갈라보살과 미륵보살을 협시로 봉안하고 16나한상을 모셨다. 중요 문화재로 목조문수동자좌상(국보 제221호)을 비롯하여 목조문수동자좌상 복장유물 23점(보물 제793호), 상원사 동종(국보 제36호) 등이 있다. 특히 상원사 동종은 신라 성덕왕 24년(725년)에 제작된 현존하는 우리나라 종 가운데 가장 오래되고 아름다운 종이다. 문수전에는 문수보살상을 모시고 있고 적멸보궁에는 부처님 진신사리를 모시고 있다.

세인의 발걸음 쉬이 허락하지 않는 적멸보궁 정암사

앞서 살펴본 설악산 봉정암, 오대산 상원사 이외에도 강원도에는 2개의 적멸보궁이 더 있는데 그중 하나가 태백산 정암사(淨巖寺)다. 첩첩 산줄기가 매섭게 늘어선 태백산의 좁디좁은 골짜기 사이 깊숙한 산속에 들어서있다.

처음 자장율사가 정암사를 창건했을 때의 이름은 갈래사(葛來寺)였다. 자장율사가 당나라 산서성에 있는 청량산 운제사에서 문수보살을 친견한 뒤 석가세존의 정골사리, 치아, 불가사, 패엽경 등을 전수받아 돌아와 산꼭대기에 부처님 사리탑을 세우려했으나 자꾸 무너져 내렸다. 이에 간절히 기도했더니

▲ 정암사의 원래 이름은 갈래사인데, 자장율사가 정암사를 창건할 때 어디선가 칡 세 줄기가 나타나 흰 눈 위로 뻗어 나가 멈춰선 자리에 절을 지었다 하여 붙여진 이름이다.

어디선가 칡 세 줄기가 나타나 흰 눈 위로 뻗어 나가 지금의 수마노탑, 적멸보궁, 법당자리에 각각 멈췄다고 한다. 자장율사는 문수보살의 계시라 생각되어 645년 그 자리에 절을 지었고 '칡 세 갈래가 뻗어 나와 점지한 절'이라는 의미에서 갈래사라 이름 지었다.

자장율사는 절을 지으면서 수마노탑(보물 제410호)을 비롯하여 금탑과 은탑 등 탑 3기를 함께 세우고 그 안에 그가 모셔온 부처님의 진신사리와 유물을 봉안했다고 한다. 수마노탑(水瑪瑙塔)은 돌을 벽돌모양으로 깎아 쌓아 만든 모전석탑(模塼石塔)으로, 정암사 경내에서 100m쯤 위에 떨어진 적멸보궁 뒤편의 산비탈에 서있다. 수마노탑의 이름과 관련해서는 전설이 하나 내려온다.

▲ 수마노탑은 금탑, 은탑과 함께 자장율사가 정암사를 지으면서 세운 탑으로, 그 안에 그가 모셔온 부처님의 진신사리와 유물을 봉안했다고 한다.

자장율사가 당나라에서 배를 타고 돌아올 때 서해 용왕이 마노석(瑪瑙石)을 바쳤는데 그 뒤에 정암사를 창건하면서 이 마노석으로 탑을 쌓았다. 이에 '물길로 운반하여 싣고 온 마노석으로 쌓아 만든 탑'이라 하여 '물 수(水)'자를 붙여 수마노탑이라 불렀다는 것이다. 함께 세웠다고 알려진 금탑과 은탑은 눈에 띄지 않는다.

자장율사가 후세 중생들의 탐욕을 우려하여 불심(佛心) 없는 중생들이 육안으로 볼 수 없도록 감추었기 때문이다. 언젠가 큰 깨달음을 얻어 세속에의 욕심을 버린다면 금탑과 은탑을 볼 수 있는 행운을 누릴 수 있을지도 모를 일이다.

적멸보궁 입구에는 선장단(禪杖壇)이라고 불리는 고목이 한그루 서있는데 자장율사가 짚고 다니던 지팡이를 꽂아 놓은 것이 수백 년 동안 자라다 고사목이 되어버린 것이라고 전해진다. 나무에 잎이 피면 자장율사가 다시 나타난다는 전설이 있는데 오래전부터 잎이 다시 돋아나고 있으니 자장율사를 다시 보는 날이 곧 올지도 모르겠다.

▶ 정암사 적멸보궁 입구에는 선장단(禪杖壇)이라고 불리는 고목이 한그루 서있는데 자장율사가 짚고 다니던 지팡이를 꽂아 놓은 것이 수백 년 동안 자라다 고사목이 되어버린 것이라고 전해진다.

하나. 설악산

설악산은 대청봉(1,708m)을 중심으로 북서쪽의 마등령, 미시령으로 이어지는 설악산맥, 서쪽의 귀때기청 대승령으로 이어지는 서북주능, 북동쪽의 화채봉, 칠성봉으로 이어지는 화채능선 등 3개의 주능선으로 크게 지형을 구분한다. 이들 능선을 경계로 서쪽을 내설악, 동쪽을 외설악, 그리고 남쪽을 남설악이라 부른다.

이름난 산 중에서도 특히 설악산은 아름다운 숲과 계곡으로 많은 이들이 찾는 곳이다. 여름에는 찬란한 신록을 뽐내고 가을이면 알록달록 고운 빛깔의 수려한 자태를 드러낸다. 맑고 깊은 하늘빛 아래 붉게 물든 단풍과 맑고 투명한 계곡물이 한데 어우러져 눈에 담기도 버거울 만큼 환상적인 가을 풍경을 선사한다.

곱게 물든 단풍으로 채색된 설악산도 좋지만 역시 백미는 겨울 풍경이다. 〈동국여지승람〉에 '한가위부터 내리기 시작해 쌓인 눈이 하지에 이르러 비로소 녹으므로 설악(雪嶽)이라 한다'고 기록하고 있듯이 설악산은 오래도록 쌓여 있는 눈으로 바위가 눈 같이 희어 붙여진 이름이다.

그러니 설악산의 진정한 멋은 겨울에 나올 수밖에 없지 않은가. 설악산에는 서둘러 겨울이 찾아온다. 10월 중순만 지나도 해발 1,708m 대청봉 정상에는 언제 단풍이 들었냐는 듯 소복이 쌓인 새하얀 눈이 그 자리를 대신한다. 울긋불긋한 채색화의 화려한 멋을 내려놓고 담담한 수묵화의 장엄한 분위기를 연출한다. 설악(雪嶽)이라는 이름이 이리도 꼭 맞을 수 없다.

둘. 백담사계곡

설악산의 계곡은 특히 기암괴석과 옥빛의 맑은 물이 어우러져 사철 뛰어난 경관을 자랑한다. 천불동계곡이 외설악을 대표하는 계곡이라면 구곡담계곡과 수렴동계곡은 내설악을 대표한다. 비선대에서 오련폭포까지의 3km에 이르는 계곡이 천불동계곡인데 이름 그대로 계곡 양쪽에 솟은 봉우리들이 마치 불상 1,000여 개를 새겨놓은 듯 신비롭다.

대청봉에서 내려온 물줄기가 봉정암을 끼고 돌아 구곡담계곡을 이루고 다시 영시암에서 몇 개의 물줄기와 합쳐져 수렴동계곡을 이룬다. 백담사 앞까지 이어지는 수렴동계곡과 영시암 위 구곡담계곡은 단풍으로는 단연 으뜸으로 꼽히는 까닭에 가을이면 등산객들의 발길로 또 하나의 장관을 이룬다.

효과 100배 코스 | 월정사

용금루 —— 8각9층석탑 —— 석조보살좌상 —— 적광전

꼭 들러야할 이색 명소

만해기념관

백담사를 논하면서 빼놓을 수 없는 인물이 있으니, '님의 침묵'으로 잘 알려진 만해 한용운(1879~1944)이다. 만해(萬海)는 그의 법호다. 충남 홍성에서 태어난 만해는 오랜 번민 끝에 불가에 입문한 뒤 27세인 1905년에 백담사에서 수계(受戒)를 받고 출가해 승려의 길을 걸었다. 일제강점기에 시인이자 혁신 불교인, 독립운동가로 활동한 만해는 일제의 침략에 항거하며 갖은 회유와 핍박 속에서도 백담사에서 민족의 지조와 자존을 읊었다. 만해에게 있어 백담사는 독립운동의 근거지이자 불교개혁을 위한 깨달음의 장소였다.

만해 한용운의 발자취를 느껴보고 싶다면 만해기념관을 들러볼만하다. 만해의 민족사랑 정신을 계승하기 위해 1995년 완공한 곳으로 지하 1층, 지상 1층의 110평 규모를 자랑한다. 기념관에는 만해 생전의 유물과 초간본, 판본 등 8백여 점의 유물과 함께 만해를 기리는 후학들이 만든 조각품, 초상화 등이 전시되어 있으며 한편에는 만해 스님의 일대기가 비디오로 상영되고 있다. 만해 불교정신의 산실답게 만해가 백담사에서 불교 개혁의 가치를 단 〈조선불교유신론〉, 〈불교대전〉의 원전을 볼 수 있으며 세계지리와 서양철학을 접했던 〈영환지략〉, 〈음빙실문집〉도 만날 수 있다. 또한 3·1독립운동 당시 민족의 자존심과 맹렬한 독립론을 전개한 만해의 옥중 투쟁을 보여주는 자료들도 정리되어 있다.

월정사 성보박물관

불교 문화재에 관심이 높다면 성보박물관에 들러보는 것도 좋다. 1999년 정식 개관한 지하 1층, 지상 1층 규모의 전시실에는 전적을 비롯하여 조각, 불화, 공예 등 640점이 넘는 불교 문화재가 전시되어 있다. 대표적으로 국보인 상원사중창권선문, 보물인 문수동자좌상, 도유형문화재인 육수관음보살상 등이 있다.

알아두면 좋아요

정선아라리

"아리랑 아리랑 아라리요. 아리랑 고개로 나를 넘겨주소." 정선아리랑은 오랫동안 강원도 정선을 비롯한 강원도와 경북 북부, 충북, 경기동부지역에서 구비전승되어온 민요다. 조선 초기 이전부터 불린 것으로 보이며 정선아리랑이 '아리랑' 또는 '아라리'라는 이름을 갖게 된 것은 조선후기 이후다. 강원도 무형문화재 제1호로, 우리나라 최초의 민요비인 정선아리랑비가 건립되었다. 정선아라리는 고달프고 힘든 삶을 노래하여 가락이 특히 구슬프고 애절하다.

**사찰
정보**

*Temple
Information*

백담사 | 강원 인제군 북면 백담로 746 / ☎ 033-462-5035 / www.baekdamsa.org

월정사 | 강원 평창군 진부면 오대산로 374-8 / ☎ 033-339-6800 / www.woljeongsa.org

상원사 | 강원 평창군 진부면 오대산로 1211-14 / ☎ 033-332-6060

정암사 | 강원 정선군 고한읍 함백산로 1410 / ☎ 033-591-2469 / www.jungamsa.com

신흥사·낙산사·건봉사 외

산과 바다 한 품에 안은
부처님의 넉넉한 미소 가득

■ ■ ■ 강원도 속초·양양·고성 일대는 강원도 동쪽에 위치하여 안으로는 내륙을 접하고 밖으로는 바다와 맞닿았다. 1,000m 이상의 높은 산봉우리들이 경쟁하듯 하늘을 향해 치솟아 있고 굽이굽이 산자락은 드넓게 펼쳐져 웅장하면서도 평온한 분위기를 자아낸다. 신흥사, 낙산사, 건봉사 등 이들 지역에 자리 잡은 사찰들은 산과 바다를 모두 품어 넉넉하고도 여유로운 기운을 자아낸다. 절에서 바라보는 천혜의 비경은 이 곳 사찰들만이 빚어낼 수 있는 보석 같은 선물. 속세에 치인 몸과 마음을 치유하기에 이만한 곳도 없다.

신흥사, 그윽이 부처의 길로 안내하다

▲ 외설악의 관문인 설악동 소공원 내 유서 깊은 신흥사가 위치하고 있다. 이곳은 동해바다와 인접해있고 설악의 절경을 눈앞에서 즐길 수 있어 설악산 탐방객들의 발길이 쉼 없이 닿는 곳이다.

외설악의 관문인 설악동 소공원은 동해바다와 인접해있고 설악의 절경을 눈앞에서 즐길 수 있어 설악산 탐방객들의 발길이 쉼 없이 닿는 곳이다. 공원 내에는 33관음성지 중 한 곳으로, 조계종 제3교구 본사인 유서 깊은 신흥사(新興寺)가 위치하고 있다. 공원 매표소에서 사찰까지 도보로 10분이면 닿을 수 있어 부담이 없다.

신흥사는 신라 진덕여왕 6년 (652년)에 자장율사가 '향성사(香城寺)'라는 이름으로 세운 것이 시초다. 698년에 화재로 소실되어 지금은 절터의 모습을 전혀 찾아볼 수 없고 다만 설악동 어귀에 위치한 향성사 옛터에 삼층석탑만이 홀연히 자리를 지키고 있다. 원래 9층사리탑이었다고 전해지나 파손되어 삼층만이 남아있으며 사리나 유물은 발견되지 않았다. 동해안에서는 가장 북쪽에 위치한 통일신라시대 석탑으로 보존의 가치가 높아 보물 제443호로 지정됐다.

향성사가 불에 탄 후 의상대사가 다시 절을 지었으나 인조 22년(1644년)에 불탔고 그 후 향성사 옛 터 뒤의 소림암으로부터 신선이 나타나 지금의 절터를 점지해주어 절을 중창했으니 지금의 신흥사다. 3개의 문과 극락보전, 명부전, 영산전, 보제루 등의 전

▲ 일주문을 지나 얼마 가지 않으면 통일대불이라는 이름의 거대한 불상이 나타난다. 1997년 청동 108톤을 들여 조성한 높이 14.6m, 좌대 직경 13m에 달하는 거불(巨佛)이다.

물이 남아 있다. 현종 5년(1664년)에 세운 극락보전(강원도 유형문화재 제14호)은 신흥사의 본전으로, 앞면 3칸·옆면 3칸 규모의 팔작지붕 건물이다. 내부에는 아미타불을 중심으로 좌우에 관세음보살과 대세지보살을 배치한 목조아미타여래삼존좌상(보물 제1721호)이 있다. 보제루(강원도 유형문화재 제104호)에는 법고와 목어, 대종, 경판 등이 보관되어 있고 명부전(강원도 유형문화재 제166호)에는 부처를 도와 지옥의 중생을 구제한다는 지장보살이 모셔져있다.

일주문을 지나 얼마 가지 않으면 거대한 크기로 보는 이를 압도하는 청동불상이 있다. 통일대불이라는 이름의 이 불상은 석가모니부처님을 형상화한 것으로, 1997년 청동 108톤을 들여 10여 년에 걸쳐 조성한 높이 14.6m, 좌대 직경 13m에 달하는 거불(巨佛)이다.

신흥사를 둘러본 뒤에는 계곡을 감상할 차례다. 신흥사 일주문을 나와 왼쪽으로 계속 오르

▲ 비선대에서 오련폭포까지의 3km에 이르는 천불동계곡의 양쪽에는 이름 그대로 천 개의 불상을 새겨놓은 듯 기괴하게 솟은 봉우리들이 즐비하게 늘어서있다.

면 대청봉으로 이어지는 7km 계곡이 나타난다. 계곡을 중간 정도 오르면 신선이 하늘로 올라간 곳이라는 비선대가 나타나는데 여기에서 오련폭포까지의 3km에 이르는 계곡이 천불동계곡이다. 계곡 양쪽에는 이름 그대로 천 개의 불상을 새겨놓은 듯 기괴하게 솟은 봉우리들이 즐비하게 늘어서있다.

반대로 신흥사를 나와 오른쪽에 계곡을 두고 길을 따라 오르면 우리나라 최대 암봉인 울산바위가 나타난다. 해발 780m, 둘레 4km가 넘는 거대한 화강암으로 이루어진 30여개의 봉우리가 둘러쳐져있다. 울산바위 정상은 가을이면 단풍으로 물든 외설악을 감상하기 위한 관광객들로 발 디딜 틈이 없다. 설악산 골짜기에서 흘러내리는 청간천(淸澗川)이 동해 바다와 만나는 기암절벽 위에 아담하게 세워진 청간정(淸澗亭), 그리고 청간정에서 3km 정도 떨어진 해안 절벽 위에 자리한 천학정(天鶴亭)은 동해 최고의 일출 명소다.

낙산사에서 동해의 절경을 마주하다

낙산사(洛山寺)는 푸른 동해바다가 훤히 내려다보이는 오봉산 끝자락에 위치해있다. 신라 문무왕 11년(671년)에 의상대사가 관음보살의 계시를 받고 지은 천년고찰이다. 지난 2005년 대형 산불로 많은 당우가 소실됐으나 지금은 도량을 회복했다. 양양 낙산사는 강화 보문사, 남해 보리암과 함께 우리나라 3대 관음성지로 꼽힌다. 관음성지란 관세음보살이 상주하는 성스러운 곳을 일컫는데 이 곳에서 기

▲ 양양 낙산사는 강화 보문사, 남해 보리암과 함께 우리나라 3대 관음성지로 꼽힌다. 지난 2005년 대형 산불로 많은 당우가 소실됐으나 지금은 도량을 회복했다.

도발원을 하면 다른 곳보다 관세음보살의 가피를 잘 받는다고 한다.

무지개 모양의 홍예문을 지나 사천왕문을 통과하면 앞마당에 7층석탑(보물 제499호)이 위용 있게 서 있다. 조선시대 석탑으로, 부분적으로 파손됐으나 비교적 완전한 형태를 갖추고 있어 조선시대 불탑 연구에 훌륭한 자료가 된다. 뒤로는 낙산사의 중심 법당인 원통보전이 있다. 건칠관세음보살좌상(보물 제1362호)이 봉안되어 있어 낙산사가 관음성지임을 상징적으로 보여준다. 바다를 향해 고개를 돌리면 낙산사 성보 가운데 가장 유

▲ 낙산사 성보 가운데 가장 유명한 높이 16m의 해수관음상.

명한 높이 16m의 해수관음상(海水觀音像)이 있다. 1972년 전북 익산에서 석재 700여 톤을 공수해와 착공 5년 만에 점안했다. 대좌의 앞부분에는 쌍룡상(雙龍像), 양 옆에는 사천왕상(四天王像)을 조각했으며 대좌 위 활짝 핀 연꽃 위에 관음상이 서 있다. 보물 제479호인 동종은 조선시대 범종 가운데 드물게도 16세기 이전에 조성됐다. 1469년 예종이 아버지 세조를 위해 만든 범종으로 2005년 산불로 녹아 없어졌다가 복원되어 현재 종각에 봉안되어 있다.

이밖에도 진신사리를 봉안한 해수관음공중사리탑(보물 제1723호), 창건주 의상대사의 유물이 봉안

▲ 낙산 절벽 위에 위치한 홍련암은 의상대사가 본절인 낙산사를 창건하기 전 관음보살의 진신을 친견한 곳이자 관음보살을 친견하기 위해 기도하던 장소다.

된 의상기념관, 의상대사가 참선했던 자리인 의상대(義湘臺) 등 볼거리가 풍성하다. 바닷가 절벽 가까이 위치한 해수관음상과 의상대에서 바라보는 동해바다의 일출 풍광은 지친 심신을 회생시켜줄 만큼 멋지고 황홀하다.

낙산사의 암자로는 홍련암(紅蓮庵)과 휴휴암(休休庵)이 있다. 낙산사 의상대 북쪽 300m 지점인 낙산 절벽 위에 위치한

홍련암(강원도 문화재자료 제36호)은 문무왕 12년(672년) 의상대사가 본절인 낙산사를 창건하기 전 관음보살의 진신을 친견한 곳이자 관음보살을 친견하기 위해 기도하던 장소다. 의상이 이곳을 참배할 때 갑자기 푸른 새가 나타났다가 석굴 속으로 자취를 감추자 이상히 여겨 굴 앞에서 7일 밤낮을 기도하자 이윽고 바다 위에 홍련(紅蓮)이 솟아 그 가운데 관음보살이 현신하였다하여 이 암자 이름을 홍련암이라 하였다는 전설이 있다.

일반적으로 관세음보살이 상주하는 근본도량은 바닷가에 위치하여 있는데 홍련암 역시 바닷가 절벽 위에 서있다. 홍련암 법당 바닥 한가운데에는 정사각형의 조그만 구멍이 나있는데 그곳으로 관음굴을 넘나드는 바닷물을 볼 수 있다. 의상에게 여의주를 바친 용이 불법을 들을 수 있도록 배려하여 이 같이 지었다고 한다. 임진왜란 이후 몇 차례 중창을 거쳤으며 1975년 원철이 중창하여 오늘에 이르렀다.

당우로는 관음전과 요사채가 있으며 사리탑은 강원도 유형문화재 제75호로 지정되어 있다. 근처 해안에 보기 드문 석간수가 있는데, 원효가 양양의 영혈사 샘물을 석장에 담아 끌어왔다는 설화가 전한다.

멀지않은 거리에 쉬고 또 쉬는 절 휴휴암이 있다. 바닷가에 위치한 암자인데 암자치고는 규모가 큰 편이다. 근래에 지어진 절이라 고즈넉한 분위기를 느끼기에는 다소 부족하지만 바다 위에 넓게 펼쳐진

▲ 쉬고 또 쉬는 절 휴휴암. 너른 바위와 그 위로 넘실대는 파도가 이루어내는 풍경을 감상하다보면 마냥 쉬고만 싶어진다.

너른 바위와 그 위로 넘실대는 파도가 이루어내는 풍경을 감상하다보면 절 이름 그대로 마냥 쉬고만 싶어진다. 그밖에 양양에는 성국사지(오색석사)와 명주사, 진전사, 영혈사 등의 사찰이 있다.

금강산 자락에 들어선 한반도 최북단 사찰, 건봉사

강원도 고성은 접경지역 중에서도 최북단에 위치해있다. 지도의 동쪽에 휴전선이 가파르게 북으로 올라간 곳이 바로 고성군이다. 민간인출입통제선과 금강산의 관문인 통일전망대, DMZ박물관, 전쟁체험관 그리고 곳곳에 위치한 각종 군사시설들이 남북분단을 실감케 한다. 전운이 감도는 곳이지만 '고성 8경'을 중심으로 뛰어난 경치를 자랑하는 명소가 즐비하다. 금강산에서 뻗어 나온 산줄기와 하천, 맑고 깨끗한 바다와 호수, 아기자기한 섬들이 어우러져 연출하는 비경은 아름답다못해 신비롭기까지 하다.

고성에서 빼놓을 수 없는 볼거리는 단연 동해안 최대의 석호인 화진포다. 석호(潟湖)란 바다의 퇴적물이 쌓여 바다와 분리되면서 생긴 호수를 이른다. 둘레 16㎞, 면적 2.36㎢에 이르는 거대한 호수의 크기에도 압도되지만 해마다 봄이 되면 호수 주변을 붉게 물들이는 해당화 풍경은 그야말로 장관이다. 민물고기와 바닷물고기가 어울려 사는 호수는 염도가 높아 추운 겨울에도 좀처럼 어는 법이 없다.

화진포에서 15km 정도 떨어진 곳에 우리나라 최북단 사찰인 건봉사(乾鳳寺)가 있다. 금강산의 최남단인 향로봉 남향에 위치하여 금강산 건봉사라 부른다. 신라 법흥왕 7년(520년)에 창건한 건봉사는 한 때 설악산의 신흥사와 백담사, 양양의 낙산사를 말사로 거느리며 3,000칸이 넘는 전각을 자랑했다. 임진왜란 때는 사명대사가 이곳을 의승군의 거점으로 삼기도 하였다. 웅장한 위용을 자랑하며 호국불교의 산실이었던 건봉사는 그 후 산불과 전란을 겪으며 완전히 전소해 폐허가 되고 말았다. 그나마 지금 남아있는 절 입구의 불이문, 십바라밀석주, 일(日)자형 연못인 연지 등은 일제강점기에 일본풍으로 도량을 바꾼 흔적들이다.

한국전쟁 후 민통선 지역에 포함되어 수십 년 동안 인적이 끊겼던 건봉사가 이름을 알리게 된 것은 부처님의 치아진신사리를 모시고 있는 적멸

▶ 금강산의 최남단인 향로봉 남향에 위치한 우리나라 최북단 사찰 건봉사.

◀▲ 건봉사는 적멸보궁 뒤에 위치한 진신치아사리탑에 부처님의 치아진신사리를 모시고 있으며 치아사리 5과는 일반인이 친견할 수 있도록 전시하고 있다.

보궁인 덕분이다. 신라의 자장율사가 중국 오대산에 건너가 문수보살전에 기도 끝에 얻어온 진신사리 100과를 643년에 통도사, 월정사, 법흥사, 정암사, 봉정암에 나누어 봉안했는데 임진왜란 때 왜군들이 통도사 사리를 약탈해갔고 다시 사명대사가 일본에 사신으로 건너가 되찾아와 건봉사에 봉안했다. 그후 다시 도굴 당했다가 일부 되찾아 치아사리 5과는 일반인이 친견할 수 있도록 전시하고 나머지 3과는 적멸보궁 뒤에 위치한 진신치아사리탑에 모셔놓고 있다.

조금 떨어진 곳에는 건봉사 부속 암자 가운데 가장 유서 깊은 보림암(寶林庵)이 있다. 건봉사와 마찬가지로 한국전쟁 때 폐허가 되어 그 형체를 알 수 없으니 정확히 말하면 보림암터가 알맞겠다.

이밖에 고성에는 극락암과 화암사 등의 사찰이 있다. 아담한 규모의 극락암(極樂庵)은 고려 혜종 2년(945년)에 비구니 스님들의 수행처로 세워졌다. 일제강점기까지만 해도 비교적 큰 규모를 자랑했으나 한국전쟁이 끝난 뒤 비무장지대에 속했다. 지금의 절은 1956년에 신축한 것을 1962년 현재의 위치로 옮긴 것이다. 화암사(禾巖寺)는 신라 혜공왕 5년(769년)에 창건한 천년고찰로 여러 차례의 화재를 겪으며 설법전 건물만 남았으나 지금은 사세가 크게 확장됐다. 금강산의 남쪽 줄기에 위치해있어 금강산 화암사라 부른다.

주변 둘러보기

하나. 외설악 5경

강원도 인제군과 고성군, 양양군과 속초시에 걸쳐 넓게 펼쳐진 설악산은 대청봉을 기준으로 동쪽이 외설악, 서쪽이 내설악에 해당한다. 설악산은 웅장하고 빼어난 경관으로 이름이 높아 특별히 아름다운 경치를 자랑하는 '설악산 10경'을 국가지정문화재인 명승(名勝)으로 지정했다. 그 중 외설악에 5곳이 속해있는데 비룡폭포계곡 일원, 토

왕성폭포, 비선대 · 천불동계곡 일원, 공룡능선 그리고 울산바위다. 비룡폭포는 화채봉 북쪽 기슭에 있는 폭포로 외설악을 돌아 동해로 흘러가는 쌍천의 지류다. 계곡은 깊지 않지만 폭포소리가 크고 웅장하며 떨어지는 물줄기 모양이 마치 용이 승천하는 듯하다. 상류 쪽에는 토왕성폭포가 있다. 노적봉 남쪽 토왕골에 자리 잡은 토왕성폭포는 땅의 기운이 왕성하지 않으면 기암괴봉이 형성되지 않는다는 오행설에서 이름이 유래했다. 바위벽 한가운데로 3단을 이루며 떨어지는 폭포수의 모습이 가히 절경이다.

둘. 오색약수와 주전골계곡

강원 양양군 주전골 입구에는 조선 중기인 16세기에 발견되어 우리나라 약수로는 처음으로 천연기념물로 지정된 오색약수가 있다. 5가지 맛이 난다하여 붙여진 이름답게 톡 쏘는 맛이 독특하다. 철분과 탄산질이 많아 밥을 지으면 푸른빛이 돈다. 오색약수터에서 시작해 선녀탕을 지나 점봉산 서쪽 비탈에 이르는 주전골계곡은 크고 작은 폭포와 기암절벽으로 이루어져 뛰어난 계곡미를 자랑한다.

남북 최고 권력가들의 별장

경치가 뛰어난 탓에 화진포에는 남북한 최고 권력자들의 별장이 자리하고 있다. 해안 절벽 위 송림 속에 자리한 김일성 별장은 원래 일제 강점기 때 예배당으로 이용했으나 광복 이후 북한군이 귀빈 휴양소로 사용하면서 한국전쟁 전까지 김일성 가족이 피서를 보냈던 곳이다. 벽돌로 쌓은 외벽이 마치 성벽처럼 보여 '화진포의 성'이라고도 불린다. 시원한 바람을 맞으며 바라보는 드넓은 화진포 백사장과 짙푸른 바다 풍경은 말 못할 벅찬 감동을 안겨준다. 전쟁 후에는 이승만 전 대통령과 이기붕 전 부통령이 이 곳에 별장을 지었다. 이승만 별장은 호수 안쪽에 고즈넉이 있고 이기붕 별장은 김일성 별장과 이승만 별장 사이 소나무 숲에 둘러싸여 있다. 지금은 모두 역사안보전시관으로 운영되고 있어 누구나 둘러볼 수 있다.

화진포 호수에 담긴 슬픈 이야기

화진포에는 이름과 관련하여 설화 하나가 전해 내려온다. 옛날 이곳에 '이화진'이라는 부자가 살았는데 성질이 고약하여 건봉사에서 시주하러온 승려에게 소똥을 퍼주었다. 이를 본 마음씨 착한 며느리가 몰래 시주하러 스님을 따라 나갔지만 결국 따라잡지 못했고 그 사이 마을은 물속에 잠겨 호수가 되었다. 며느리는 슬퍼하다 그만 돌이 되었다. 그때부터 이화진의 이름을 따서 호수의 이름을 화진포라 불렀다고 한다.

📍 효과 100배 코스 ┃ 낙산사

홍예문 ······· 해수관음상 ······· 의상대 ······· 홍련암

**사찰
정보**

Temple
Information

신흥사 ┃ 강원 속초시 설악산로 1137 / ☎ 033-636-7044 / www.sinheungsa.kr

낙산사 ┃ 강원 양양군 강현면 낙산사로 100 / ☎ 033-672-2447 / www.naksansa.or.kr

건봉사 ┃ 강원 고성군 거진읍 건봉사로 723 / ☎ 033-682-8100 / www.geonbongsa.org

휴휴암 ┃ 강원 양양군 현남면 광진2길 3-16 / ☎ 033-671-0526 / www.huhuam.org

금강사 · 낙가사 · 삼화사 · 천은사

고즈넉한 산사에서
동해 바라보며 속세 시름을 잊다

■ ■ ■ 강원도 강릉·동해·삼척은 한반도의 등줄기 태백산맥의 동쪽에 위치한 이른바 영동지방이다. 서쪽으로는 내륙의 산악지역을 접하고 동쪽으로는 푸른 보석처럼 빛나는 동해 바다와 마주하여 사시사철 솔향기 머금은 아름다운 경관을 선사한다. 특히 천혜의 관광자원이 풍부하고 뛰어난 문화유적지가 곳곳에 자리 잡고 있어 고도의 멋과 전통이 살아있다. 번잡했던 몸과 마음을 평온하고 건강하게 다스리고 싶다면 이른 아침 사찰에 올라 동해 너머로 찬란하게 떠오르는 해를 맞이하는 것이 으뜸이다.

빼어난 자태의 오대산 산자락에 슬며시 안긴 금강사

오대산 동쪽 기슭에 자리 잡은 강릉시 연곡면의 소금강(小金剛)은 율곡 이이가 '빼어난 산세가 마치 금강산을 축소해놓은 것 같다'고 한데서 그 이름이 유래했다. 오대산 노인봉에서 흘러내린 청학천이 연곡천과 합쳐져 동해로 흘러드는 소금강 계곡은 기암괴석과 수직절벽, 유난히 많은 폭포와 소 등이 어우러져 빚어내는 절경이 빼어나 일찌감치 국가명승 제1호로 지정됐다.

옛날 스님들이 연꽃을 띄우며 놀았다

▲ 금강사는 소금강 내 위치한 유일한 사찰로, 웅장하고 화려한 산세에 어울리지 않게 작고 아담하다.

는 연화담(蓮花潭)을 뒤로하고 조금 더 오르면 쭉쭉 뻗은 금강송에 둘러싸인 금강사(金剛寺)가 보인다. 소금강 내 위치한 유일한 사찰로, 웅장하고 화려한 산세에 어울리지 않게 작고 아담하다. 신라시대에 건립된 사찰로, 관음사가 있던 절

터라고도 하나 정확하지는 않고 비교적 최근인 1964년에 김진홍이란 거사가 중건했다고 한다. 사리탑과 법당, 종각, 요사채 등이 남아있다. 금강사를 지나 다시 산을 오르면 수백 명이 앉아도 거뜬해 보이는 너른 바위가 나타난다. 신라 마지막 왕 경순왕의 아들인 마의태자가 잃어버린 나라를 되찾

▲ 오대산 노인봉에서 흘러내린 청학천이 연곡천과 합쳐져 동해로 흘러드는 소금강 계곡은 기암괴석과 수직절벽, 폭포와 소 등이 어우러져 빚어내는 절경이 빼어나다.

기 위해 군사들을 훈련시키며 밥을 먹었다는 식당암이다. 바위들을 지나 숲길을 다시 오르면 소금강의 백미라 일컫는 구룡폭포가 웅장한 모습을 드러낸다. 절벽에서 내리꽂듯 떨어지는 물줄기가 장엄하고 기세등등하다. 폭포 아래에는 옛날에 금강산을 지키던 9마리의 용이 살았다는 구룡연이 있다.

남북통일 염원이 담긴 호국사찰, 낙가사

괘방산 중턱에 위치한 낙가사(洛伽寺)는 월정사의 말사로, 일명 등명낙가사라 부른다. 양양의 낙산사처럼 해수관음도량이다. 신라 선덕여왕 때 자장율사가 창건했으며 처음에는 수다사(水多寺)라 불렀다. 자장율사가 고구려와 왜구를 견제하기 위하여 부처님의 사리를 모시고 절을 창건했다는 전설이 내려

▲ 괘방산 중턱에 위치한 낙가사는 해수관음도량으로 자장율사가 고구려와 왜구를 견제하기 위하여 부처님의 사리를 모시고 절을 창건했다는 전설이 내려온다.

온다. 고려 때 제법 큰 규모를 자랑한 낙가사는 조선 중기에 폐허가 되었다. 이와 관련하여 사연이 하나 전해온다. 당시 왕이 안질을 심하게 앓았는데 점술가가 이르기를 동해 정동(正東)의 큰 절에서 쌀을 씻은 물을 동해로 흘려보내 용왕이 노했기 때문이라 하였다. 이에 왕이 절을 폐사로 만들었다고 전한다.

세월이 흘러 1956년 중창하고 낙가사라 개칭했다. 현존하는 당우로는 대웅전·극락전·오백나한전(五百羅漢殿, 일명 大靈山殿)·요사채 등이 있는데 대부분 현대에 지어진 것들이다. 그 중 오백나한전이 눈여겨볼만하다. 안에 안치된 오백나한상은 인간문화재 유근형이 3년여 만들어 1977년에 모신 것이다. 500구가 저마다 다른 모습을 취하고 있는데 독특하게도 청자불상이다. 약사전 앞에는 신라 선덕여왕 때 세워진 것으로 보이는 등명사지 오층석탑(강원도 유형문화재 제37호)이 서 있다. 2층 기단부에 돌자물쇠를 채워 놓아 탑 안의 보물이 전혀 도굴되지 않았다. 원래 똑같은 탑이 3개였다고 하나 부서지고 사라져 지금은 하나만 남았다.

낙가사 일주문 근처에는 탄산약수로 유명한 등명약수가 있다. 그 맛이 시큼털털하고 톡 쏘는 것은 철분이 들어있기 때문이다. 처음 물을 마시는 사람들은 물맛이 익숙지 않아 비위가 상한다고 하나 몸

에 좋다는 소문에 사람들의 발길이 끊이지 않는다.

강릉에 있는 또 하나의 절 보현사(普賢寺)는 아름다운 자연에 둘러싸인 사찰로 경내에는 대웅보전(강원도 문화재자료 제37호)을 비롯하여 영산전, 삼성각, 만월당, 범종각 등이 있다. 대웅전 앞에는 사자모형의 석물과 석탑이 있으며 특히 낭원대사오진탑(보물 제191호)과 낭원대사오진탑비(보물 제192호) 등 국가지정문화재가 자리하여 절의 위용을 더 높이고 있다. 신라시대 때 지어졌으며 현재 월정사의 말사다.

태고적 신비 간직한 비경을 품은 삼화사

동해바다를 바라보며 장엄하게 펼쳐진 두타산은 깊고 험준한 산세가 특징이다. 출가수행자가 세속의 욕망을 떨쳐버리기 위하여 고행을 하는 수행방법인 두타행에서 따온 이름이다.

두타산에는 태고의 신비와 아름다움을 간직한 무릉계곡이 있다. 동해시 두타산과 청옥산을 뒤로 하고 호암소부터 용추폭포에 이르는 약 4km의 구간이다. 주변을 둘러싼 산과 기암괴석들이 자아내는 풍경이 뛰어나서 예부터 신선들이 노니는 무릉도원이라 불렀다. 무릉계곡은 두타산과 청옥산에서 발원한 계류들이 흘러 만들어졌다. 계곡 입구에는 호랑이가 건너다 빠져 죽었다는 호암소가 있고 조금 더 걷다보면 다리 건너에 구한말 유림들의 뜻을 기리기 위해 해방 후 지은 작은 정자 금란정(金蘭亭)이 보인다. 그 옆으로는 널따랗고 평평한 돌이 끝없이 펼쳐져있다. 무릉반석이다. 수백 명이 앉아도 넉넉해보이는 바위에는 조선 명필가 양사언의 석각과 매월당 김시습을 비롯한 수많은 시인들의 시가 새겨져있다.

▲ 두타산 품에 조용히 안겨있는 천년고찰 삼화사는 신라 선덕여왕 때 자장율사가 창건한 절로, 고려 태조 왕건이 이 곳에 와서 후삼국의 통일을 염원했다고 전해지는 영험 있는 곳이다.

▲ 삼화사삼층석탑(보물 제1277호)은 9세기 말 통일신라시대에 조성된 것으로, 해체하고 복원하는 과정에서 탑 안에 든 납석제 소형탑 25기와 청동제 불대좌편 2점, 철편 6점 등이 발견됐다.

다시 걷다가 다리를 건너면 두타산 품에 조용히 안겨있는 천년고찰 삼화사(三和寺)가 보인다. 신라 선덕여왕 11년(642년) 자장율사가 창건한 삼공암이 시초다. 그 후 고려 태조 왕건이 이 곳에 와서 후삼국의 통일을 염원했고 바람이 이루어지자 세 나라가 화합하기를 바라는 마음으로 삼화사라 이름을 바꾸었다. 삼화사의 위치는 본디부터 지금의 자리가 아니었다. 원래 있는 자리에 시멘트회사가 들어서면서 지금의 자리로 옮겼다.

경내로 들어서면 마당에 삼층석탑(보물 제1277호)이 있다. 9세기 말 통일신라시대에 조성된 것이다. 석회암제 석탑으로 군데군데 균열이 보이나 보존상태는 양호하다. 지금의 자리로 이전하기 위해 해체하고 복원하는 과정에서 탑 안에 든 납석제 소형탑 25기와 청동제 불대좌편 2점, 철편 6점 등이 발견됐다.

뒤로는 2단의 석단 위에 앞면 5칸·옆면 3칸의 다포계 팔작지붕 건물인 적광전이 있다. 절의 본전으로, 화려한 단청과 좌우로 장식된 청룡과 황룡이 눈길을 끈다. 이 건물은 원래 대웅전이었다가 보물 제1292호로 지정된 철조노사나불좌상을 봉안하면서 적광전으로 바뀌었다. 시멘트로 붙여져 안치된 철조노사나불좌상을 지금의 모습으로 복원하는 과정에서 철불의 등판에 새겨진 161자의 글이 발견됐는데 이 글을 통해 이 불상의 이름이 노사나불이라는 것과 제작연대가 통일신라 말에서 고려 초기임을 알 수 있게 되었다.

삼화사에서 멀지 않은 곳에 삼화사의 산내암자인 관음암이 있다. 삼화사를 나와 오른쪽으로 올라가야 하는데 워낙 가팔라 가는 길이 그리 녹록지않다. 고려 초기에 지어졌는데 그 후 화재와 전란으로 소실되고 중건되기를 반복했다. 관음암은 비록 작은 암자이지만 관세음보살을 모신 동해 제일가는 관음기도성지다. 관음암 편액을 단 인법당은 바깥 곳곳에 칠이 벗겨져 지난 세월을 말해주지만 마당 한편의 7층석탑과 건물 뒤의 석조관음은 비교적 최근에 조성된 듯 깨끗하다. 오른쪽의 돌계단을 오르면 독성, 칠성, 산신을 함께 모신 삼성각이 있다.

동해의 또 다른 절로는 감추사(甘湫寺)가 있다. 이 절은 원래 신라 진성여왕의 셋째 딸인 선화 공주가 지었다고 한다. 병이 든 공주는 이곳에 찾아와 석굴 두 칸을 마련하고 열심히 기도를 드렸고 3년 만에 병이 완치되자 부처님의 은덕을 기리기 위해 이곳에 절을 지었다고 한다. 그러나 지금은 선화공주가 기도를 드렸다는 석굴의 흔적만이 남아 있으며 현재의 사찰은 1902년에 창건한 것이다.

한민족 대서사시 『제왕운기』 집필한 사찰, 천은사

▲ 두타산 자락에 위치한 천은사는 고려시대 대학자인 동안거사 이승휴가 한민족의 대서사시인 『제왕운기』를 집필한 곳으로 잘 알려져 있다.

두타산 자락에 위치한 천은사(天恩寺)는 고려시대 대학자인 동안거사 이승휴가 한민족의 대서사시인 『제왕운기』를 집필한 곳으로 유명하다. 충렬왕 13년(1287년) 출간된 『제왕운기』는 우리나라와 중국의 역사를 칠언시(七言詩)와 오언시(五言詩)로 엮은 서사시로 우리 민족이 단군을 시조로 하는 단일민족임을 나타냈고 발해를 최초로 우리 역사 속에 편입시켰다는 점에서 민족문화의 우월성과 역사적 전통을 강조한 귀한 자료다. 이 일대가 이승휴의 유허지로 지정되어 있다. 경내에는 이승휴의 사당인 동안사(動安寺)가 있으며 매년 선생을 기리는 다례제를 지낸다.

천은사는 현재 월정사의 말사다. 신라 경덕왕 17년(758년) 인도에서 세 신선이 금색, 흑색, 흰색의 연꽃을 가지고 와 이 산의 남쪽에는 금련대(金蓮臺), 북쪽에는 흑련대(黑蓮臺)를 세우고 서쪽에는 백련대(白蓮臺)를 세웠다고 한다. 백련대는 지금의 천은사인데 사찰의 모습을 갖춘 것은 흥덕왕 4년(829년) 범일국사가 극락보전을 건립하면서부터다. 1950년 한국전쟁으로 사찰 내 모든 건물이 불에 탔으며 현재의 건물은 근래에 새로 지은 것이다. 사찰 규모는 비교적 아담하다.

절에서 눈여겨볼 문화재로는 목조아미타삼존불좌상(강원도 유형문화재 제147호)이 있다. 주불전인 극락보전 내 모신 불좌상으로, 본존불인 아미타불을 중심으로 하고 좌우로는 관음보살과 지장보살을 두고 있다. 아미타불은 두부와 상체, 하체 간의 비례가 훌륭하고 법의가 자연스럽게 표현됐다. 협시불인 관음보살상은 머리에 보관을 쓰고 있으며 지장보살상은 머리를 깎은 민머리다. 고려후기 단아양

▶ 목조아미타삼존불좌상(강원도 유형문화재 제147호). 주불전인 극락보전 내 모신 불좌상으로, 본존불인 아미타불을 중심으로 하고 좌우로는 관음보살과 지장보살을 두고 있다.

식(端雅樣式)의 불상이 조선전기를 거쳐 중기로 넘어가는 15세기 후반에서 16세기경으로 보이며 과도기 양식으로서 그 가치가 크다.

천은사와 더불어 삼척의 대표적 절로는 영은사와 신흥사가 있다. 월정사의 말사인 영은사(靈隱寺)는 신라 말에 범일국사가 궁방산 아래 마전평에 궁방사(宮房寺)를 지은 것이 그 시초로 알려지고 있다.

현재 경내에는 대웅보전을 비롯하여 팔상전, 심검당, 설선당, 칠성각, 요사채 등의 건물들과 괘불, 부도, 비 등의 문화재가 많이 남아 있다. 조선 말기의 것으로 보이는 대웅보전(강원도 유형문화재 제76호)은 앞면 3칸 · 옆면 3칸 겹처마 맞배지붕 양식의 건물로 다포계 양식의 외 2출목, 내 3출목을 한 것이 특이하다.

태백산 기슭에 자리한 신흥사(新興寺)는 신라 민애왕 원년(838년) 혹은 진성여왕 3년(892년)에 범일국사가 현재 동해시 관내인 지흥동에 지흥사(池興寺)라는 절을 짓고 창건한 것이 시초라고 전한다.

울창한 소나무 숲과 대나무 숲으로 유명한 신흥사는 현재 대웅전을 중심으로 삼성각, 심검당, 설선당, 학소루, 요사채 등의 건물과 부도군, 비, 삼존불상 등의 유물을 갖추고 있다. 문 역할을 하는 학소루를 지나 마당으로 들어서면 앞면 3칸 · 옆면 2칸의 겹처마 건물인 대웅전이 있다.

주변 둘러보기

하나. 오죽헌

강릉에는 유명한 관광명소가 많지만 으뜸은 조선시대 신사임당과 율곡 이이가 태어나고 자란 오죽헌(보물 제165호)이다. 이름처럼 집 주변으로 검은 대나무가 에워싸고 있다. 5천원 지폐의 배경으로도 등장하는 이곳은 조선 중종 때 건축된 상류주택의 별당 사랑채로, 현존하는 가장 오래된 가옥 중 한 곳이다. 사랑채 툇마루 기둥의 글씨는 추사 김정희의 것  으로 유명하며, 주변에는 율곡의 영정을 모신 사당인 문성사와 율곡이 어릴 때 사용한 벼루가 보관된 어제각이 있다. 율곡기념관에서는 신사임당과 자녀들의 작품과 유품을 만날 수 있다.

둘. 강릉 임영관 삼문

 강릉 임영관 삼문(옛 강릉객사문)은 국보 제51호로 지정된 고려 후기의 목조건축물로 현존하는 가장 오래된 문이다. 원래 93칸 정도의 건물이 있었으나 1929년 강릉공립보통학교가 설립되면서 헐렸고 지금은 객사문만이 남아있다. 객사(客舍)란 왕을 상징하는 전패를 모셔두고 왕이 파견한 중앙관리가 묵었던 관청건물인데 임영관 삼문은 객사의 정문이다. 앞면 3칸 · 옆면 2칸의 규모로 단층맞배지붕과 간결하고 소박한 주심포양식으로 지어졌으며 기둥은 배흘림의 원기둥과 민흘림의 4각기둥을 세워 고려시대 건축의 특징을 잘 보여준다.

셋. 선교장

경포호 인근에 위치한 선교장(중요민속자료 제5호)은 세종대왕의 형인 효령대군의 11대손 이내번이 1700년대 건립한 123칸의 대규모 저택이다. 사랑채(열화당), 별당(동별당, 서별당), 정각(활래정), 행랑채 등으로 이루어진 조선말기 전형적인 사대부 저택으로  노송숲과 정자, 연못이 어우러져 아름다운 풍광을 선사한나. 많은 시실 중에서도 백미는 선교장 정원의 연못 위 정자인 활래정(活來亭)이다. 마루가 연못 안으로 들어가 돌기둥을 받친 누각형식의 ㄱ자형 건물이다. 처마와 기둥에는 편액과 주련이 빼곡히 걸려있다.

넷, 삼척 관동팔경의 제일루 '죽서루'

죽서루(竹西樓)는 조선시대 일종의 관아시설로 활용된 누각이었다. 절벽 위 자연 암반을 기초로 하여 건축되어 있고, 누(樓) 아래의 17개 기둥 중 아홉 개는 자연 암반을 기초로, 나머지 여덟 개의 기둥은 돌로 만든 기초 위에 세웠으므로 17개의 기둥 길이가 각각 다르다. 상층은 20개의 기둥으로 7칸을 형성하고 있다. 자연주의 전통 건축의 아름다움을 보여주는 진수로, 현재는 정면 7칸, 측면 2칸 규모로 지붕은 겹처마 팔작지붕이지만 원래는 5칸이었을 것으로 추정되고 있다. 이 누각에는 숙종, 정조, 율곡 이이 선생을 비롯한 많은 명사들의 시(詩)가 걸려 있다

다섯, 준경묘·영경묘

삼척의 준경묘·영경묘(濬慶墓·永慶墓)는 조선 태조의 5대조(목조)의 부모, 즉 양무장군과 그 부인 이씨)의 능묘로, 묘역과 재실(齋室), 목조대왕 구거유지(舊居遺趾) 등으로 구성되어 있다. 이곳은 남한지역에 소재하고 있는 조선 왕실 선대(先代)의 능묘로서 조선 왕조 태동의 발상지로서의 역사성뿐만 아니라 풍수지리적 가치 등 중요한 의미를 지니고 있다.

📷 꼭 들러야할 이색 명소

환선굴

환선굴과 대금굴은 5억만년 전 생성된 동양 최대의 석회 동굴지대인 대이리 동굴지대(천연기념물 제178호) 내에 위치한 동굴이다. 오랜 세월동안 열대 심해의 바다 속에 퇴적된 산호초 등의 지형이 지각변동을 일으켜 형성됐다. 두 동굴은 한 지역에 위치하고 있는 석회암 동굴이지만 조금씩 다른 매력을 지니고 있다. 환선굴은 내부 폭 20~100m, 높이 20~30m, 길이 6.2km(개방구간 1.6km)로 방대한 규모를 자랑한다. 내부 곳곳에는 미인상, 거북이, 항아리 등 다양한 모양의 종유석과 석순, 석주가 태고의 신비를 뿜어내며 펼쳐져 있다. 장님좀딱정벌레 등 47종의 희귀동물이 발견됐다.

💡 알아두면 좋아요

다섯개 달이 뜨는 경포대

정철이 관동팔경 중에서도 으뜸으로 꼽은 경포대는 고려시대의 정자로, 이 곳에서 바라보는 경포호의 풍경은 아름답기 그지없다. 경포호는 원래 바다였으나 오랜 세월을 지나오며 바다 일부가 분리되어 생긴 석호다. 4km에 이르는 둘레를 벚나무가 둘러싸고 있어 봄이면 흐드러지게 핀 벚꽃 길을 걸으며 경포호를 감상할 수 있다. 최근 아름다운 조망 경관을 갖춘 경포대와 경포호를 함께 묶어 국가지정문화재인 명승 제108호로 지정했다.

**사찰
정보**

Temple
Information

금강사 | 강원 강릉시 연곡면 삼산리 1-10 / ☎ 033-661-4271

낙가사 | 강릉시 강동면 괘방산길 16 / ☎ 033-644-5337

삼화사 | 강원 동해시 삼화로 584 / ☎ 033-534-7663 / www.samhwasa.or.kr

천은사 | 강원 삼척시 미로면 동안로 816 / ☎ 033-572-0221

경은사 · 고산사 · 정방사 · 덕주사 · 구인사

청산이 가는 곳마다 물 만나
천혜의 풍광을 그려내다

■ ■ ■ 충청북도 제천과 단양 일대는 북쪽으로는 차령산맥이 지나고 남쪽으로는 소백산맥이 경상북도와 경계를 이루는 곳으로 뛰어난 청산의 위엄을 자랑하는 곳이다. 제천은 자생약초 집산지이자 3대 약령시장으로 손꼽힌다. 단양은 뛰어난 산수의 고장으로 남한강과 소백산이 만들어낸 단양팔경이 있다. 청산의 위엄이 가는 곳마다 물을 만나 절세 풍경을 만들어 내는 이곳에 그림 같은 사찰들이 놓여있다. 아름다운 경관이 사람들의 눈을 미혹케 하면 부처님의 따뜻한 도량은 마음을 빼앗는다.

구학산 기슭에 위치한 은은한 사찰의 향기 경은사

▲ 구학산 정경이 조화를 이룬 경은사는 박달재와 아주 가까운 작은 사찰이다. 화재로 인해 소실된 법당을 재건하여 현재의 모습을 이루었는데 가는 길에는 작은 돌탑들이 많이 있는 것을 볼 수 있다.

구학산 기슭에 위치한 경은사는 박달재에서 매우 가까운 아담한 사찰이다. 조선시대 승려 탄명이 수행했다고 전해지며 도덕암, 백운암이라고도 불리었다고 한다. 사찰에 전해지는 기록에 의하면 사찰이 멸실된 터에 신심 있는 불자가 작은 토굴을 마련하여 명맥을 이었으나 1939년 화재로 전소되었다고 한다.

1942년에 타버린 법당을 재건하면서 사찰 명칭을 경은사로 바꾸었다고 한다. 현재의 주차장 자리가 옛 절터로 추정되고 있다.

1973년 대한불교 조계종에 사찰 등록을 하였으며, 1985년에 승려 수경이 대웅전(大雄殿)과 삼성각(三聖閣)을 이전하여 중건하였다. 경은사 경내에는 대웅전, 삼성각, 범종각, 봉향각 등의 건물이 있다.

대웅전은 팔작지붕의 건물로 근래에 조성된 불상이 안치되어 있다. 대웅전 앞마당에 서서 건너편 바위를 보면 수려한 석탑이 보이는 주변경관과 어우러져 영험한 느낌을 자아낸다. 삼성각은 맞배지붕의 건물이며 봉향각 역시 맞배지붕의 건물로 정면 3칸, 측면 1칸의 규모이다. 범종각 아래에 선원당이 있다. 문수전에는 문화재로 지정된 목조문수보살좌상이 있고 복장

▶ 경은사 대웅전은 큰 규모를 자랑하지는 않지만 앞마당에 서면 주변 경관과 어우러져 영험한 느낌을 자아낸다.

유물이 나와 조선시대 1661년 현종 2년에 조성된 문수좌상임을 밝히고 있다. 제천 경은사 강희오십
년명 석감은 2008년 7월 25일 충청북도 유형 문화재 제295호로 지정되었다.

와룡산에 자리 잡은 나한도량 고산사

용이 웅크리고 있다는 와룡산에 자리 잡은 고산사는 가파른 길을 가쁘게 올라야 볼 수 있는 조계종 제
5교구 본사 법주사 말사이다. 신라 헌강왕 15년(879년)에 도선(道詵)이 창건하였다고 전해지며 고려시
대와 조선시대에 여러 번 중창하였다는 기록이 발견되었다. 그러나 1950년 6·25전쟁이후 일부가 불
에 타서 1956년에 중창하였고 1990년에 들어와 대대적인 불사가 이뤄져 지금의 모습을 갖추었다.

고산사 마당에 들어서면 와룡산 한 가운데에 안긴 기분이 드는데 초록빛깔의 초목들이 산을 감싸고
전각들이 머리를 내민 모습이 매우 아름답다. 요사채로 쓰이는 고경당은 소나무 숲이 병풍처럼 둘러
쳐져 운치를 더한다. 1998년에 함현 스님이 새로 지은 응진전은 부처의 제자 나한이 석가부처가 아닌
관세음보살을 모시고 있다. 이 석조나한상은 본래 16구였으나 현존하는 것은 6구만 남았다. 흔히
나임이라 불리며 조선 초~중기부터 정초에 나임기도를 올리는 행사를 해온 것으로 보아 이 사찰
이 나한도량이었음을 짐작케 한다.

전하는 이야기로는 신라 경순왕이 고려 왕건에게 나라를 빼앗기고 고산사에서 8년을 기거하며 망국
의 한을 달랬다고 한다. 자식인 마의태자와 덕주공주는 월악산의 각 사찰에 머물렀고, 그래시 와룡산
은 부모산, 월악산은 자식산이라 불린다고. 응진전에서 월악산을 보면 꼭 절하는 형국이라는데, 당시
경순왕은 말을 타고 월악산과 와룡산을 오갔다고 해서 지금도 와룡산에는 치마령(馳馬嶺)이란 고개
지명이 남아있다.

◀ 고산사. 와룡산에 안
긴 고산사는 가파른 길
을 올라야만 볼 수 있다.
산이 병풍처럼 둘러싸고
있어 머리를 내민 전각
들이 매우 아름다운 절
이다.

청풍호의 풍경 한 눈에 들어오는 정방사

금수산 자락에 위치한 정방사는 신라 문무왕 2년(662년)에 의상대사가 세운 절로, 현재는 속리산 법주사의 말사이며 기도처로 유명한 사찰이다. 의상이 도를 얻은 후 절을 짓기 위하여 지팡이를 던지자 이곳에 날아가 꽂혀서 절을 세웠다는 전설이 있다. 주변경이 매우 빼어나고 특히 법

▲ 주변경이 매우 빼어난 정방사. 의상이 도를 얻은 후 절을 짓기 위하여 지팡이를 던지자 이곳에 날아가 꽂혀서 절을 세웠다는 전설이 있다.

당 앞에서 내다보는 청풍호의 풍경은 모든 근심을 잊게 만든다.

정방사는 법당과 요사채, 현혜문이 있는 아담한 사찰이다. 1825년에 세워진 법당이 12칸, 요사채는 5칸규모의 기와집으로 현혜문은 절의 정문으로 일주문이라고도 한다. 법당 안에는 조선 중기 보살상의 특징을 보여주는 관음보살상이 있다. 불상 뒤로 후불탱화가 그려져 있으며 최근 법당안에는 신중

탱화, 산신탱화, 독성탱화 등을 그려 넣어 더욱 장엄하다. 주변에 금수산, 능강계곡, 신선봉, 청풍호반, 청풍문화재단 등이 있어 주변을 둘러보는 것도 좋다.

◀ 속리산 법주사의 말사인 정방사는 지장전에 모셔진 지장보살상이 아름답기로 유명하다.

월악산의 맑은 풍광 닮은 덕주사

월악산에 있는 덕주사는 법주사의 말사로 신라 진평왕 9년에 창건되었다고 전해진다. 정확한 창건자 및 창건연대는 알 수가 없으나 신라의 마지막 공주 덕주공주가 마의태자와 함께 금강산으로 가던 도중 마의태자와 함께 이곳에 머물러 절을 세우고 금강산으로 떠난 마의태자를 그리며 여생을 보냈다는 전설이 있다.

▲ 덕주사는 월악산에 위치한 작은 사찰로 금강산으로 향하던 마의태자가 여생을 보냈던 전설이 남아있는 곳이다. 오래된 역사를 지녔으나 한국전쟁으로 많은 건물이 소실되어 최근에 중수되었다.

덕주사에는 보물 제406호 덕주사마애불 앞에 있었는데 안타깝게도 1951년 군의 작전상 이유로 소각했다. 창건 당시의 절은 상덕주사이며 지금의 절을 하덕주사라고 부리기도 한다. 상덕주사는 지금의 덕주사의 1.7㎞ 지점에 있었는데 한국전쟁으로 소실되었다. 이 사찰에는 어느 때 것인지 확실하지  않은 우탑 1기와 조선시대의 부도 4기가 있으며, 우탑에는 다음과 같은 전설이 있다. 이 절의 승려들이 건물이 협소하여 부속건물을 지으려고 걱정할 때 어디선가 소가 나타나서 재목을 실어 날랐다. 소가 가는 곳을 따라가 보니 현재의 마애불 밑에 서 있어 그곳에다 부속건물을 지었고, 소는 재목을 모두 실어다 놓은 다음 그 자리에서 죽어서 죽은 자리에 우탑을 세워 소의 넋을 기렸다고 한다. 덕주사 주변에는 덕주계곡, 송계계곡, 월악계곡 등의 풍치 좋은 계곡이 많아 사찰에 들러 부처님을 뵙고 시원한 계곡을 찾아가는 것도 좋을 듯하다.

◀ 덕주사 앞에 있는 마애불로 조성된 시기는 아직 밝혀지지 않았다.

소백산에 자리잡은 천태종 총본산 구인사

대한불교 천태종 총본산인 구인사는 소백산이 있는 단양군 영춘면에 위치하는 사찰로 전국에 말사 108개를 거느리고 있다. 천태종은 594년 중국의 지자대사가 불교의 선(禪)과 교(敎)를 합하여 만든 종파이다. 지자대사가 머물렀던 천태산에서 이름을 따서 천태종이라 부른다. 고려 숙종 2년에 대각국사 의천스님에 의해 우리나라의 천태종 역사가 새로 시작되었으며 1945년 상월 원각스님이 칡덩굴을 얽어 암자를 지은 것이 구인사의 시작이다.

구인사가 터를 잡은 자리는 소백산의 구봉팔문 중 제4봉인 수리봉 밑으로 풍수설에서 말하는 금계포란형으로 한가운데 연꽃 모양의 지형에 자리 잡은 형세이다. 이 좁고 신비로운 산세를 훼손하지 않고 가파른 언덕을 따라 가람을 배치한 것이 매우 독특하다. 주차장에서 '소백산구인사'라고 쓰인 일주문을 지나 비탈길을 오르면 좁은 골짜기를 막아선 천왕문이 나온다. 천왕문은 청동으로 된 사천왕상이 국내 최대의 규모를 자랑한다.

경내에 들어서면 현대적인 콘크리트 건물로 된 이색적인 대가람의 규모에 깜짝 놀라는데 하늘을 찌를 것 같은 웅장한 건물들의 기세는 마치 궁궐을 보는 것 같다. 경내에는 크고 작은 건물들이 즐비하게 서 있으며 그 중 5층으로 된 900평의 대법당과 135평의 목조대강당인 광명당, 30여 칸의 수도실인 판도암 등이 있어 매일 일천여 명의 신도가 기거하며 기도를 드리고 있는 국내 최대의 신도수를 가진 사찰임을 짐작케 한다. 이곳의 승려들의 식량은 자급자족을 원칙으로 하고 있어 낮에 작업복을 입고 일하는 승려들을 볼 수 있다.

◀ 대한불교 천태종 총본산인 구인사는 소백산에 자리 잡은 아름다운 사찰이다. 벚꽃이 핀 봄 풍경으로 구인사 삼강전 앞의 모습이다.

주변 둘러보기

하나. 탁사정

맑은 계곡이 한 눈에 내려다보이는 절벽 위에 세워진 정자이다. 조선시대 제주수사
로 있던 임응룡이 귀향하며 해송 8그루를 심고 그 일대를 팔송이라 불렀다고 전해
진다. 그 후 아들 임희운이 정자를 지어 팔송정이라고 하였고 후손이 허물어진 정자
를 다시 세우면서 의병 원규상이 탁사정이라는 이름을 붙였다. 탁사정이란 이름은
정자 아래의 계곡의 유원지를 가리키는 말이다. 제천시가 선정한 제천 10경 중 제
9경으로 여름이면 수많은 피서객이 모이는 곳이다.

둘. 박달재

제천 10경 중 제2경인 박달재는 봉양읍과 백운면을 갈라놓은 험한 산을 말한다.
조선시대에는 천등산과 지등산이 연이은 마루라는 뜻에서 이등령으로 불리기도
했다. 예로부터 제천에서 서울에 이르는 관행길이 나 있으나, 첩첩산중으로 크고
작은 연봉이 4면을 에워싸고 있어 험준한 계곡을 이룬다.

셋. 금수산

금수산이 원래 이름은 백운산이었으나 퇴계 이황선생이 단풍 든 이 산의 모습
을 보고 '비단에 수를 놓은 것처럼 아름답다'며 감탄하여 산 이름을 금수산으로
바꾸었다고 한다. 금수산은 북쪽으로는 제천 시내까지, 남쪽으로는 단양군 적성
면 말목산까지 뻗어 내린 제법 긴 산줄기의 주봉이다. 남쪽 어댕이골과 정남골
이 만나는 계곡에는 금수산의 절경 용담폭포와 선녀탕이 숨어 있다. 청풍호반

을 끼고 들어서는 상천리 백운동 마을은 봄철 산수유로 유명하다. 금수산은 시원한 산자락에 맑은 계곡과 폭포를 지니고
있어 여름철 산행지로 인기가 높다.

넷. 청풍문화재단지

청풍호반은 충주 다목적댐 건설로 생성된 호수로 뱃길 130리 중 볼거리가 가장 많고
풍경이 뛰어난 곳으로 내륙의 바다. 작은 민속촌 청풍문화재단지를 정점으로 해서
주위로 봉황이 호수 위를 나르는 형상의 비봉산. 어머니 품속과 같이 편안하고 포근함
을 느끼게 하는 금수산을 뒤 배경으로 한 청풍호반은 가히 절경이라 할 수 있다.

다섯. 월악산

한국 5대 악산 가운데 하나로 월악산 주변은 국립공원으로 지정되었다. 달이
뜨면 영봉에 걸린다고 하여 '월악'이라는 이름이 붙었다. 후백제의 견훤이 이
곳에 궁궐을 지으려다 무산되어 와락산이라고 하였다고도 한다. 영봉을 중심
으로 깎아지른 듯한 산줄기가 길게 뻗으며 청송과 기암괴석이 장관을 이룬
다. 바위능선을 타고 영봉에 오르면 충주호의 잔잔한 물결이 한눈에 들어와
탄성을 자아낸다. 봄에는 다양한 봄꽃과 함께하는 산행, 여름에는 깊은 계곡

과 울창한 수림을 즐기는 계곡 산행, 가을에는 충주호와 연계한 단풍 및 호반 산행, 겨울에는 설경 산행으로 인기가 높다.

여섯. 소백산

일대에 수려하고 웅장한 산과 주변의 명승지가 많은 곳으로 태백산에서 남서쪽으로 뻗은 소백산맥 중의 산으로서 비로봉, 국망봉, 제2연화봉, 도솔봉, 신선봉, 형제봉, 묘적봉 등의 많은 봉우리들로 이루어졌다. 아름다운 골짜기와 완만한 산등성이, 울창한 숲 등이 뛰어난 경치를 이루어 등산객들이 많은데, 주요 등산로로는 희방사역에서부터 희방폭포와 제2연화봉을 거처 오르는 길과 북쪽의 국망천, 남쪽의 죽계천 골짜기를 따라 올라가는 길이 있다.

📷 꼭 들러야할 이색 명소

단양의 수양개 선사유물 전시관

1983년 충주댐 수몰지구 문화유적 발굴조사로 중기 구석기시대부터 원삼국시대까지의 문화층이 발굴되어진 유물과 자료를 전시하였다. 단양의 금굴유적, 상시 바위그늘 유적, 구낭굴 유적지에서 발굴된 인골, 사슴 뼈, 호랑이 뼈, 하이에나 뼈 등 다양한 동물 화석들이 전시되어 있다. 특히 2000년을 전후로 한 동북아시아 지역의 구석기 유물들이 복합적으로 발굴되어져 후기 구석기시대와 신석기 석기문화의 정수를 보여주는 곳이다.

알아두면 좋아요

박달재에 얽힌 슬픈 사랑이야기

박달재에는 이름에 관한 슬픈 사랑이야기가 전해온다. 조선조 중엽 경상도의 젊은 선비 박달이 과거를 보기 위해 한양으로 가던 도중 백운면 평동리에 이르렀다. 마침 해가 저물어 박달은 어떤 농가에 찾아 들어가 하룻밤을 묵게 되는데 이 집에 금봉이라는 과년한 딸과 사랑에 빠지게 된다. 두 사람은 박달이 과거 급제한 후에 함께 살기로 약속했는데 박달은 과거에 낙방을 하게 된다. 박달은 금봉을 볼 낯이 없어 평동에 가지 않고 금봉은 날마다 박달이 장원급제하여 돌아오기를 기다린다. 그러다 금봉은 박달이 떠나간 고갯길을 오르다가 상사병으로 죽고 금봉의 장례를 치르고 난 사흘 후 거지꼴로 나타난 박달은 큰 슬픔에 빠진다. 울다 얼핏 고갯길에 금봉이 고갯마루에 있는 것 같아 박달은 벌떡 일어나 금봉의 뒤를 쫓다 천 길 낭떠러지로 떨어져 죽어 버린다. 이런 일이 있는 뒤부터 사람들은 박달이 죽은 고개를 박달재라 부르게 되었다.

사찰 정보
Temple Information

경은사 ㅣ 충청북도 제천시 백운면 금봉로 276 / ☎ 043-652-6133

고산사 ㅣ 충청북도 제천시 덕산면 신현리 1653/ ☎ 043-646-0198

정방사 ㅣ 충청북도 제천시 수산면 능강리 산52/ ☎ 043-647-7399

덕주사 ㅣ 충청북도 제천시 한수면 미륵송계로2길 87 / ☎ 043-653-1773

구인사 ㅣ 충청북도 단양군 영춘면 구인사길 73 / ☎ 043-423-7100 /www.guinsa.org

안심사 · 미타사 · 법주사

우리 국토 정중앙에서 마주한
부처님의 은은한 미소

■ ■ ■　충청북도 청원과 보은, 음성 일대는 우리 국토의 중앙부에 위치하는 곳으로 교통을 빼고 이야기 할 수 없는 곳이다. 특히 청원군은 전국 어디서나 3시간 이내에 닿을 수 있어 내륙 물류기지가 있으며 수많은 동굴과 세계 3대 광천수인 초정약수와 대청호가 유명하다. 보은에는 속리산국립공원과 천년고찰인 법주사가 위치하고 있다. 또한 소백산맥과 노령산맥 사이에 위치한 전형적인 분지로 아름다운 풍광을 자랑하는 고장이다. 이 고장의 고찰에서 내다보는 천혜 풍광은 사찰을 찾는 사람들에게 가슴 깊이 맑은 기운을 불러일으킨다.

찾는 이의 마음을 편하게 만드는 안심사

▲ 안심사는 진표스님이 마음을 편안하게 한다는 뜻에서 절 이름을 지었다고 전해내려오는 사찰로 오래된 역사를 가지고 있다. 안심사 대웅전에 들어서면 석가여래상을 주존으로 여러 불보살이 모셔져 있다.

　절 이름만큼이나 안심사를 향하는 길은 순하고도 순하다. 이 절은 대한불교조계종 제5교구 법주사의 말사로 신라시대에 진표스님이 창건했다는 역사를 가지고 있으며 대한불교조계종 제5교구 본사인 법주사의 말사이다.

　신라시대 혜공왕 11년(775년)에 진표(眞表)가 절을 지은 뒤 수십 명의 제자들의 마음을 편안하게 한다는 뜻에서 안심사라 이름 지었다고 한다. 이후 고려시대에는 원명국사가 중수하였고 조선시대에도 몇 차례 중수되었다는 기록이 전해진다.

▲ 안심사 영산전은 대웅전보다 조금 높이 위치하고 있으며 석가삼존불, 16나한상, 영산후불탱화, 신중탱화, 나한도 4점, 법고, 괘불함 등이 있다.

임진왜란과 정유
재란을 겪으면서 일
시적으로 폐사되었
지만 조선시대 전
기간에 걸쳐 꾸준히
명맥을 이른 고찰이
다. 새로 지은 큰 요
사채를 지나 절 마
당으로 들어서면 아
담한 소나무 동산으
로 둘러싸인 대웅전
이 보인다. 대웅전
은 보물 664호로 지

▲ 안심사 대웅전으로 다른 사찰의 대웅전보다 소박하고 깔끔하다.

정될 만큼 뛰어난 건축물로 그 안에는 흙으로 빚은 소조상의 삼신불상과 후불탱화, 신중탱화 그리고
근래에 제작된 동종이 있다. 이중 후불탱화는 고종 28년에 한봉 창엽이 그린 작품으로 설립연도를 추
측할 수 있는 소중한 문화재이다.

대웅전보다 조금 높이 위치한 영산전은 1613년에 창건되어 1842년에 중수한 것으로 이 건물에는
비로자나불이 있었다고 전해지나 지금은 영산전이 되었다. 안에는 석가삼존불, 16나한상, 영산후불
탱화, 신중탱화, 나한도 4점, 법고, 괘불함 등이 있다. 이 괘불함에는 효종 3년 1652년에 제작된 괘불
이 보관되어 있는데 이 괘불은 국보 제297호로 그 미술적 가치가 매우 높은 작품이다. 석가여래상을
주존으로 주위에 불보살과 제자·성중 및 사천왕의 호법신들을 좌우대칭으로 배치한 영산회상도(靈
山會上圖)이다. 크기는 가로 462cm, 세로 627cm이며 그림의 중앙에 그려진 본존상의 높이는 372cm
에 이르는 대형불화다.

이 절은 특이하게 충혼각이 있는데 이는 6·25전쟁 때 죽은 무명용사들을 위해 것으로 매년 현충일
에 위령제를 지낸다. 또한 진표대사가 창건 당시 석가의 진신사리를 봉안했다고 전해지는 세존사리탑
이 있다. 이 사리탑은 조선말에 행방이 묘연하던 차에 구룡산에서 발견되어 1881년 고종 18년에 구천
동에서 다시 이곳으로 옮긴 것이다.

중창 불사 이루어 사찰로의 면모를 갖춘 미타사

충북 음성군에 소재하는 미타사(彌陀寺)는 영혼을 극락세계로 인도하는 지장가람으로 납골묘로 조
성한 사찰이다. 지금으로부터 약 1,300년전인 진덕왕 8년(630년)에 원효스님에 의해 창건된 고찰로,
가섭산의 산명처럼 두타제일의 수행도량으로 알려진 곳이다. 이후 역사는 문헌이나 사적비가 없어 알
수 없으나 구전에 의하면, 원효스님 창건 이후 헌강왕 2년(876년)에 도선국사가 중창하고, 1370년에

무학대사가 중창하여 조선시대에는 서산 · 사명대사가 상주하는 큰 사찰이 되었다고 한다.

이후 사찰은 대덕스님들의 공로로 많은 불사가 있어 대찰로 성장하였으며, 병자호란이 있던 인조 14년(1636년)에는 각성대사가 항마군이라 일컫는 의병 3천명을 모집하여 호병을 물리쳐 호국사찰로서 국가의 대대적인 불사를 받는 큰 절이 되었다고 한다. 하지만 영조 18년(1723년)에 가섭산을 태우는 화마로 인해 전각 하나 없이 소실되어 근래까지 폐허로 그 절터만이 전해졌다고 한다. 이는 구전으로 내려오는 미타사의 옛 연혁으로 역사적으로 고증 없이 미타사의 사격을 높이려고 미화된 연혁인 것 같다.

▲ 원효스님에 의해 창건된 미타사(彌陀寺)는 영혼을 극락세계로 인도하는 지장가람으로 납골묘로 조성된 사찰이다.

다만 1964년 봄, 절터에서 고려시대 기와편과 분청사기편, 조선시대 백자편 등이 수집되었고, 1979년 대웅전 기초 공사 때 고려시대 것으로 추정되는 물오리형태의 치미가 발견되어 고려시대까지 사찰이 운영되다가 임진왜란 이후 폐사된 것으로 추정할 수 있다. 1965년 명안스님이 절터만 남아있던 이곳에 극락전과 선원, 요사체, 대광명진신사리탑, 동양 최대의 금동지장보살상(높이 41m) 등 중창 불사를 이루어 사찰로의 면모를 갖추게 된다.

▶ 동양 최대의 금동지장보살상(높이 41m)

기나긴 세월 고스란히 간직한 속리산의 대사찰 법주사

속리산 자락에 있는 법주사는 삼국유사에 등장하는 천년고찰로 의신 조사가 창건을 하고 진표 율사가 7년 동안 머물면서 중건하였다고 기록되어 있다. 법주사라는 절 이름의 유래는 창건주 의신 조사가 서역으로부터 돌아올 때 나귀에 불경을 싣고 와서 이곳에 머물렀다는 설화에서 비롯되었다. 이후 이 절은 진표와 그의 제자들에 의해 미륵신앙의 중심 도량이 되어 대규모의 대찰을 이루었다. 진표대사는 속리산에서 발견한 길상초가 난 곳을 택해 가람으로 택하였고 그의 제자 영심 등이 그 곳을 찾아 절을 세우고 길상사라고 이름 붙였다고 한다.

이후 이 절은 신라 왕실의 비호를 받으며 8차례의 중수를 거쳐 60여 동의 건물과 70여 개의 암자를 거느린 대찰이 되었다. 고려시대에는 문종의 다섯 번째 아들이었던 도생 승통이 이 절의 주지를 지냈으며 많은 왕들이 절을 다녀갔다. 또한 공민왕은 양산 통도사에 사신을 보내 부처님의 사리 1과를 법주사에 봉안하도록 하였는데 그 사리탑이 지금 능인전 뒤쪽에 그대로 남아있다.

▲ 법주사를 향해 가다보면 속리산 입구에 위치한 정이품 소나무를 볼 수 있는데 이 소나무 수명은 500년이 넘었다고 한다.

조선 시대 때에는 세조의 스승이었던 신미 스님이 머물며 이 절을 크게 중창하였다. 그러나 선조 25년 임진왜란으로 대부분이 전각이 소실되는 비운을 겪기도 했다. 전쟁 후에는 약 20년에 걸쳐 유정스님이 팔상전을 중건하였고 벽암 각성 스님이 다시 황폐화된 절을 중창하였다. 이후 몇 차례의 중건과 중수를 거쳤다. 근래에는 1974년 정부의 지원으로 대대적인 중수가 있었으며 1990년 청동미륵상을 중

▼ 법주사 경내는 매우 넓어 대사찰의 면모를 보인다. 경내에 있는 쌍사자석 등은 국보 제 5호로 전형적인 통일신라의 8각 석등이다.

수하고 그 지하에 성보전시관인 용화전을 지어 오늘날에 이르렀다. 보은의 얼굴 구실을 하는 이 절은 보은의 지정문화재 절반을 소유하고 있으며 그 중 세점은 국보로 지정되어 있어 그 역사적으로나 문화적으로나 우리나라에서 가장 중요한 절 중 하나이다.

법주사 가는 길은 참나무와 소나무, 전나무가 어우러져 있는 숲길이 오리쯤 지속되는 '오리숲'으로 시작된다. 초여름의 신록과 가을의 울긋불긋한 단풍이 유명한 이곳은 사시사철 다른 모습으로 사람들을 매혹하며 이 숲길 옆으로 안이 환히 들여다보이는 계곡도 있어 인기가 높다. 오리숲을 건너 수정교를 지나면 금강문과 천왕문이 나온다. 금강문과 천왕문에서 불경한 마음을 버리고 경내에 들어서면 너른 터 안에 팔상전과 대웅보전, 원통전 등의 건물과 청동미륵대불, 팔상

▲ 법주사 청동미륵상. 지하에는 성보전시관인 용화전이 있어 많은 사람들이 찾고 있다.

전, 쌍사자 석등 등이 한 눈에 보인다. 훌륭한 건물들이 너른 터에 점점이 흩어져 있어 우왕좌왕하기 십상이지만 천천히 한 건물씩 보다보면 시간가는 줄 모른다.

이 가운데 가장 유명한 대웅보전은 인조 2년(1624년)에 벽암이 중창한 것으로 총 120칸에 건평이 170평, 높이가 61척에 달하는 대규모의 건물이다. 보물 제915호로 지정되어 있다. 다포식(多包式) 중층건물로서 무량사(無量寺) 극락전, 화엄사 각황전(覺皇殿) 등과 함께 우리 나라 3대 불전(佛殿)의 하나로 꼽히고 있다. 내부에 모셔진 삼존불은 비로자나불(毘盧遮那佛), 좌측에 노사나불(盧舍那佛), 우측에 석가모니불이 봉안되어 있다.

우리나라 국보 제55호인 팔상전은 5층 목탑으로서 우리나라 목탑의 연구에 중요한 자료가 된다. 이 팔상전은 신라 진흥왕 때 의신이 세웠고, 776년에 병진(秉眞)이 중창하였으며, 정유재란 때 소실된 것을 선조 38년(1605년)에 재건하였다. 내부에는 8폭의 팔상탱화(八相幀畫) 앞쪽으로 나한상(羅漢像)을 3열로 배치하고, 중앙에는 본존불을 봉안하였다. 능인전은 사리탑의 계단을 오르는 곳에 위치한 아담

한 전각으로서 내부에 석가모니불과 500나한을 안치하였다. 원통보전은 정방형의 특이한 건축양식을 갖춘 건물로서 관세음보살좌상이 안치되어 있는데, 머리에는 수려한 보관을 쓰고 얼굴에는 옅은 미소를 담고 있는 상이다. 일주문은 정면 1칸의 건물로서 '호서제일가람(湖西第一伽藍)'이라는 현판이 있어 이 사찰의 위상을 짐작케한다. 이 밖에도 고승들의 영정을 봉안한 진영각은 일명 선희궁원당이라고도 불리는데 이는 조선 영조의 후궁이었던 영빈 이씨의 원당이었기 때문이다.

사리각에는 석가모니의 사리를 모신 사리탑과 이 탑을 조성하게 된 연기(緣起)를 적은 세존사리비(世尊舍利碑)가 있으며 이 절의 유지(遺址)인 용화보전(龍華寶殿)이 있다. 이 용화보전은 법주사의 정신을 상징하는 중심 법당이었는데 기록을 보면 그 규모가 어마어마했음을 짐작 할 수 있다. 이 용화보전 터에는 1964년 시멘트로 만든 미륵불입상이 조성되어 있어 보는 사람들의 이목을 집중시킨다. 이 밖에도 이 절이 소유한 문화재로는 국보 제5호인 법주사쌍사자석등(法住寺雙獅子石燈), 국보 제64호인 법주사석연지(法住寺石蓮池), 보물 제15호인 법주사사천왕석등(法住寺四天王石燈), 보물 제216호인 법주사마애여래의상(法住寺磨崖如來倚像), 보물 제848호인 신법천문도병풍(新法天文圖屛風), 보물 제1259호인 법주사괘불탱이 있어 천년고찰의 위엄을 대변하고 있다.

▶ 법주사는 삼국유사에 등장하는 천년고찰로 우리나라 현존하는 유일한 목탑인 팔상전을 볼 수 있다. 팔상전은 미술사학적인 가치가 매우 뛰어난 건출물로 국보 제55호이다.

주변 둘러보기

하나. 구룡산

충청북도 청원군의 남쪽 문의면 덕류리와 현도면 하석리 경계에 걸쳐 있는 산으로 산의 모양이 아홉 마리의 용이 모여 있는 형상을 하고 있어 구룡산으로 불린다. 산의 모양이 여러 마리의 용이 이어진 듯 긴 것이 특징이다. 달리 '구봉산'으로도 불리는데, 구룡산과 같은 뜻이다. 높은 산은 아니나 정상근방인 장승공원에서 대청호가 한눈에 들어와 장관을 펼쳐진다.

둘. 속리산

태백산맥에서 남서쪽으로 뻗어 나오는 소백산맥 줄기 가운데
우뚝 솟아 있는 산으로 우리나라 팔경 가운데 하나인 명산이
다. 이전에는 9개의 봉우리로 이루어져 있어 구봉산이라 하
였고, 광명산, 미지산, 형제산, 소금강산 등의 별칭을 가지고
있다. 최고봉인 천왕봉을 중심으로 비로봉, 문장대, 관음봉, 길
상봉, 문수봉 등 9개의 봉우리로 이루어져 있다. 화강암의 기
봉(奇峰)과 울창한 산림으로 뒤덮여 있고, 산중에는 1000년
고찰의 법주사가 있다. 봄에는 산벚꽃, 여름에는 푸른 소나무,
가을에는 붉게 물든 단풍, 겨울에는 설경이 유명하다.

셋. 선병국가옥

고려시대 예의판서와 우문각대제학을 지낸 선윤
지를 시조로 하는 보성선씨 가문의 고택으로 충
북 보운 외속리면 하개리에 위치한다. 속리산에
서 흘러내린 삼가천이 큰 개울을 이루며 그 개울
중간에 삼각주를 이루어 섬이 된 영화부수형 대
지에 지어진 큰 기와집이다. 일설에 따르면 이 집
이 지어진 자리가 최고의 명당이라고 한다. 가옥
은 크게 안채, 사랑채, 사당으로 되어 있는데 담
장이 안담으로 둘러싸고 다시 바깥담으로 크게
둘러싼 형태로 독특하다.

알아두면 좋아요

법주사 중수한 진표율사에 얽힌 전설

진표율사는 신라시대에 유명한 고승으로 변산 선계산의 불사의방에서 온몸을 바위에 내
던져 깨뜨리는 참회고행을 하던 끝에 지장보살과 미륵보살로부터 법을 받았다고 전해진
다. 그는 금산사에 미륵장륙상을 모시고 점찰법회를 열었는데 이후 속리산에 오다가 달구
지를 타고 오는 사람을 만나게 된다. 달구지를 끌던 소들이 갑자기 진표율사 앞에 무릎을
꿇고 울며 스님께 경배하자 달구지 주인도 "축생도 그러한데 하물며 사람에게 어찌 신심
이 없겠습니까"라고 하면서 곧 낫으로 자기 머리카락을 자르고 진표율사의 제자가 되었
다고 한다.

사찰 정보
Temple Information

안심사 ｜ 충청북도 청주시 서원구 남이면 사동길 169-28 / ☎ 043-260-6165

법주사 ｜ 충청북도 보은군 속리산면 법주사로 405 / ☎ 043-543-3615 / beopjusa.org

미타사 ｜ 충북 음성군 소이면 소이로 61번지길 164 / ☎ 043-873-0330

각연사 · 용암사 · 영국사 · 반야사 외

심산구곡 따라 굽이굽이 흐르는
부처의 가르침 생각하다

■ ■ ■ ■ 수려한 자연경관과 문화유적이 살아 숨 쉬는 고장인 괴산, 옥천, 영동 지역은 충청도에서 인물이 많기로 유명한 곳이다. 심산구곡이 일품인 괴산은 전국의 40여개의 구곡 가운데 7개의 구곡이 자리 잡고 있으며 특히 선유구곡이 아름답다. 옥천은 내륙의 요충지로 금강의 맑은 물이 옥토를 이루는 유서 깊은 고장이다. 소백산맥과 노령산맥이 갈라지는 곳에 위치한 영동은 금강이 흘러드는 물줄기가 한 폭의 그림 같은 곳으로 많은 이들이 찾고 있다. 이곳에는 청정한 자연환경만큼이나 부처님의 청정한 가르침을 새기고 따르는 사찰이어서 많은 이들의 쉼터가 되고 있다.

깨달음이 연못 속 부처님으로 부터 비롯되었다는 각연사

▲ 각연사는 속리산 보개산 기슭에 자리 잡고 있어 경내에 들어서면 산의 절경이 한눈에 들어온다.

속리산 자락, 보개산 기슭에 자리 잡은 절로 신라 법흥왕 2년 유일스님이 창건했다고 전해진다. 창건에 대한 재미있는 전설이 숨어 있는데 다음과 같다. 유일 스님이 각연사 앞산인 칠보산 너머 사동 근처에 절을 지으려고 했는데 자고 일어나보면 목재를 다듬을 때 나온 대패밥이 사라지고 없었다. 이상하게 생각한 스님이 잠을 안자고 지켜보니 까치들이 몰려와 대패밥을 입에 물고 어디로 사라지는 것이었다. 스님이 따라가보니 까치들이 산 너머 못에 대패밥을 떨어뜨려 못을 베우고 있었는데 스님이 가서 자세히 보니 못에 광채가 나고 있었다. 더 자세히 보니 석불이 한 개 들어있었는데 스님이 절을 이곳에 옮기고 나온 석불을 지금의 비로전에 모셨다고 한다. 그리고 '깨달음이 연못 속의 부처님으로부터 비롯되었다'(覺有佛於淵)라는 뜻에서 절 이름을 각연사(覺淵寺)로 지었다고 전해진다.

고려 초기 통일대사가 중창하여 대찰이 되었고 고려와 조선시대에 걸쳐 여러 차례 중수하였다. 신라시대부터 이어온 유서 깊은 절로 아담한 규모가 묘한 조화를 이룬다. 각연사를 가는 길은 다람쥐, 청

설모, 작은 산새들이 자주 눈에 띄며 맑은 바람이 불어온다. 꽤 깊숙한 곳에 위치하고 있으며 정남향이어서 아늑한 느낌을 준다.

경내에는 조선시대 후기 건축의 모습을 보여주는 대웅전이 있다. 대웅전 안에는 석가여래좌상과 아미타여래좌상, 약사여래좌상이 봉안되어 있고 1.3m의 스님의 형상을 한 소조상이 있다. 이 스님은 이 절을 창건한 유일스님이라고도 하며 혹은 중국의 달마상이라고도 불린다. 대웅전을 나와 돌거북을 지나 개울을 건너 조금 올라가면 석종형 부도 두기가 있고 다시 얼마간 걷다보면 통일대사 부도비가 나온다. 이 부도비는 보물 제1370호로 비면이 심하게 풍파되어 거의 읽을 수 없다. 통일 대사는 고려 태조 때의 큰 스님으로 신라말 당나라에 유학한 뒤 귀국하여 각연사에 머물렀다고 한다. 뒤쪽 산기슭에 통일대사의 사리를 모신 것으로 알려진 석조부도가 있다.

◀ 각연사 창건에 관한 전설이 담겨있는 석불로 현재 비로전에 모셔져 있다.

일출과 운해가 장관 이루는 옥천의 보배 용암사

옥천군 장령산 북쪽 기슭에 있는 아담한 절로 법주사의 말사이다. 인도에 갔다가 귀국한 의신대사

▲ 용암사는 장령산 북쪽 기슭에 있는 아담한 절로 일출이 아름답기로 유명하다.

가 진흥왕 13년에 창건하였다고 전해지며 절의 이름은 경내의 용처럼 생긴 바위에서 유래되었다고 한다. 그러나 일제강점기에 일본인에 의해 파괴되어 지금은 그 흔적만 남아 있어 안타까움을 자아낸다. 이 바위에는 신라의 마지막 왕자인 마의태자가 금강산으로 가던 도중 서라벌의 남쪽 하늘을 바라보다 통곡하였다는 전설이 전해 내려온다.

▲ 용암사 대웅전에는 아미타여래를 주존으로 관세음보살과 대세지보살의 삼존상이 봉안되어 있다.

　절의 중수와 중건에 관한 기록을 찾아볼 수는 없으나 고려시대의 양식을 한 석탑과 마애불상이 전해지고 있어 고려시대에 법통이 이어졌음을 짐작케 한다. 조선시대에는 임진왜란으로 폐허가 되었으나 이후 주지 무상스님이 1986년에 중수하여 몇 번의 중수로 지금의 모습을 갖추게 되었다.

　용암사 가는 길은 찻길을 벗어나 걸어가는 거리가 꽤 멀고 가파른 비탈길이다. 힘겹게 절 경내로 들어서면 확 트인 전망과 운해가 이루는 전경은 지금까지의 고생을 보상해주는 것 같다. 대웅전 안에는 아미타여래를 주존으로 하여 관세음보살과 대세지보살의 삼존상이 봉안되어 있고 5종의 탱화가 있다. 이 가운데 화법이 정교한 후불탱화(後佛幀畵)와 고종 14년(1877년)에 조성된 신중탱화(神衆幀畵)는 문화재적인 가치가 있는 작품이다. 문화재로는 마애불(충북유형문화재 제17호)이 있는데 연화대좌 위에 서 있는 형태이며 고려 중기의 작품으로 추정된다. 마의태자가 신라 멸망을 통탄하며 유랑하던 중에 이곳에 머물다가 떠나자 그를 추모하는 사람들이 그를 기리며 조성하였다고 하여 마의태자상이라고도 한다. 이 마애불은 영험이 있어 기도하면 잘 이루어진다고 하니 용암사에 오면 소원을 빌어보면 어떨까.

영험한 기도로 나라를 지킨 영국사

　충청북도의 최남단에 위치한 천태산의 영국사는 법주사의 말사로 신라 제30대 왕인 문무왕 8년에 지어졌다고 전해진다.

　제32대 효소왕의 신하들이 이곳 영국사에서 피난하였다고 전해지고 있어 이 절의 역사의 깊이를 느낄 수 있다. 고려시대에는 감역 안종필이 왕명으로 탑과 부도, 금당을 중건하였으며 이름도

▲ 영국사의 극락보전 아름다운 단청이 유명하다.

▲ 천태산에 자리한 영국사 경내에는 천연기념물 233호 은행나무가 서 있다. 이 은행나무는 나라의 큰일이 있으면 소리 내어 울었다는 전설이 있어 사찰의 영험함을 더 한다.

국청사라고 바꾸었다.

영국사로 부르게 된 것은 공민왕때 일이다. 이때 원나라의 홍건적이 개성까지 쳐들어오자 왕은 신하를 거느리고 이곳에 몽진오게 된다. 부처님께 홍건적을 격파할 수 있게 기도를 드렸는데 마침내 근위병들이 홍건적을 무찌르고 개경을 수복하게 되자 왕이 기뻐하여 부처님께 감사를 드리고 이절의 이름을 영국사로 바꾸었다고 한다. 일설에서는 조선 태조 때 세사국사가 산명을 지륵, 절 이름을 영국이라고 명명하였다고도 전하고 있다.

▶ 영국사 대웅전 앞에 있는 삼층 석탑으로 전형적인 탑의 구조를 하고 있다

영국사로 가는 길을 걷다보면 맑은 계곡이 바위 절벽 위로 흐르는 걸을 볼 수 있어 눈의 피로가 풀린다. 또한 예전에 시인묵객들이 바위 절벽에 새겨둔 글을 만나게 되어 운치를 더한다. 경내로 들어서면 아담한 절을 마주하게 되는데 대웅전 앞에 삼층석탑과 망탑봉의 삼층석탑이 있다. 또한 이 절을 지켜온 천연기념물 제233호 은행나무는 나라의 큰일이 있으면 소리 내어 울었다는 전설이 있어 이 사찰의 영험함을 보여준다.

백화산 연꽃모양 중심에 위치한 반야사

충북과 경북의 경계에 자리 잡은 백화산, 그곳에서 흘러내린 큰 물줄기가 태극문양을 이루며 산허리를 감아 돌아 연꽃 모양의 지형을 이루는데 이곳 연꽃 중심에 반야사가 위치하고 있다. 독특한 지형덕택인지 앞에 산과 물이 보이는 천혜의 풍광을 자랑한다. 반야사는 법주사의 말사로 신라 성덕왕 19년 의상의 십대 제자 중 한명인 상원이 창건하였다고 전해지며 일설에는 문무왕때 원효가 창건하였다고도 한다. 예로부터 이 일대가 문수보살이 머무는 청정한 지역으로 알려져서 절 이름이 반야사이다. 반야는 불교의 근본교리 중 하나로 지혜를 의미하며 문수보살을 상징한다.

고려 충숙왕 2년에 중건하였으며 조선 세조 10년에도 세조의 허락을 얻어 크게 중창하였다. 또한

▲ 반야는 불교의 근본교리 중 하나로 지혜를 의미하며 문수보살을 상징한다. 백화산 일대가 문수보살이 머무는 청정한 지역으로 알려져서 절 이름이 반야사이다.

세조가 이 절에 들렀다는 설화가 전해지는데 세조가 이 반야사 대웅전에 참배하니 문수동자가 나타나났다는 것이다. 문수동자는 세조에게 절 뒤에 있는 만경대영천으로 인도한 후 목욕을 권하였고 세조가 목욕을 시작하자 문수동자는 세조에게 왕의 불심이 지극하니 부처님의 자비가 따를 것이라는 말을 남기고 사자를 타고 사라졌다고 한다.

1993년 대웅전을 중창한 후 오늘날의 반야사의 모습이 되었다. 건물은 극락전, 산신각, 백화루가 있다. 이중 극락전은 1993년까지 대웅전으로 쓰이던 건물로 조선 중기 건축양식을 보여준다. 내부에는 아미타삼존불과 후불탱화가 있고 불상 뒤에는 영산회도와 신중탱화, 감로탱화가 있다. 절 내부에 있는 문화재로는 신중탱화와 삼층석탑이 유명하다. 신중탱화는 화기에 따르면 본래 보국사에 있었던 탱화로 고종 27년 응상이 그렸다는 내용이 적혀있다. 삼층석탑은 단층 기단에 세운 것으로 1950년 성학이 절 동

▲ 반야사 경내에는 대웅전 극락전 산신각, 백화루가 있다. 이중 극락전은 1993년까지 대웅전으로 쓰이던 건물로 조선 중기 건축양식을 보여준다.

쪽 500m부근에 흩어졌던 탑재를 모아 세운 것이다. 이 석탑은 탑신 위에 원반 모양의 옥개석을 놓고 그 위에 원통형 석재를 올리고 있어 그 형태가 매우 독특하다.

◀ 충북과 경북의 경계에 위치한 반야사는 아름다운 백화산에 있다. 산허리를 감아 돌며 연꽃 모양의 지형을 이루는 중심에 있어 천혜의 풍광을 자랑한다.

주변 둘러보기

하나. 선유구곡

선유구곡은 괴산군 송면에서 동북쪽에 있는 계곡으로 절묘한 경치가 유명한 곳이다. 퇴계 이황이 7송정에 있는 함평 이씨댁을 찾아갔다가 산과 물, 바위, 노송 등이 잘 어우러진 이곳의 경치에 반하여 아홉 달을 돌아다니며 9곡의 이름을 지어 새겼다고 전해진다. 오랜 세월에 세겨진 글자는 없어졌지만 아름다운 절경은 그 자리에 그대로다.

둘. 벽초 홍명희 생가

충북 괴산군 인산리는 소설 『임꺽정』을 지은 벽초 홍명희 선생이 태어난 곳이다. 그는 항일독립운동으로 옥살이를 했으며 언론인, 소설가, 사회운동가로 활동하였다. 이후 월북으로 월북문인 되었다가 월북문인 해금 조치에 따라 1980년대 중반에 소개된 『임꺽정』으로 대중들의 사랑을 받았다. 벽초 홍명희 선생의 생가는 조선 중기 중부지방 양반 가옥의 특징을 잘 보여주고 있으며 곳곳에 선생의 숨결을 느낄 수 있다.

셋. 육영수 생가

옥천 구읍의 한옥 '교동집'은 육영수 여사가 나고 자란 집으로 허물어진 채 터만 남아 있다가 복원을 마치고 2011년 5월부터 일반인에게 공개되었다. 삼정승이 살았다고 하여 "삼정승집"으로 불리었던 곳으로 1918년 육영수 여사의 부친인 육종관이 민정승의 자손 민영기에게 사들여 고쳐지었다. 조선후기 충청도 반가의 전형적 양식을 볼 수 있는 곳으로 한옥의 고고하고 아름다운 멋을 느낄 수 있는 곳이다.

넷. 천태산

영동의 명산 천태산은 '충북의 설악'으로 불릴 만큼 산세가 빼어나고 뛰어난 자연경관을 자랑하는 곳이다. 높지 않은 산세와 잘 정리된 등산로로 등산객들에게 인기가 많다. 아름다운 풍광과 정상에서 바라보는 낙동강의 '낙조'는 탄성이 절로 나올 만큼 아름다우며 천태각에서 용연폭포에 이르는 30여리의 계곡은 절경 중에 절경이다.

🎞 꼭 들러야할 이색 명소

향수의 실개천이 흐르는 정지용 생가

정지용 생가는 옥천군 구읍사거리에서 수북방향으로 청석교 건너에 위치한다. 청석교를 건너면 '향수'를 새겨 놓은 시비와 생가 안내판이 있는 곳에 이르는데 '향수'의 서두를 장식하는 실개천이 흐르고 있으며 그 모습은 많이 변했으나 예전의 모습을 찾을 수 있다. 방문을 열면 그의 아버지가 한약방을 하였음을 알려주는 가구가 있으며 시선 가는 곳마다 정지용의 시가 있어 시

를 음미할 수 있다. "질화로에 재가 식어지면 비인 밭에 밤바람소리 말을 달리고", "흐릿한 불빛에 돌아앉아 도란도란거리는 곳", '향수'의 시어 따라 방안의 소품이 있어 운치를 살린다. 생가는 두개의 사립문이 있는데 이는 생가의 원형 그대로 복원했다 한다. 부엌 문 옆에는 돌절구, 나무절구와 공이가 놓여 있어 옛 모습을 유추해 볼 수 있다.

사찰 정보
Temple Information

각연사 ㅣ 충청북도 괴산군 칠성면 각연길 451 / ☎ 043-832-6148

용암사 ㅣ 충청북도 옥천군 옥천읍 삼청2길 400 / ☎ 043-732-1400

영국사 ㅣ 충청북도 영동군 양산면 영국동길 225-35 / ☎ 043-743-8843

반야사 ㅣ 충청북도 영동군 황간면 백화산로 652 / ☎ 043-742-1178 / www.banyasa.com

성불사 · 광덕사 · 동학사 · 마곡사 · 갑사 · 신원사

하늘도 땅도 편안한 땅,
낭만과 멋 살아 숨쉬는 고장

■ ■ ■ 충청남도의 내륙에 있는 천안·조치원·공주 지역은 교통의 중심지로 전통과 역사가 살아 숨쉬는 문화·예술의 고장이다. 이름 그대로 하늘도 땅도 사람도 편한 곳인 천안은 삼남의 분기점으로 낭만과 멋이 흐른다. 조치원은 이제는 세종특별자치시로 차령산맥에 발원하는 조천(鳥川)이 남류하여 비옥한 평야를 이루는 곳이다. 공주는 차령산맥의 남동쪽에 위치하며 찬란한 문화를 이루었던 백제의 옛 수도로 수려한 자연경관과 풍부한 문화유적을 자랑한다. 여유로운 땅이 부처님의 너른 도량과 닮아 있어 이곳의 사찰은 찾는 사람들의 마음까지 넉넉하게 만든다.

부처님 진신사리 모신 적멸보궁 성불사

▲ 경내에 오르면 천안시 전경이 한눈에 들어오는 성불사를 적멸보궁이라고 한다. 석가모니 부처님의 진신사리를 모셨다는 의미로 고려시대 사찰로 그 역사가 오래되었다.

성불사는 천안시 동남구 안서동에 위치한 고려시대 사찰로 태조산 자락에 숨어 있는 작은 사찰이다. 경내에 오르면 천안시 전경이 한눈에 보인다. 석가모니 부처님의 진신사리를 모신 전각을 적멸보궁이라고 하는데 성불사에 모셔 있다고 전해진다. 성불사는 고려초기 도선국사에 의해 세워진 사찰이다. 고려 태조 왕건은 왕위에 오른 뒤에 도선국사에게 명령하여 전국에 사찰을 세우게 하였는데 이때 도선국사가 와서 보니 백학 세 마리가 날아와 천연 암벽에 불상을 조성하다 완성하지 못하고 날아가 버렸다고 한다.

이 절은 특이하게 대웅전에 불상을 안치하지 않는데 유리창을 통해 뒤편 암벽에 완성되지 않은 불상을 모시고 있다. 그 불상이 앞에 말한 백학 세 마리가 날아와 새긴 불상이다. 불상 우측 바위에는 석가사존과 16나한상이 부조로 새겨져 있다. 이 마애 16나한상은 마멸이 심해 상을 자세히 보기는 어려우나 중앙에 삼존불을 모시고 그 둘레에 16나한상이 원래 모습으로 남아 있어 우리나라에서 찾아보기 드문 예로 미술사적 가치가 매우 크다.

400년 넘은 호두나무가 지키는 광덕사

천안의 명물 호두과자의 호두가 우리나라에서 처음 심어져 자란 곳이 이곳 광덕사다. 대웅전에 들어가기 전 보화루 앞에 있는 호두나무는 약 400년이 넘은 고목인데 재미있는 전설이 숨겨져 있다. 약 700년 전에 고려 충렬왕 16년 9월에 영밀공 유청신 선생이 중국 원나라에 갔다가 임금의 수레를 모시고 돌아올 때 호두나무의 열매와 어린나무

▲ 천안의 명물인 호두가 처음 자란 곳으로 400년이 넘은 호두나무가 광덕사 보화루 앞에 심어졌다. 이 나무에는 재미있는 전설이 있는데 정확한 근거는 찾지 못하였지만 우리나라 호두의 시조라 보고 있다.

를 가져와 어린나무는 광덕사에 심고 열매는 유청신 선생의 고향집 뜰 앞에 심었다고 한다. 그때 심은 나무가 이 나무인지 정확한 근거자료는 찾지 못하였으나 우리나라에 호도가 전래된 시초가 되었을 거라고 믿어진다.

광덕사는 광덕산과 태화산에 자리잡고 있으며 신라 선덕여왕 때(637년) 자장율사가 창건하고 흥덕왕 때(832년)에 진산 화상이 중건했다고 전해진다. 사찰의 일주문 앞쪽은 '태화산 광덕사', 뒤쪽은 '호서제일선원'이라는 편액이 걸려있어 참선을 하는 스님들의 도량을 짐작케 한다. 조선 초의 기록을 보면 세조가 지병을 치유하려고 다녀갔다는 일화가 전해오며 임진왜란 전까지는 충청, 경기지역에서 가장 큰 절로 명성이 높았다. 그러나 임진왜란 때 거의 불타버려 대웅전을 비롯하여 명부전, 천불전 등 주요 전각들은 대부분 근래에 새로 지었다.

계룡산 자락에 숨쉬는 교육의 도량 동학사

계룡산 동쪽에 있는 천년고찰로 우리나라에서 가장 오래된 비구니 승가대학을 1860년에 처음 열었던 곳이다. 계룡산의 맑은 정기와 청아한 기운이 담겨있는 큰 절로 최초 창건은 신라시대라고 전해진다. 신라시대에 상원조사가 암자를 짓고 수도하다 입석한 후에 신라 성덕왕 23년에 그의 제자 회의화상이 쌍탑을 건립하였다고 전해지며 당시에 문수보살이 강림한 도량이라 하여 청량사라 지었다고 한다. 고려시대에는 태조 3년에 왕명을 받아 연기 도선국사가 중창하였다. 이후에도 936년에 신라가 망하자 유차달이 이 절에 와서 신라의 시조와 신라의 충신 박제상의 초혼제를 지내기 위해 절을 확장하고 절 이름도 지금의 동학사로 바꾸었다. 이후 조선시대와 지금까지 여러 번의 중수를 거쳐 지금의 모

습을 이루었다. 동학사 가는 길에 계곡 하천의 맑은 물이 보여 시원함을 느낄 수 있다.

동학사 경내에 오르면 처음 만나는 건물은 관음암이다. 관음암 옆으로 미타암과 길상암이 있으며 길상암을 지나 금잔디고개를 지나면 범종루가 보인다. 이 사찰은 다른 사찰과 달리 사당이 있는데 이는 단종과 단종의 죽음을 막기 위해 노력한 충신들의 위패를 모신 사당이다. 그리고 대웅전이 보인다. 동학사의 위상만큼이나 큰 대웅전은 아니나 맑고 청청한 공간으로 그 기능을 다하고 있다.

▲▶ 동학사는 계룡산 동쪽의 고찰로 우리나라에서 가장 오래된 비구니 승가대학이 설립된 곳이다. 절 내는 경건하고 고요하며 청아한 기운을 담고 있어 큰 절의 위엄이 살아있는 사찰이다.

태화산 아름다움이 담겨있는 마곡사

태화산의 동쪽 산허리에 자리 잡은 마곡사는 대한불교 조계종의 제6교구본사이다. 마곡사는 '春마곡'이라는 별칭이 있는데 봄볕에 생기가 움트는 마곡사의 봄전경이 매우 아름다워 생긴 별칭이다. 마

▲ 마곡사는 '春마곡'이라는 별칭이 있는데 봄볕에 생기가 움트는 마곡사의 봄전경이 매우 아름다워 생긴 별칭이다.

▲ 마곡사의 오층석탑은 상륜부의 복발이 라마교 풍이어서 매우 특이하며 미술사적으로 가치가 크다.

곡사는 640년 백제 무왕 41년 신라의 고승 자장율사가 창건했다는 전설이 전해오고 있다. 고려 명종 때 보조국사가 중수하고 범일대사가 재건했다. 조선시대에도 세조가 이 절에 들어 '영산전'이란 사액을 한 일이 있어 이 절의 위상을 알 수 있다. 신라의 고승 자장 율사가 창건할 당시만 하더라도 30여 칸에 이르는 대사찰이었다고 하나 지금은 대웅보전, 대광보전, 영산전, 사천왕문, 해탈문 등의 전각들이 남아 있다.

마곡사의 주차장을 지나면 희지천 옆을 걷게 되는데 청량한 물소리가 맑은 기운을 준다. 익살스러운 금강역사와 말끔한 동자상이 지키고 있는 해탈문과 천왕문을 지나 회지천을 가로지르는 극락교를 건너면 고즈넉한 절 마곡사 경내가 나온다. 속세의 마음을 씻어주는 대광보전과 대웅보전이 있다. 대광보전의 참나무 자리는 100일 기도를 드리며 참나무 자리를 짠 앉은뱅이가 일어서 걸어 나갔다는 전설이 전해져 이 절의 영험함을 알 수 있다. 또한 대웅보전의 기둥을 얼싸안고 한 바퀴 돌면 6년의 수명이 연장된다고 하니 마곡사에 오면 꼭 대웅보전의 기둥을 얼싸안아보는 건 어떨까.

통일신라 화엄종 10대 사찰의 하나, 갑사

계룡산 서편 기슭에 위치한 갑사는 석가모니 부처님의 진신사리를 모셨다고 전해진다. 인도의 아쇼카왕이 부처님의 진신사리를 사천왕들로 하여금 마흔여덟 방향에 봉안케 하였는데 그 중 다문천왕이 계룡산의 자연 석벽에 봉안하여 그것이 바로 지금의 천진보탑이다. 그 후 고구려 승려 아도화상이 백제

땅 계룡산을 지나가게 되었는데 이때 산중에서 상서로운 빛이 하늘까지 뻗쳐오르는 것을 보고 찾아가니 천진보탑이 있어 이에 예배하고 갑사를 창건하였다고 한다. 그때가 420년으로 백제 제19대 구이신왕 때 일이다. 이후 통일신라시대 의상

◀ 갑사는 나라에 위급한 일이 있을 때면 앞서 나라를 지켰던 승병장들을 배출한 호국불교 도량으로 유서가 깊다.

대사가 천여칸의 당사를 중수하고 화엄대학지소를 창건하여 전국의 화엄 10대 사찰의 하나가 되었다. 이후 조선시대까지 중수하였으며 나라의 위급한 일이 있을 때면 나라를 지켰던 승병장을 배출한 호국 불교 도량으로 유명한 유서 깊은 고찰이다.

갑사 주차장에서 일주문을 지나면 갑사가 자랑하는 오리숲이 나온다. 오래된 나무들이 즐비하게 늘어서 있는 운치 있는 길로 나무냄새가 진동하는 곳이다. 사시사철 계절마다 각기 다른 풍경을 보여주고 있어 많은 이들이 이 길을 걷기 위해 갑사를 찾을 정도이다. 개울을 따라 길을 오르면 갑사 철당간과 대적전을 지나 경내가 나오고, 범종루을 지나 강당을 지나면 대웅전이 나온다. 경내는 정리가 잘 되어 있어 매우 정갈한 정취를 풍긴다. 갑사의 명성에 걸맞게 절 내에는 국보 1점과 보물 4점이 있다. 갑사삼신괘불탱(제298호)이 국보요, 갑사철당간 및 지주(제256호), 갑사부도(제257호), 갑사동종(제478호), 선조2년간 월인석보판본(제582호)이 보물들이다.

▶ 갑사는 계룡산 서편 기슭에 자리 잡고 있으며 인도에서 아쇼카왕이 부처님의 진신사리를 이곳에 보내 사천왕들로 하여금 지켰다는 전설이 있다. 수문장처럼 갑사의 문마다 그려져 있는 야차의 모습이 전설과 일맥상통한다.

최고의 산신각 있는 백제시대 명찰, 신원사

▲ 신원사는 임진왜란 때 소실 된 후 현재 위치로 옮긴 것으로 전해진다.

신원사는 동학사 갑사와 함께 계룡산 3대 사찰로 공주시 계룡면 양화리에 소재한다. 이절은 백제 의자왕 11년(651년)에 보덕화상이란 고승이 창건하고, 그 뒤에 여러 번의 중창을 거쳤다. 1876년 보련화상이 고쳐짓고 1946년 만허화상이 보수하여 오늘에 이르렀다. 지금의 신원사는 임진왜란 때 소실된 후 현재의 위치로 옮긴 것

▲ 한국에서 가장 오래된 산신각인 신원사 중악단. 1394년에 태조 이성계가 산신제단으로 건립했으며, 대웅전에서 떨어진 동쪽에 높은 담장으로 둘러쳐진 독립 공간을 이루고 있다.

으로 전해지며 원래의 건물은 신원사와 중악단 남쪽에 전개된 넓은 밭으로 추정된다.

현재 모습의 신원사는 대웅전을 비롯하여 대웅전의 우측에 독성각이, 좌측에는 영원전이 있는데 이들은 최근에 신축되었다. 한편 대웅전에는 전내에 아미타불을 주존불로 하여

우측에 대세지보살이, 좌측에 관음보살이 있다. 대웅전은 충청남도 유형문화재 제80호, 신라말 고려초기의 석탑양식인 5층석탑은 충청남도 유형문화재 제31호이다. 이밖에 대웅전에서 약 50여m거리에 한국 최고의 산신각이라 할 수 있는 '계룡산 중악단'이 있는데 보물 제1293호다. 주변의 암자로는 고왕암, 등운암, 선광원, 소림원, 불이암, 금용암 등이 있다.

주변 둘러보기

하나. 계룡산

능선의 모양이 마치 닭볏을 쓴 용의 형상을 닮았다 하여 계룡산으로 불리는 산으로 주봉인 천왕봉을 비롯해 연천봉·삼불봉·관음봉·형제봉 등 20여 개의  봉우리로 이루어졌다. 신라 5악 가운데 하나로 백제 때 이미 계룡 또는 계람산 등의 이름으로 바다 건너 당나라까지 알려진 명산이다. 풍수지리상으로도 한국의 4대 명산으로 꼽혀 조선시대에는 이곳에 새로운 도읍지를 건설하려고 하였다. 산세가 웅장하고 경관이 뛰어나며 금강으로 발원하는 노성천, 구곡, 갑천 용수천 등이 있다. 각 봉우리 사이에 7개의 계곡과 3개의 폭포가 있어 빼어난 자연경관을 자랑하는데, 계룡팔경이 특히 유명하다. 등산로가 잘 발달되어 있으며 대략 3~4시간이 소요된다.

둘. 태화산

 공주시 서쪽에 있는 산으로 산중턱의 상원폭포와 마곡사가 유명히다. 태화산은 봄의 절경이 특히 아름다운 곳으로 봄이 되면 많은 등산객들이 찾는다. 산행을 하려면 대원암으로 가는 길을 가다 백련암을 지나 능선을 타고 정상에 오르면 된다. 정산에 오르면 가까이 칠갑산가 무성산이 보이고 저 멀리 계룡산 국립공원과 공주 시내가 한 눈에 보인다.

셋. 무령왕릉

무령왕릉은 1971년 7월 5일 송산리 제5, 6호 고분의 침수방지를 위한 배수로 공사 중 우연히 발굴된 웅진백제시대의

고분이다. 발굴결과 부장품이었던 지석에 무덤의 주인공이 무령왕이라는 사실이 명백히 기록되어 있어 세상 사람들을 크게 흥분시켰다. 지석의 내용은 간단하지만 삼국사기에 실린 내용의 신빙성을 높였으며, 백제사에 중요한 단서가 있어 그 가치가 매우 크다.

넷. 금강생태공원

사철 맑은 물이 흘러 공주시민의 수원지가 되었던 곳으로 공주시 금학동 주미산 계곡이 그곳이다. 동서남북으로 능선을 크게 원을 그리며 두른 주미산이 그 중심 수원지 쪽으로 깊이 자락을 내리면서 북쪽으로 물길을 틔운 형국으로 도심이 지척임에도 공원에 들어서면 마치 하늘만 빠꼼한 외진 산골이라도 들어선 듯 고요한 자연과 마주치게 된다. 수원지에서 생태공원으로 탈바꿈한 금학생태공원에 가면 저수지를 병풍처럼 두르고 있는 주미산이 수면에 반추되어 매우 아름답다. 공원주변에 생태탐방데크와 산책로, 휴게시설이 조성되어 있어 걷기에 그만이다.

다섯. 공산성

공산성은 백제가 고구려의 공격권에서 벗어나 전열을 재정비하고 패색 짙은 백제를 다시 일으켜 세운 역사의 장으로, 5대왕 64년 간의 백제 웅진의 역사를 써내려간 곳이다. 475년에 이르러 고구려의 대대적인 침략으로 도성인 한성이 함락되는 불운을 겪게 된다. 이 전투에서 개로왕이 전사하자, 뒤를 이어 백제 제22대 왕으로 즉위한 문주왕이 웅진(지금의 공주)으로 천도하면서 공산성은 백제의 도성이 된다.

📷 꼭 들러야할 이색 명소

곰과 인간의 이룰 수 없는 사랑, 고마나루축제

고마나루 축제는 매년 7~8월에 고마나루의 아름다운 풍경이 어우러진 시민들의 문화축제이다. 곰과 인간의 애틋한 사랑의 전설을 바탕으로 시민들의 공연예술이 이어지는데 국악, 연극, 관현악, 사물놀이, 시민어울림마당 등 다양한 이벤트가 열리고 있어 여름밤 축제로 손색이 없다. 특별히 관람료가 있지 않으며 편히 돗자리를 가지고 와서 자신이 마음에 드는 자리에 앉아 즐기면 된다.

알아두면 좋아요

공주의 곰나루 전설

곰나루는 공주시 웅진동의 무령왕릉 서쪽의 낮은 구릉산 지대와 금강일대를 말하는데 이곳에는 슬픈 전설이 전해진다. 곰나루 부근에 한 어부가 인근 연미산의 암곰에게 잡혀가서 부부의 인연을 맺어 두명의 자식을 낳고 살았다. 그러나 어부가 도망가 버리고 그것을 비관한 암곰이 자신의 처지를 비관하여 자식과 함께 금강에 빠져 죽었다고 한다. 이 전설로 '고마나루'라고 하여 지금의 곰나루가 된 것이다.

**사찰
정보**
*Temple
Information*

성불사 | 충청남도 천안시 동남구 안서동 98-83번지 / ☎ 041-565-4567

광덕사 | 충청남도 천안시 동남구 광덕면 광덕사길 30 / ☎ 041-568-6050 / www.gwangdeok.org

동학사 | 충청남도 공주시 반포면 동학사로 1로 462 / ☎ 042-825-6068 / www.donghaksa.or.kr

마곡사 | 충청남도 공주시 사곡면 마곡사로 966 / ☎ 041-841-6221 / www.magoksa.or.kr

갑 사 | 충청남도 공주시 계룡면 갑사로 567-3 / ☎ 041-857-8981 / www.gapsa.org

신원사 | 충청남도 공주시 계룡면 신원사동길 1 / ☎ 041-852-4230 / www.sinwonsa.kr

고산사 · 수덕사 · 보덕사 · 화암사 · 봉서사

느림 속에서 행복 찾는
한 폭의 산수화 같은 삶의 터

■ ■ ■ 충청남도 홍성과 예산. 서천 일대는 태안반도 경계를 두고 있는 내포 가야산 문화권의 핵심지이다. 충절과 의병의 중심지였던 홍성은 북쪽에 충남의 금강산인 용봉산과 오서산이 있으며 의좋은 형제의 고향인 예산은 세계 슬로시티 협회가 선정한 121번째 도시이다. 말 그대로의 느림으로써 행복을 느낄 수 있는 고장이다. 서천군은 가는 곳마다 장관인데 특히 매년 수많은 철새가 몰려드는 금강하굿둑 철새도래지와 갈대밭이 유명하다. 이런 아름답고 인심 좋은 고장의 모습을 닮은 사찰이 한 폭의 산수화 속에 자리잡고 있어 많은 이들의 마음까지 흡족하게 하고 있다.

청룡산 자락 안은 고요한 사찰 고산사

▲ 고산사는 청룡산 자락에 자리 잡은 조용한 사찰로 대웅전 앞에서 자주 행사가 열린다.

고산사는 청룡산 자락에 나지막하게 자리 잡은 조용한 사찰로 홍성읍 서쪽에 위치하고 있다. 통일신라 말에 도선이 창건하였다고 전해지고 있으나 확실치는 않다. 그러나 『신증동국여지승람』에 고산사가 청룡산에 있다는 내용이 있어 오래된 사찰임을 알 수 있다. 인조 5년 (1627년)에 중수하였다는 기록이 있으며 여러 차례 중수를 거쳐 지금의 모습을 이루었다.

평지에서 고산사로 이어지는 길을 오르니 성벽처럼 쌓은 석축 위에 고산사의 모습이 보인다. 고산사는 터가 협소한 탓으로 일주문 등이 없고 돌계단을 오르면 바로 대웅전이다. 이곳에 걸려있는 '대광보전(大光寶殿)'이 오랜 시간을 말해주는데, 보물 제399호로 지정되었으며 1974년 문화재관리국에서 해체 후 다시 복원하였다. 전 안에는 아미타불좌상이 있다. 이 불좌상은 소조불로 고려 후기 여래의 특징이 잘 나타나며 전체적으로 토속적인 느낌을 보여준다. 대웅전 앞에는 삼층석탑은 외관이나 양식적으로 통일신라나 고려초기처럼 깔끔하고 정교한 치석 수법은 보이지 않지만 석탑 양식을 충실히 계승하고 있다. 대웅전 옆쪽에 서 있는 석조여래 입상은 전체적으로 조용한 사찰의 모습을 닮고 있는 듯하다.

덕숭산 정기 받은 아름다운 천년고찰 수덕사

가야산, 오서산, 용봉산을 병풍처럼 싸고 그 사이에 우뚝 솟아 있는 덕숭산에 자리잡은 수덕산은 빼어난 풍광과 오랜 역사를 간직한 천년고찰이다. 산과 바다가 조화를 이루고 낮은 구릉과 평평한 들이 서로 이어지는 수덕사는 예부터 불조의 선맥이 잘 계승되어 많은 고승들을 배출한 한국 선지종찰로서 그 역할을 톡톡히 해내고 있다. 백제 위덕왕때 지명 법사가 창건하였다고 전해지며 백제 무왕때 혜현스님이 『묘법연화경』을 강설

▲ 예로부터 선맥의 전통이 잘 이어온 수덕사는 경내에 들어서면 맑은 덕숭산의 풍경이 한 눈에 들어온다.

하여 이름이 높았고 통일신라 때에는 원효대사가 중수하였다. 고려 충렬왕 34년에는 대웅전을 건립하고 공민왕때에는 나옹스님이 중수하였다. 조선시대에는 고종 2년에 만공이 중창한 이후로 지금의 모습에 이르렀다.

수덕사에 들어서면 일주문에 '동방제일선원(東方第一禪院)'이라는 현판이 걸려있어 수덕사의 위상을 짐작케 한다. 이 사찰은 경허선사, 만공선사를 중심으로 한국 근대선풍을 진작하여 5대 총림의 하나인 덕숭총림으로 우리나라의 당당한 선의 종가를 이루고 있다. 경허, 만공, 보월, 용음, 고봉, 금봉, 전강, 금오, 춘성, 혜암, 벽초, 원담스님과 비구니 일엽, 만성스님 등 근현대를 대표하는 걸출한 스님들이 묵었던 이름 높은 사찰인 것이다.

▲ 빼어난 풍광과 오랜 역사를 간직한 천년고찰 수덕사는 예부터 불조의 선맥이 잘 계승되어 많은 고승들을 배출한 한국 선지종찰로서 그 역할을 톡톡히 해내고 있나.

▲ 수덕사 대웅전은 국보 제49호로 지정되어 있으며 정면 3칸, 측면 4칸의 단층 맞배지붕 주심포로 가구수법이 부석사 무량수전과 흡사하다.

　수덕사 경내는 일주문을 시작으로 사천왕문을 지나면 황하정루에 이른다. 황하정루는 근래에 세운 누각 건축으로 규모가 최대이다. 높은 석단을 쌓고 연못을 만들었으며 석계와 석교를 설치하여 웅장하다. 황하정루를 지나면 대웅전이 보인다. 이 대웅전은 국보 제49호로 지정되어 있으며 정면 3칸, 측면 4칸의 단층 맞배지붕 주심포로 가구수법이 부석사 무량수전과 흡사하다. 그러나 구조와 장식, 양식, 규모와 형태면에서 차이점이 있다. 건립연대를 정확히 알 수 있는 목조건물로 건축사적 가치가 매우 높으며 현존하는 고려시대 건물 중에 특이하게 백제적인 곡선을 보인다. 미술학적으로 가치가 높은 노사나불괘불탱이 이 절에 소장되어 있는데 조선후기의 괘불탱의 특징을 잘 보여주는 작품으로 보물 제1263호이다. 이밖에도 국립중앙 박물관에 소장된 대웅전벽화, 대웅전 소종, 후불탱화, 괘불, 3층석탑, 7층석탑 등 역사적으로 유서 깊은 문화재들이 많이 있다.

▶ 수덕사는 경허선사나 만공선사를 비롯하여, 보월, 용음, 고봉, 금봉, 전강, 금오, 춘성, 혜암, 벽초, 원담스님과 비구니 일엽, 만성스님 등 근현대를 대표하는 걸출한 스님들이 묵었던 이름 높은 사찰이다.

흥선대원군의 보은으로 지어진 보덕사

보덕사는 본래 옥양봉 남쪽 기슭에 있던 가야사를 승계하여 고종 8년(1871년)에 창건한 절로 아담한 사찰이다. 보덕사가 가야사를 승계하게 된 이유는 가야사의 터가 왕손을 낳게 한다는 풍수설에 의하여 흥선대원군이 1840년에 가야사를 불사르고 아버지인 남연군 이구의 묘를 경기도 연천 남송정에서 현재의 위치로 이장하였다. 이에 흥선대원군은

▲ 보덕사는 옥양봉 남쪽 양지바른 곳에 자리 잡은 작은 사찰로 가야와 인연이 깊다. 한국전쟁 때 소실 되었던 사찰은 현재 많이 중건되었으며 보덕사 곳곳에 배롱나무가 심어져 있어 운치를 더한다.

가야사를 불태워 버린 죄책감 때문에 자신의 소원이 이루어지면 이곳에 새로운 법당을 지어 주겠다고 약속을 한다. 이후 흥선대원군의 아들인 고종이 보위에 오르자 그 보은의 뜻으로 지금의 절을 짓고 이름을 보덕사라고 하였다. 6·25 전쟁 때 소실되었으나 1951년 비구니 수옥이 중창하고 비구니 종현이 1962년에 중창하여 지금의 모습에 이른 절이다. 현존하는 전각에는 극락전과 칠성각, 요사채 등이 있으며 현대식으로 지은 별원이 있어 특별하다.

보덕사에는 문화재 자료 제175호인 3층 석탑이 있는데 이 석탑은 1914년 일본인이 몰래 가야사지에 있던 것을 반출하려 했던 것이다. 이것을 보덕사 주지의 항의로 다시 회수하여 지금 보덕사에 위치하게 되었다. 원래는 5층이었던 석탑으로 추정되며 현재는 3층만 남아있다. 보덕사에는 석등이 남아있는데 이것은 가야사지에 있던 것으로 1950년에 옮겨왔다. 8각으로 4면에 화창을, 다른 면에는 4천왕상이 부조되어 있다.

▶ 보덕사는 아담하고 작은 경내가 잘 정돈되어 있으며 연지가 있어 연꽃을 볼 수 있다.

추사 친필 새겨진 바위가 있는 화암사

화암사는 추사고택과 가까운 곳에 있는 절로 백제 때 창건된 천년고찰이다. 그러나 지금은 일주문과

천왕문도 남겨 있지 않아 절의 규모가 매우 작은 절이다. 요사채로 보이는 작은 건물을 통해 안쪽으로 들어가면 대웅전이 남아 있을 뿐이나 작지만 고찰의 숨결을 느낄 수 있다. 이 대웅전 뒤편의 바위에는 추사 김정희 선생의 친필이 새겨진 바위가 있다. 아마도 추사 선생이 어릴 때 이곳에서 공부를 하

▲ 추사의 숨결이 묻어있는 화암사는 백제 때 창건된 고찰이나 옛 영화를 찾아보기 힘들다. 대웅전이 남아 있을 뿐이나 작지만 고찰의 숨결을 느낄 수 있다.

있기 때문에 그때 생긴 인연으로 남아있는 듯하다. 바위 두 곳에는 좋은 경치라는 '시경(詩境)'과 불교와 유교가 어우러진 집이라는 '천축고선생댁(天竺古先生宅)'이라는 글씨가 남아 있다.

월남 이상재 선생 머물러 뜻을 키웠다는 봉서사

▲ 건지산 중턱에 위치한 봉서사. 이곳 극락전 안에는 보물로 지정된 목조아미타여래삼존좌상(보물 제1751호)이 안치되어 있다.

충남 서천군 건지산 중턱에 자리잡고 있는 봉서사(鳳棲寺)는 대한불교조계종 제6교구 마곡사의 말사이면서 비구니 사찰로 비교적 아담한 편이다. 건지산은 서천 면소재지인 지현리 마을과 문헌서원 사이에 위치한 작은 야산으로 백제 후기에 축조된 것으로 알려져 있는 건지산성이 이곳에 자리하고 있다. '봉서사'라는 이름은 '상서로운 봉황이 머물렀던 곳'에서 유래가 된 것 같다. 절의 정확하게 전하고 있지는 않지만, 오래된 느티나무 두 그루가 사찰의 문 역할을 하는 것을 보아 오래된 고찰임을 짐작할 수 있다.

현재 절에 남아 있는 전각과 당우들은 비교적 최근에 만들어진 것들이라 옛 고찰의 고풍스러움은 느껴지지 않는다. 사찰의 주불전인 극락전 역시 최근에 세워진 건물이다. 극락전 안에는 보물로 지정된 목조아미타여래삼존좌상(보물 제1751호)이 안치되어 있다. 한말의 독립운동가 월남 이상재 선생이 소년시절에 이 절에 미물면서 공부했다는 이야기도 전하고 있다.

주변 둘러보기

하나. 덕숭산

수덕산이라고 불리는 산으로 차령산맥 줄기로 예산읍에서 서쪽에 있다. 높지는 않지만 아름다운 계곡과 각양각색의 기암괴석이 많이 예로부터 호서의 금강산으로 불릴 만큼 아름다운 풍광을 자랑한다. 산 아래지역에는 덕산온천이 있어 산행을 마치고 지친 몸을 쉬어가는 것도 좋다.

둘. 추사고택

옛집의 단아한 아름다움을 간직한 명필 김정희가 태어나고 어린 시절을 보냈던 고택이다. 양지바른 곳에 지어진 이 고택은 사랑채와 안채가 분리된 전형적인 중부지방 반가의 모습을 하고 있다. 이집 기둥에 붙은 주련은 추사의 글씨이며 방마다 다른 문양의 창살을 보는 것도 매우 흥미롭다. 소박하지만 고고한 선비의 품격이 느껴지는 곳이다.

셋. 남연군묘

흥선대원군 이하응의 아버지 남연군 이구의 무덤이 있는 곳이다. 풍수지리설을 신봉했던 대원군이 한 풍수가에게 명당을 찾아줄 것을 부탁했는데 바로 이곳이 2대에 걸쳐 천자가 나올 자리로 지목된 곳이라고 한다.

넷. 문헌서원

문헌서원은 이 지역을 본관지로 하는 한산이씨 명조 선현 8위를 제향하는 서원으로 기산면 영모리에 있다. 창건은 이성중(李誠中)이 재임하던 1580년대 초반이라고 보여지나, 기록상 창건연대는 선조 27(1594년)으로 전해진다. 조선시대 유명한 학자인 우암 송시열이 '문헌서원'이라는 액호를, 진수당(강당), 존 양재(동재), 석척재(서재) 글씨는 동춘당 송준길(同春堂 宋浚吉)이 썼다고 한다. 문헌서원은 현재 춘주향사제를 하고 있는데 가정 선생과 목은 선생을 주향으로 현암 이종덕, 인재 이종학, 양경공 등의 학덕을 기리고 추모하는 행사로 문헌서원의 가장 큰 행사이다. 매년 봄과 가을에 두 번 치러지며 음력 3월 중정일, 음력 9월 중정이다.

다섯. 마량리 동백나무 숲

서천을 대표하는 마량리 동백나무 숲의 해돋이 풍경은 경관이 너무 아름다워 많은 사진작가들이 찾는 명소이다. 동백나무숲은 사철 내내 푸르며 3월 하순경에는 동백꽃이 피어 장관을 이룬다. 동백나무숲의 바닷가 언덕에서 바닷바람을 맞으며 앉아있으면 세상의 모든 근심을 잊을 것 같다. 동백 정에 올라 서해바다의 작은 섬들을 감상하며 일몰을 기다리는 것도 좋다.

여섯. 서천 금강하굿둑철새도래지

40여종 500여만리 철새의 낙원인 금강하구는 철새를 가장 가까이 관찰할 수 있는 생태지역이다. 이곳에는 큰고니, 가창오리, 청둥오리, 개리를 비롯한 오리류와 기러기류 등이 월동하는 곳이어서 물새들에게 있어 가장 중요한 곳이다. 하굿둑 갈대밭에 수만 마리 철새들의 비행을 보고 있노라면 한 폭의 그림 같다는 생각이 절로 떠오른다.

일곱. 희리산 휴양림

국내 유일 천연 해송 휴양림으로 산 전체가 해송으로 일 년 내내 푸르다. 이곳에는 수종별 고유향기를 맡을 수 있는 숲속의 집과 해송림, 저수지가 빼어난 조화를 이루고 있다. 등산로를 따라 서해바다를 조망할 수 있으며 전시관, 야생화관찰원, 버섯재배원, 무궁화전시포 등이 있어 숲의 이해와 호연지기를 키워줄 수 있는 자연학습 교육장이다.

📷 꼭 들러야할 이색 명소

열대, 사막, 지중해, 온대, 극지 한 번에 여행…국립생태원

서천 금강하구 근처인 마서면에 위치한 국립생태원은 가족단위 나들이객에게 인기 명소이다. 국립생태원의 랜드마크인 에코리움에는 열대, 사막, 지중해, 온대, 극지 등 지구의 대표적인 기후 생태계를 체험할 수 있는 체험장이 있다. 전문 연구원들이 조사하여 선정된 1,900여 종의 식물, 동물 230여 종이 21,000㎡가 넘는 공간에 전시되고 있다. 기후대별 생태계를 최대한 재현하여 기후와 생물 사이의 관계를 재현함으로써 서로의 관계를 이해할 수 있도록 조성되어 생태계의 기본 개념을 배울 수 있다.

알아두면 좋아요

수덕사에 담긴 슬픈 사랑이야기

홍주마을에 사는 수덕이라는 도령이 있었는데 어느 날 사냥에 나갔다가 한 낭자를 보고 사랑에 빠진다. 낭자의 모습에 사랑에 빠져버린 도령은 수소문을 통해 그녀가 건너 마을에 혼자 사는 덕숭낭자라는 사실을 알게 되고 청혼을 하게 되지만 여러 번 거절을 당한다. 하지만 끈질긴 청혼으로 덕숭낭자가 자기 집 근처에 절을 지어준다면 결혼하겠다고 하자 그는 절을 짓기 시작한다. 수덕은 탐욕스러운 마음으로 절을 지었다가 완성되는 순간 불이 나 소실되고 다시 몇 번이나 마음을 다잡고 목욕재개한 후 절을 완성한다. 그 후 낭자는 어쩔 수 없이 수덕도령과 결혼을 하지만 수덕도령이 손을 대지 못하게 한다. 이를 참지 못한 수덕도령이 덕숭낭자를 강제로 끌어안는 순간 뇌성병력이 일면서 낭자는 사라지고 버섯모양의 흰 꽃이 피어오른다. 사실 낭자는 관음보살의 화신이었고 이후 수덕사는 수덕도령의 이름을 따고 산은 덕숭낭자의 이름을 따서 덕숭산이라 하였다고 한다.

사찰 정보
Temple Information

고산사 | 충청남도 홍성군 결성면 무량리 산1 ☎ 041-642-8254

수덕사 | 충청남도 예산군 덕산면 수덕사 안길 79 / ☎ 041-330-7700 / www.sudeoksa.com

보덕사 | 충청남도 예산군 덕산면 가야산로 400-74 / ☎ 041-337-4350 / www.boduksa.com

화암사 | 충청남도 예산군 신암면 용궁리 202

봉선사 | 충남 서천군 한산면 건지산길 113 / ☎ 041-951-02556

개심사 · 부석사 · 흥주사 외

서해 은빛바다 내려다보며
백제 천년미소를 꿈꾸다

3면이 바다로 둘러싸인 태안반도에 자리 잡은 서산과 태안 일대는 국내 유일의 해안국립 공원이 위치하고 있으며 내륙에는 가야산권이 있어 바다와 산을 두루 볼 수 있는 땅이다. 태안공원에 크고 작은 119개의 섬들과 낮은 구릉지의 산과 논들은 평화롭고 아름답다. 그 곳에 백제부터 이 땅을 지켜왔던 마애불이 있던 백제의 인자하고 따뜻한 부처님의 미소를 볼 수 있다. 이런 천혜 비경 속에 자리 잡은 절들은 부처님의 따뜻하고 자비로운 마음을 가지고 있어 지친 도심여행자들의 마음을 가득 채워준다.

충남 4대 사찰로 불리는 가치있는 절, 개심사

▲ 종루에 올라서면 개심사 주변 풍광이 한눈에 들어온다.

맑은 산길을 따라 길가 저수지를 한참 바라보고 있으면 맑고 투명한 바람이 분다. 개심사는 여는 절처럼 거창하지도 웅장하지도 않지만 성왕산 자락에 아담하게 자리 잡고 있다. 개심사가 창건된 것은 의자왕 14년(654년)이라고 전해지고 있어 1300년 동안의 유구한 세월을 느낄 수 있다. 개심사라고 명명된 것은 고려 충정왕 2년에 처능스님이 중건했을 때부터였다고 한다. 이후 1475, 1740년에 중수하고 1955년에 전면 보수하여 지금의 모습에 이르렀다.

중심 당우인 대웅보전과 요사로 쓰이는 심검당(尋劍堂), 안양루(安養樓) 등 당우는 몇 손가락으로 다 헤아릴 수 있을 정도로 작은 규모이지만 충남의 4대 사찰로 불릴 만큼 가치 있는 절이다. 절 입구 돌 계단에 발을 디디면 허리를 굽은 소나무 가지가 정답게 맞아 준다. 계단을 올라 연못을 지나 외나무다

리를 건너면 해탈문, 안양루, 심검당, 대웅보전이 차례로 있어 한눈에 절의 모습을 파악할 수 있다.

절의 중심, 대웅보전은 조선초기 건물로 보물 제143호이며 고려말 맞배지붕양식에서 조선시대의 화려한 팔작지붕양식으로 넘

◀ 성왕산 자락에 아담하게 자리하고 있는 개심사는 1300년의 유구한 세월을 느낄 수 있는 고찰이다. 규모는 작지만 경내에 느껴지는 은은한 느낌은 고찰의 품위를 보여준다.

▲ 개심사 심검당은 단청을 하지 않고 휘어진 목재를 그대로 기둥과 대들보로 사용하고 있어서 건축물의 대범함과 소박함을 느낄 수 있는 곳이다.

어오는 시기에 지어진 건물로 건축사적으로 가치가 매우 높다. 심검당은 단청을 하지 않고 휘어진 목재를 그대로 기둥과 대들보로 사용하고 있어서 건물의 대범함과 소박함을 느낄 수 있다. 개심사는 예서체의 현판이 있는데 근세의 서화가 혜강 김규진(金圭鎭)의 필체로 안양루에서 본 풍경이 담겨있는 듯하다.

명부전에 있는 지장보살은 충청남도 문화재 제194호로 매우 단정한 모습이다. 이절은 영험한 기장기도 도량으로 매우 유명한데 여러 유명한 스님이 참선도량을 했던 곳으로도 이름이 높다. 개심사에는 영산회괘불탱이 있는데 석가가 영축산에서 설법하는 장면을 그린 것으로 법당 앞뜰에 걸어놓고 예배를 드린 대형 그림이다. 개심사에 있는 아미타불상은 최근 복장물이 발견된 불상으로 고려 충렬왕 6년에 보수했던 것으로 13세기 작품으로 추정되는데 엄숙하게 표현된 이국적인 얼굴이 특징이다.

서해바다 한눈에 들어오는 천년고찰 부석사

맑은 날이면 멀리 간월도와 안면도 그리고 넓게 펼쳐져 있는 서해바다가 한눈에 들어오는 아담한 사찰 부석사는 의상대사와 선묘낭자의 애절한 사랑이야기 전해지고 있다. 당나라로 유학을 떠난 의상대사는 그 곳에서 아름다운 선묘낭자를 만나게 된다. 선묘낭자가 의상대사를 사모하였지만 스님은 선묘

▲ 부석사는 조선시대 무학스님이 숭장하였고, 근대에는 한국선불교의 경허, 만공 대선사들이 도량에 머물면서 수행전진 하였던 곳으로 유명하다.

낭자의 마음을 받아들일 수 없었고 이에 선묘낭자는 공부를 마친 의상대사가 고국으로 편히 돌아갈 수 있도록 바닷길을 지킬 수 있는 용이 되게 해달라고 부처님에게 빌어 용이 되었다고 하는 전설이 숨어 있다. 부석사가 이 곳, 서해를 마주보고 지어진 것이 더 특별하게 다가온다.

서산 부석사는 경북 영주의 부석사와 이름이 같아 많은 이들이 혼동을 겪지만 이처럼 아름답고

▲ 부석사는 아름답고 애절한 설화와 뛰어난 산세, 멀리 보이는 서해가 사람들의 마음을 사로잡는 사찰이다.

애절한 설화와 뛰어난 산세, 멀리 보이는 서해가 사람들의 마음을 사로잡는 사찰이다. 뚜렷한 기록은 전해지지 않으나 677년에 의상스님에 의해 창건되었다고 전하는 '극락전'의 상량기와 1330년 우리 부석사에서 조성된 아름다운 관세음보살상이 지금 대마도 관음사에 있어 천년 고찰의 흔적을 찾을 수 있다.

부석사는 뚜렷한 역사적 기록은 많지 않지만 677년에 의상스님에 의해 창건되었다고 전하는 '극락전'의 상량기와 1330년 우리 부석사에서 조성된 아름다운 관세음보살님이 지금 일본의 대마도 관음사에 모셔져 있어 천년 고찰의 흔적을 확인 할 수 있다. 조선시대에는 무학스님이 중창하였고, 근대에는 한국선불교의 경허, 만공 대선사들이 도량에 머물면서 수행전진 하였던 곳으로 유명하다. 인중지룡(人中之龍)을 길러내는 곳이라는 '목룡장(牧龍莊)'과 지혜의 검을 찾는 곳이라는 '심검당(尋劍堂)' 현판은 경허스님의 글이고, 부석사 큰방에 걸려있는 '부석사(浮石寺)' 현판은 만공스님의 글로 스님들의 숨결을 느낄 수 있다.

큰 법당인 극락전을 중심으로 이어져 있는 목룡장과 심검당 큰방은 누워있는 소의 모양을 하고 있어 심검당 아래의 약수는 우유(牛乳) 약수라고 하고, 법당 옆의 큰 바위는 소뿔의 형상을 하고 있다. 법당 건너편 개울 아래에는 소가 마실 물이 흐르는 구수통(여물통)이 있는데, 여기에 물이 계속 넘치면 부석사에서는 먹거리 걱정이 없다고 전해진다. 극락전 아래에는 안양루(安養樓)가 있는데, 극락세계 대중들이 머무는 곳이다. 법당 좌측에는 산신각이 있으며 중앙에는 산신, 우측에는 선묘낭자, 좌측에는 용왕을 모셨다. 산신각의 좌측으로 돌아가면 큰 바위가 있는데, 이 바위는 거북바위이다.

900년 넘은 고목이 지키는 태안의 보물 흥주사

백화산의 맑은 풍경이 한 눈에 들어오는 자리에 잡고 있는 흥주사는 백제 구수왕 9년에 중국에서 건너온 흥인이 창건했다는 선설이 있는 질이다. 그러나 백제에 불교가 전래되기 160여 년전의 일로 신

빙성은 없어 보인다. 현존하는 건물과 유물은 고려시대 것으로 보이며 조선 영조 48년(1722년)에 중수했다는 기록이 있다. 흥주사는 '사슴'을 빼닮은 은행나무로 유명한데 흥주사 앞마당에 자리잡고 있다. 이 나무는 900년 이상 된 고목으로 노승이 신령스러운 꿈을 꾸고 불철주야로 기도한 뒤에 지팡이를 마당에 꽂아 두자 은행나무가 되었다는 전설을 가지고 있어 절의 영험함을 보여주기도 한다.

건물 안에는 대웅전, 만세루, 요사채 등이 있는데 대웅전은 정면 3칸 측면 2칸의 맞배지붕 형식이다. 내부에는 아미타불과 관세음보살, 미륵보살이 있으며 삼존불 주변에는 16나한과 지장보살이 있다. 불상 뒤에는 아미타극락목각탱화가 있었는데 현재 수덕사 성보박물관에 옮겨서 보관하고 있다. 아미타극락목각탱화는 철종 12년에 제작된 것으로 미술사적 가치가 매우 높은 보물이다. 만세루는 조선후기에 세워진 2층 누각으로 조선시대의 목조건축양식을 볼 수 있다. 이 만세루에 올라 백화산에 불어오는 맑은 공기를 마시며 쉬어가는 것도 사찰을 둘러보는데 좋다.

◀ 흥주사 경내에는 900년 이상 된 고목이 있는데 노승이 신령스러운 꿈을 꾸고 불철주야로 기도한 뒤 지팡이를 꽂자 이 은행나무가 되었다고 한다.

주변 둘러보기

하나. 상왕산
가야산맥 줄기에 있는 상왕산은 서산시 운산면에 위치하고 있다. 남쪽으로는 수정봉과 이어지며, 산 정상에서 서산 일대를 조망할 수 있다. 산 서쪽에는 삼화목장과 문수사가 있고 동남쪽에는 서산마애삼존불이 있다. 또한 보원사지 석조와 당간지주 등이 있어 역사적인 보고가 많은 산이다.

둘. 도비산
도비산이라는 이름은 바다 가운데 날아가는 섬 같다고 해서 붙여졌다고 전해진다. 또 매년 봄이면 산 전체에 복숭아꽃이 만발해서 붙여진 이름이라고도 힌다. 이름처럼 도비산을 오르면 확 트인 바다를 한 눈에 조망할 수 있다. 또한 이곳에서 보는 일몰은 매우 아름답기로 유명하다.

셋. 만리포 해수욕장

서해안의 명소로 은빛 모래밭과 울창한 송림이 유명한 만리포 해수욕장은 낭만과 추억을 간직한 대한민국 대표적인 해수욕장이다. '만리포사랑'이라는 노래로 더 유명세를 더하고 있는 곳으로 사시사철 많은 관광객이 찾고 있다.

넷. 서산마애삼존불상

우리나라에서 발견된 마애불 중 가장 뛰어난 백제시대 작품으로 얼굴에 가득히 자애로운 미소를 띠고 있어 '백제의 미소'라 불린다. 중앙에는 본존인 석가여래입상. 좌측에는 보살입상. 우측에는 반가사유상이 조각되어 있어 중국에서 볼 수 없는 특이한 형식으로 우리나라 조각사에서 그 가치가 높다.

다섯. 해미읍성

충남 서산 해미면에 있는 읍성으로 성 둘레에 탱자나무가 돌려 있기에 탱자성이라고 불리운다. 우리나라에 남아 있는 읍성 중에 원형이 잘 남아있는 읍성이며 천주교의 성지로 역사적인 의의가 있는 유적이다.

📷 꼭 들러야할 이색 명소

세상에서 가장 아름다운 천리포 수목원

서안의 푸른 보석, 태안에 자리잡은 천리포 수목원은 이름만큼이나 많은 식물군을 포유하고 있는 곳이다. "내가 죽으면 무덤을 만들지 말라. 그런 묘 쓸 땅이 있다면 나무 한 그루라도 더 심어야 한다"라는 말을 남긴 푸른 눈의 한국인 민병갈이 만든 곳이다. 그는 미군의 청년장교로 한국에 와서 반세기 넘게 이곳에 살며 한국의 자연에 심취되어 척박하고 해풍이 심한 민둥산 약 18만평을 세상에서 가장 아름다운 수목원으로 탈바꿈 시켰다. 꽃이 심어진 예쁜 흙길을 걷다보면 하얀 건물이 나오는데 민병갈기념관이다. 그의 맑고 높은 뜻이 담겨 있다.

알아두면 좋아요 💡

바다를 보며 솔숲을 걷는다

태안에 가면 바다와 솔숲도 거닐 수 있는 길이 있다. 생태문화탐방로 태안 절경 천삼백리 솔향기길이 그것이다. 아름다운 해안가와 바다를 계속 바라보면서 걸을 수 있는 이 길은 향기가 은은한 솔숲과 연결되어 있다. 총 다섯 코스가 있으며 소요시간은 약 2~3시간이다.

**사찰
정보**
*Temple
Information*

개심사 | 충남 서산시 운산면 개심사로 321-86 / ☎ 041-688-2256 /www.gaesimsa.org

부석사 | 충남 서산시 부석면 부석사길 243 / ☎ 041-662-3824 / www.busuksa.com

흥주사 | 충남 태안군 태안읍 속말1길 61-61 / ☎ 041-673-3473

무량사 · 대조사 · 고란사 · 관촉사 · 태고사 · 장곡사 외

너른 평야와 금강 물결 일렁이는
백제문화의 본 터전

■ ■ ■　부여와 논산 일대는 금강 일대의 너른 평야로 예부터 땅이 기름져 살기가 좋은 곳이었다. 특히 부여는 백제의 수도였던 곳으로 그 어디보다도 백제 역사를 깊이 느낄 수 있는 곳이다. 논산은 대한민군 장정이라면 누구나 한번쯤 다녀왔을 육군신병 훈련소가 유명하지만 예전에도 군사에 얽힌 전설이 많았다. 계백장군의 황산벌 전투를 비롯해 후백제의 꿈을 안았던 견훤의 묘도 있어 답사에 그만이다. 확 트인 사방과 금강의 반짝이는 물결, 그 사이에 백제의 기백을 닮아 우뚝 서있는 사찰은 찾는 이들의 가슴을 청량하게 만든다.

부여 천년고찰 아미타기도 제일도량 무량사

▲ 무량사는 부여에서 가장 큰 절로 숲 속에 자리하고 있다. 무량사 경내에서 고목들이 많이 자리하고 있어 한 폭의 그림 같은 풍경을 자아낸다.

무량사는 부여에서 가장 큰 절로 외산면 만수산기슭, 소나무가 울창하고 물이 넉넉하게 흐르는 숲 속에 자리하고 있다. 신라 문무왕때 범일국사가 창건하였고, 여러 차례 중수하였으나 자세한 연대는 알 수 없다. 보물 제356호로 지정된 극락전은 드물게 보이는 2층 불전으로 내부는 상·하층의 구분이 없는 조선 중기의 건물이다. 극락전 내에는 거대한 좌불인 아미타불과 좌우협시보살인 관세음보살과 대세지보살이 있다. 또한 여기에는 석가불화가 있는데 길이 13.8m, 폭이 7.6m나 되는 조선 인조 때의 불화로 기구가 장대하며 묘법도 뛰어나다. 이밖에도 경내에 많은 보물이 있으며 이 절은 생육신의 한 사람인 매월당 김시습이 세상을 피해 있다가 죽은 곳으로도 유명하다. 절 주변에는 무진암, 도솔암, 태조암 등 여러 암자가 있으며, 무량사에서 도솔암을 거쳐 태조암에 이르는 1.5㎞의 숲길은 정말 아름답다.

부여의 무량사에 오면 무량사의 본전인 극락전을 꼭 들러야 한다. 무량사는 임진왜란 때 크게 불탄 뒤 인조 때에 중창하였으니 극락전도 그때에 지은 것으로, 조선 중기 건축의 장중한 맛을 잘 드러내주어 보물 제356호로 지정되었다. 겉에서 보기에 2층 집인 점이 우리나라 여느 건축에서는 보기 드문 모습을 하고 있어 독특하다.

무량사의 오층석탑은 나지막한 2층 기단 위에 매우 안정된 비례로 5층을 올렸는데, 밑변 5.2m의 널찍한 기단 위에 7.5m 높이로 올린 탑이라 안정감을 준다. 그러면서도 층층이 쌓아올린 적당한 체감으로 불안하지 않은 상승감도 갖추고 있다. 보물 제185호로 1971년에 탑을 보수할 때 5층 몸돌에서 청동합 속에 든 수정병, 나라니경, 자단목, 향가루와 사리 등 사리장치가 나오고 1층 몸돌에서는 남쪽을

▲ 무량사의 극락전은 특이하게 2층 구조로 하고 있어 다른 사찰에서 보기 드문 건축물이다. 보물 356호로 조선중기 때 지어졌다.

향하여 있는 고려시대의 금동아미타삼존불이 나왔다. 석등은 선이나 비례가 매우 아름다워 유명하다. 상대석과 하대석에 통통하게 살이 오른 연꽃이 조각되어 있고 팔각 화사석을 갖추고 있는 점 등이 통일 신라 이래 우리나라 석등의 전형적인 모습을 갖춘 고려 초기 석등이다.

이곳에는 야외에 걸었던 큰 그림인 미륵불괘불탱이 있는데 보물 제1265호로 지정될 만큼 가치가 높다. 야외에서 큰 법회나 의식을 진행할 때 예배를 드리는 대상으로 법당 앞 뜰에 걸어놓았던 대형 불교그림으로 조선 인조 5년(1627년)에 그려졌다. 이 불화는 5단의 화면을 이어 한 화면을 만든 특이한 구성을 하고 있으며 17세기 전반의 특징을 살필 수 있는 근엄하고 당당한 모습과 중후한 형태미 등이 잘 나타나 있다. 또한 매월당 김시습의 영정이 있다. 김시습은 생육신의 한사람이며 조선 전기의 유학과 불교에 능통한 학자이다. 우리나라 최초의 소설인『금오신화』를 남겼을 뿐 아니라 유교·불교 관계의 논문들을 남기고 있으며 15권이 넘는 분량의 한시를 남겼다. 비단에 채색하여 그려 놓은 이 그림은 조선 전기 사대부상 중의 하나로, 선생이 살아 있을 때 제작되었을 것으로 추측된다. 약간 찌푸린 눈매와 꼭 다문 입술, 눈에서 느껴지는 총명한 기운은 그의 내면을 생생하게 전해 초상화의 진수를 보여준다.

행금새 전설이 살아 숨 쉬는 천년고찰 대조사

대조사는 부여 성흥산(聖興山)에 있는 절로 마곡사(麻谷寺)의 말사이다. 전설에 의하면 한 노승이 이 바위 밑에서 수도하다가 어느 날 한 마리의 큰 새가 바위 위에 앉는 것을 보고 깜박 잠이 들었는데, 깨어나보니 바위가 미륵보살상으로 변하여 있었으므로 이 절을 대조사라 부르게 되었다고 한다. 『부여읍지(扶餘邑誌)』에 의하면 인도에 가서 범본(梵本) 율장(律藏)을 가지고 돌아와서 백제 불교의 방향을 달리한 겸익(謙益)이 창건한 것으로 되어 있다. 사적기를 참작하여 기록한 현판에 의하면 이 절은 527

년 담혜(曇慧)가 창건한 것으로 되어 있어, 창건주에 대한 설은 다소 다르지만 이들이 모두 6세기 초에 창건되었음을 알 수 있다.

고려 원종 때 진전장로(陳田長老)가 중창하였고, 그 뒤 1989년에는 명부전, 1993년에는 종각, 1994년에는 미륵전을 각각 신축하여 오늘에 이르고 있다. 현존하는 당우로는 대웅보전과 용화보전·명부전·산신각·범종각·요사채 등이 있으며, 대웅전 뒤에 있는 석조미륵보살입상이 보물 제217호로 지정되어 있다. 이 석불은 논산에 있는 논산 관촉사 석조미륵보살입상(보물 제218호)과 쌍벽을 이루는 작품이다. 미래세계에 나타나 중생을 구제한다는 미륵보살을 형상화한 것으로 높이가 10m나 되는 거구이다. 머리 위에는 이중의 보개(寶蓋)를 얹은 네모난 관(冠)을 쓰고 있으며 보개의 네 모서리에는 작은 풍경이 달려있다. 관 밑으로는 머리카락이 짧게 내려져 있는데 이와 같은 머리모양은 관촉사 석조미륵보살도 마찬가지이다. 전반적으로 관촉사 석조미륵보살과 함께 동일한 지방양식을 보여주는 보살상으로 높이 평가되고 있다.

▲ 대조사는 큰 새가 앉은 바위가 미륵보살상으로 변하였다는 창건 전설을 가진 절로 고려시대에 크게 중창되었던 사찰이다. 현재의 모습은 대부분 현대에 중창된 것이다.

▶ 대조사 석조미륵보살입상은 보물 제217호로 지정되어 있으며 관촉사 석조미륵보살입상과 쌍벽을 이룬다.

삼천궁녀 넋 위로 하는 고란사

부여의 고란사는 부소산(扶蘇山)에 있는 절로 창건에 대한 자세한 기록은 없으나, 백제 때 왕들이 노닐기 위하여 건립한 정자였다는 설과 궁중의 내불전(內佛殿)이라는 설이 전해진다. 백제의 멸망과 함께 소실된 것을 고려시대에 백제의 후예들이 삼천궁녀를 위로하기 위해서 중창하여 고란사(高蘭寺)라 하였다. 그 뒤 벼랑에 희귀한 고란초가 자생하기 때문에 고란사라 불리게 되었다.

현종 19년(1028년)에 중창하였고, 인조 7년(1629년)과 정조 21년(1797년) 각각 중수하였으며,

▲ 아름다운 풍광을 자랑하는 고란사는 봄에 많은 이들이 찾는 명소이다. 흐드러지게 핀 벚꽃과 고찰의 은은함은 절경중의 절경이라 할 수 있다.

1900년 은산면에 있던 숭각사(崇角寺)를 옮겨 중건하였다. 현존하는 당우로는 1931년에 지은 것을 1959년 보수, 단장한 정면 7칸, 측면 5칸의 법당과 종각인 영종각 뿐이다. 절의 뒤뜰 커다란 바위틈에는 고란초가 촘촘히 돋아나 있고, 왕이 마셨다는 고란수의 고란샘터가 있고, 주위에는 낙화암·조룡대(釣龍臺)·사비성(泗沘城) 등이 있다. 절 일원이 충청남도 문화재자료 제98호로 지정되어 있다.

늠름한 기상으로 반야산 지키는 관촉사

논산은 지리학상 힘의 원천을 상징하는 땅으로 논산 반야산 중턱에 위치한 관촉사에는 논산의 기운을 받은, 거대한 석불이 서 있다. 흔히 은진미륵이라고 하는 미륵상은 높이 18미터로 동양최대를 자랑한다. 이 미륵상의 왼쪽에 있는 사적비에 따르면 고려 4대 광종 19년(968년)에 왕명을 받은 혜명대사가 조성하기 시작하여 37년 만인 7대 목종 9년(1006년)에 완성되었다고 한다. 찬란한 서기가 삼칠일 동안 천지에 가득하여 찾아오는 사람으로 저잣거리를 이룰 만큼 북적댔다고 하며 머리의 화불(化佛)이 내는 황금빛이 하도 밝아 송나라 지

◀ 반야산 중턱에 위치한 관촉사는 거대한 석불이 유명한 절로 흔히 은진미륵이라 불리며 동양 최대의 규모를 자랑한다. 이 미륵석불은 보개를 얹은 네모난 관을 쓰고 있으며 보물 제218호이다.

▲ 고려시대에 창건되었다는 설화를 지닌 관촉사는 오래된 역사만큼이나 곳곳에 옛 자취를 잘 보존하고 있다. 특히 대웅전 앞에 서 있는 석탑은 창건 시에 같이 추정된 것으로 추정된다.

안대사가 빛을 따라 찾아와서 예배하였다는 이야기가 있다. 그래서 절 이름을 '관촉사'라고 하였다. 이 절에는 이 불상 말고도 창건 당시에 같이 조성했을 것으로 추정하는 석등과 석탑, 그리고 연화배례석이 있다.

관촉사는 석조미륵보살입상이 유명한데 이 불상은 보물 제218호로 지정되어 있다. 언뜻 보기에도 온화하고 너그러운 미소를 머금은 예사 부처와는 다름을 알 수 있다. 몸체에 비해서 거대한 머리, 팽팽하게 팽창한 두 볼이 주는 긴장감, 길게 옆으로 찢어진 부리부리한 눈, 두꺼운 입술이 그 앞에 서면 절로 머리를 조아리게 하는 위엄이 서려 있다. 생김도 예사롭지 않거니와 부처의 현신에서도 예사롭지 않았음을 알려 주는 설화가 전해진다. 광종 19년(968년)에 반야산 앞마을 사제촌에 사는 한 여인이 산 서북쪽에서 나물을 뜯다가 아이 울음소리가 나서 찾아가 보니, 갑자기 큰 바위가 솟아나왔다. 이를 관에 알렸더니 조정에서는 "이것은 큰 부처를 조성하라는 길조"라고 하며 금강산에 있는 혜명대사를 불러 부처의 조성을 명하였다는 것이다. 이 부처는 세워진 뒤에도 신이한 행적을 많이 전한다.

원효가 꼽은 명당 천년 고찰 태고사

▲ 태고사는 원효가 12승지 중 하나로 뽑은 명당으로 예전에는 대웅전만 72칸에 이르는 대찰이었다. 그러나 한국전쟁으로 많은 건물이 소실되었으나 최근에 다시 중수하여 옛 모습을 찾아가고 있다.

▲ 높은 고지에 위치한 태고사의 풍광은 이루 말할 수 없는데 특히, 경내에 올라 바라보는 높고 파란 금산의 하늘은 매우 아름답다.

태고사의 경내에 들어서면 높고 파란 금산의 하늘이 병풍처럼 한눈에 펼쳐지는데 이는 태고사가 대둔산의 해발 878m의 마천대 능선에 위치해 있기 때문이다. 이 사찰은 신라 신문왕 때 원효대사가 창건하였다. 원효가 12승지의 하나로 꼽은 명당으로, 한때는 대웅전만 72칸에 이르는 웅장한 규모를 자랑했다. 인도산(印度産) 향근목으로 만든 불상이 봉안되어 있었으나, 6·25전쟁으로 소실되었다. 최근에 다시 지은 대웅전, 무량수전, 관음전 등의 여러 건물이 있으며, 이 태고사를 끼고 낙조대에 오르면 대둔산을 한눈에 볼 수 있다.

금강산 마하연사와 동렬의 명찰로 서산대사의 법손 진묵대사가 오랫동안 수도하다 입적하였으며, 많은 고승 대덕을 배출하였다. 우암 송시열이 이곳에서 도를 닦으며 쓴 석문이 절 앞 암벽에 아직도 남아 있다.

두 개 국보, 네 개 보물 간직한 장곡사

청양의 장곡사는 일곱 개의 명당이 숨어 있다는 칠갑산과 금강으로 맑은 기운을 보내는 지천구곡이 감싸 안는 곳에 위치한 작고 단정한 사찰이다. 두 개의 국보, 네 개의 보물을 간직하고 있으며 우리나라에서 유일하게 두 곳의 대웅전이 있어 특별한 가람 배치를 볼 수 있다. 상, 하 대웅전 건물에 대해 설이 분분하나 정확하게 알 수는 없지만 두 사찰이 합쳐진 것이나 전각의 이름이 바뀐 것으로 보고 있다. 하 대웅전의 작은 전각 내부에는 금동약

▲ 두 개의 국보, 네 개의 보물을 간직하고 있는 장곡사는 우리나라에서 유일하게 두 곳의 대웅전이 있어 특별한 가람 배치를 볼 수 있다.

사여래좌상을 모시고 있으며 상대웅전의 전각은 세 분의 부처님을 모시고 있다. 화려한 광배가 빛나는 좌상은 비로자나불과 약사불로 모두 고려시대의 철불이다. 이 철조약사불은 국보로 지정받은 유물이디. 왼손 검지를 올리고 오른손 엄지를 구부려 마주대고 오른손으로 감싸쥔 지권인(智拳印)을 하고 있다. 60㎝밖에 안돼 자그마하지만 어깨가 딱 벌어진 모습이 부드럽고 인자하다.

주변 둘러보기

하나. 명재 윤증고택

충청남도 논산시 노성면에 위치하고 있는 충청도 양반의 본거지이다. 조선시대의 정치 및 학계의 중심인물들이 많이 모여 살았던 곳으로 당시 모습이 잘 살아 있어 조선시대로 다녀온 것 같은 착각이 든다. 마을 주변에는 향교를 비롯하여 조선중기 성리학자인 명재 윤증의 고택과 궐리사(闕里祠)가 있어 충청도의 유학을 이끌어 가던 곳이기도 하다. 이곳이 '교촌리'라고 불리게 된 것은 노성 향교가 있어서 '향교말'이라 불리다가 '교촌'이라는 이름으로 바뀌어 지금까지 내려오고 있다.

둘. 만수산

울창한 소나무 숲과 아름다운 단풍이 유명한 이 산은 충청남도 보령시의 미산면 · 성주면과 부여군 외산면의 경계에 위치하고 있다. 높이는 575m로, 차령산맥의 끝부분에 자리잡고 있다. 남쪽 기슭에 무량사(無量寺)와 부속 암자가 위치해 있어 능선이 병풍을 두른 듯 사찰 일대를 감싸고 있다. 비록 산은 낮지만, 등산할 만한 산세를 이루고 있어 2,3시간 등산 코스로 인기가 있다. 외산면 만수리 부도골의 극락교가 산행기점으로 만수리에서 무량사 쪽으로 2km쯤 가면 극락교가 나온다. 다리를 건너가면 오른쪽으로 소나무 숲 아래 부도전이 나타나며 이곳에 매월당 김시습의 사리가 있다.

셋. 반야산

충청남도 논산시 취암동과 관촉동 사이에 있는 산으로 반야는 불교 용어로 '만물의 참다운 실상을 깨닫고 불법을 꿰뚫는 지혜'라는 뜻이다. 반야산은 논산천의 남쪽에 해당하며, 산의 주변은 전체적으로 시가지이면서 충적지에서 논농사가 이루어지고 있다. 또한, 산 남쪽의 구릉지에서는 과수농사가 이루어지고 있다.

넷. 대둔산

대둔이라는 명칭은 '인적이 드문 벽산 두메산골의 험준하고 큰 산봉우리'라는 뜻으로 전라북도 완주군 운주면과 충청남도 논산시 벌곡면 및 금산군 진산면에 걸쳐 있는 산이다. 노령산맥의 일부로 산의 최고봉인 마천대를 중심으로 여러 노암이 기암 괴석을 이루며 솟아 있고, 부근에는 오대산(五臺山) · 월성봉(月城峰) · 천등산(天燈山) 등이 산재한다. 전라북도쪽은 기암 절벽이며 충청남도 쪽은 숲과 계곡이 아름다워 각각 도립공원으로 지정되었다. 즉, 1977년 3월 전라북도 완주군 운주면의 38.1㎢가 전라북도 도립공원으로, 1980년 5월 충청남도 논산시 벌곡면 · 양촌면과 금산군 진산면 일대의 24.54㎢가 충청남도 도립공원으로 각각 지정되었다.

📷 꼭 들러야할 이색 명소

사비성을 그대로 재연한 백제 문화단지

사비성 안에는 사비궁과 능사, 고분공원, 생활문화마을, 위례성 등이 조성되어 있다. 특히 사비궁은 우리나라 삼국시대 중 왕국의 모습을 최초로 재현한 백제의 왕궁으로 고대궁궐의 기본배치 형식을 따라 왕의 대외적 공간인 치조권역을 재현하였다. 또한 백제 역사문화관도 있어 백제 역사와 문화에 대한 전반의 유물은 물론 첨단 영상기법을 활용한 전시도 볼 수 있다. 단, 1월 1일과 매주 월요일은 휴관일이며 11~2월까지는 9:00~17:00까지만 관람이 가능하다.

**사 찰
정 보**
Temple
Information

무량사 ┃ 충청남도 부여군 외산면 무량로 203 / ☎ 041-836-5066 / www.muryangsa.or.kr

대조사 ┃ 충청남도 부여군 임천리 구교리 760 / ☎ 041-833-2510

고란사 ┃ 충청남도 부여군 부여읍 부소로 1-25 / ☎ 041-835-2062

관촉사 ┃ 충청남도 논산시 관촉로1번길 25 / ☎ 041-736-5700

태고사 ┃ 충청남도 금산군 진산면 행정리 29 / ☎ 041-752-4735

장곡사 ┃ 충청남도 청양군 대치면 장곡길 241 / ☎ 041-942-6769

동화사 · 파계사 · 관음사 · 용연사 · 유가사 외

수많은 사연 간직한
천년고찰의 진면목과 마주하다

■ ■ ■ ■ 대구는 산세가 수려한 팔공산, 비슬산 등이 남북으로 펼쳐진 가운데 금호강과 낙동강 등이 조화를 이루며 굽이굽이 흐르는 곳이다. 평평한 땅이 아닌 높고 낮은 산지와 크고 작은 언덕으로 이뤄진 분지다. 강이 흐르며 분지에 흙과 모래, 자갈을 쌓아 이뤄진 까닭에 모래와 자갈이 많지만 기름지고 풍요로운 들판이 지천이다. 선사시대부터 주요 주거지였던 대구는 때로는 역사의 주역으로 등장하며 오늘날 영남지방의 중추 도시 기능을 하고 있다.

천년의 기품 오롯이 느껴지는 팔공총림 동화사

▲ 1992년 통일을 기원하는 의미로 지은 높이 33m의 동화사 통일약사여래대불. 불상 안에는 미얀마 정부가 기증한 부처님 진신사리 2과가 모셔져 있다.

팔공산은 대구 북부를 병풍처럼 둘러싼 대구의 진산으로, 최고봉인 비로봉(1,193m)을 중심으로 양쪽에 동봉과 서봉을 두고 있다. 기암괴석과 울창한 수림이 조화를 이룬 웅장한 봉우리와 깊은 계곡마다 불상, 부도, 탑 등 수많은 불교 문화재가 산재해있고 동화사, 파계사, 은해사 등 유서 깊은 사찰과 암자가 들어서있어 예부터 불교 문화의 성지로 이름을 드날렸다. 동화, 파계, 갓바위의 3개 국민관광지를 비롯하여 골프장, 학생 야영장, 방짜

유기박물관, 자연염색발물관 등 위락시설과 둘러볼 곳이 많아 관광객의 발걸음이 끊이질 않는다.

팔공산 남쪽 기슭에 있는 팔공총림 동화사(桐華寺)는 조계종 제9교구 본사이자 33관음성지로서 대구 사찰을 대표하는 절이다. 신라 소지왕 15년(493년)에 극달화상이 유가사라는 이름으로 세웠고 이후 흥덕왕 7년(832년)에 심지왕사가 중건하면서 경내의 오동나무가 겨울에 꽃 피우는 것을 상서롭다 하여 동화사라 개칭했다고 전해진다.

여러 차례 중창과 개축을 거쳤는데 현존하는 건물의 대부분은 조선 영조 때 지어졌다. 경내에 대웅전, 봉서루, 천태각, 영산전, 심검당 등이 남아 있다. 봉서루는 오동나무에만 둥지를 튼다는 봉황새를 상징하는 누각이다. 네모난 돌기둥을 세워 누문을 만들고 그 위에 앞면 5칸의 목조 누각을 세운 건축 양식이 독특하다. 누각을 오르는 계단 중간에 넓적한 돌덩이가 놓여있는데 이는 봉황의 꼬리를 상징하고 그 앞에 놓여진 3개의 작은 돌은 봉황의 알을 상징한다고 한다. 봉서루 뒤에는 '영남치영아문' 편액이 걸려있어 임진왜란 때 사명대사가 이 곳에 영남승군 사령부를 설치하여 승병을 훈련하고 지휘했음을 알 수 있다.

▲ 동화사 봉서루는 오동나무에만 둥지를 튼다는 봉황새를 상징하는 누각이다. 네모난 돌기둥을 세워 누문을 만들고 그 위에 앞면 5칸의 목조 누각을 세운 건축양식이 독특하다.

봉서루를 지나면 동화사의 중심 전각인 대웅전이 있다. 앞면 3칸·옆면 3칸의 다포계 팔작지붕 형식이다. 뒤틀린 나무를 그대로 기둥으로 사용하여 자연스런 멋이 그대로 드러난다. 내부 불단에는 석가모니불, 아미타불, 약사여래불이 모셔져 있다. 눈에 띄는 것은 1992년 통일을 기원하는 의미로 지은 높이 33m의 통일약사여래대불이다. 불상 안에는 미얀마 정부가 기증한 부처님 진신사리 2과가 모셔져

▲ 동화사의 중심 전각인 대웅전 앞면 3칸·옆면 3칸의 다포계 팔작지붕 형식이다. 뒤틀린 나무를 그대로 기둥으로 사용하여 자연스런 멋이 그대로 드러난다.

있다. 원래 출입문은 일주문인 봉황문이었지만 통일약사대불을 조성하면서 서쪽문인 동화문을 새로 지었다.

동쪽에는 고요함과 엄숙함이 흐르는 금당선원이 있다. 참선수행공간이기에 출입이 자유롭지 못하다. 진표율사를 거쳐 영심대사로부터 전해 받은 팔간자를 심지대사가 팔공산에 와서 던져 떨어진 곳이 지금의 금당선원 자리라고 한다. 이런 연유로 금당선원은 한국불교의 선맥을 잇는 수선의 참구도량으로 자리매김하여 수많은 도인을 배출했다. 석우, 효봉 대종사를 비롯하여 성철 스님 등 해방 이후

불교 정화의 주체가 된 많은 스님들 역시 이 곳을 거쳐 갔다.

동화사는 발길 닿는 곳마다 귀중한 문화재들을 만날 수 있다. 마애불좌상(보물 제243호), 비로암 석조비로자나불상(보물 제244호), 비로암 삼층석탑(보물 제247호), 금당암 삼층석탑(보물 제248호), 당간지주(보물 제254호) 등 보물이 8점에 이르고 극락전, 부도군 등 지방문화재가 18점이다. 전국에서 유일하게 불교 수행방법 중 하나인 선(禪)을 다양하게 체험할 수 있는 선체험관이 들어서있다. 주변에 비로암, 부도암 등 유서 깊은 6개 산내 암자를 거느리고 있다.

영조와의 깊은 인연 담긴 파계사

동화사에서 서쪽으로 3km쯤 떨어진 팔공산자연공원에는 천년의 역사를 간직한 파계사(把溪寺)가 있다. 파계사는 동화사의 말사로, 동화사와 마찬가지로 신라 애장왕 5년(804년)에 심지왕사가 창건했다. 임진왜란 때 소실되자 계관법사가 중창했고 다시 숙종 21년(1695년)에 현응대사가 고쳐지었다. 절의 좌우계곡에서 흐르는 9개의 물줄기가 흩어지지 않도록 모은다는 의미에서 절 이름을 파계사라 하였다 한다.

▲ 조선 영조의 원찰이었던 파계사는 절의 좌우계곡에서 흐르는 9개의 물줄기가 흩어지지 않도록 모은다는 의미에서 절 이름을 그렇게 지었다.

파계사는 조선 영조의 원찰이었는데 영조와의 깊은 인연을 말해주는 이야기가 있다. 어느 날 조선 숙종이 대궐로 한 승려가 들어오는 꿈을 꾸고는 기이하게 여겨 남대문 밖을 살펴보았더니 파계사의 영원선사가 쉬고 있는 것이 보였다. 숙종은 영원선사에게 세자 잉태를 위한 백일기도를 부탁했고 이듬해 세자가 탄생했으니 그가 바로 조선의 제21대 왕 영조다. 숙종은 영원선사의 공을 높이 사 현응이라는 호를 내렸다. 그 때 세운 대소인개하마비(大小人皆下馬碑)는 현재의 사적비 부근에 있으며 영조가 11세에 썼다는 '현응전(玄應殿)' 현판은 성전암 법당에 걸려 있다. 또한 현응대사의 비석과 부도 및 영조의 도포(주요민속자료 제220호)가 보관되어 있으며 숙종의 하사품인 병풍 2개와 구슬 2개가 있다.

경내에 들어서면 중심 전각인 원통전(대구시 유형문화재 제7호)을 중심으로 2층 누각인 진동

◀ 파계사 원통전(대구시 유형문화재 제7호). 영조의 도포가 발견된 곳이다.

루(대구시 문화재자료 제10호), 설선당(대구시 문화재자료 제7호), 종무소로 사용되는 적묵당(대구시 문화재자료 제9호) 등 당우 4채가 ㅁ자형을 이루고 있다. 원통전은 영조의 도포가 발견된 곳으로 안에 목조관음보살좌상(보물 제992호)이 보관되어 있다. 그 밖에 문화재로 영산회상도(보물 제1214호)와 산령각, 숙종·영조·정조 3대의 어필을 보관했다는 기영각(대구시 문화재자료 제11호)이 있다.

대구 동구에 위치한 또 다른 절 관음사(觀音寺)는 신라 문무왕 10년(670년) 의상대사가 창건하고 신라 말에 심지왕사가 중건했다는 기록만 있을 뿐이어서 자세한 내용은 알 수 없다.

고귀함과 신비로움 간직한 용연사

▲ 자운문(紫雲門)이라는 신비한 이름을 가진 용연사의 일주문은 휘어진 아름드리 기둥과 기둥을 압도하는 화려한 공포가 으뜸이다.

북쪽의 팔공산과 더불어 대구의 명산이라 불리는 비슬산은 대구 남쪽에 자리하고 있다. 비슬산은 대구시 달성군과 경상북도 청도군에 걸쳐 위치해있는데 최고봉인 대견봉의 높이가 1,083m에 이른다. 산이 비슬(琵瑟)이라는 이름을 갖게 된 것에 대해 신사시대 인도 스님들이 와서 산을 보고 지었다는 전설이 내려온다. 비슬은 인도의 범어(梵語) 빌음을 그대로 옮긴 것으로 '덮는다'는 뜻을 지니고 있다.

비슬산을 대표하는 사찰은 단연 적멸보궁인 용연사(龍淵寺)다. 용연사는 신라 신덕왕 1년(912년) 보양선사가 창건했다. 조선 세종 1년(1419년)에 천일대사가 다시 지었고 임진왜란으로 불에 타자 다시 중건했다. 당시 건물의 규모가 상당하여 200여 칸이 넘었고 승려도 500여 명에 이르렀다 한다. 하지만 일제강점기 때 사찰령(寺刹令)에 의해 용연사는 동화사의 수반말사(首班末寺)가 되고 말았다.

대구 달성군 옥포면에 소재한 용연사는 비슬산 북쪽 기슭에 자리하고 있다. 봄이면 진입로 입구에는 벚꽃들이 흐드러지게 피어 장관을 이룬다. 매표소를 지나 용연사 계곡을 타고 오르면 비슬산 계곡물이 한데 모인 용연지(龍淵池)가 모습을 드러내고 다시 숲과 계곡을 따라 발걸음을 옮기면 자운문(紫雲門)이라는 신비한 이름을 가진 일주문을 만나게 된다. 휘어진 아름드리 기둥과 기둥을 압도하는 화려한 공포가 옛 시절의 영광을 말해주는 듯하다. 자운문을 지나 극락교를 건너면 비로소 경내에 들어선다.

제일 처음 맞이하는 것은 천왕문이다. 독특하게 천왕상 대신 사천왕상이 벽화로 그려져 있다. 문을 통과하면 범종이 걸려 있는 아름다운 2층 누각인 안양루가 있다. 안쪽에 들어서면 양쪽으로 영산전과

▲ 영산전과 삼성각을 거느린 채 위용 있게 서있는 극락전 불단에는 서방정토(西方淨土)의 주인인 아미타불이 문수보살과 보현보살을 거느린 아미타삼존불이 모셔져있다.

삼성각을 거느린 채 위용 있게 서있는 극락전(대구시 유형문화재 제41호)이 있다. 지금의 극락전은 조선 영조 4년(1728년)에 다시 지은 것으로, 앞면 3칸·옆면 3칸 규모의 아담한 맞배지붕집이다. 불단에는 서방정토(西方淨土)의 주인인 아미타불이 문수보살과 보현보살을 거느린 아미타삼존불이 모셔져있다. 근래에 아미타불 안에서 발견된 발원문 등을 통해 1655년 17세기의 대표적 조각승인 도우가 만든 것임이 새롭게 밝혀졌다. 당당한 불신(佛身), 강직한 선묘(線描) 등 도우의 특징이 잘 드러난 작품으로, 17세기 불상 연구에 귀중한 자료로 평가되어 목조아미타여래삼존상과 복장유물이 함께 2014년 보물 제1813호로 지정됐다.

극락전 앞에는 고려시대의 탑으로 추정되는 삼층석탑(대구시 문화재자료 제28호)이 있다. 높이 3.2m로 이중 기단에 탑신과 옥개를 각각 하나의 돌로 세웠다. 극락전 왼편에는 적멸보궁이 숨겨진 듯 조용히 자리하고 있다. 적멸보궁 가는 길은 '비슬산용연사적멸보궁'이라고 쓰인 문을 통과하는 것에서부터 시작한다. 돌계단과 작은 돌탑들을 지나 개울 위로 난 돌다리를 건너 돌계단을 오르면 된다. 드디어 마주한 적멸보궁 앞에는 '성역'이라고 쓰인 돌덩어리가 보란 듯이 서있어 경건함을 더한다.

적멸보궁은 진신사리를 봉안하는 법당이기에 안에 따로 불상을 모시지 않는다. 대신 적멸보궁 뒤뜰로 가면 자장율사가 중국에서 모셔온 진신사리를 봉안하고 있는 석조계단(보물 제539호)이 있다. 금강계단이라고도 하는데 '계단'이란 불사리를 모시고 수계의식을 행하는 곳을 이른다. 이중기단 위에 석종형 탑신을 세우고 팔부신상, 사천왕상으로 조각하여 석조예술품으로도 손색없다.

적멸보궁 왼쪽에는 부도군이 있다. 부도란 승려의 무덤을 상징하여 그 유골이나 사리를 모셔두는 곳이다. 용연사 적멸보궁 경내에는 이름을 알 수 없는 부도 2기를 포함해 모두 부도 7기가 있다.

아름다운 구슬과 부처의 형상 닮은 유가사

비슬산을 좀 더 오르면 동화사의 말사인 유가사(瑜伽寺)가 있다. 신라 혜공왕 때 창건했다는 설과 신라 흥덕왕 2년(827년)에 도성국사가 창건했다는 두 가지 설이 있다. 비슬산의 바위 모습이 마치 아름다운 구슬과 부처의 형상과 닮았다하여 유가사(瑜伽寺)라 이름 지었다. 진성여왕 3년(889년)에 원잠선사가 개축하는 등 여러 차례 중수를 거쳐 오늘에 이르렀다. 한 때 사찰이 번성했을 때에는 99개의 암자와 3천 명의 승려가 머물렀으며 일연 스님도 이곳에 기거한 적이 있다. 현재 대웅전, 용화전, 나한전, 산령각, 범종루, 일주문, 천왕문

▲ 유가사는 비슬산의 바위 모습이 마치 아름다운 구슬과 부처의 형상과 닮았다하여 이름 붙여진 절로, 한 때 99개의 암자와 3천 명의 승려가 머무른 대사찰이었다.

등의 당우가 현존하며 석조여래좌상, 삼층석탑, 15기의 부도 등이 유물로 남아 있다.

부속 암자로 비구니 수도도량인 수도암과 참선도량인 도성선원이 있다. 유가사에서 500m쯤 떨어진 곳에 수도암이 있고 다시 수도암에서 700m 더 가면 도성암이 있다. 비슬산 중턱에 자리한 도성암은 비슬산에서 가장 오래된 암자로 뛰어난 주변경관을 자랑한다. 암자 뒤에는 도성국사가 도를 깨우쳤다는 서대한 도통바위가 있다. 도통바위에서 주능선까지는 40분 정도면 걸을 수 있는데 암봉과 오솔길이 적당히 조화를 이루어 걷기에 불편함이 없다.

이 밖에도 대구에는 신라 선덕여왕 때 창건한 것으로 추정되는 부인사(符仁寺)를 비롯하여 비슬산 남쪽 중턱에 자리한 신라시대의 사찰 소재사(消災寺), 통일신라 신문왕 4년(684년) 양개조사가 세운 남지장사(南地藏寺) 등의 사찰이 있으며 모두 동화사의 말사다.

주변 둘러보기

하나. 도동서원

달성군 구지면 도동리에 위치한 도동서원(道東書院, 사적 제488호)은 조선시대 성리학자 김굉필의 학문과 덕행을 추모하기 위해 설립된 서원으로 병산서원, 옥산서원, 소수서원, 도산서원과 함께 우리나라의 5대 서원으로 꼽는다. 선조 38년(1605년)에 지방유림의 공의로 창건되었다가 1607년 선조가 도동이라는 사액을 내리면서 사액서원이 되었다. 도동서원에는 낙동강과 평야를 굽어볼 수 있는 누각인 수월루와 김굉필 등의 위패를 봉안한 사당, 유생들이 기거하던 거인재와 거의재 등이 눈여겨볼만하다. 그 중 백미는 원내의 여러 행사

및 학문의 강론장소로 사용된 중정당으로, 여의주와 물고기를 물고 있는 4개의 용머리가 장식된 중정당의 기단과 거북 모양의 계단석, 빼어난 장식무늬가 새겨진 수막새를 얹은 토담 등은 모두 보물 제350호로 지정될 만큼 보기 드문 걸작이다.

알아두면 좋아요

8대 총림

대한불교조계종은 팔공산 동화사를 비롯하여 8대 총림을 선정했다. 총림(叢林)은 범어 빈댜바나(vindhyavana)의 번역으로 빈타파나라 음역하며 풀이를 하면 여러 승려들이 화합하고 수행하기 위하여 머무르는 것이 마치 수풀이 우거진 것과 같다는 뜻이다. 다른 말로는 단림(檀林)이라고도 한다. 총림은 많은 승려들이 수행하는 도장이기에 일정 규모 이상의 대찰로서 기본적으로 선원(禪院), 강원(講院), 율원(律院)을 갖추어야 하며 기타 사찰의 제반 시설을 확보해야 한다. 동화사는 조계종 제9교구 본사로서 2012년에 새롭게 한국 8대 총림에 추가됐다.

📷 꼭 들러야할 이색 명소

동화사 성보박물관

2007년 개관한 동화사 성보박물관은 다수의 국보급 문화재를 간직한 보물창고다. 사명당 유정 진영(보물 제1505호), 대구 동화사 목조약사여래좌상복장전적(보물 제1607호) 7점, 대구 동화사 아미타회상도(보물 제1610호) 3점, 동화사 보조국사 지눌진영(보물 제1639호), 삼장보살도(보물 제1772호), 지장시왕도(보물 제1773호) 등 국가지정 보물이 14점이고 동화사 제석도(대구광역시 유형문화재 제56호) 등 시도지정문화재가 15점에 이른다. 이밖에 조각, 회화, 공예 등이 다수 전시되어 있다. 불교문화 전문박물관으로서 동화사를 비롯한 동화사에 소속된 여러 절의 성보문화재를 보관하고 있으며 불교 관련 특별전과 기획전 다양한 문화강좌와 문화체험을 통해 불교를 알리는 데 앞장서고 있다. 동화사 성보박물관은 절에서 멀지 않다. 봉황문을 통과하면 바로 오른쪽 절벽에 마애불좌상이 있다. 조금 더 오르면 108계단이 있고 계단을 지나 다시 오르면 왼쪽에 작은 다리가 있는데 이를 지나 짧은 계단을 오르면 통일약사대불이 있다. 통일약사대불의 맞은편에 성보박물관이 있다.

효과 100배 코스

동화사 봉서루   동화사 대웅전   심지대사 나무   인악대사 나무

사찰 정보
Temple Information

동화사 ┃ 주소 대구 동구 동화사1길 1 / ☎ 053-982-0223 / www.donghwasa.net

파계사 ┃ 주소 대구 동구 파계로 741 / ☎ 053-984-4550 / pagyesa.org

관음사 ┃ 주소 대구 동구 둔산로 535 / ☎ 053-984-9940

용연사 ┃ 주소 대구 달성군 옥포면 용연사길 260 / ☎ 053-616-8846

유가사 ┃ 주소 대구 달성군 유가면 유가사길 161 / ☎ 053-614-5115 / www.yugasa.net

희방사 · 초암사 · 부석사 · 축서사 · 각화사 · 청량사

절에 기대어 서서
자연풍광의 아름다움에 반하다

■ ■ ■ 학식 있고 행동과 예절이 바르며 의리와 도덕을 중시하고 고결한 인품을 지닌 이를 선비라 한다. 영주와 봉화는 선비 정신이 깃들어 있는 유교와 화엄불교의 본향이자 예절의 본고장이다. 대부분의 지역이 아직 오염되지 않은 청정 자연으로 자연 경관이 빼어난데다 국보 및 보물 등 찬란한 문화유산이 산재해있다. 소백산과 태백산 사이 아래쪽에 위치하여 부드러운 산세와 깊은 계곡, 비옥한 토지를 자랑하는 영주와 봉화 지역은 아직 사라지지 않은 전통 문화의 체취를 느끼기에 그만이다.

아흔아홉 굽이 죽령을 굽어보는 희방사

▲ 희방사에 이르기 전 위치한 희방계곡은 내륙지방에서 가장 큰 폭포로, 소백산 연화봉 아래 골짜기에서 발원한 폭포수가 28m 높이에서 쉼 없이 거대한 물줄기를 내뿜는다.

풍기읍 수철리에 소재하는 소백산은 내륙에 위치한 국립공원 중에서는 지리산, 설악산에 이어 세 번째로 넓은 영남지방의 진산(鎭山)이다. 주봉인 비로봉(1,439m) 일대는 천연기념물인 주목(朱木)이 군락을 이루는데 해마다 5월이면 철쭉꽃이 연분홍빛 고운 자태를 드러내며 또 한 번 장관을 이룬다. 소백산을 얘기할 때 빼놓을 수 없는 곳이 아흔아홉 굽이 죽령이다. 경북 영주와 충북 단양의 경계에 있는 소백산맥의 고개로 소백산 허리 구름도 쉬어갈 만큼 예부터 높고 험한 지세로 이름을 날렸다. 소백산 능선 남쪽 자락에는 이름난 사찰들이 많다. 연이어져 있는 소백산의 우뚝 솟은 산봉우리들은 때로는 사찰의 늠름한 탑이 되고 때로는 전각의 지붕이 된다.

소백산 중턱 해발 850m에 이르면 신라시대 고찰 희방사(喜方寺)가 있다. 희방사역에 드물게 정차하는 열차를 이용하거나 차를 타고 희방사 주차장에서 내려 희방사까지 걸어가면

된다. 경내까지는 30분이 채 걸리지 않는다. 희방사를 안내하는 것은 희방계곡이다. 오르다보면 내륙지방에서 가장 큰 폭포라는 희방폭포가 나타난다. 소백산 연화봉 아래 골짜기에서 발원한 폭포수는 28m 높이에서 쉼 없이 거대한 물줄기를 내뿜는다. 폭포를 지나 계곡을 가로지르는 구름다리를 출렁이듯 건너면 희방사다.

이 절은 신라 선덕여왕 12년(643년) 두운대사가 세웠다. 여느 사찰과 마찬가지로 창건설화가 전해지

▲ 소백산 중턱 해발 850m에 위치한 신라시대 고찰 희방사(喜方寺)는 선덕여왕 때 두운조사가 창건한 것으로 호랑이에 얽힌 창건설화가 전해져 재미를 더한다.

는데 호랑이에 얽힌 이야기가 흥미롭다. 두운대사가 사람을 잡아먹고 비녀가 목에 걸린 호랑이를 발견하여 호랑이 목의 비녀를 빼주었더니 호랑이가 은혜를 갚기 위해 경주호장의 무남독녀를 물어다주었다. 경주호장은 절을 지어주고 은혜를 갚아서 기쁘다는 의미로 '기쁠 희(喜)'자와 두운조사의 참선방임을 상징하는 '방 방(方)'자를 써서 '희방사(喜方寺)'라 이름 지었다. 이와 함께 죽령고개 아래 마을 계곡에 무쇠다리를 놓아주었는데 고개 밑 마을 이름에 '수철(水鐵)'이 들어간 것도 그와 관련이 있다.

희방사는 한국전쟁 때 불에 타버렸는데 안타깝게도 이 때 절에서 보관 중이던 훈민정음 원판과 월인석보 1, 2권의 판목이 소실됐고 지금은 책만 남아 있다. 대웅보전 안에는 희방사동종(경북 유형문화재 제226호)이 있다.

의상대사가 초막 짓고 기거하던 초암사

죽계구곡을 따라 올라가면 소백산 국망봉 남쪽 계곡아래 위치한 조그만 사찰이 눈에 띈다. 의상대사가 부석사를 짓기 전 초막을 짓고 임시로 기거하던 자리에 세워진 초암사(草庵寺)다. 한국전쟁 때 소실되어 그 후 다시 지었다. 삼층석탑(경북 유형문화재 제126호)은 2층 기단 위에 삼층의 탑신을 두었다. 기단의 일부가 파손되어 시멘트를 바르고 철사로 감은 모양새가 안타깝다. 조각 수법으로 보아 통일신라시대 후기 작품으로 추정된다.

또 다른 도문화재로 동부도(경북 유형문화재 제128호)와 서부도(경북 유형문화재 제129호)가 있다. 두 개의 부도 모두 고려시대의 것으로 추측되나 아직 그 주인을 알지 못한다. 동부도는 놓여 있던 상태가 탑신의 몸돌과 가운데받침돌이 서로 뒤바뀌어 있었고 윗받침돌이 뒤집혀 있었다. 삼층석탑 서편에 있었던 서부도 역시 몸돌과 가운데받침돌이 뒤바뀌어 있었고 윗받침돌이 뒤집혀 있었던 것을 이후

부도를 사찰 동편으로 이전하면서 바로 잡아 놓았다. 조각수법으로 보아 동부도보다는 후대에 만들어진 것으로 보인다.

▶ 소백산 국망봉 남쪽 계곡아래 위치한 조그만 사찰 초암사는 의상대사가 부석사를 짓기 전 초막을 짓고 임시로 기거하던 자리에 세워졌다.

국보와 보물 등 진귀한 문화재 넘쳐나는 부석사

경북 영주시 부석면에 위치한 부석사(浮石寺)는 태백산 끝자락의 작은 봉우리인 봉황산(818m)에 위치해있다. 화엄종의 본찰로, 신라 문무왕 16년(676년) 의상대사가 왕명으로 창건했다. 부석사는 훌륭한 고승들을 많이 배출하면서 규모가 점점 커져 우리나라 10대 사찰 중 하나로 자리 잡았다. 부석사라는 이름은 무량수전 서편 언덕에 있는 큰 바위가 아래의 바위와 서로 붙지 않고 떠 있어 '뜬 돌'이라 부른데서 연유했다고 한다. 그간 여러 차례 중창과 재건을 거쳤다.

부석사는 그 명성답게 국보와 보물 등 진귀한 문화재가 넘쳐난다. 무량수전을 비롯하여 국보 5점, 보물 6점에 도유형문화재 2점을 보유하고 있다. 비교적 원형이 잘 보존되어 있고 자연과 어우러져 건

▲ 부석사는 그 명성답게 국보와 보물 등 진귀한 문화재가 넘쳐난다. 무량수전을 비롯하여 국보 5점, 보물 6점에 도유형문화재 2점을 보유하고 있다.

▲ 부석사의 인기스타 무량수전은 부석사의 주불전으로 아미타여래를 모신 불전이다. 고려시대의 것으로 우리나라에서는 안동 봉정사의 극락전 다음으로 오래된 목조 건축물이다.

축미가 뛰어나다. 일주문을 지나 숲길을 걸으면 왼쪽에 통일신라시대의 당간지주(보물 제255호)가 있다. 절에 행사가 있을 때 쓰는 깃발을 달아두는 장대인 당간을 지탱하는 좌우의 두 돌기둥으로 별다른 장식이 없고 양쪽 모서리의 모가 둥글다. 범종각에 다다르기 전 넓은 공간에는 동서로 나란히 3층석탑(경북 유형문화재 제130호)이 서있다. 절제된 균형미가 돋보이는 서탑에는 익산 왕궁리5층석탑에서 가져온 석존사리(釋尊舍利) 5과가 분안(分安)되어 있다고 전해진다.

극락세계로 들어가는 안양문을 통과하면 부석사의 인기스타 무량수전(국보 제18호)과 석등(국보 제17호)이 나타난다. 석등은 통일신라시대의 전형적인 8각석등으로 장식성이 별로 없이 간결하면서도 조화로운 멋이 특징이다.

무량수전은 부석사의 주불전으로 아미타여래를 모신 불전이다. 고려시대의 것으로 우리나라에서는 안동 봉정사의 극락전 다음으로 오래된 목조 건축물이다. 건물에는 공민왕이 친히 쓴 '無量壽殿(무량수전)' 현판이 걸려 있다. 신라 형식으로 보이는 석기단 위에 앞면 5칸·옆면 3칸 규모로 세워져 웅장한 멋을 자랑한다. 지방 네 모서리에는 활주를 받쳤으며 주심포양식의 공포에 팔작지붕 형태다. 백미는 배흘림 형태의 기둥이다. 기둥의 위아래 굵기가 같을 경우 가운데부분이 가늘어 보이는 착시현상이 일어나기 때문에 이를 막기 위해 가운데를 볼록하게 한 것이다.

무량수전에서 조금 떨어진 북쪽에는 조사당(국보 제19호)이 있다. 의상대사의 초상을 모시고 있는 고려시대에 지어진 건물이다. 이 곳에 그려진 조사당벽화(국보 제46호)는 역시 고려시대의 것으로 우

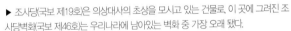

▲ 국보 제17호인 석등. 통일신라시대의 전형적인 8각 석등으로 장식성이 별로 없이 간결하면서도 조화로운 멋이 특징이다.

▶ 조사당(국보 제19호)은 의상대사의 초상을 모시고 있는 건물로, 이 곳에 그려진 조사당벽화(국보 제46호)는 우리나라에 남아있는 벽화 중 가장 오래 됐다.

리나라에 남아있는 벽화 가운데 가장 오래됐다. 원래 조사당 입구 좌우벽에 그려져 있었으나 보존을 위해 지금은 유리상자에 넣어 경내 보장각에서 보관하고 있다.

그 밖에 우리나라에서 가장 크고 오래된 소조불상인 소조여래좌상(국보 제45호), 현재 전해지는 유일한 기란본 계열의 각판인 고려각판(보물 제735호), 석조여래좌상(보물 제220호), 부석사 삼층석탑(보물 제249호), 원융국사비(경북 유형문화재 제127호) 등 많은 문화재가 있다.

어머니 품처럼 푸근한 마음의 고향, 축서사

축서사(鷲棲寺)는 오대산과 함께 4대 문수성지에 속하는 문수산(1,206m)의 해발 800m 고지에 한적

◀ 문수산 해발 800m 고지에 깊숙이 자리한 축서사는 인적이 드물어 고즈넉이 사찰의 진면목을 감상하기에 최적이다.

▲ 의상대사가 석불의 빛을 보고 찾아냈다는 축서사 보광전 석조비로자나불좌상(보물 제995호). 신라 문무왕 때 조성된 것으로 추정되며 화려한 광배와 반듯한 어깨 풍만한 신체가 돋보인다.

하게 자리한 사찰이다. 산골 깊숙이 자리하여 가는 길은 물론, 경내 역시 인적이 드물어 고즈넉이 사찰의 진면목을 감상하기에 최적이다. 축서사는 '독수리가 사는 절'이라는 뜻을 갖고 있다. 독수리는 지혜를 뜻하고 지혜는 곧 큰 지혜를 가진 문수보살을 뜻하므로 축서사라는 이름을 붙였다고도 하고 험준한 뒤쪽 산세가 풍수지리학상으로 독수리의 형국이므로 축서사라 했다고도 한다. 천년고찰로 고운사의 말사다.

축서사는 신라 문무왕 13년(673년)에 의상조사가 창건했다. 문수산 아래 지림사에서 머물던 한 스님이 산 속에서 광채를 발견하여 올라가보니 한 동자가 불상 앞에서 절을 하고 있었고 얼마 후 그 동자는 청량산 문수보살이라며 구름 올 타고 사라서 버렸다. 훗날 이 소식을 들은 의상대사는 불상을 모실 곳을 찾다가 현 대웅전터에 법당을 짓고 불상을 모셨으니 이것이 축서사다. 이 때 산 이름도 문수보살이 출현한 곳이라 하여 문수산이라 이름 지었다.

축서사는 1875년만 해도 대웅전, 보광전, 약사전, 선승당, 동별당, 서별당 등 여러 동의 건물을 보유하고 산내 암자로 상대, 도솔암, 천수암 등 3개를 둔 영험한 기도처로 명성이 자자했다. 하지만 조선 말기 항일투쟁으로 전국적으로 의병이 일어나자 일본군이 의병을 토벌하기 위해 대웅전만 남기고 모조리 불태워버리는 바람에 역사와 전통을 자랑하는 천년고찰 축서사는 하루아침에 잿더미로 변해버렸다. 한동안 폐사로 남아 있다가 일제강점기 말에 삼성각을, 한국전쟁 직후에 요사 1동을 신축했고 1980년 전후에 요사 1동과 토굴 2동을 신축했다.

보광전에는 의상대사가 석불의 빛을 보고 찾아냈다는 석조비로자나불좌상(보물 제995호)이 모셔져 있다. 신라 문무왕 때 조성된 것으로 추정되며 화려한 광배와 반듯한 어깨와 풍만한 신체가 특징이다. 8각 대좌 위에 결가부좌하고 있는 불상의 무릎 사이 옷 주름이 다른 불상들의 U자형과 달리 물결무늬 형태를 하고 있다.

석등(경북 문화재자료 제158호)은 원래 서탑 앞에 있었으나 지금은 대웅전 앞에 위치하고 있다. 8각 석등으로 아래에는 3단 받침돌을 두고 위에는 지붕돌과 머리장식을 얹었다. 수좌스님들이 정진하는 공간인 적묵당 곁에는 기단의 일부와 2층 지붕돌 이상을 잃어버린 삼층석탑(경북 문화재자료 제157호)가 있다. 고색창연한 단청을 갖춘 대웅전에는 본존불과 함께 괘불탱화(보물 제1379호)가 모셔져 있다. 괘불이란 사찰에서 큰 법회나 의식을 행할 때 법당 앞뜰에 걸어놓고 예배를 드리는 초대형 불교 그림이다. 모시바탕에 채색을 사용하여 그린 축서사 괘불탱은 높이 9m에 달하는 대형임에도 치밀한 구성으로 안정된 구도를 보여주며 채색, 인물의 형태, 문양 등의 표현이 뛰어나 18세기 괘불탱화 중에서도 단연 으뜸이다.

태백산 사고를 관리하던 사찰, 각화사

전국에서 매서운 추위로 이미 정평이 난 경북 봉화군 춘양면에는 모난 데 없이 한없이 깊고도 중후한 산세를 자랑하는 각화산(1,176m)이 있다. 이곳은 춘양목이라고 불리는 금강소나무숲으로 유명한데, 나무의 줄기가 곧고 재질이 단단해서다. 때문에 예부터 궁궐이나 문화재를 지을 때면 이곳의 소나무를 사용했다고 한다.

▲ 각화사의 현판에 '태백산 각화사'라고 적혀있는 것은 각화사가 자리한 각화산이 태백산에서 백두대간을 따라 남하하던 산줄기가 뻗어 나온 것이기 때문이다.

각화산은 조선후기 5대 사고(史庫) 중 하나인 태백산 사고지가 위치해 있는 곳으로 유명하다. 조선시대에는 한양을 비롯하여 강화도, 오대산 등에 조선왕조실록 등 귀중한 문헌을 보관하는 사고를 설치했는데, 각화산은 특히 높은 산과 험한 고개가 주위를 둘러싸고 있어 접근이 쉽지 않다는 특징이 있다. 각화산 산사면에 있던 사고의 전

◀ 각화사가 위치하고 있는 각화산은 높고 험한 지형을 하고 있으며, 옛부터 귀중한 문헌을 보관하는 사고로 유명하다.

적은 모두 서울로 옮겨졌으나 각화산의 사고터에 있던 2채의 건물은 해방이후 모두 불타버렸다.

각화산에는 태백산 사고를 관리한 사찰인 각화사(覺華寺)가 있다. 축서사와 마찬가지로 고운사의 말사다. 원효대사가 676년경에 춘양면 서동리에 있던 남화사를 각화산 중턱으로 이전하고 '남화사를 생각한다'는 뜻으로 각화사라 이름 지었다. 각화산 명칭 역시 여기에서 비롯됐다. 각화사의 현판에는 '太白山覺華寺(태백산 각화사)'라고 적혀있는데 이는 각화산이 태백산에서 백두대간을 따라 남하하던 산줄기가 뻗어 나온 것이기 때문이다. 조선시대에는 800여 명의 승려가 수도했다고 하나 많은 풍파를 겪으며 절은 제 모습을 잃었고 대부분의 건물들은 최근에야 중건됐다. 마당에는 주변 개울가에서 발견되었다는 삼층석탑이 있다. 완전히 도괴된 것을 다시 모아 조성한 것이다. 절 입구에는 귀부와 11기의 부도가 쓸쓸히 늘어서있다. 남화사의 옛 터인 춘양중·고교의 운동장 한 켠에는 신라시대에 지어진 봉화 서동리 동·서 삼층석탑(보물 제52호)이 서있다.

수많은 문화유적과 설화 품고 있는 청량사

거대한 기암괴석이 빽빽이 들어찬 청량산은 예부터 소금강으로 불릴 만큼 자연경관이 수려하기로 이름난 산이다. 퇴계 이황이 머물며 성리학을 공부하고 후진을 양성한 청량정사(淸凉精舍)와 고려의 대문장가 최치원이 수도한 풍혈대(風穴臺), 공민왕이 은신했던 공민왕당 등 수많은 문화유적들을 품고 있다.

▲ 청량산 12개의 암봉 가운데 연화봉 기슭에 위치한 청량사. 신라 문무왕 때 창건된 사찰로 창건당시 승당 등 33개의 부속 건물을 갖추었을 만큼 대사찰이었다고 전한다.

특히 청량산은 공민왕과 인연이 깊다. 홍건적이 침략했을 때 공민왕은 노국대장공주와 함께 청량산에 피신했으며 홍건적의 침입을 막기 위해 산성을 쌓았다. 청량산에는 공민왕을 모신 사당이 있어 매년 정월과 칠월 보름이면 지역민들이 동제를 지낸다. 공민왕당의 공민왕 영정은 도난당하

▲ 청량사는 고려 공민왕과 여러가지로 인연이 깊은 청량산에 위치하고 있다. 청량산에는 공민왕을 모신 사당이 있어 때마다 지역민들이 동제를 지낸다.

고 위패만 봉안되어 있다.

청량산은 한 때 신라의 고찰인 연대사를 비롯한 27개의 암자가 들어설 만큼 신라 불교의 요람이었다. 봉우리마다 자리한 암자에서 나오는 스님들의 독경소리가 청량산을 가득 메울 정도였다. 12개의 암봉 가운데 연화봉 기슭에 위치한 청량사(淸凉寺)는 신라 문무왕 3년(663년)에 원효대사가 창건했다고 전해지나 의상대사가 창건했다는 설도 있다. 청량사는 창건당시 승당 등 33개의 부속 건물을 갖추었을 만큼 대사찰이었으나 조선시대 숭유억불정책으로 피폐해져 유리보전과 부속 건물인 응진전만이 남았다.

고려 공민왕이 친필로 쓴 현판이 걸려 있는 유리보전(경북 유형문화재 제47호)에는 모든 중생의 병을 치료하고 고통을 치유한다는 약사여래불이 모셔져 있다. 이곳의 약사여래불은 특이하게도 종이를 녹여 만든 지불(紙佛)인데 지금은 금칠을 했다. 지극 정성으로 기원하면 병이 치유되고 소원 성취에 영험이 있다고 한다. 건물의 큰 보 밑에 간주를 세워 후불벽을 구성했는데 이는 다른 건물에서는 보기 힘든 특징이다.

유리보전의 오른쪽에 위치한 거대한 봉우리인 금탑봉의 중간 절벽에는 매달리듯 16나한을 모시는 응진전이 있다. 원효대사가 수도를 위해 머물렀고 그 후 고려 말에는 홍건적을 피해 이곳을 찾은 노국대장공주가 불공을 드렸다. 앞뒤로는

▶ 청량산은 한 때 신라의 고찰인 연대사를 비롯한 27개의 암자가 들어설 만큼 신라 불교의 요람이었다.

아찔한 절벽이고 요사채 옆의 절벽 사이로 감로수(甘露水)가 흘러나온다. 법당 앞에는 주세붕이 자신의 자(字)를 따서 이름 지은 경유대(景遊臺)라는 전망대가 있는데 이곳에서 바라보는 조망이 또한 뛰어나다.

주변 둘러보기

하나. 죽계구곡

초암사 근처에는 금당반석, 청운대, 용추비폭 등의 이름이 붙은 죽계구곡이 있다. 비로봉과 국망봉 동쪽에서 발원한 물줄기가 초암사를 지나 배점리 금당반석에 이르는데 사이사이 아홉 개의 계곡이 있어 죽계구곡이라 부른다. 바닥이 훤히 들여다보이는 맑은 계곡과 소나무, 참나무가 어우러진 울창한 숲, 사이사이로 보이는 바위가 자아내는 풍경은 소백산에서 최고로 치는 비경이다. 옛 선현들도 이곳의 비경에 반하여 아낌없는 찬사를 보냈다. 고려 말의 문신 안축은 죽계의 아름다움을 노래하는 '죽계별곡'을 지었으며 조선시대 퇴계 이황은 경치가 빼어난 각 계곡마다 이름을 지어주며 죽계구곡이라 불렀다고 한다.

둘. 소수서원

소수서원은 조선 중종 38년(1543년 풍기군수 주세붕이 안향의 뜻을 기리고 후학을 양성하기 위해 세운 우리나라 최초의 서원이다. 원래의 이름은 백운동서원이었으나 1550년 명종이 '소수서원(紹修書院)'이라고 직접 쓴 현판을 하사하면서 지금의 이름을 갖게 되었다. 주변에는 학자수(學者樹)라 불리는 수백 년 된 소나무 수백그루가 숲을 이루고 있다. 기품 있는 노송군락에 안겨있는 소수서원과 그 곁을 지나는 계곡이 어우러진 풍경이 매우 조화롭다. 소수서원 뒤에는 1만 8천여 평규모의 선비촌이 들어서 있어 기와집, 초가집, 강학당, 서당 등에서 옛 선비들의 발자취를 느껴볼 수 있으며 근처의 소수박물관에서는 명종의 친필 소수서원 현판과 안향의 영정 등 소수서원의 유물을 감상할 수 있다.

셋. 청암정

고택을 지나면 충재 권벌이 1526년 건립한 정자인 청암정(靑巖亭, 명승 제60호)이 있다. 인공으로 만든 연못 가운데 커다랗고 넓적한 거북바위가 있고 그 위에 정자를 올려 지었다. 청안정의 편액인 '청암수석(靑巖水石)'은 청암정의 풍광이 아름답다는 얘기를 듣고 꼭 한번 가고자 하였으나 뜻을 이루지 못한 조선시대 문신이자 학인인 미수 허목이 별세하기 사흘 전에 아쉬운 마음을 담아 써서 보낸 것이다. 원본은 옆에 위치한 충재박물관에 보관되어 있다.

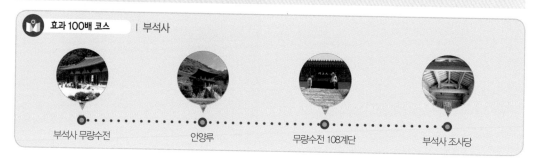

효과 100배 코스 | 부석사

부석사 무량수전 ● ● ● ● ● ● 안양루 ● ● ● ● ● ● 무량수전 108계단 ● ● ● ● ● ● 부석사 조사당

알아두면 좋아요

무섬외나무다리축제

낙동강 줄기가 닿는 경상도 지역 곳곳에는 물이 마을을 휘돌아나가는 물동이동이 여러 곳 있다. 경북 영주시 문수면 수도리에 있는 무섬마을도 그런 곳 중 하나다. 마치 물 위에 떠있는 섬과 같다하여 무섬마을이라 부른다. 현재 40여 전통가옥들이 옹기종이 모여 사는데 일부는 100년을 넘은 고택들로 민속자료로 등록되어 있다. 이곳에는 매년 가을이면 외나무다리축제가 열린다. 콘크리트 다리가 들어서지 않았던 30년 전만해도 외나무다리는 마을과 세상을 이어주던 유일한 연

결끈이었다. 현대식 다리가 들어서면서 철거되었다가 2005년 다시 복원하고 이를 기념하는 행사를 개최하고 있다. 각종 공연과 외나무다리 행렬, 전통혼례, 상여행렬 재연행사는 물론이고 체험행사와 전시회도 열려 풍성한 볼거리를 맛볼 수 있다.

꼭 들러야할 이색 명소

김생굴

경일봉 아래 청량정사 뒤편의 절벽 중간에는 통일신라시대 서예가 서성 김생이 10여 년간 글씨공부를 한 곳으로 알려져 있는 김생굴(金生窟)이 있다. 수십 명이 들어갈 만큼 굴속이 넓다. 붓을 씻었다는 우물의 흔적이 현재까지 남아있다. 김생의 글씨와 봉녀의 길쌈이 서로 기술을 겨루었다는 전설이 전해지고 있다.

만산고택

봉화군은 선비의 고장인 만큼 조선시대 양반들이 살았던 고택과 종택들이 즐비하다. 최근 백년의 역사를 훌쩍 넘긴 전통가옥에 머물며 종가문화와 음식을 체험하려는 이른바 '고택탐방'에 대한 인기가 높아지고 있다. 만산고택(晚山古宅)은 한국관광공사가 선정한 명품고택 중 하나다. 만산고택은 조선 고종 때의 문신인 만산 강용이 지은 가옥으로 130여년의 전통을 지닌 곳이다. 11칸의 행랑채 사이로 당시 정3품 당상관 이상의 벼슬을 할 경우에만 가질 수 있었던 솟을대문이 우뚝 솟아 있다. 마당 안쪽에는 사랑채, 안

채, 서당 등이 있고 오른쪽에는 따로 담을 두른 별채 '칠류헌'이 멋스러운 자태를 뽐내고 있다. 고택에는 현판이 많이 걸려 있지만 주요 현판은 대부분 탁본인데, 이는 도난의 우려가 있어 진품을 연세대 박물관에서 보관 중이기 때문이다.

**사찰
정보**
Temple
Information

희방사 | 경북 영주시 풍기읍 죽령로1720번길 278 / ☎ 054-638-2400

부석사 | 경북 영주시 부석면 부석사로 345 / ☎ 054-633-3464 / www.pusoksa.org

초암사 | 경북 영주시 순흥면 죽계로315번길 330 / ☎ 054-633-2322

축서사 | 경북 봉화군 물야면 월계길 739 / ☎ 054-672-7579 / www.chooksersa.org

각화사 | 경북 봉화군 춘양면 각화산길 251 / ☎ 054-672-6120

청량사 | 경북 봉화군 명호면 청량산길 199-152 / ☎ 054-672-1446 / www.cheongryangsa.org

봉정사·대전사 외

산과 물이 빚어낸 선비 고향
때묻지 않은 불심 흔적을 찾다

■ ■ ■ 경북 안동과 청송 지역은 자연경관도 수려하지만 수많은 문화유적지가 자리한 역사와 전통이 살아 숨쉬는
고장이다. 깊은 산자락과 골짜기가 끝없이 펼쳐져 지역적으로 고립된 까닭에 예부터 어지러운 세상으로부터 벗어난
선비들이 찾아와 은둔하며 자연을 벗 삼아 선비의 지조를 지켜나갔다. 산과 물이 만들어낸 선비의 고장에서 만나는 절
은 그래서 더 특별하고 아름답게 느껴진다.

소박한 절, 봉정사에서 마주친 국보·보물과의 만남

봉정사(鳳停寺)는 신라 문무왕 12년(672년) 의상대사의 제자인 능인스님이 창건한 사찰이다. 천등
산의 원래 이름은 대망산으로, 능인대사가 대망산 바위굴에서 도를 닦는데 스님의 도력에 감복한 천
상의 선녀가 하늘에서 등불을 내려 굴 안을 환하게 밝혀 주어 천등산이라 이름 짓고 그 굴을 천등굴이
라 하였다. 그 뒤 수행에 정진한 능인스님이 도력으로 종이 봉황을 접어 날렸더니 이곳에 와서 머물렀
다하여 봉황새 봉(鳳)자에 머무를 정(停)자를 따서 봉정사라 이름 지었다. 창건 이후 6차례에 걸쳐 중
수된 봉정사는 1999년 엘리자베스 여왕이 방문한 곳으로 잘 알려져 있다.

천등산 기슭에 자리한 봉정사는 규모가 크지도 않고 그렇다고 화려한 멋을 부린 사찰도 아니다. 많
지 않은 건물들은 질서 정연하게 배치되어 있는데 단조로움 대신 단순하면서도 절제된 아름다움을 전
해준다. 아담한 경내 곳곳은 저마다 독특한 색깔을 뿜어내는 국보와 보물로 가득 차 있다.

▲ 천등산 기슭에 자리한 봉정사는 아담한 규모에 건물들이 질서 정연하게 배치되어 있어 단순하면서도 절제된 아름다움을 전해준다.

▲ 봉정사 대웅전 왼쪽에는 현존하는 우리나라 목조건축물 가운데 가장 오래된 건물인 극락전(국보 제15호)이 있다.

'천등산 봉정사'라고 쓰인 일주문을 지나 만세루인 덕휘루 앞 돌계단을 따라 올라가면 마당 왼쪽으로 화엄강당(보물 제448호)과 고금당(보물 제449호)이 있고 오른쪽에는 승방인 무량해회가 있다. 정면을 바라보며 서있는 대웅전(국보 제311호)은 조선시대 초기 건물로 다포계 건물로는 가장 오래된 목조건물이다. 대웅전 앞마당에는 여느 사찰에서 흔히 보이는 석탑이나 석등이 보이지 않는다.

대웅전의 왼쪽에는 국보 제15호인 극락전이 있다. 현존하는 우리나라 목조건축물 가운데 가장 오래된 건물이다. 한 때 부석사 무량수전이 가장 오래된 건축물로 여겨졌으나 극락전이 무량수전보다 13년 빠른 1363년에 중수했다는 기록이 있다. 고려시대 후기 건축물이지만 통일신라시대의 건축양식을 내포하고 있다. 맞배지붕을 한 앞면 3칸 건물이며 부석사 무량수전과 마찬가지로 배흘림 기둥을 하고 있다. 건물의 규모에 비해 다소 낮은 지붕이 건물을 더 안정감 있고 짜임새 있어 보이게 한다. 극락전 앞에는 자그마한 삼층석탑이 있다.

영산회상벽화(보물 제1614호)는 석가모니 부처가 영축산에서 설법하는 모습을 그린 그림으로 우리나라에서 가장 오래된 영산회상도다. 목조관음보살좌상(보물 제1620호)은 1199년 처음 조성된 것으로, 여러 개의 나무를 접합한 접목조기법(接木造技法)으로 이루어졌으며 눈은 수정을 감입했다. 이국적인 풍모, 어깨 위에 중첩된 고리모양으로 늘어진 보발 등이 인상적이다. 이 밖에 영상회 괘불도(보물 제1642호), 아미타설법도(보물 제1643호) 등의 문화재가 있다.

봉정사를 둘러봤다면 부속암자인 영산암도 빼놓지 말아야한다. 봉정사의 오른쪽 가파른 언덕 위에 위치한 영산암은 영화 '달마가 동쪽으로 간 까닭은'의 촬영지로 알려지면서 유명세를 타기 시작했다. 영산암에 도착하면 처음 맞이하는 것은 꽃이 비처럼 쏟아진다는 뜻의 2층 누각인 우화루다. 출입구의 높이가 낮아 고개를 숙이고 입구를 지나면 ㅁ자형 구조의 영산암 앞마당이 나타난다. 지형의 높고 낮음을 활용하여 마당을 3단으로 구성했다.

이 외에도 안동에는 광흥사, 봉황사, 개목사, 용담사 등의 사찰이 있다. 신라 신문왕 때 의상대사가 창건했다고 전하는 광흥사(廣興寺)는 안동에서는 규모가 제법 큰 사찰 가운데 하나였으나 1946년 화재로 대웅전이 소실된 뒤 차례로 극락전과 학서루, 대방이 쇄락하여 무너지면서 지금은 부전(副殿)인

응진전이 주전 역할을 하며 명맥을 유지하고 있다. 아기산에 위치한 봉황사(鳳凰寺)는 얼마전만해도 황산사로 이름이 알려졌으나 1980년 사찰 옆 개울에서 사적비가 발견되면서 원래 이름이 봉황사였음이 밝혀졌다. 신라 선덕여왕 13년(664년) 창건됐고 번성기 때는 극락전, 관음전, 만월대 등 여러 전각들과 부속암자를 갖출만큼 안동지역에서 큰 규모를 자랑했었다. 임진왜란 때 절이 모두 불에 탔고 그 후 중창을 거쳐 오늘날 대웅전, 극락전, 산신각, 요사채 등의 건물이 있다.

▲ 안동에서는 규모가 제법 큰 사찰 가운데 하나였던 광흥사

개목사(開目寺)는 신라 문무왕 때 능인대사가 절 뒤에 있는 천등굴에서 도를 닦다가 천녀의 이적(異蹟)으로 도를 깨치고 세웠다고 전한다. 본래 흥국사로 불렸으나 절을 세운 뒤 이 지역에 눈병이 없어져 조선시대에 절 이름을 개목사로 고쳤다고 한다. 경내 원통전(보물 제242호)은 조선

▲ 절을 세운 뒤 이 지역에 눈병이 없어져다고 하는 개목사

세조 3년(1457년)에 지어진 목조단층 맞배집 건물로, 공포는 앞뒷면이 다른 수법으로 제작되었는데 앞면은 출목 없이 익공형으로 조각됐고 뒷면은 1출목을 두어 외목도리를 받게 하였다. 용담사(龍潭寺)는 신라 문무왕 4년(664년) 화엄화상이 창건한 오래된 고찰로 현재 경내에는 무량전과 요사 및 근래에 건립한 대웅전이 남아있으며 부속 암자로 극락암(極樂庵)과 금정암(金井庵)이 있다.

주왕산 제일의 비경, 천년고찰 대전사

경상북도 청송군 부동면 일대에 위치한 주왕산(720m)은 경북 제일의 명산으로, 예전에는 석병산이라고 불릴 만큼 하늘을 향해 치솟은 기암이 마치 병풍처럼 둘러쳐져 있다. 설악산, 월출산과 더불어 우리나라 3대 암산(巖山) 중 하나로, 어느 곳을 둘러봐도 기암이 우뚝 솟아 있고 계곡마다 깊은 협곡이 펼쳐진다. 암벽을 비집고 뿌리내린 나무들은 계절마다 화려한 색감을 뽐내며 계곡을 더욱 풍성하고 화려하게 수놓는다.

사방 어느 곳을 가도 그림 같은 풍경을 선사하지만 대전사에서 용연폭포까지 이어지는 주왕계곡 코스는 가히 청송 최고의 절경을 선사한다. 계곡을 따라 기암과 폭포, 소들이 어우러져 들어서 있고 깊은 협곡을 따라 이어지는 용추폭포, 절구폭포, 용연폭포들은 웅장한 산세를 더욱 아름답게 한다. 여름

피서지로서도 으뜸이고 가을 단풍길로도 전혀 손색 없다. 물론 물안개가 아름다운 주산지도 좋고 사람의 발길이 적어 아직도 원시 풍경을 간직하고 있는 절골계곡도 빼놓기에는 아까운 절경이다.

기암봉과 계곡, 폭포가 한데 어우러져 웅장하고 아름다운 산세를 자랑하는 주왕산에 천년고찰 대전사(大典寺)가 있다. 대전사에 도착하면 먼저 뒤로 웅장하고 화려하게 우뚝 선 기암이 눈에 들어온다. 이른 아침이나 비 개인 직후 안개가 기암 허리를 감싸고 있는 모습은 마치 천상의 세계를 보는 것과 같아 주왕산의 으뜸 경치라 할만하다.

은해사의 말사인 대전사는 신라 문무왕 12년(672년)에 의상대사가 창건했다고 하기도 하고, 고려 태조 2년에 보조국사가 중국 진나라에서 피신하여 온 주왕의 아들 대전도군이 입산 당시 창건했다고도 한다.

창건 당시에는 웅장한 규모였으나 임진왜란 때 이전의 모습을 거의 잃어버렸고 조선 현종 13년(1672년)에 보수하여 오늘에 이른다. 사찰 내로 들어서면 보광전, 명부전, 산령각, 요사채 등이 있다. 화려한 단청이 돋보이는 보광전(보물 제1570호)은 앞면 3칸의 맞배지붕 건물로, 지붕을 받치는 공포가 기둥 사이에도 있는 다포양식을 하고 있다. 내부에는 자비의 부처 아미타불을 모시고 있다. 안에는 임진왜란 때 명나라 장수 이여송이 당시 승병훈련을 시키고 있던 사명대사에게 보낸 친필 서신이 새겨진 목판이 보관되어 있다. 불상을 올려놓는 수미단은 화려한 연화무늬가 그려져 있고 좌대에는 세 마리의 호랑이가 마치 부처님을 떠받치는 듯한 모습을 하고 있다. 보광전 앞에 있는 삼층석탑 2기는 근처에 흩어져 있던 석탑재를 짜 맞춘 것이다.

◀ 주왕산은 하늘을 향해 치솟은 기암이 마치 병풍처럼 둘러쳐져 있고 계곡마다 깊은 협곡이 펼쳐진 경북 제일의 명산이다.

▲ 대전사 뒤로는 웅장하고 화려한 모습의 주왕산 기암이 우뚝 서있다. 대전사는 최치원, 나옹화상, 도선국사, 보조국사, 무학대사, 서거정, 김종직 등이 수도했고, 임진왜란 때에는 사명대사가 승군을 훈련시키기도 했다.

유물 및 문화재로는 보광전을 비롯하여 보광전 석가여래삼존불(경북 유형문화재 제356호), 명부전 지장탱화(경북 문화재자료 제468호), 명부전 지장삼존 및 시황상(경북 문화재자료 제469호), 주왕암 나한전 후불탱화(경북 문화재자료 제470호) 등이 있으며 그 밖에 사적비, 부도 4구, 보광전 앞 삼층석탑 등이 있다. 대전사에서 멀지 않은 곳에 부속 암자인 백련암, 주왕암이 있다.

청송의 또 다른 절로는 보광사와 수정사가 있다. 보광사(普光寺)는 신라 문무왕 8년(668년) 의상대사가 창건했다고 전하나 정확한 근거자료는 없다.

▲ 대전사의 중심 전각인 보광전에 모셔진 석가여래삼존불(경북 유형문화재 제356호).

특히 극락전(보물 제1840호)은 근래에 수리공사에서 상량문이 발견되면서 조선 광해군 7년(1615년)에 건립된 것으로 추정하고 있다. 극락전 기단은 경사지를 이용하여 앞면은 높고 왼쪽면은 앞면보다 약간 낮게 경사를 따라 설치했다. 수정사(水晶寺)는 고려 공민왕(1352~1374) 때 라옹대사가 창건했다고 한다. 주변 계곡을 흐르는 샘물과 곳곳에 흩어진 돌들이 마치 수정처럼 아름답고 깨끗하여 수정사라 이름 지었다는 얘기가 전해온다. 수정사에 관한 기록이 없어 창건 이후의 역사는 알 수 없다.

하나. 하회마을과 도산서원

하회마을한국을 넘어 세계가 주목하는 유네스코 세계문화유산이다. 하회마을은 낙동강 주변에서 가장 큰 물돌이동으로, 낙동강이 마을을 휘돌아 나가서 하회(河回)라는 이름이 붙여졌다. 풍산 류씨가 600여 년간 살아온 집성촌으로, 조선시대 대유학자인 겸암 류운룡과 임진왜란 때 영의정을 지낸 서애 류성룡 형제가 나고 자란 곳이다. 마을 입구에는 백련으로 수놓아진 제법 큰 백련지가 있다. 도산서원은 퇴계 이황 선생을 기리기 위해 만든 경상북도 안동시 도산면 토계리에 있는 서원이다. 사적 제170호로 이황이 사망한 지 4년 후인 1574년에 설립되었다. 영남학파와 한국 유학을 대표하는 이황을 모신만큼 영남학파의 선구자인 이언적을 모신 경주 옥산서원과 함께 한국의 양대 서원으로 꼽는다.

둘. 의성김씨 종택

안동에서 임하 댐 방향으로 가다보면 왼쪽 편에 내앞마을이 나오는데, 안동 하회마을, 경주 양동마을, 봉화 닭실마을과 함께 우리나라 마을 중에서 가장 살기 좋은 터로 손꼽는 4대 명당 중의 하나이다. 이 마을이 유명한 것은 임진왜란 때 진주성에서 싸우다 돌아가신 학봉 김성일 선생 때문이며, 이후 후손들도 독립운동을 하는 과정에서 사회적 책임을 다했기 때문에 명문 집안으로 인정받고 있는 것이다. 의성 김씨 종택은 조선의 사대부 사회가 자리를 잡아가는 초기의 모습부터 조선사회의 몰락과 오늘까지를 그대로 보여 주고 있다는 점에서 의미가 크며, 1587년 화재로 소실된 것을 학봉 김성일이 직접 감독해 다시 지었났다고 한다.

셋. 송소고택

조선 영조 때 만석의 부를 누린 심처대의 7대손 송소 심호택이 1880년 경 조상의 본거지인 청송의 덕천리로 옮기면서 지은 집이다. 경내에는 10채의 건물이 있는데 민가로서는 최대 규모인 99칸이다. 대문은 솟을 대문으로 화살 모양의 나무를 나란히 세운 홍살을 설치했다. 주인이 거처하던 큰 사랑채는 앞면 5칸·옆면 2칸에 팔작지붕을 갖추었다. 우측에는 작은 사랑채가 있고 그 뒤로는 ㅁ자형의 안채 가 있다. 크고 격식을 갖춘 건물들은 저마다 독립된 마당을 보유하여 공간에 구분을 두었다. 조선시대 상류주택의 특징을 잘 간직한 송소고택은 역사성과 예술성을 인정받아 국가지정문화재로 승격됐다.

하회별신굿탈놀이

하회별신굿탈놀이는 안동 하회마을에서 800여 년 전부터 해온 탈놀이다. 10년에 한번 섣달 보름날(12월 15일)이나 특별한 날 무진생(戊辰生) 성황님에게 별신굿을 했으며 성황님을 즐겁게 해드리기 위하여 탈놀이를 겸했다. 별신굿이란 마을의 수호신인 성황 (서낭)님에게 마을의 평화와 농사의 풍년을 기원하는 굿을 말한다. 하회별신굿탈놀이는 각시의 무동마당 등 8마당으로 구성되어 있고 사용되는 탈은 주지탈 등을 포함하여 모두 10종 11개이며, 탈놀이의 반주는 꽹과리가 중심이 되는 풍물꾼이 맡고 동작에 가벼운 춤사위를 더한다.

이육사 생가

독립투사이며 시인인 육사 이활(李活)의 생가이다. 원래 도산면 원촌리에 있었으나 안동댐 수몰로 인하여 1976년에 현 위치로 옮겼다. 생가의 배치는 사랑채와 안채를 二자형으로 놓고, 두 건물 사이에 대문과 일각문을 세운 안동지방에서는 찾아보기 어려운 특이한 형태를 취하고 있었으나, 옮겨 지은 뒤에는 이웃집의 석축으로 인하여 대문은 세우지 못하고 일각문 자리에 대문을 세웠다. 이 집의 특징은 평면에서도 발견할 수 있는데, 사랑채와 안채는 지붕형태만 다를 뿐 간살이나 구성이 동일한 형태로 대칭을 이루고 있는 특징을 지니고 있다.

임청각과 석주 이상룡 선생

석주 이상룡 선생은 고성 이씨 17대 장손으로 1858년에 태어난 석주 선생은 나라가 위기에 처하자 망설임 없이 의병자금 지원, 대한협회 안동지부 조직, 협동학교 설립 등의 활동을 했다. 1925

년에는 대한민국 임시정부 초대 국무령을 맡기도 했다. 임청각은 고성이씨의 종택으로 안동 입향조인 이증의 셋째 아들 이명이 1519년(중종 14년)에 지었다. 임청각 내부의 각 건물들은 편의상 크게 4개 영역으로 나눌 수 있는데, 본채와 마당의 경계를 제외하고는 모두 담장으로 구분되어 있고 협문을 통해서만 연결된다. 이처럼 민가에서 내부 영역을 담장으로 철저히 구획하는 것은 매우 보기 힘든 형식이다.

파란만장한 역사의 영호루

안동의 영호루는 밀양 영남루, 진주 촉석루, 남원 광한루와 함께 한강 이남의 대표적인 누각으로 불린다. 창건에 관한 문헌이 없어, 건립시기는 알 수 없으나 고려 공민왕이 홍건적의 난 때 이곳으로 피난을 와서, 적적한 마음을 달래기 위해 찾았던 곳이라고 한다. 그러나 1547년 이후 대홍수로 몇 차례 유실된 이후 1970년 다시금 중건을 하게 된다. 정면 5칸 측면 4칸 규모의 팔작지붕으로 북쪽 면에는 공민왕의 친필 현판을 걸고 남쪽 면에는 박정희 대통령의 친필인 영호루를 걸었다.

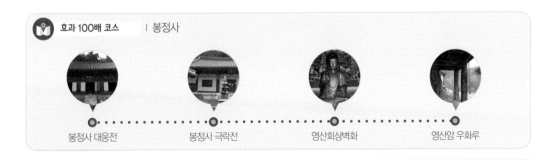

효과 100배 코스 | 봉정사

봉정사 대웅전 ● 봉정사 극락전 ● 영산회상벽화 ● 영산암 우화루

사찰 정보
Temple Information

봉정사 | 경북 안동시 서후면 봉정사길 222 / ☎ 054-853-4181 / www.bongjeongsa.org

대전사 | 경북 청송군 부동면 상의리 442-2번지 / ☎ 054-873-2908

김룡사 · 대승사 · 봉암사 · 북장사 · 남장사 · 용문사

굴곡진 우리네 삶 어루만지며
천년을 버텨온 고찰들

화려한 금속 보관을 쓰고 있으며 여러 가닥으로 흐트러진 머리카락이 어깨를 덮고 있다.

대승사는 주변에 3개의 산내암자를 거느리고 있다. 보현암은 대승사에서 동쪽으로 100m 지점에 있고 비구선원인 윤필암은 서북쪽 500m 지점에 있다. 나옹화상이 거처했다는 묘적암은 대승사에서 서북쪽으로 1km에 위치해 있다.

봉황 날개 구름 치며 올라가는 곳에 위치한 봉암사

희양산(999m)은 경북 문경시와 충북 괴산군에 걸쳐 있는 산으로, 3면이 모두 암벽으로 이루어져 있어 하나의 바위가 마치 산을 이룬 듯하다. 줄기마다 우뚝 솟은 암봉이 마치 열두판 꽃잎처럼 펼쳐져 있는데 지증대사가 말한 대로 산이 사방에 병풍처럼 둘러쳐져 있어 마

▲ 절을 창건할 때 날마다 닭 한 마리가 새벽을 알렸다고 하여 이름 지어진 봉암사는 평소 일반인의 출입을 금하다가 석가탄신일에만 문을 연다.

치 봉황의 날개가 구름을 치며 올라가는 듯하다. 그 가운데에 신령스럽게 자리한 절이 있으니 봉암사다. 봉암사 옆 백운대 계곡에 계암이라는 바위가 있는데 절을 창건할 때 날마다 닭 한 마리가 새벽을 알렸다고 해서 봉암사라 이름 지었다고 한다.

신라 헌강왕 5년(879년) 지증대사가 창건하고 태조 18년(935년) 정진대사가 중창했으나 임진왜란 때 극락전과 일주문만 남기고 모든 건물들이 소실됐다. 망와에 소화 16년(1941년)이란 기록이 남아있어 일제강점기에 중수공사를 거친 듯하다. 현재 남아 있는 대부분의 건물은 1992년에 중창됐다.

모진 시련 속에서도 국보 및 보물급 문화재가 풍부하게 남아 있다. 신라 후기 고승으로 봉암사를 건립한 지증대사의 사리가 모셔진 시증대사탑(보물 제137호)과 지증대사의 공적을 찬양하기 위해 건립한 부도탑비(국보 제315호), 금색전 앞마당에 온전한 모습으로 서있는 삼층석탑(보물 제169호), 정진대사의 사리탑인 정진대사원오탑(보물 제171호)과 그의 공적을 찬양하기 위해 건립된 정진대사원오탑비(보물 제172호), 임진왜란 때 일주문과 함께 유일하게 남은 봉암사 극락전(보물 제1574호) 등은 봉암사가 왜 한국 불교의 성지인지를 실감케 한다.

그 밖에도 문경에는 신라 무열왕 7년(660년)에 원효가 도장산 중턱 계곡가에 창건한 심원사(深源寺), 신라 문무왕 17년(677년) 의상대사가 초창했다고 전해지는 재악산 정상 부근에 위치한 운암사(雲巖寺), 신라 무열왕 7년(660년)에 원효대사가 초장을 했다고 전하는 청화산 정상 가까이에 자리한 원적사(圓寂寺), 신라 문성왕 8년(846년) 체징보조국사가 법흥사라는 이름으로 주흘산 중턱에 초장한 것이 시초라고 전해지는 혜국사(惠國寺) 등의 사찰이 자리하고 있다.

▲ 통일신라시대의 것으로 추정되는 북장사 삼층석탑은 주변에 흩어져 있던 석탑 부재들을 옮겨 복원해 놓은 것이다.

문화재마다 서려있는
신비의 전설 담은 북장사

북장사(北長寺)는 상주시 내서면 북장리 노악산(露嶽山·729m)에 위치해 있다. 상주시 내서면 및 외서면에 걸쳐 있는 노악산은 지역에 따라 다양한 이름으로 불리는데, 상주 쪽에서는 노악산이라 하고 외서면에서는 노음산, 내서면에서는 천주산이라 부른다. 영남 8경의 하나인 노악산은 부드러운 산세가 특징으로 상주의 진산이다. 불교문화가 일찍 발달한 상주에는 일명 '상주 4장사(四長寺)'가 있는데 노악산의 서쪽 산자락에 북장사가 있고 동쪽에는 남장사가 있다. 갑장사는 갑장산에 있으며 승장사는 현재 자취를 찾아볼 수 없다.

북장사는 신라 흥덕왕 8년(833년) 진감국사가 남장사에 이어 창건했다. 한 때 수미암, 상련암, 은선암 등의 부속암자를 거느리고 600여 명의 승려가 머물렀을 만큼 규모가 상당한 국찰이었으나 임진왜란을 겪으며 완전히 소실됐다. 전란 등으로 소실과 중창을 거듭하다 조선 영조 12년(1736년) 화재로 소실된 당우를 재건하여 오늘에 이르고 있다. 현재는 명부전, 극락보전, 산신각, 승방 등이 남아있다.

대표 유물은 파랑새가 그렸다고 전해지는 영산회괘불탱(보물 제1278호)이다. 괘불에서 많이 그려지는 영산회상도로, 석가가 설법하는 장면을 나타냈다. 치밀하고 정교한 필치와 밝고 선명한 색채가 돋보여 17세기 후분의 뛰어난 작품으로 평가받는다. 가뭄이 심할 때 북장사 괘불을 내다 걸고 기우제를 올리면 비가 온다고 믿어 1960년 실제로 북장사 괘불을 걸고 제를 지내기도 하였다. 통일신라시대의 것으로 추정되는 북장사 삼층석탑(경북 문화재자료 제238호)은 인평동에 소재한 해발 400m의 우암산 정상 가까이에 흩어져 있던 석탑 부재들을 옮겨 복원해 놓은 것이다.

불교음악 범패의 최초 보급지 남장사

남장사(南長寺)는 상주시 남장동에 소재하는 조계종 산하의 전통사찰로, 신라 흥덕왕 5년(830년) 진감국사가 당나라에서 돌아와 창건한 절이다. 원래 이름은 장백사(長栢寺)였으나 고려 명종 16년(1186년) 각원화상이 중창하면서 남장사로 개칭했다.

중국 종남산에서 범패를 배워온 진감국사는 신라 흥덕왕 7년(832년) 무량전(현 보광전)을 창건하고 우리나라에서 최초로 범패(불교음악, 부처님의 공덕을 찬양한 노래)를 보급했다. 한 때 경남 하동 지리산의 쌍계사가 범패를 최초로 보급했다고 알려졌으나 신라 말 최치원이 지은 쌍계사의 '진감선사

대공탑비'의 비문에 따르면 '당나라에서 돌아온 국사가 상주 노악산 장백사에서 범패를 가르치니 배우는 이가 구름처럼 모였다.'는 기록이 있어 남장사가 범패의 최초 보급지로 알려지게 되었다. 범패는 판소리, 가곡과 함께 우리나라 3대 성악곡 중 하나다.

보광전에는 병란이 일어나면 땀을 흘린다는 철조비로자나불좌상(보물 제990호)과 나무를 조각해서 만든 목각탱인 목각아미타여래설법상(보물 제922호)이 모셔져 있다. 그런가 하면 정조 21년(1797)에 창건된 관음전에는 우리나라에서 가장 오래된 목각아미타여래설법상(보물 제923호)이 보존되어 있다. 나무를 깎아 만든 탱화로, 관음전의 주존인 관음보살상 뒤편에 부조로 새겨진 후불탱(後佛幀)이다. 목각탱을 회화적으로 표현한 17세기 대표작으로 뛰어난 목조기술을 보여준다.

▶ 병란이 일어나면 땀을 흘린다는
남장사 보광전 철조비로자나불좌상

청룡의 전설이 어려 있는 용문사

천년의 역사를 자랑하는 용문사(龍門寺)는 신라 경문왕 10년(870년)에 두운대사가 소백산 기슭에 창건한 사찰이다. 전설에 따르면 고려 태조 왕건이 신라를 정벌하러 내려가다가 이 사찰을 찾았으나 운무가 자욱하여 지척을 분간치 못했는데 갑자기 청룡 두 마리가 나타나 길을 인도하였다고 하여 절 이름을 용문사라 하였다고 한다. 고려 명종 때 '용문사 창기사'로 개명했으나 조선 세종대왕의 비 소헌왕후의 태실을 봉안하고 '성불사 용문사'로 다시 고쳤으며 정조 때 문효세자의 태실을 이곳에 쓰면서 '소백산 용문사'로 바꿔 오늘에 이르고 있다.

용문사는 규모는 아담하지만 성보문화재 10여점을 비롯하여 꽤 많은 문화재를 보유하고 있다. 고려 명종 3

◀ 천년의 역사를 자랑하는 용문사는 고려 태조 왕건이 사찰을 찾을 때 청룡 두 마리가 나타나 길을 인도하였다고 전해진다.

년(1173년)에 지어진 대장전(보물 제145호)은 용문사에서 가장 오래된 전각으로, 경전을 봉인하기 위해 만들었는데 팔만대장경이 이 곳에 보관됐다고 한다. 대장전 안에도 가치 있는 불교 문화재들이 보존되어 있다. 윤장대(보물 제684호)는 국내 유일의 회전식 불경보관대이고 목불좌상 및 목각탱(보물 제989호)은 우리나라에서 가장 오래된 대추나무를 깎아 만든 불상 조각이다. 이외에도 조선 세조의 친필 수결(지금의 서명)이 있는 용문사 감역교지(보물 제729호) 등이 있다. 전각을 다 둘러본 뒤에는 성보박물관을 들러보는 것도 의미 있다. 247평 규모의 전시관에는 탱화와 영정 등 불화류와 불상, 제례의식 도구 등 101종 193점의 불교유물이 전시 및 보관되고 있다. 모형으로 제작된 윤장대가 있어 관광객들이 직접 체험하고 느낄 수 있다. 용문사 외에도 예천에는 장안사, 보문사, 명봉사, 서악사, 한천사, 동악사, 청룡사 등이 있으니 함께 둘러보면 좋다.

주변 둘러보기

하나. 문경새재

문경새재는 영남에서 한양으로 갈 때 이용하던 조선시대 때 만들어진 고갯길이다. 가장 빠른 길이었지만 '새도 날아서 넘기 힘든 고개'라는 뜻대로 험준하기로 이름난 국방상의 요충지였다. 해발 1,000m가 넘는 주흘산과 조령산 사이에 있지만 문경새재의 최고 높이는 650m로 가파르지 않은 평탄한 길이다. 문경새재 1관문에서 3관문까지는 6.5km 거리로, 남녀노소 누구나 쉽게 걸을 수 있어 천혜의 자연 경관 속에서 산책하기에 최상이다.

문경새재의 출발점은 제1관문인 주흘관(主屹關)이다. 수천 평의 푸른 잔디밭이 펼쳐져 있다. 캡슐 광장과 문경새재 오픈 세트장을 지나 올라가면 관리에게 숙식을 제공하던 조령원터가 오른편 돌담만 남긴 채 남아 있다. 다시 왼편으로 오르면 서민들의 애환이 서려 있는 주막이 있고 2km를 또 올라가면 용추폭포 곁에 신임 관찰사가 업무를 인수인계 받은 곳인 교귀정이 있다. 계속해서 걸으면 기암절벽과 송림에 둘러싸인 제2관문 조곡관(鳥谷關)이 나타나고 다시 발걸음을 옮기면 문경 조령의 마지막 관문이자 가장 중요한 통로인 제3관문 조령관(鳥嶺關)이 있다. 북쪽에서 내려오는 적을 막기 위해 건립한 관문이다. 성 남벽 쪽에는 산신각과 조령 약수가 있으며 북벽 쪽에는 군막 터가 있다.

둘. 소백산국립공원

소백산은 우리나라 12대 명산 중의 하나로, 백두대간의 중간에 위치하여 경북 영주와 충북 단양의 경계를 이룬다. 비로봉(1,439m), 국망봉(1,421m), 도솔봉(1,314m) 등 많은 영봉들이 이어져 웅장하면서도 부드러운 산세를 자아낸다. 소백산에서 가장 높은 봉우리인 비로봉은 수많은 야생화의 보고로, 희귀식물인 왜솜다리(에델바이스)와 철쭉, 천연기념물 제244호인 주목군락이 어우러져 장관을 이룬다. 국망봉에서 시작되는 아홉 구비 죽계구곡은 계곡과 나무와 바위가 어우러져 소백산 최고의 비경을 만들어내며 연화봉에서 이어진 희방계곡은 높이 30m의 웅장한 희방폭포를 품고 천혜의 경관을 보여준다.

알아두면 좋아요

세금 내는 나무, 석송령

경북 예천의 석평마을에 있는 석송령(石松靈)은 풍기 방향으로 10km 의 거리에 위치해 있는 천연기념물 제294호로 높이 10m, 둘레 4.2m, 그늘 면적만도 1,000㎡에 이르는 수령 600여 년 된 큰 소나무다. 600 여 년 전 풍기지방에 큰 홍수가 났을 때 석관천을 따라 떠내려 온 소 나무를 주민들이 건져 지금의 자리에 심은 것이라 한다. 1927년 자식 이 없던 한 마을 주민이 영험 있는 나무라는 뜻으로 석송령(石松靈)이 라 이름 짓고 자신의 땅 3,937㎡를 상속했다. 이 때부터 석송령은 토 지를 소유한 유일의 부자 나무가 되어 해마다 재산세를 내고 있다. 마 을에서는 단합과 안녕을 기원하는 동신목(洞神木)으로 보호하여 매년 정월 대보름이면 동신제(洞神祭)를 올리고 있다.

📷 꼭 들러야할 이색 명소

회룡포

'육지 속의 섬마을'로 알려진 회룡포는 낙동강의 지류인 내성천이 큰 산에 가로막혀 크게 휘감아 돌며 빠져 나가 생긴 물돌이 마을이 다. 마치 강이 산을 부둥켜안고 용틀임을 하는 듯한 기이한 형태로, 최고의 물돌이 지형으로 꼽는다. 회룡포를 휘감아 흐르는 강은 폭 이 약 60~80m 가량으로, 물이 돌아 나가는 마을 쪽으로 모래사장 이 형성되어 있다. 맑은 물과 넓은 백사장, 그리고 이를 둘러싼 가파 른 경사의 산이 어우러져 천혜의 자연경관을 자랑한다.

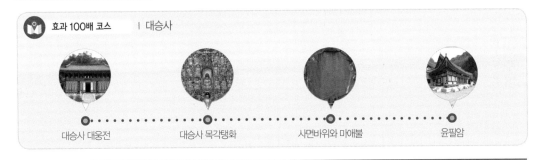

효과 100배 코스 | 대승사

대승사 대웅전 — 대승사 목각탱화 — 사면바위와 마애불 — 윤필암

**사찰
정보**
Temple
Information

김룡사 | 경북 문경시 산북면 김용길 372 / ☎ 054-552-7006

대승사 | 경북 문경시 산북면 대승사길 283 / ☎ 054-552-7105 / www.daeseungsa.or.kr

봉암사 | 경북 문경시 가은읍 원북길 313/ ☎ 054-571-9088 / www.bongamsa.or.kr

북장사 | 경북 상주시 내서면 북장1길 317 / ☎ 054-533-5103

남장사 | 경북 상주시 남장1길 259-22 / ☎ 054-534-6331

용문사 | 경북 예천군 용문면 용문사길 285-30 / ☎ 054-655-1010 / www.yongmunsa.kr/yongmoon/

직지사 · 청암사 · 도리사 · 해운사 · 고운사 외

천년 고찰의 그윽함 통해
기품 있는 역사의 흔적 만나다

■ ■ ■ 경북 김천 · 성주 · 구미 · 의성 지역은 천혜의 자연 속에서 역사와 전통을 이어가는 대표 고장이다. 내륙 산간 지역에 위치하여 한서(寒暑)의 차가 심하고 강수량도 적은 편이다. 경북 남서부에 있는 김천은 영남에서 서울로 가는 길목으로, 오래전부터 교통의 요지 역할을 해왔다. 지역 특산물인 참외로 잘 알려진 성주는 가야산을 비롯한 빼어난 자연경관과 함께 역사와 전통에 빛나는 문화를 간직한 곳이다. 그런가 하면 경북 중서부에 있는 구미는 영남을 대표하는 인재의 고장이자 유서 깊은 선비 문화를 간직한 전통의 고장이다. 경북 중앙에 동서로 길게 뻗은 의성은 육쪽마늘 산지로만 알려져 있지만 속내를 들여다보면 때 묻지 않은 자연 속에 소박한 전통의 멋을 품고 있는 곳이다.

해동의 으뜸가는 가람, 그 자신감을 안은 직지사

▲ 시원하게 펼쳐진 황악산을 병풍 삼아 들어앉은 직지사. 조선 정종의 어태가 안치되어 있고 임진왜란 때 승병을 일으킨 사명대사가 출가한 사찰로 유명하다. 어느 곳에 눈을 돌려도 귀중한 문화재를 쉬이 찾을 수 있다.

넉넉한 품으로 김천을 감싸 안은 황악산(黃嶽山 · 1,111m)은 김천의 주산이다. 비로봉을 주봉으로 백운봉, 신선봉, 운수봉 등의 지산이 양쪽으로 우뚝 서 힘찬 산세를 드러낸다. '-악산'임에도 바위로 이뤄진 험산이 아니라 수림이 울창한 육산이다. 예전에는 학이 찾아온 곳이라 하여 '황학산'으로도 불렸다. 계곡은 곳곳에 폭포와 소를 이루며 뛰어난 풍광을 선보인다. 특히 직지사 서쪽 200m 지점의 천룡대서부터 펼쳐지는 능여계곡은 이 산의 대표 계곡으로, 사계절 내내 눈부신 비경을 뿜어낸다.

시원하게 펼쳐진 황악산을 병풍 삼아 들어앉은 직지사(直指寺)는 33관음성지이자 조계종 제8교구 본사이다. 일주문의 '동국제일가람황악산(東國第一伽藍黃嶽山)'이라고 쓰인 현판에서 해동의 으뜸가는 가람이라는 자신감이 묻어난다. 직지사의 유래는 신라 눌지왕 2년(418년)으로 거슬러 올라간다. 신라에 최초로 불교를 전한 아도화상이 서대에 올라 서쪽의 황악산을 가리키며 훌륭한 터가 있으니 그 곳에 절을 지으면 불교가 흥할 것이라 하여 직지사를 짓고는 바로(直) 가리켰다(指) 하여 직지사라는 이름을 갖게 되었다. 조선 정종의 어태가 안치되어 있고 임진왜란 때 승병을 일으킨 사명대사가 출

▲ 비례가 적절한 세련된 모습이 인상적인 대웅전 앞 도천사지 동·서 삼층석탑.

가한 사찰로 유명하다.

어느 곳에 눈을 돌려도 귀중한 문화재를 쉬이 찾을 수 있다. 태양문과 금강문, 천왕문, 만세루를 지나 계단을 오르면 대웅전 앞에 좌우로 나란히 서있는 도천사지 동·서 삼층석탑(보물 제606호)을 만난다. 비례가 적절한 세련된 모습이며 지붕돌의 들린 정도 등으로 보아 통일신라시대의 작품으로 추정된다. 대웅전(보물 제1576호)은 임진왜란 때 소실된 후 여러 번 중건과 중창을 거쳤다. 대웅전 내 후불탱화인 영산회상도(靈山會上圖), 약사불회도(藥師佛會圖), 아미타불회도(阿彌陀會圖) 등 3점은 모두 보물 제670호로 지정됐다. 비로전 앞에도 통일신라시대의 삼층석탑이 있다. 도천사지 삼층석탑(보물 제607호)은 대웅전 삼층석탑과 함께 도천사터에서 옮겨왔다.

청풍료 앞에도 통일신라시대의 삼층석탑이 있다. (전)구미 강락사지 삼층석탑(보물 제1186호)인데 원래 강락사터에 무너져 있던 것을 1980년에 옮겨왔다. 1단의 기단위에 삼층의 탑신을 세우고 머리 장식을 얹었는데 탑 꼭대기의 머리장식은 같은 시기의 석탑을 모방하여 복원했다.

약사전에는 석조약사여래좌상(보물 제319호)이 봉안되어 있다. 아미타신앙이 사후의 신앙을 기본으로 한다면 약사여래신앙은 현실적 이익을 바탕으로 한다. 약사여래는 인간을 질병으로부터 보호하고 죽음을 물리치는 힘을 갖고 있다. 광배와 불상이 하나의 돌로 만들어졌으며 왼손에는 약사여래의 특징인 약합을 들고 있다. 통일신라시대의 것으로, 얼굴 등의 마모가 심하나 전체적으로 둥글고 원만한 윤곽을 간직하고 있다. 비로전에는 천개의 불상 중 벌거숭이 동자상을 찾아내면 아들을 낳는다는 재미있는 전설이 내려오고 있다.

▶ 약사전에 봉안되어 있는 석조약사여래좌상(보물 제319호). 약사여래는 인간을 질병으로부터 보호하고 죽음을 물리치는 힘을 갖고 있다.

▲ 김천시 증산면 수도산(불령산) 자락에 위치한 청암사는 때 묻지 않은 자연경관 속에서 천년고찰의 아름다움을 간직한 청정도량이다.

천년고찰의 아름다움 간직한 청정도량 청암사

김천시 증산면 수도산(불령산) 자락에 위치한 청암사(靑巖寺)는 직지사 말사다. 때 묻지 않은 자연경관 속에서 천년고찰의 아름다움을 간직한 청정도량이다. 신라 헌안왕 3년(859년) 도선국사가 창건했으며 몇 번의 중창을 거듭한 후 지금의 모습을 갖추었다. 1980년 청암사 최초의 비구니 승가대학이 설립되어 100여 명의 비구니 스님들이 수학하고 있다. 경내에는 대웅전 앞 2층 기단 위에 4층의 탑신을 올린 다층석탑(경북 문화재자료 제121호), 앞면 3칸·옆면 2칸의 다포계 형식과 팔작지붕을 갖춘 대웅전(경북 문화재자료 제120호), 조선 숙종의 정비 인현왕후가 장희빈에 의해 폐위된 뒤 기도 드린 보광전(경북 문화재자료 제288호) 등의 문화재가 있다.

수도산에는 청암사 이외에도 수도암, 백련암 등 이름난 암자가 있다. 수도암은 통일신라 헌안왕 3년(859년)에 도선국사가 창건한 천년고찰로, 신라시대부터 참선 수도장으로 유

▶ 도선국사가 창건한 천년고찰 수도암은 예부터 참선 수도장으로 유명했다.

명했다. 경내에는 동·서 삼층석탑(보물 제297호)과 대적광전의 보존불로 봉안된 석조비로자나불좌상(보물 제307호), 금오산 약사암 석불, 직지사 약사전 석불과 함께 3형제라 불리는 석조보살좌상(보물 제296호) 등 진귀한 문화재가 보존되어 있다. 백련암은 창건 이래 오직 비구니들만 있었다고 한다.

산자락마다 진귀한 볼거리가 가득한 도리사

　구미 한 켠에 자리한 냉산(693m)은 그다지 높지는 않지만 굽이굽이 시원스레 흐르는 낙동강과 힘차게 뻗어있는 산줄기를 조망하기에 더없이 좋은 곳이다. 게다가 신라에 불교를 최초로 전파한 아도화상과 후삼국을 통일한 고려 태조 왕건의 이야기가 산자락마다 스며들어 있어 볼거리가 풍부하다. 냉산은 일명 '태조산'이라고도 불리는데 왕건이 후삼국을 통일하는 과정에서 이 산에 임금이 타는 수레인 어가(御駕)를 두었다는 데서 유래한다. 도리사 일주문 현판에도 '해동최초가람성지태조산도리사'라고 쓰여 있다.

　냉산을 오르면 중턱에 아도화상이 건립한 도리사(桃李寺)가 위치해있다. 송곡리(松谷里)라는 지명에 걸맞게 주변은 온통 굵은 소나무들 천지다. 울창한 송림에 둘러싸인 도리사 풍경은 덕분에 더욱 기품이 느껴진다. 도리사는 신라 눌지왕 때인 1,500여 년 전 아도화상이 세운 신라 최초의 가람이자 적멸보궁이다. 아도화상은 겨울인데도 복숭아(桃)꽃과 오얏(李)꽃이 활짝 피어있는 모습을 보고 성스러운 길지라 여겨 이곳에 절을 짓고 이름을 도리사라 하였다. 아도화상은 본디 고구려인인데 신라 눌지왕 때 신라에 불교를 전하러 왔다. 조사전에는 그의 초상화가 봉안되어 있으며 아도화상사적비(경북 유형문화재 제291호)가 극락전 뒤에 있다.

　근래 도리사는 경내에 있던 세존사리탑을 보수하던 중 금동육각사리함에 봉안되어 있는 부처님 진신사리 1과를 발견하면서 더욱 유명세를 탔다. 사리함은 여느 사리함과 달리 육각의 부도형으로, 탑신에 새겨진 무늬가 매우 정교하고 수려하다. 사리는 콩알만 한 크기로 무색 투명한데 우리나라에서 발견된 사리 중 단연 으뜸으로 꼽는다. 사리가 봉안된 금동육각사리함(국보 제208호)은 현재 김천 직

▲ 울창한 송림에 둘러싸인 도리사는 신라 눌지왕 때인 1500여 년 전 아도화상이 세운 신라 최초의 가람이자 적멸보궁이다. 조사전에는 그의 초상화가 봉안되어 있으며 아도화상사적비(경북 유형문화재 제291호)가 극락전 뒤에 있다.

지사에 위탁 소장되어 있다.

경내로 들어서면 극락전 앞뜰에 놓인 화엄석탑(보물 제470호)이 단연 눈에 띈다. 높이 3.3m 규모로 고려 중엽에 건립되었는데 모전석탑 형식으로 만든 묵직한 모양새가 그 전례를 찾기 힘들 정도로 독특하다. 세월의 흔적이 많이 묻어나는 극락전(경북 유형문화재 제466호)에는 17세기에 조성한 목조아미타여래좌상과 19세기에 조성한 아미타후불탱이 있다. 화엄석탑 옆으로 난 문으로 나가면 바위 한 덩어리가 있다.

▲ 극락전 앞뜰에 놓인 화엄석탑은 고려 중엽에 건립된 모전석탑 형식으로 묵직한 모양새가 전례를 찾기 힘들 정도로 독특하다.

아도화상이 참선한 곳인 좌선대다. 멀리 굽이쳐 흐르는 낙동강과 넓은 들판이 한눈에 내려다보이는 것이 아도화상이 참선 장소로 고른 이유를 알만하다. 도리사에는 대웅전 대신 부처님의 진신사리를 모신 적멸보궁과 사리탑이 있다.

사찰만 둘러보고 가기에는 아쉬움이 크다. 주변에도 볼거리가 여전히 많기 때문이다. 아도화상이 입적한 곳이라는 작은 굴인 금수굴과 태조 왕건이 대구 팔공산에서 후백제의 견훤에게 패한 뒤 이 산에서 재격돌하여 대승을 거둔 뒤 후삼국 통일의 대업을 이룬 것을 기념하여 2004년에 건립한 정자 태조산정(太祖山亭)이 있다. 절 뒤편에는 왕건이 견훤을 정벌하기 위해 지었다는 숭신산성 터가 남아있다.

우리나라 최초의 도립공원 금오산의 해운사

구미의 대표 산인 금오산(金烏山·977m)은 영남8경의 하나일 만큼 경관이 뛰어나다. 기암괴석과 좁고 긴 계곡이 조화를 잘 이루어 예부터 명산으로 이름을 드높였다. 유서 깊은 문화유적과 명소도 많아 우리나라 최초의 도립공원으로 지정되기도 하였다. 계곡 입구에는 저수지가 있고 북쪽 계곡에는 폭포수 소리가 산을 울린다는 높이 27m의 명금폭포, 도선국사가 수도하고 고려 말의 충신 길재가 세속을 피하여 은거했던 도선굴, 길재의 충절을 추모하여 지은 채미정(採薇亭) 등이 있다. 또한 정상부에는 고려 때 전란을 대비하여 축성한 길이 3.5㎞의 금오산성이 있다. 구미시내에서 거리가 가까워 연중 많은 이들의 발걸음이 닿고 있다.

해운사(海雲寺)는 대각사, 진봉사 등과 함께 금오산에 자리 잡은 사찰로 직지사의 말사다. 신라 말 도선국사(道詵國師)가 창건하여 대혈사(大穴寺)라 하였다. 임진왜란을 겪으며 폐사되었다가 일제강점기인 1925년 승려 철화에 의해 복구되면서 절 이름을 해운암(海雲庵)이라 하였고 그 후 지금의 해운사로 바꾸었다. 1956년 대웅전을 신축하였는데 현존하는 당우로는 대웅전과 요사채 2동이 있다. 대웅전에는 석고로 조성한 관세음보살좌상을 비롯하여 후불탱화·칠성탱화 등이 봉안되어 있다. 이밖

에도 조선 후기에 조성된 것으로 추정
되는 석불좌상과 일제강점기에 일본인
이 만든 석조나한상이 있다.

구미의 또 다른 절로는 신라 눌지왕
30년(446년)에 아도화상이 복우산 동쪽
에 창건한 대둔사(大屯寺), 신라 흥덕왕
5년(830년)에 진감국사가 연악산에 연
화사라는 이름으로 절을 지은 것이 시
초인 수다사(水多寺)가 있다.

▲ 경관이 뛰어나기로 이름 높은 구미 금오산에 자리한 해운사는 일제강점기에 복구된
사찰로 현존하는 당우로는 대웅전과 요사채 2동이 있다.

한국적 아름다움 간직한 신라의 거찰 고운사

고운사는 전형적인 산사의 모습을 갖춘 사찰이다. 잘 포장된 도로도 없고 큰절이면 으레 갖추고
있는 사하촌도 없다. 건물들은 널찍한 경내에 모여 있지 않고 좁고 긴 골짜기를 따라 자리 잡았다.
청정한 숲 속에 고즈넉이 들어앉은 모습이 고요하고 평온하다. 아름드리나무로 우거진 고운사 천년
숲길을 걸으면 이윽고 고운사(孤雲寺)가 그 모습을 드러낸다. 일주문 역할을 하는 조계문은 웅장한
크기의 처마와 화려한 무늬의 단청을 지녔는데 그 어느 사찰의 일주문보다 아름답고 한국적이라는
평가를 받는다.

▲ 신라 유학자 최치원의 호에서 이름을 지었다는 고운사. 조계종 24교구 본사로, 해동제일지장도량이라 불리는 지장보살 영험 성지이자 33관음성지
중 한 곳이다. 의성, 안동, 영주 등지에 66개의 말사를 두고 있다.

경북 의성군 단촌면 등운산에 위치해있는 고운사는 신라 신문왕 원년(661년)에 의상대사가 창건했다. 원래 이름은 고운사(高雲寺)였으나 신라의 유학자 최치원이 가운루(경북 유형문화재 제 151호)·우화루를 세우고는 이를 기념하는 의미로 그의 호를 따서 고운사(孤雲寺)로 바꾸었다. 근대까지 재건과 중수가 계속되었으며 현존

▲ 대웅보전 앞쪽 계단으로 올라서면 서있는 삼층석탑 너머로 보이는 고운사 풍경이 아름답다.

하는 당우는 대웅전·극락전 등 25개가 남아 있다.

고운사는 신라 말의 승려인 도선이 중창하면서 사찰의 규모가 커졌다. 고려 때는 화엄종찰이 쇠퇴하면서 고운사가 영주, 선산 등 14개 군에 흩어져 있는 사찰종무를 관장했는데 이 때 암사와 전각을 합하여 366칸에 이르렀다고 한다. 일제강점기에는 31본산지의 하나로 많은 승려와 신도를 거느렸으며 학원까지 세워 후진을 양성하는 등 전성기를 이어갔다. 하지만 광복이후 토지분배와 분규로 각종 건물과 수목들이 수난을 받으면서 쇠퇴해갔다. 1969년 주지의 노력으로 대한불교 조계종 제16교구 본사로서 의성, 안동, 봉화, 영주, 영양 등 5부를 관장하는 등 새로운 면모를 갖추었으나 1970년대 사찰 건물 일부가 소실되면서 규모가 많이 축소됐다.

계곡 위에 자리 잡은 가운루를 지나면 우화루가 있다. 벽면에는 호랑이벽화가 그려져 있다. 이것은 모조품으로 진품을 보려면 공양간으로 가서 보면 된다. 우화루 맞은편에는 3존불상이 모셔진 극락전이 있다. 연수전으로 가기 전 종무소 뒤 만덕당에 앉아 등운산을 바라보기를 추천한다. 산이 마치 둥근 바가지를 거꾸로 엎어놓은 듯하다. 고운대암을 지나면 연수전이다. 영조 때 왕실의 계보를 적은 어첩(御帖)을 봉안하던 곳이다. 왕의 무병장수를 기원한 곳인데 현재의 건물은 고종이 새로 지었다.

▲ 약사전 안에 모셔진 석조여래좌상(보물 제246호). 9세기 불상으로 마치 근래에 다시 만든 듯 거의 손상되지 않았다.

대웅보전의 뒤에 약사전이 있다. 안에 모셔진 석조여래좌상(보물 제246호)은 마치 근래에 다시 만든 듯 거의 손상되지 않았다. 대좌와 광배를 갖추고 있는데 광배는 타오르는 불꽃 모양으로 연꽃과 덩굴무늬가 표현되어 있고 상·중·하대로 이루어진 대좌의 상대석은 연꽃을 위로

떠받드는 모양이다. 작은 소라 모양의 머리칼과 짧은 두 귀, 네모진 상체, 나란히 흘러내린 옷주름선 등의 특징이 9세기 불상임을 말해준다. 대웅보전 앞쪽의 계단으로 올라서면 삼층석탑(경북 문화재자료 제28호)이 있다.

고운사 이외에도 의성에는 둘러보면 한번쯤 둘러보면 좋을 법한 여러 전통사찰이 있다. 7세기 신라 의상대사가 창건하고 조선 인조 15년(1637년)과 고종 9년(1872년)에 각각 중건한 지장사(地藏寺), 신라 법흥왕 2년(515년) 의상대사가 창건한 절로 토끼가 운반해준 자재로 절을 지었다는 전설이 깃든 주월사(住月寺), 고운사의 말사로 신라 흥덕왕(826~836년)때 심지화상이 백마산에 창건한 정수사(淨水寺), 신라 신문왕 때 의상대사가 지은 절로 천등산에 위치한 바람과 구름이 만든 아늑한 절 운람사(雲嵐寺)가 있다. 또한 고려 공민왕 17년(1368년)에 지공선사와 나옹선사가 창건한 대곡사(大谷寺) 그리고 신라 신문왕 원년(681년) 의상대사가 등운사 아래 창건한 고운사(高雲寺)가 있다.

주변 둘러보기

하나. 금오서원

구미는 조선시대에 성리학을 꽃피운 지역으로, 야은 길재를 비롯하여 수많은 유학자들을 배출해냈다. 길재는 고려가 망하자 두 왕조를 섬길 수 없다며 관직을 버린 후 고향으로 내려와 학문을 연구하고 제자를 양성하는데 힘을 쏟았다. 금오서원은 길재의 충절과 학문을 기리기 위하여 조선 선조 3년(1570년)에 지어진 건물이다. 원래 금오산 아래에 세워졌으나 임진왜란 때 소실되어 1602년 선산읍 남산으로 옮겨지었다. 선조 8년(1575년) 사액서원이 되었으며 길재 외에 김종직, 정붕, 박영, 장현광 등의 위패를 모시고 있다. 산비탈에 읍청루, 동·서재, 정학당, 내삼문, 상현묘 건물이 일직선으로 놓여있다. 읍청루는 금오서원으로 들어가는 입구로 2층 누각이고 동·서재는 학생들의 기숙사다. 정학당은 학문을 강론하던 곳이고 상현묘는 제사를 지내던 사당이다.

둘. 한개마을

경상북도 성주군 월항면 대산1리의 한개마을은 조선 세종조 때 진주 목사를 지낸 이우가 정착하여 터를 잡은 마을로, 현재는 그 후손들이 모여 살고 있는 성산이씨 집성촌이다. '한개'라는 마을 이름은 크다는 뜻의 '한'과 개울이나 나루를 뜻하는 '개'자가 합쳐진 순 우리말인데, 예전에 이곳에 큰 나루가 있었다고 한다. 한개마을은 예부터 과거에 급제한 이가 많았는데 이원조, 이진상 등 이름난 유학자와 독립운동에 헌신한 이승희 등은 이 곳 출신이다. 전통한옥과 이를 둘러싸고 있는 토석(土石)담이 잘 어우러져 문화유산으로서 가치가 높다. 뒤로는 영취산이 마을을 감싸듯 둘러앉았고 앞에는 백천이 흐르고 있어 영남 제일의 길지라할만하다. 양반과 서민가옥 100여 채가 수백 년이 지난 지금도 옛 모습을 그대로 간직하고 있다.

불교의 이상적 수행자, 보살

보살은 보리살타의 준말로, 성불하기 위하여 수행에 힘써 깨달음을 얻은 경지가 부처님 다음가는 위치에 있는 이를 뜻하는 말이다. 처음에는 깨닫기 이전의 석가만을 의미했지만 대승불교가 일어나면서 여래 다음가는 지위를 얻었다. 미륵, 관음, 대세지, 문수, 보현, 지장 등의 여러 보살이 있으며 이들 기도 대상에 따라 기도성지의 종류도 관음기도성지, 나한기도성지, 약사기도성지, 자장기도성지 등으로 나뉜다.

꼭 들러야할 이색 명소

심산 김창숙 생가

성주 출신으로 구한말 유학자이자 독립운동가였던 심산 김창숙 선생의 생가다. 선생은 1905년 일제에 의해 강제로 을사늑약이 체결되자 이승희와 함께 상경하여 상소를 올렸으며 1919년 3·1운동이 일어나자 1300여 명의 연명으로 한국 독립을 호소하는 진정서를 작성하여 만국평화회의에 제출했다. 또한 임시의정원 교통위원 및 부의장을 역임했으며 성균관대학교 초대 총장을 역임했다. 1962년 건국공장 대한민국장을 받았으며 저서로 시문집인 『심산만초』와 『벽옹만초』 등이 있다. 생가는 선생이 22세 되던 때 불에 타는 바람에 1901년 다시 지었는데, 이전 건물을 언제 지었는지는 정확히 알 수 없고 선조 대대로 살아온 것으로 보인다. 경북 성주군 대가면 칠봉리에 위치해 있으며 현재 생가에는 종부가 거주하고 있다.

효과 100배 코스 | 고운사

| 고운사 천년숲길 | 고운사 일주문 | 공양간 호랑이벽화 | 고운사 약사전 |

**사찰
정보**
Temple
Information

직지사 | 경북 김천시 대항면 운수리 216 / ☎ 054-429-1700 / www.jikjisa.or.kr

청암사 | 경북 김천시 증산면 평촌2길 335-48 / ☎ 054-432-2652 / www.chungamsa.org

도리사 | 경북 구미시 해평면 도리사로 526 / ☎ 054-474-3737 / www.dorisa.or.kr

해운사 | 경북 구미시 금오산로 434-1 / ☎ 054-452-4917

고운사 | 경북 의성군 단촌면 고운사길 415 / ☎ 054-833-2324 / www.gounsa.net

불국사 · 석굴암 · 분황사 · 기림사 외

역사와 예술의 고장 경주에서
만나는 신라 천년의 숨결

■ ■ ■ '사사성장(寺寺星張) 탑탑안행(塔塔雁行)'이라는 말에 꼭 맞게 신라 천년의 고도 경주는 절이 하늘의 별처럼 펼쳐져 있고 탑은 기러기떼처럼 줄지어 있다. 도심 거리마다 자리 잡은 거대한 고분들과 첨성대, 안압지, 포석정 등의 문화유적들은 옛 경주의 화려하고 찬란했던 시절을 그대로 말해준다. 과거와 현대가 공존하고 역사와 예술이 함께 하는 역사의 고장 경주는 그 어떤 곳보다 한국적인 문화와 전통을 잘 간직한 아름다운 도시다.

불국토 향한 간절한 염원 이루어낸 불국사와 석굴암

신라의 얼이 깃든 토함산(吐含山·745m)은 천년고도 경주에서 가장 큰 산이다. 신라 때 하늘이나 산신에게 제를 지낸 5개 영산을 오악이라 하는데, 토함산은 동쪽에 위치하여 동악(東岳)이라고 부른다. '안개와 구름을 머금고 토한다'는 이름처럼 토함산 정상에 오르면 구름과 안개가 자주 끼었다가 사라지는 광경을 쉽게 볼 수 있다. 토함산은 그 자체로도 아름다운 풍광을 자랑하지만 토함산 정상에 올라 바라보는 동해 풍경은 가히 예술이라 할만하다. 매년 새해가 시작되면 일출을 보기 위해 수많은 인파가 몰리는 것도 그 때문이다. 감포 앞바다를 붉게 물들이며 서서히 떠오르는 붉은 빛은 이내 굽이 진 산봉우리를 물들이고 운무 위에서 아름다운 빛의 향연을 펼친다.

▲ 세계문화유산으로 지정된 불국사. 이상향인 불국토를 이루기 위한 신라인들의 간절한 마음이 빚어낸 산물이다. 대웅전 영역의 청운교·백운교는 부처의 세계와 인간의 세계를 연결하는 다리 역할을 한다.

토함산은 그 자체로 거대한 역사유적지다. 세계문화유산으로 지정된 불국사와 석굴암을 모두 품고 있기 때문이다. 이상향인 불국토를 이루기 위한 신라인들의 간절한 마음이 빚어낸 산물이다. 두 사찰 모두 신라 문화를 활짝 꽃피운 경덕왕 때 만들어졌다. 임진왜란을 거치며 상당부분 불타버렸고 꾸준한 복원작업을 통해 지금의 모습을 갖추게 됐다. 일제 강점기에도 대규모 보수 공사가 진행됐으나 철저한 고증 없이 이루어졌고 그 과정에서 문화재가 도난당하는 비운을 겪었다.

불국사(佛國寺)는 재상이었던 김대성이 세웠다. 워낙 대규모 공사였던 탓에 경덕왕 10년(751년)에 시작된 공사는 20여년의 세월이 흘러 혜공왕 10년(774년)에 김대성이 죽고 난 뒤에야 완성됐다. 신라인들의 장인정신이 없었다면 불가능했을 일이다. 가람 배치는 크게 대웅전과 극락전으로 나뉜다. 각 영역은 입구인 계단과 문, 중심 건물과 이를 둘러싼 회랑으로 구성된다. 대웅전 영역은 석가여래불의 사바세계를, 극락전 영역은 아미타불의 극락세계를 나타낸다. 석축을 경계로 그 위는 부처의 세계이고 아래는 인간의 세계다. 두 세상을 연결하는 다리는 대웅전 영역의 청운교·백운교(국보 제23호)와 극락전 영역의 연화교·칠보교(국보 제22호)다. 석축은 지진을 견디는 내진설계로 되어 있다. 석축에 박혀있는 동틀돌이 못의 역할을 한다. 신라인들의 뛰어난 건축술이 새삼 놀랍다. 청운교·백운교 아래는 원래 구품연지라는 인공연못이 있었으나 1970년대 복원공사를 하면서 복원되지 못하고 대신 소나무와 느티나무가 심어졌다. 석단에서 폭포처럼 떨어지는 물이 물보라를 일으킬 때면 불국사가 마치 구름 위에 떠있는 듯하였다고 하니 오늘날 그 아름다운 풍경을 보지 못하는 것이 안타깝기만 하다.

▲ 대웅전 앞에 위치한 다보탑은 석가탑과 달리 매우 화려한 모습이다. 4각, 8각, 원형의 탑신이 한 탑에서 조화를 이루며 짜임새 있는 구성으로 되어 있다.

대웅전 영역으로 들어서면 마당에 두 개의 탑이 동·서로 나란히 있다. 불국사의 백미 석가탑(국보 제21호)과 다보탑(국보 제20호)이다. 석가탑은 이름이 여러 개다. 원래 이름은 '석가여래상주설법탑'인데 '불국사삼층석탑'이라고도 한다. 석가탑을 만든 아사달과 부인 아사녀의 전설이 깃들어 있어 그림자가 비치지 않는다는 뜻의 '무영탑'으로도 불린다. 1966년 도굴범에 의해 석가탑이 훼손되어 이를 해체·수리하는 과정에서 사리용기와 각종 장엄구 및 세계 최초의 목판인쇄물인 무구정광대다라니경이 발견되기도 하였다. 삼층으로 이루어진 각 층의 몸돌 비율이 4:2:2로 뛰어난 균형미를 보인다. 간결미가 돋보이는 석가탑과 달리 다보탑은 매우 화려하다. 사방에 돌계단을 둘렀고 4각, 8각, 원형의 탑신이 한 탑에서 조화를 이루며 짜임새 있게 구성되어 있다. 신라시대의 석탑이 맞나 싶을 정

도로 이색적인 구조다. 안타까운 것은 일제강점기에 일본인들에 의해 해체·보수되는 과정에서 탑 속에 장치된 사리장엄구와 금동불상 2구가 사라졌고 갑석 위에 있던 돌사자 세 마리도 없어졌다. 그나마 얼굴이 부서진 돌사자상 하나가 덩그러니 자리를 지키고 있다.

▲ 석굴암은 세계에서 유래를 찾아볼 수 없는 인공으로 만든 석굴로, 360여 개의 돌을 짜 맞추어 인위적으로 굴을 만들고 내부의 중심에 본존불인 석가여래불상을 세웠다.

경내의 뒤편에서 만나는 불당은 비로전이다. 안에 모셔진 불상은 금동비로자나불좌상(국보 제26호)이다. 진리의 세계를 두루 통솔한다는 비로자나불을 형상화한 것으로, 위엄 있으면서도 자비로운 얼굴에 작은 소라 모양의 머리칼이 기교 있게 붙어 있다. 극락전에 모셔진 금동아미타여래좌상(국보 제27호), 경주 백률사 금동약사여래입상(국보 제28호)과 함께 통일신라 3대 금동불상으로 불린다. 불국사는 33관음성지의 하나로 조계종 제11교구 본사이다.

토함산의 서쪽에 불국사가 있다면 정상의 동쪽에는 석굴암(石窟庵·국보 제24호)이 있다. 신라시대에 지어진 수많은 불사 가운데 단연 최고로 꼽힌다. 원래의 이름은 석불사였으나 일제강점기를 거치며 석굴암이라 불리기 시작했다. 석굴암은 세계에서 유래를 찾아볼 수 없는 인공으로 만든 석굴이다. 360여 개의 돌을 짜 맞추어 인위적으로 굴을 만들고 내부의 중심에 본존불인 석가여래불상을 세우고 주위 벽면에는 보살상과 제자상, 역사상 등 40구(현재는 38구만이 남아 있다)의 불상을 세웠다. 대칭 상태로 배열된 조각상들이 완벽한 균형감과 안정감을 준다. 석굴암은 직사각형의 전실과 원형의 주실이 복도로 연결되어 있는 구조다. 주실의 천장은 돔 형식으로 쌓아올렸는데 중간 중간 뭉툭한 돌들을 튀어나오게 박아 견고함을 더했다. 이 또한 세계 어느 곳에서도 찾아볼 수 없는 신라인만의 기술력이다. 입구는 돌을 무지개처럼 쌓아 올렸다. 건축, 종교, 예술 등이 유기적으로 결합된 신라 불교예술 최고의 걸작은 그러나 일제강점기 중수되면서 원형이 많이 훼손되는 아픔을 겪었다.

선덕여왕의 향기가 서려있는 사찰 분황사

선덕여왕 3년(634년)에 세운 분황사(芬皇寺)는 지금은 터만 남아있는 황룡사와 함께 가장 큰 규모를 자랑하던 신라 명찰 중 하나였다. 황룡사와 함께 국찰로서의 역할을 담당했고 자장과 원효가 머물던 큰 절이었다. 하지만 몽골의 침입과 임진왜란 등을 겪으며 점차 그 모습을 잃어갔고 현재는 석탑과 우물, 비석받침돌, 그리고 조선시대에 세워진 보광전만이 남아 옛 명성을 말해준다. 분황사는 선덕여왕이 직접 지은 이름으로, 향기 '분(芬)'자에 황제 '황(皇)'자를 쓴 여왕의 향기가 나는 절이다. 지금은 불국사의 말사다. 모전석탑(국보 제30호)은 돌을 벽돌 모양으로 다듬어 쌓은 9.3m 높이의 탑이다. 현재 남아 있는 신라 석탑 중에서는 가장 오래됐다. 분황사와 함께 만들어졌으나 임진왜란 때 반쯤 부서진 상태로 있다가 일제강점기인 1915년 일본인에 의해 해체·수리됐다. 이 과정에서 2층 탑신 중앙에서 석함 속에 장치된 사리장엄구가 발견됐다. 함께 발견된 금은제 가위, 은바늘, 침통 등은 지금 경주박물관에 보관되어 있다. 원래 9층짜리 탑이었을 것으

▲ 돌을 벽돌 모양으로 다듬어 쌓은 분황사 모전석탑은 현재 남아 있는 신라 석탑 중에서 가장 오래된 것이다. 기단의 네 모퉁이에는 화강암으로 조각된 사자상이 한 마리씩 앉아있고 1층 몸돌에는 네 면마다 나있는 입구 양쪽에 힘찬 모습의 인왕상이 서있다.

로 추측되나 현재는 탑신부가 삼층까지만 남아있다. 기단의 네 모퉁이에는 화강암으로 조각된 사자상이 한 마리씩 앉아있다. 1층 몸돌에는 네 면마다 문이 있고 입구의 양쪽에는 힘찬 모습의 인왕상이 서있다.

모전석탑 곁에는 신라인들이 사용하던 돌우물이 있다. 남아있는 통일신라시대의 돌우물 가운데 가장 크고 우수한 것으로, 현재 사용해도 될 만큼 보존 상태가 양호하다. 우물의 이름은 '삼룡변어정(三龍變魚井)'. 세 마리의 용이 물고기로 변한 우물이라는 뜻이다. 겉면은 8각이고 안쪽 벽은 둥근 원형이다. 발굴 조사 때 이 곳에서 머리와 몸체가 분리된 석불들이 대량 발견되어 세상을 놀라게 한 적이 있다. 조선시대 때 숭유억불정책에 따라 사찰 내의 모든 돌부처의 목이 잘려진 채 우물 안에 버려진 것이다. 머리 없는 불상들은 지금 국립경주박물관 뜰에 나란히 늘어서있다.

경내 한쪽에는 전각 하나가 쓸쓸이 자리를 지키고 있다. 분황사의 유일한 전각인 보광전이다. 안에는 청동제 불상인 약사여래입상(경북 문화재자료 제319호)이 안치되어 있다. 왼손에 들고 있는 약그릇에 조선 영조 50년(1774년) 때 제작됐다고 쓰여 있다. 둥근 얼굴에 석회를 뭉쳐 만든 나선형 머리기락, 양 어깨에 걸쳐 있는 두꺼운 옷자락이 장대한 신체와 조화를 잘 이룬다.

▲ 경내 한쪽에 쓸쓸이 자리를 지키고 있는 분황사의 유일한 전각인 보광전

마음 속 번뇌와 근심이 사라지는 기림사

경주 양북면 호암리 함월산(含月山)은 토함산과 지척의 거리에 있다. 토함산이 구름과 안개를 머금고 토해낸다면 함월산은 달(月)을 품은(含) 산이다. 함월산 기슭에는 33관음성지 중 한 곳인 기림사(祇林寺)가 있다. 한 때 불국사를 말사로 거느릴 만큼 그 규모가 대단했고 일제강점기까지도 31본산의 하나였으나 지금은 불국사의 말사다.

기림사는 선덕여왕 12년(643년) 천축국(인도)의 승려 광유가 창건하고 임정사라 하였으나 뒤에 원효가 절을 크게 키우면서 기림사로 이름을 바꾸었다. 기림(祇林)은 석가모니 부처님이 생전에 제자들과 함께 수행했던 승원 중에서 첫 손에 꼽히는 인도 기원정사의 숲을 말한다. 철종 14년(1863년) 본사와 요사 등 113칸이 불타 없어졌으나 당시 지방관이던 송정화의 혜시로 중건한 것이 오늘에 이른다.

기림사에는 보물을 비롯하여 귀중한 문화재들이 많다. 본전인 대적광전(보물 제833호)은 신라 선덕여왕 때 처음 지어졌으나 그 뒤 8차례의 중수를 거쳤다. 앞면 5칸 · 옆면 3칸의 규모로, 배흘림기둥을 갖춘 다포식 단층 맞배지붕 건물이다. 겉은 웅장하고 내부는 넓고 화려하다. 특히 눈여겨볼 것은 정교하게 짠 꽃살문이다. 채색되지 않은 소박함이 오히려 대광전의 아름다움을 배가시킨다.

대적광전 안을 들여다보면 역시 진귀한 보물이 있다. 비로자나불을 주불로 하고 왼쪽에 노사나불, 오른쪽에 석가모니불을 두고 있는 소조비로자나삼불좌상(보물 제958호)이다. 향나무로 틀을 만든 뒤 그 위에 진흙을 덧발라 만들었다. 세 불상은 손의 위치와 자세만 다를 뿐 표정과 모양이 거의 흡사하다. 장대한 상체에 비해 무릎이 빈약하다. 일반적으로 삼존불은 좌우 부처들이 대칭되게 한손을 들고 있으나 이 노사나불과 석가모니불은 색다르게 둘 다 오른손을 들고 있다. 건칠보살반가상(보물 제415호)은 조선시대에 만들어진 건칠상이다. 건칠상이란 진흙으로 형태를 만든 뒤 종이나 천을 여러 겹으로 감아 칠을 바르고 속에 든 내형을 제거하여 제작하는데 상주 남장사 등 몇 곳에만 전해진다. 이 밖에도 소조비로자나불 복장전적(보물 제959호), 오백나한상을 모시고 있는 응진전(경북 유형문화재 제214호), 대적

◀ 33관음성지 중 한 곳인 기림사. 한 때 불국사를 말사로 거느릴 만큼 그 규모가 대단했고 일제강점기까지도 31본산의 하나였으나 지금은 불국사의 말사다.

광전 뜰의 삼층석탑(경북 유형문화재 제205호), 약사전(문화재자료 제252호) 등의 문화재가 전해진다. 별도로 성보박물관이 있어 비로자나불 복장전적 등 다수의 문화재자료를 보유하고 있다.

기림사에는 오종수라 불리는 5종류의 샘물이 있다. 눈이 밝아진다는 명안수(明眼水), 천하무적 장군이 된다는 장군수(將軍水), 마음이 편안해지고 서로 화합하게 된다는 화정수(華井水), 차로 끓이면 최고의 물맛을 자랑한다는 감로수(甘露水), 그리고 물맛이 좋아 까마귀가 쪼아 먹었다는 오탁수(鳴啄水)가 그것이다. 지금은 감로수와 화정수만이 마실 수 있다. 이밖에도 경주에는 금강산(金剛山) 중턱에 위치한 신라의 명찰 백률사(栢栗寺), 7세기 자장율사의 제자 잠주가 창건한 절로 김유신이 삼국통일을 위해 기도했다고 알려진 단석산의 신선사(神仙寺) 등의 사찰이 있으며 감은사지, 황복사지, 정혜사지, 장항리사지, 고선사지 등의 절터가 남아 있다.

주변 둘러보기

하나. 양동마을

경주시 양동면 설창산 아래 자리한 양동마을은 500여 년을 이어온 전통마을이다. 월성 손씨와 여강 이씨 양대 가문에 의해 형성되어 지금까지도 대를 이어 살고 있다. 전통마을 가운데 가장 큰 규모와 역사를 자랑하여 하회마을과 함께 유네스코 세계문화유산으로 지정됐다. 조선시대 반촌(유교중심마을)으로 훌륭한 재상들과 유학자들을 많이 배출한 곳이다. 수백 년 164채의 기와집과 초가집이 아름다운 자연을 벗 삼아 나지막한 돌담을 경계로 옹기종기 모여 있다. 통감속편(국보 제283호)과 함께 무첨당(보물 제411호), 향단(보물 제412호), 관가정(보물 제442호) 등 15가옥이 보물이나 중요민속자료로 지정되어 있다. 가장 오래된 집은 서백당(書百堂)으로, 반가의 배열 법도대로 다른 집보다 산등성이의 높고 넓은 터에 위치해있다. 매년 정월대보름이면 줄다리기와 연날리기 등 다양한 전통놀이가 벌어진다.

둘. 옥산서원

경주시 안강읍 옥산리에 있는 옥산서원은 도산서원, 병산서원과 함께 삼산서원(三山書院)을 이룬 유서 깊은 서원이다. 넓은 바위 사이로 폭포와 계곡이 흐르는 운치있는 곳에 자리한 옥산서원은 전국에서 가장 많은 수의 문적을 보유하고 있는 곳으로 유명하다. 현재까지 발견된 활자본 중 가장 오래된 책인 '정덕계유사마방목(보물 제524호)'를 비롯하여 '삼국사기', '해동명적' 등의 보물이 이곳에 보관되어 있다. 조선시대 영남학파의 선구자인 이언적 선생을 모시고 후진을 양성하기 위하여 조선 선조 5년(1572)에 지어졌으며 그 이듬해 선조가 서원 이름을 내렸다. 경내에는 사당인 체인묘, 구인당, 기숙사인 동재·서재, 무변루, 역락문 등의 건물이 있으며 한석봉, 김정희, 이산해 등 당대 명인의 친필 현판이 남아 있다.

경주 문무대왕릉

왕릉하면 보통 거대한 고분을 생각하지만 문무대왕릉은 거대하지도 화려하지도 않은 수중릉이다. 동해안에서 200m 떨어진 바다 속에 있는 무덤의 주인은 신라 30대 문무왕이다. 문무왕은 아버지인 태종 무열왕을 이어받아 삼국통일의 대업을 이루었으며 부강하고 평화로운 나라를 만드는데 힘썼다. 죽어서도 동해의 호국용이 되어 나라를 지키고자한 그의 뜻에 따라 수중릉을 만든 것이다. 대왕암은 길이 3.7m, 폭 2.06m의 넓적한 거북모양의 바위이며 안에 문무왕의

유골이 매장되어 있을 것이라 추측된다. 주위를 네 개의 넓적한 바위가 둘러싸고 있는데 사이마다 인공수로를 만들어 바닷물이 조용히 들어왔다 빠져나가도록 하였다. 왕릉 가까이에는 감은사라는 절이 있는데 이들 신문왕이 세운 것으로, 법당 아래 동해를 향한 배수로를 만들어 용이 된 문무왕이 왕래할 수 있도록 하였다.

분황사 석정에 얽힌 이야기

분황사에는 삼룡변어정(三龍變魚井)이라는 이름의 우물이 있다. 세 마리의 용이 물고기로 변한 우물이라는 뜻이다. 우물에 얽힌 재미있는 전설이 삼국유사에 기록되어 지금까지 전해진다. 분황사 우물에는 통일신라를 지키는 세 마리의 호국룡이 살았다. 원성왕 11년(795) 중국 당나라 황제의 명을 받은 당나라 사신이 몰래 신라로 들어와 용들을 물고기로 변신시킨 후 잡아가는 일이 발생했다. 북천의 물이 불어나 왕이 되지 못한 김주원 후손들의 도움이 있었기에 가능한 일이었다. 그날 밤 원성왕의 꿈에 여인이 나타나 이 사실을 아뢰며 남편을 찾아줄 것을 간청했다. 이에 원성왕은 즉시 군대를 보내 당나라 사신을 붙잡은 뒤 용을 다시 데려와 우물에 놓아주고 김주원 후손들을 처형했다. 다시 우물에 돌아온 용은 그후 신라를 지키는 호국룡으로 살았다고 한다.

28번째

사찰
여행

경북 경주 지역

🌐 **효과 100배 코스** | 불국사

불국사 석축   청운교 · 백운교   석가탑 · 다보탑   비로전 금동비로자나불좌상

사찰
정보
Temple
information

분황사 | 경북 경주시 분황로 94-11 / ☎ 054-742-9922 / www.bunhwangsa.org

불국사 | 경북 경북 경주시 불국로 385 / ☎ 054-746-9930 / www.bulguksa.or.kr

기림사 | 경북 경주시 양북면 호암리 산 417 / ☎ 054-744-2292 / www.kirimsa.net

은해사·선본사·불굴사·홍련암·운문사 외

극락정토 향해 켜켜이 쌓인
사찰의 비밀을 보다

■ ■ ■ ■　경상북도 서남쪽에 위치한 영천·경산·청도 지역은 경북의 다른 도시에 비해 한적하고 조용한 소도시로서의 성격이 강하지만 그 어느 곳보다 수려한 자연경관을 지닌 청정도시이자 찬란한 문화유적을 간직한 역사와 문화가 흐르는 고장이다. 영천은 예부터 충효의 고장으로 잘 알려져 있으며 경산은 원효대사와 그의 아들 설총, 일연스님 등 훌륭한 선현들을 배출한 곳이다. 또한 청도는 정신문화의 산실로 전통과 문화가 살아 숨쉬는 곳이다.

은빛바다가 춤추는 극락정토에 자리한 은해사

경상북도 영천시 청통면 신원리에 자리한 은해사(銀海寺)는 동화사와 함께 팔공산(八公山)의 대표 사찰이다. 신라 헌덕왕 1년(809년)에 혜철국사가 해안평에 창건한 해안사(海眼寺)가 그 시작이다. 운부암 가는 길에 그 터가 남아 있다. 은해사는 고려와 조선을 거치며 소실과 중건을 반복하다가 조선 명종 원년(1546년)에 지금의 자리로 옮겨졌다. 이때 법당과 비석을 세워 인종의 태실을 봉안하고 은해사라 부르기 시작했다. 팔공산 곳곳에 불·보살들이 계신 모습이 마치 은빛바다가 춤추는 극락정토같다 하여 붙여진 이름이다.

사찰에서의 화재가 끊이지 않다가 조선 헌종 13년(1847년) 창건이래 가장 큰 불이 나

▲ 은해사는 조계종 제10교구 본사로, 8개의 산내암자와 50여 개의 말사를 관장하고 있으며 33관음성지 중 한 곳이다.

면서 극락전을 제외한 1,000여 칸의 모든 건물이 소실되고야 말았다. 은해사는 인종의 태실 수호사찰이자 영조의 어제완문(御製完文)을 보관한 사찰이었기에 영천 군수와 대구 감영, 왕실의 시주를 받아 3년여의 불사 끝에 헌종 15년(1849년)에 중창불사를 마무리 지었다. 이 때 지어진 건물 중 대웅전, 보화루, 불광의 삼대 편액이 추사 김정희의 글씨다.

중수와 불사를 거듭하면서도 은해사는 한국 불교를 대표하는 수많은 고승들을 배출했다. 신라의 원효대사와 의상대사, 고려의 지눌국사와 일연스님, 조선의 홍진국사와 영파 성규스님 등이 이곳을 거쳐 갔으며 최근에는 향곡, 성철스님 등이 머물렀다. 최근 승가대학원이 설립되어 한국 불교의 강백들을 양성, 교육하는 불교 교육의 중심지 역할을 하고 있다. 아미타불을 본존불로 모신 미타도량인 은해사는 일제 강점기부터 31본산의 하나로 지정되어 그 위상이 대단했다. 조계종 제10교구 본사로, 8개의 산내암자와 50여 개의 말사를 관장하고 있으며 33관음성지 중 한 곳이다.

▲ 몇 해 전만 해도 석가모니 부처를 주불로 모신 대웅전이었으나 아미타 부처를 주불로 모시면서 극락보전 현판을 달았다.

천정에 36궁 도솔천의 모습을 그린 일주문을 통과하고 소나무숲과 은해교를 지나면 대웅전을 비롯하여 지장전·산령각·설선당·심검당·단서각·종루 등 19개 건물이 자리하고 있다. 3개의 문을 갖고 있는 보화루를 통과해 들어서면 맞은편에 중심 전각인 극락보전(대웅전·경북 문화재자료 제367호)이 있고 그 좌우로 심검당과 설선당이 있다. 가운데 장방형의 정원이 있는 이른바 중정식 가람배치 구조지만 보화루 앞에 계단으로 축대를 만들어 놓아 보화루로 들어오면서 보는 극락보전은 더 웅장한 멋이 난다. 몇 해 전만 해도 석가모니 부처를 주불로 모신 대웅전이었으니 아미타 부처를 주불로 모시면서 극락보전 현판을 달았다. 앞면 3칸의 겹처마 팔작지붕 건물로 어칸의 창호는 화려한 꽃창살이다. 전각 앞에는 괘불석주 두 쌍이 있다. 본래 앞에 오층석탑이 있었으나 보존을 위해 부도전으로 옮겨놓았다.

은해사와 부속 암자에는 국보와 보물로 지정된 3점의 문화재와 기타 60여 점의 사중 보물이 있다. 국가지정문화재로는 중국식 건축 양식을 본뜬 거조암 영산전(국보 제14호), 백흥암 극락전 수미단(보물 제486호), 운부암 금동보살좌상(보물 제514호), 은해사 백흥암 극락전(보물 제790호), 은해사 괘불탱(보물 제1270호) 등이 있다. 이 밖에 은해사 소장 금고(경북 유형문화재 제307호), 은해사 백흥암 감로왕도(경북 유형문화재 제319호), 은해사 중암암 삼층석탑(경북 유형문화재 제332호) 등이 있다.

은해사 내에는 1999년 완공된 성보박물관이 있다. 은해사 및 암자와 말사, 인근 지역의 성보문화재를 수집하여 안전하게 보관 및 전시하기 위해 마련한 공간이다. 앞면 9칸·옆면 5칸의 전통목조건축물에는 보물 제1270호인 은해사 괘불탱화, 대웅전 아미타삼존불, 후불탱화, 괘불, 신장탱화, 쇠북 등 수많은 문화재가 있다.

은해사는 대전사, 거조암 등 많은 말사를 거느리고 있는데

▲ 은해사의 말사인 거조암의 영산전은 가장 오래된 목조 건물의 하나로 간결한 맞배지붕에 주심포 양식을 하고 있다.

특히 팔공산 거조암은 국보 제14호인 영산전이 있는 곳으로 잘 알려져 있다. 신라 효소왕 2년(693년)에 원참대사가 창건했는데 창건 당시에는 거조사(居祖寺)라 불렀다. 고려시대 보조국사 지눌이 이곳에서 몇 해 동안 수행을 했다고 전해진다. 기도 도량으로 크게 부각되었으나 폐사되었다가 다시 중창하여 지금은 영산전 내 오백나한을 모신 영험 있는 나한 기도도량으로 다시 명성을 이어오고 있다.

현존하는 건물로는 영산전과 2동의 요사채가 있다. 가장 오래된 목조 건물의 하나인 영산전은 간결한 맞배지붕 건물로 주심포 양식을 하고 있다. 시원스럽게 펼쳐진 내부 공간에는 청화화상이 조성했다는 석가여래삼존불과 오백나한상, 상언이 그린 '후불탱'이 봉안되어 있다. 영산전 앞에는 고려 시대의 작품으로 추정되는 삼층석탑(경북 문화재자료 제104호)이 있다.

영천의 또 다른 절 만불사(萬佛寺)는 1995년에 완공된 절로 20만 평 부지에 불상이 가득 모셔져 있는 절로 유명하다. 중심 건물인 만불보전에는 삼존불과 17,000개의 옥불, 수정유리광여래불 등이 봉안되어 있다. 또한 높이 33m로 국내 최대 규모의 아미타대불과 스리랑카에서 모셔온 부처님 진신사리, 황동와불열반상, 용청지 등이 있다.

'팔공산 갓바위 부처님'으로 더 알려진 선본사

경북 경산시 외촌면 대한리 팔공산 관봉 아래에 위치한 선본사(禪本寺)는 대한불교조계종 직영사찰로, 신라 소지왕 13년(491년)에 극달대사가 창건했다고 전해진다. 아담한 경내에 자리한 전각들과 그 안에 든 불상과 불화 등은 비교적 최근의 것들이지만 석조 대좌, 와편, 석축 더미 등 남아 있는 석물(石物)을 통해 통일신라 때의 흔적을 희미하게나마 찾아볼 수 있다. 절의 전각으로는 금당인 극락전을 비롯하여 선방, 요사, 산신각 등이 있다.

▲ 팔공산 관봉 아래에 위치한 선본사. 신라 소지왕 13년, 극달대사가 창건했다고 전해진다.

선본사는 기실 절 이름보다는 '팔공산 갓바위 부처님'으로 더 잘 알려져 있다. 팔공산 관봉의 정상에 암벽을 병풍처럼 두른 곳에 있는데 정식 명칭은 팔공산 관봉 석조여래좌상(보물 제431호)이다. 관봉을 갓바위라고 부르는데 불상의 머리에 마치 갓을 쓴 듯한 널찍한 돌이 얹어있어 유래한 이름이다.

갓바위는 암벽이 병풍처럼 둘러쳐진 해발 850m에 위치해 있지만 정성껏 빌면 한 가지 소원은 반드시 이루어진다는 약사기도성지로 유명하여 기도객의 발길이 끊이지 않는다. 투박하지만 정교한 두 손을 무릎 위에 올려놓고 오른손 끝이 땅을 향한 항마촉지인 자세를 취해 석굴암의 본존불과 닮았지만

불상의 왼손바닥 안에 조그만 약항아리를 들고 있어서 약사여래불을 표현한 것으로 보인다.

통일신라시대에 만든 불상으로 의현대사가 돌아가신 어머니의 넋을 위로하기 위하여 조성했다고 전해진다. 민머리에 머리가 뚜렷하며 얼굴은 둥글고 풍만하다. 굵고 짧은 목에는 3줄 주름인 삼도(三道)가 있으며 미간에는 큼직한 백호(白毫)가 있다.

▶ 선본사는 절 이름보다는 '팔공산 갓바위 부처님'으로 더 잘 알려져 있다. 관봉을 갓바위라고 부르는데 불상의 머리에 마치 갓을 쓴 듯한 널찍한 돌이 얹어있어 유래한 이름이다.

원효와 김유신 설화 함께 하는 불굴사와 홍련암

팔공산에는 선본사말고도 불굴사(佛窟寺)라는 절이 있다. 통일신라 신문왕 10년(690년) 옥희대사가 창건했다고 전해진다. 지금은 아담한 규모지만 조선 중기까지만 해도 50여 채의 건물과 12개 암자 등을 갖춘 제법 큰절이었다. 그러다 영조 12년(1736년) 큰비로 크게 부서져 송광사에서 온 한 노승이 중창했다. 이후 철종 11년(1860년)에 다시 중건했으며 일제강점기인 1939년 은해사 장경파백현(張鏡波伯鉉)이 중건했다. 1988년 당시 주지였던 원조스님이 인도에서 모셔온 부처님 진신사리를 모시고 적멸보궁을 건립했다. 현재 경내에는 삼층석탑, 약사여래입상, 석등, 부도 등이 있다.

적멸보궁 앞에 위치한 삼층석탑(보물 제429호)은 2중 기단 위에 3층의 탑신을 쌓고 정상에 상륜을 장식한 통일신라시대의 석탑이다. 전체적으로 뚜렷한 비례가 돋보이며 탑의 규모가 작고 지붕돌의 치켜 올림이 크며 각 부분 밑에 새긴 괴임돌의 표현을 강조한 것이 특징이다.

경내에서 북동쪽 절벽을 따라 계단을 100m쯤 오르면 석굴로 된 홍련암이 있다. 불굴사가 창건되기

▲ 1988년 당시 주지였던 원조스님이 인도에서 모셔온 부처님 진신사리를 모시고 불굴사 적멸보궁을 건립했다. 현재 경내에는 삼층석탑, 약사여래입상, 석등, 부도 등이 있다.

전 원효대사가 수도한 곳이라고 하여 일명 원효굴이라고 한다. 김유신 장군이 소년 시절에 통일을 염원하며 이곳에서 기도했다고도 전해진다. 굴 안에는 '아동제일약수'라 불리는 약수가 있는데 원효대사와 김유신 장군이 사용했던 식수다. 소화불량과 신장염에 효과가 좋다고 알려지면서 찾는 사람들이 많다. 1976년 석굴 내부를 보수하다가 신라시대의 것으로 추정되는 청동불상 1점을 발견했으며 불상은 국립경주박물관에서 보관하고 있다.

경산에서 찾아갈만한 또 다른 전통사찰로는 환성사, 혜광사, 하양포교당, 경흥사, 천성암 등이 있다. 팔공산 기슭에 자리한 환성사(環城寺)는 신라 흥덕왕 10년(835년) 심지왕사가 창건한 절로 이름에 걸맞게 산이 절을 성처럼 둘러싸고 있다. 고려 말 화재로 소실됐다가 조선 인조 13년(1635년) 신감대사가 중건했고 광무 1년(1897년) 궁월대사가 중창했다. 경내에 대웅전, 심검당, 수월관, 명부전, 일주문 등이 있다. 근래에 복원된 일주문은 자연초석 위에 4개의 돌기둥을 세웠는데 특이하게도 가운데 기둥 2개

▲ 불굴사 적멸보궁 앞에 위치한 삼층석탑. 비례가 돋보이며 탑의 규모가 작고 지붕돌의 치켜 올림이 큰 통일신라시대의 건축물이다(보물 제429호).

는 팔각 모양이고 양쪽 기둥 2개는 사각으로 조성됐다. 일주문을 들어서면 보이는 대웅전(보물 제562호)은 앞면 5칸·옆면 4칸의 팔작지붕 건물이다. 법당 내부의 불단은 장식이 아름다운 독특한 양식을 자랑하며 단청은 경상북도 지역 특유의 아름다움을 간직하고 있다.

혜광사(慧光寺)는 일제강점기 때인 1931년 창건됐다. 조선시대 때 자인현 객사로 쓰던 건물을 일본 승려가 일본 불교를 포교하기 위하여 현 위치로 이건하여 일본식 사찰로 건축했다. 해방 후 혜광스님이 주석하면서 절 이름을 지금의 혜광사라 이름 지었다. 이후 점차 쇠락해져갔으나 근년에 신축하여 오늘에 이르고 있다.

하양포교당(河陽布敎堂)은 창건연대와 창건자는 정확하지 않으며 조선시대 객사로 활용하던 것을 일제강점기인 1927년 은해사에서 중수하여 하양포교당으로 활용하여 왔다. 경내에는 1927년 중수한 극락전과 1974년 창건한 칠성각이 있다. 극락전에는 고려 말~조선 초기의 것으로 추정되는 석조불상이 모셔져 있으며 오층석탑에는 1982년 태국에서 모셔온 부처님의 진신사리가 봉안되어 있다.

학의 형상을 하고 있는 동학산의 부리에 해당하는 자리에 위치한 경흥사(慶興寺)는 조선 인조 15년(1637년) 창건한 사찰이다. 현재 경내에는 대웅전, 명부전, 독성전, 산령각, 종각 등의 건물이 있다. 대웅전 안에는 아미타여래좌상을 주존불로 하여 문수보살과 보현보살이 봉안되어 있는데 드물게 보이는 목조불상으로 조각기법이 우수하다.

천성암(天成庵)은 팔공산 동쪽 기슭에 위치해 있으며 주위에 바위가 많아 독좌암(獨座庵)이라 부를 만큼 절 주변을 온통 바위가 감싸고 있다. 신라 흥덕왕 때(826~835) 의상대사가 창건했다고 전해진다. 산령각 좌우에는 의상대사가 중국에서 가져와 심었다는 천도복숭아나무 두 그루가 심어져 있다. 1988년 당시 주지인 원조 스님이 인도에서 모셔온 부처님 진신사리를 모시고 적멸보궁을 건립했다.

새벽을 깨우는 여승들의 예불 소리, 운문사

300여 년을 끄떡없이 버텨온 노송들이 이루어낸 솔숲을 따라가면 운문사(雲門寺)에 다다른다. 여승들만이 수양하는 전국 최대 규모의 비구니 사찰이다. 경북 청도군 운문면 신원리 호거산(虎踞山)의 낮은 산자락에 있는 운문사는 동화사의 말사다. 신라 진흥왕 21년(560년)에 한 신승(神僧)이 창건했다. 일연선사는 고려 충렬왕에 의해 운문사의 주지로 추대되어 이 곳에 머무르며 삼국유사(三國遺事)를 집필했다. 운문사의 절 동쪽에 일연선사의 행적비가 있었다고 하나 지금은 존재하지 않는다.

1,500년 역사를 지닌 고찰답게 경내에는 석탑·석등 등 7개의 보물을 비롯한 다수의 문화재와 11명 고승대덕의 영정이 보존되어 있다. 금당 앞 석등(보물 제193호), 동호(보물 제208호), 원응국사비(보물 제316호), 석조여래좌상(보물 제317호), 사천왕석주(보물 제318호), 삼층석탑(보물 제678호) 그리고 천연기념물 세180호인 '처진소나무'에 이른다. 운문사의 명물 처진소나무는 수령 400년이 넘었으나 여전히 푸른빛이 감돌고 싱싱하며, 사찰 곳곳에는 외부인의 출입을 금하는 출입 금지 팻말이 있다. 운문사에는 국내 최대 규모를 자랑하는 승가대학이 있다. 1958년 비구니 전문 강원으로 출발하여 그간 수많은 졸업생을 배출해냈다. 현재도 260여 명의 비구니 스님들이 이곳에

▲ 1,500년 역사를 지닌 고찰답게 운문사 경내에는 석탑·석등 등 7개의 보물을 비롯한 다수의 문화재와 11명 고승대덕의 영정이 보존되어 있다. 일연선사가 이곳에 머무르며 삼국유사(三國遺事)를 집필했다.

서 경학을 수학하고 있다.

호거산에는 또한 운문사의 산내암자이자 국내에서는 흔치 않은 나반존자의 기도도량인 사리암(邪離庵)이 있다. 나반존자란 부처님이 열반한 뒤 미륵불이 출현하기 전까지 중생을 제도하고자 원력을 세운 분이다. 운문사에서 걸으면 한 시간 정도 걸리는 길이 있지만 아무나 갈 수는 없고 신도로 등록한 사람만이 이용할 수 있다. 이 일대 생태계를 지키려는 운문사의 노력으로 21년간 자연휴식년제를 실시하기 때문이다. 덕분에 운문사가 위치한 운문산, 가지산 주변 일대는 1,860여종 생물이 서식하는 생태계 보고로서 환경부로부터 생태경관보존지역 핵심보존구역으로 지정받았다.

사리암은 삿됨을 멀리한다는 뜻으로, 일심으로 정성을 다해 기도하면 나반존자가 던져주는 돌을 받을 수 있다는 전설이 내려온다. 조선 고종황제가 심열로 고생했는데 청우스님이 사리암에서 백일기도를 주관하자 꿈에 선인이 나타나 임금의 머리에 침을 꽂아

▲ 1,500년 역사를 지닌 운문사는 여승들만이 수양하는 전국 최대 규모의 비구니 사찰로 국내 최대 규모를 자랑하는 승가대학을 두고 있다.

주어 깨끗이 나았다는 이야기가 있다.

운문사는 동서남북으로 4개의 굴을 가지고 있는데 사리암은 본래 동쪽에 있는 굴로서 사리굴이라 불렀다. 사리암 천태각 아래 사리굴이 있는데, 옛날에 이곳에선 쌀이 나왔으나 더 많은 쌀을 갖

▲ 수령 400년이 넘은 운문사의 명물 처진 소나무(천연기념물 제180호).

고 싶은 욕심에 구멍을 넓힌 뒤부터는 쌀은 안 나오고 물만 나왔다는 전설이 내려온다.

천태각에는 1845년 신파대사가 건립한 뒤 모신 나반존자상이 있다. 나반존자 뒤에는 1851년에 봉안한 독성탱화와 1965년 경봉 스님이 점안한 산신탱화가 함께 있다. 천태각 밑에는 금호 스님이 세운 중수비가 있다.

청도의 또 다른 절로는 일제강점기인 1912년 사택화상이 창건한 보현사(普賢寺), 동학산 기슭에 자리한 대적사(大寂寺), 조선 선조 9년(1576년)에 세운 덕사(德寺), 영남의 명산인 남산기슭에 자리 잡은 신둔사(薪芚寺), 신라 선덕여왕 14년(645년) 원효대사가 창건한 불령사(佛靈寺), 신라 문무왕 4년(664년) 원효대사가 토굴로 창건한 것이 시초인 적천사(磧川寺), 신라 문무왕 10년(670년) 의상대사가 포산(비슬산) 동쪽 기슭에 창건한 용천사(湧泉寺), 신라 흥덕왕 5년(830년) 월은산에 세워진 대산사(臺山寺), 신라 진흥왕 18년(557년) 한 신승이 호거산에서 3년 동안 수도 후 진흥왕 21년(560년)부터 7년간 절을 지어 완성한 5개의 절 중 하나인 대비사(大悲寺) 등이 있다.

주변 둘러보기

하나. 자인 계정숲

경산시 구릉지에 남아있는 천연숲으로, 이팝나무를 비롯하여 말채나무, 느티나무, 참느릅나무 등 낙엽수과 활엽수가 어울려 자라고 있다. 계정숲 안에는 한장군의 묘와 사당, 한장군놀이 전수회관이 있고 조선시대의 전통 관아인 자인현청의 본관이 보존되어 있다. 과거 경산시 일대에 어떤 나무들이 울창하였는지 보여주는 자연유적지이다.

둘, 유호연지

유호연지는 청도 화양읍 유등리에 있는 연못으로 일명 신라지라 부르며 둘레는 약 700m, 깊이 2m 정도이다. 청도팔경 중 하나이기도 한 유호연지는 모헌 이육선생이 무오사화의 여세로 음거생활을 하면서 이곳에 유연꽃을 심었다는 데서 비롯된다. 최근에는 특히 추석을 전후하여 시집간 여인들이 친정에 돌아와서 이곳을 친구들과 만나는 장소로 이용하였으며, 선남선녀들이 한복을 곱게 차려입고 연꽃을 감상하기 위해 많이 찾았다고 한다.

경산 자인단오제

매년 단오절이면 경북 경산에서는 '경산자인단오제(무형문화재 제44호)'가 열린다. 경산 지역에는 신라시대 때 왜구들이 쳐들어와 자인면 주민들을 자주 괴롭히자 한 장군이 오누이와 함께 여자로 가장하여 춤을 추면서 넋을 잃고 구경하는 왜구를 유인하여 용감하게 물리쳤다는 이야기가 전해온다. 마을 주민들은 한 장군이 죽은 뒤 사당을 세우고 단오절이면 추모제사를 지내면서 한장군 오누이가 추었다는 춤(여원무)을 추었다고 한다. 여기서 유래한 경산자인단오제는 기간 동안 한

장군제와 여원무·자인단오굿·팔광대놀이·계정들소리 등 전통문화예술행사를 비롯하여 국악한마당·풍물놀이·창극 배비장전·줄타기 공연·전통상여행렬 시연 등 각종 공연과 민속 연희 등을 풍성하게 펼친다.

소원을 들어주는 신비의 돌, 돌할매

영천시 북안면에 위치한 돌할매 공원에는 소원을 들어주는 신비의 돌 '돌할매'가 있다. 350년 역사를 가진 돌할매는 운세를 점쳐준다는 소문이 퍼지면서 전국적으로 가장 유명한 돌이 되었다. 무게 10kg, 직경 25cm의 타조알만한 크기의 돌을 두 손으로 들어 들리면 소원이 이루어지지 않는다는 뜻이고 반대로 들리지 않으면 소원이 이루어진다고 한다. 예부터 주민들은 마을에 전염병이 들거나 나쁜 일이 생기면 "돌할매 지러 간다"며 참배했다고 한다.

효과 100배 코스 | 은해사

소나무 숲 길 — 은해교 — 대웅전 보화루 — 극락보전 꽃창살

사찰
정보
Temple
Information

은해사 | 경북 영천시 청통면 청통로 951 / ☎ 054-335-3318 /www.eunhae-sa.org

선본사 | 경북 경산시 와촌면 대한리 587 / ☎ 053-851-1868 /www.seonbonsa.org

불굴사 | 경북 경산시 와촌면 불굴사길 205 / ☎ 053-854-0440

운문사 | 경북 청도군 운문면 운문사길 264 / ☎ 054-372-8800 / www.unmunsa.or.kr

불영사 · 보경사 · 오어사 외

산과 바다 품은 마음의 쉼터
부처의 넓은 세계와 통하다

■ ■ ■ 울진은 이름 그대로 산림이 울창하고 진귀한 보배가 가득하다. 국내 최대 금강형 소나무 군락지로 명성이 자자하며 국내 유일의 천연온천인 백암온천과 자연용출 온천인 덕구온천, 명승 제6호인 불영사계곡과 관동팔경인 월송정과 망양정에 이르기까지 아름답고 신비한 천혜의 자연을 그대로 간직하고 있다. 포항 역시 경관으로는 뒤지지 않는다. 해안가를 따라 드라이브하며 바라보는 푸른 바다는 아침에는 장엄한 해돋이 풍경을, 해가 지면 화려한 밤풍경을 전해준다. 눈도 호강하지만 입도 즐겁다. 과메기부터 물회, 대게까지 포항에서만 맛볼 수 있는 싱싱한 별미가 넘쳐난다.

부처의 그림자가 그윽하게 비치는 절 불영사

▲ 불영사는 불영사계곡에서도 가장 풍광이 뛰어난 울창한 소나무 숲속에 자리하고 있는 비구니 사찰이다.

기암괴석과 울창한 숲, 맑은 푸른 물이 어울려 15km를 이어가는 울진의 소금강, 불영사계곡. 명승 제6호로 지정될 만큼 빼어난 풍광을 자랑하는 불영사계곡은 봄·가을이면 자연을 벗삼아 드라이브하기 좋고 여름철이면 수려한 경치에 취해 휴식을 즐기기 그만이다. 깊고 장엄한 계곡 주변에는 사랑을 이루어준다는 사랑바위부터 신라의 천년고찰 불영사, 의상대, 조계등, 부처바위, 거북돌, 2층 팔각정 선유정에 이르기까지 다양한 전설을 품은 절경이 즐비하다.

불영사계곡에서도 가장 풍광이 뛰어난 울창한 소나무 숲속에 자리하고 있는 불영사(佛影寺)는 여성 스님들만 있는 비구니 사찰이다. 신라 진덕여왕 5년(651년)에 의상대사가 세웠을 때는 구룡사(九龍寺)였으나 불귀사(佛歸寺)로 바뀌었고 다시 지금의 이름인 불영사로 고쳐졌다. 이에 대해 창건설화가 전해진다. 의상대사가 동해로 향하여 가는데 계곡에서 오색의 서기(瑞氣)가 피어올라 다가가 살펴보니 연못 안에 아홉 마리의 용이 살고 있었다. 의상대사가 가랑잎에 '火'자를 써서 연못에 던지니 갑자

▲ 대웅보전 안에는 석가모니가 설법하는 장면을 화려한 색채와 정밀한 묘사로 표현한 영산회상도가 있다.

▲ 영산회상도(보물 제1272호)

기 물이 끓어올라 용들이 견디지 못하고 도망쳤고 의상대사는 그 자리에 절을 짓고 구룡사라 하였다. 헌데 연못물에 늘 부처의 모습이 보이는 것이었다. 불영사 뒤편 언덕에 있는 부처님 형상의 바위가 비춰진 것. 그러자 다시 불영사(佛影寺)라 고쳐 불렀다. 연못이 얼지 않고 날씨만 좋다면 연못에 비친 그 장엄한 풍경을 언제든 감상할 수 있다.

입구인 주차장에서 약 2km 걸으면 불영사에 닿는다. 불영사에 다다를 때쯤 길가에 돌무더기가 있다. 돌무더기 밑에는 오래전 고사한 거대한 나무둥치가 있다. 의상대사가 불영사를 지은 기념으로 심은 굴참나무인데 1300여 년을 지내다보니 그만 썩어버린 것이다. 입구에는 거대한 느티나무 두 그루가 우뚝 서있다. 한쪽에는 텃밭이 있는데 모든 밭작물은 스님들이 손수 가꾼다. 경내에는 불영사 이름의 유래가 된 커다란 연못 하나가 있고 곁에는 법고와 목어 및 범종 등이 있는 범영루가 있다.

불영사에는 오랜 역사만큼이나 많은 문화재를 보유하고 있다. 특히 응진전(보물 제730호)과 대웅보전(보물 제1201호), 영산회상도(보물 제1272호)는 국가지정문화재다. 응진전은 임진왜란 때 불영사에서 유일하게 남은 목조건물이다. 앞면 3칸·옆면 2칸의 맞배지붕을 했으며 내부에 기둥이 없는 통칸 형식이다. 대웅보전은 돌 거북 한 쌍이 검게 그을린 머리로 떠받치고 있다. 화기가 많은 불영사 터의 화기를 누르기 위함이다. 건물은 앞면과 옆면이 각각 3칸으로 된 팔작지붕 형태로 천장의 청판을 처리한 기법이 고급스럽고 별지화, 벽화의 솜씨가 뛰어나다. 대웅보전 안에는 석가모니가 설법하는 장면을 화려한 색채와 정밀한 묘사로 표현한 영산회상도가 있다.

불영사에는 2채의 불연(佛輦)이 있다. 조선 중기 때 절에서 시련의식(侍輦儀式)에 사용한 가마다. 매년 석가탄신일이면 아기부처를 모시고 경내를 도는 시련의식을 행할 때 사용한다. 우리나라 불연 가운데 가장 오래된 데다 조각수법이 정교하여 불교 공예사적으로 귀중한 자료다. 그 밖에 불영사 삼층석탑(경북 유형문화재 제135호), 양성당 부도(문화재자료 제162호), 불영사 불연(경북 유형문화재 제397호), 불영사 불패(佛牌, 경북 유형문화재 제398호) 등의 지방문화재가 있다.

울진의 또 다른 사찰인 수진사(修眞寺)는 신라 신문왕(681~692년) 때 창건된 불국사의 말사로 임진왜란 때 소실되어 한동안 방치되었다가 1969년 중수했다. 천축산 중턱

30번째
—
사찰
여행

경북 울진·포항 지역

▲ 임진왜란 때 불영사에서 유일하게 남은 목조건물인 응진전은 앞면 3칸·옆면 2칸의 맞배지붕 건물로 내부에 기둥이 없는 통칸 형식을 갖추고 있다.

에 위치하고 있으며 경내에 대웅전과 산신각과 요사채 등의 건물이 있다. 대웅전은 앞면 3칸·옆면 2칸의 규모로 안에는 하단에 '가경(嘉慶) 3년'(1798년)이라고 쓰여진 후불탱화 1점과 8면에 인중상이 팔각의 누마루를 떠받치고 있고 마루를 계자각 난간으로 돌린 위목 1점이 있다.

금강산 부럽지 않은 비경을 품은 보경사

경북 포항시 송라면 중산리 내연산(710m) 동쪽 기슭에 자리한 보경사(寶鏡寺)는 불국사의 말사로, 신라 진평왕 25년(602년) 지명법사가 창건했다. 중국에서 가져온 불경과 팔면보경(여덟 면의 거울)을 연못에 묻고 메운 뒤 절을 세웠다하여 보경사라 하였다. 여러 차례 중창을 거쳤으며 현존 당우로는 대웅전·대적광전·영산전·팔상전·명부전 등이 있다.

보경사를 크게 중창하고 주지였던 원진국사를 기리는 비와 그의 사리를 모신 부도가 중요 문화재로 지정되어 있다. 원진국사비(보물 제252호)는 고려 고종 11년(1224년)에 세워졌다. 독특하게도 갓이

▲ 중국에서 가져온 불경과 팔면보경(여덟 면의 거울)을 연못에 묻고 메운 뒤 절을 세웠다하여 보경사라 하였다.

▲ 보경사 대웅전 앞면 3칸·옆면 2칸의 다포양식에 팔작지붕을 올린 대웅전이 위엄 있는 모습으로 세워져있다.

없고 신석양각(身石兩角)을 귀접이했으며 입에 여의주를 문 거북 받침돌 위에 비석의 몸체를 세웠다. 거북 등의 육각형 무늬마다 '왕(王)'자가 새겨져 있다. 원진국사사리탑(보물 제430호)은 200m쯤 더 오르면 있다. 비와 같은 해 제작됐으며 화강암으로 된 팔각원당형으로 중대석이 길다. 이밖에 고려시대에 제작된 5층석탑(경북 유형문화재 제203호), 앞면 3칸·옆면 2칸의 다포양식에 팔작지붕을 올린 대웅전(문화재자료 제231호), 보경사 현존 건물 중 가장 오래된 적광전(유형문화재 제254호), 숙종대왕친필각판(동산문화재 등록 3382호) 등이 있으며 한편에는 수령 400년 된 탱자나무(경북지정 기념물 제11호)가 아직 푸름을 간직하고 있다.

암자로 서운암을 비롯하여 청련암, 문수암, 보현암이 있다. 보경사 서쪽 계곡 건너편에 있는 서운암은 원진국사가 고려 고종 2년(1215년) 보경사를 중창할 때 산내 창건한 9개 암자의 하나다. 암자의 뒤쪽에는 부도밭이 있다. 15~19세기에 걸쳐 보경사 및 서운암 고승들의 부도를 모신 곳이다. 모두 11점의 부도와 3점의 비석이 있는데 담장 안에 제각기 서있다. 주변에는 적송과 느티나무들이 숲을 이루고 있어 고즈넉한 정취를 느끼며 둘러볼 수 있다.

보경사 순례를 마치고 상류로 올라가면 폭포의 향연이 펼쳐진다. 포항 12경의 하나인 내연산 12폭포다. 끝없이 이어진 그윽한 계곡 속에 자리한 12개의 폭포는 기암절벽을 따라 웅장한 물줄기를 쏟아내며 그 어느 곳에서도 보지 못한 비경을 보여준다. 12개 폭포는 저마다의 개성이 뚜렷하여 어느 곳을 둘러보아도 감탄을 자아내지만 특히 관음폭포와 연산폭포이 풍광이 아름답다. 관음폭포에는 10평 남짓한 관음굴이 있다. 관음폭포와 연산폭포 사이에는 구름다

▲ 내연산 12폭포 중 가장 풍광이 아름다운 곳은 관음폭포(사진)와 연산폭포다. 두 폭포 사이에는 구름다리인 연산교가 있어 쉽게 건널 수 있다.

리인 연산교가 있다. 다리를 건너면 높이 20m의 연산폭포가 학소대 암벽을 타고 내리꽂듯 쏟아진다. 계곡 입구까지는 도로가 연결되어 있어 오르기 편하다.

연못 위로 산과 절이 이루어내는 최고의 경치, 오어사

경북 포항시 남구 오천읍에 걸쳐있는 운제산(482m)에는 원효대사가 원효암과 자장암을 명명한 뒤 계곡을 사이에 둔 두 암자가 기암절벽에 위치하여 수도·포교할 때 내왕이 어려워지자 운제산의 구름을 타고 암자를 건너다녔다는 전설이 깃들어 있다. 그래서인지 운무를 품은 운제산은 신비롭다 못해 황홀할 지경이다.

▲ 신라 진평왕 때 자장율사가 창건한 오어사는 자장, 원효, 혜공 등 고승들이 수도한 곳으로 유명하다.

운제산 자락에 자리 잡은 오어사(吾魚寺)는 신라 진평왕 때 자장율사가 창건한 사찰로 원래 이름은 항사사(恒沙寺)였으나 원효대사와 혜공선사가 법력으로 죽어가는 물고기를 살리는 시합을 하다가 그 중 한 마리가 살아서 힘차게 헤엄치자 서로 "내 고기다."라고 하였다하여 '나 오(吾)'자와 '물고기 어(魚)'자를 써서 오어사로 바꾸었다 한다. 자장, 원효, 혜공 등 고승들이 수도한 곳으로 유명하다. 절 주변에 원효암, 자장암(慈藏庵)이 있는 것도 그 때문이다.

▲ 원효암

오어사는 오어지라는 연못에 둘러싸여 있는 독특한 형태다. 연못 위로 산과 절이 만들어내는 경치가 그대로 비쳐져 더욱 운치 있는 풍광을 감상할 수 있다. 연못 위를 가로지르는 '출렁다리 원효교'에서 바라보는 경관이 특히 아름답다. 한옥 형식의 오어사 유물 전시관에는 원효대사가 사용했다는 삿갓과 수저, 오어사 대웅전 상량문 등 각종 유물이 전시되어 있다. 전시된 유물

▲ 자장암

가운데 오어사 동종(보물 제1280호)은 신라시대 종의 형태를 하고 있는 고려 범종으로, 고려 고종 3년(1216년) 주조됐다. 1995년 오어지를 준설하다 800년 만에 발견했다. 종을 매다는 곳인 용뉴와 소리의 울림을 도와주는 용통이 있으며 무게가 300근이다. 몸통부분의 위와 아래에 횡선의 띠를 두르고 같은 무늬를 새겨 넣었다. 몸통에는 서로 마주보고 꽃방석 자리에 무릎을 꿇고 합장하는 보살을 새겼고 다른 두 면에는 범자가 들어간 위패형 명문으로 장식했다.

숲길 산책로를 따라 걸으면 숲속에 자리한 원효암이 있고 운제산 꼭대기에 오르면 자장암이 있다. 모두 오어사의 부속 암자다. 원효암은 원효대사가 창건했다고 전해지며 자장암은 신라 진평왕 원년(578년) 자장율사와 의상조사가 수도할 때 오어사와 함께 창건한 암자다. 깎아지른 듯한 절벽 위에 위치하여 그 자체로도 훌륭한 풍광이지만 자장암에서 내려다보는 오어사 풍경은 눈을 뗄 수 없을 만큼 아름답다.

천년고찰 보경사와 오어사 이외에도 포항에는 비학산에 자리한 법광사(法廣寺)라는 사찰이 있다. 지금의 사찰은 1952년 건립됐으나 법광사 뒤편에 신라 진평왕 때 왕명으로 건립된 사찰인 법광사(法光寺)의 터가 남아 있다. 법광사(法光寺)는 건물 규모가 525칸에 이를 만큼 장대한 규모였으나 임진왜란을 겪으며 모두 소실되어 지금은 그 터만 볼 수 있다.

주변 둘러보기

하나. 성류굴

경북 울진군 근남면 구산리 성류봉 서쪽 기슭에 있는 성류굴은 약 2억 5천만 년 전에 생성된 천연 석회암 동굴이다. '성불이 머물던 곳'이라 하여 성류굴(聖留窟)이라 부른다. 전체적으로 수평동굴로 총 길이는 870m에 이르나 개방된 곳은 약 270m다. 동굴 내 여러 개의 다양한 크기의 호수가 형성되어 있고 종유석, 석순, 석주, 동굴진주 등 다양한 생성물들이 있으며 박쥐, 곤충류 등 54종의 동물이 서식하고 있다. 기묘한 석회암들이 이루어내는 경관이 마치 금강산을 보는 듯하여 '지하금강'이라 불린다. 신라 신문왕의 아들 보천태자가 이곳에서 수도했으며 겸재 정선과 김홍도가 방문하여 그림으로 남기고 김시습은 시를 남겼다. 동굴입구 절벽에는 수령 천년의 측백나무가 자라고 있으며 영양군 수비에서 발원한 물과 매화천이 합류하여 굴 앞을 흐른다.

둘. 망양정

경북 울진 망양해수욕장 인근 언덕 위에 위치한 망양정(望洋亭)은 저 멀리 동해를 한눈에 굽어볼 수 있는 정자다. 이곳에서 바라보는 경치가 관동팔경 중에서 제일간다 하여 조선 숙종은 '관동제일루'라는 친필 편액을 하사했다. 언덕 아래 펼쳐진 은빛 백사장과 검푸른 바다가 이루어내는 멋진 비경은 예부터 정철, 정선 등 수많은 문인과 화가들의 작품 소재가 되어왔다. 주변에 성류굴과 해맞이 공원이 가까이 있어 같이 둘러보기에 좋다. 해맞이 공원은 산책로가 잘 구비되어 있어 바다의 경치를 감상하며 걸을 수 있다. 사방은 소나무숲으로 우거져 있어 삼림욕하기에도 그만이다.

셋. 월송정

천혜의 풍경을 자랑하는 관동팔경 중 하나인 월송정은 신라 화랑들이 푸른 소나무숲에서 달을 즐기던 터에 지어진 고려시대의 누각이다. 월국(越國)에서 송묘(松苗)를 가져다 심었다하여 월송정(越松亭)이라한다. 누각 사이로 보이는 보름달도  운치 있거니와 정자 너머로 한눈에 보이는 우거진 송림과 아름다운 동해 풍경 역시 손에 꼽는 풍경이다. 조선 성종은 팔도의 사정(활을 쏘는 활터의 정자) 중에서 월송정을 가장 풍경이 좋은 곳이라 극찬했다고 한다. 지금의 누각은 1980년대에 옛 양식을 본떠 다시 지은 것이다.

포항의 명물, 구룡포 과메기와 포항물회

포항에는 볼거리뿐 아니라 먹거리 또한 풍부하여 여행의 즐거움이 배가 된다. 포항은 저렴한 가격으로 다양하고 싱싱한 수산물을 맛볼 수 있는데 그 중 최고의 별미는 구룡포과메기다. 꽁치와 청어 등 등푸른 생선을 동절기에 자연건조한 것인데, 맛이 독특하면서도 영양이 풍부하여 경북뿐 아니라 전국적으로도 큰 인기를 얻고 있다. 포항물회 역시 빼놓을 수 없다. 도다리, 새꼬시, 해삼, 전복, 꽁치 등 취향대로 흰 생선을 골라 살을 발라내고 각종 양념을 넣어 비벼먹는다. 시원하고 감칠맛이 나며 콜라겐이 풍부하여 피부 미용 및 다이어트에 좋다.

📷 꼭 들러야할 이색 명소

덕구온천과 백암온천

찬바람에 지친 몸과 마음을 따뜻하게 녹여주기에는 온천만한 곳도 없다. 경북 울진에는 전국적으로 이름난 온천이 두 곳 있다. 국내 유일의 용출온천인 덕구온천과 천연 알칼리성의 백암온천이 두 주인공. 덕구온천은 해발 998.5m의 응봉산에서 흘러나오는 연중 43℃의 약알칼리성 온천수를 자랑한다. 중탄산나트륨이 많이 용해되어 있는 약알카리성

온천으로, 신경통, 관절염, 피부병, 근육통 등에 효과가 있다고 알려졌다. 주변에 덕구계곡과 응봉산이 자리하고 있어 경관을 즐긴 뒤 온천에서 피로를 풀려는 관광객들의 발길이 잦다. 덕구

온천 남쪽에 있는 백암온천은 최고의 수질을 자랑하는 천연 실리카 온천으로, 53℃의 온천수가 온천욕을 즐기기에 적당하다. 나트륨, 불소, 칼슘 등 몸에 유익한 성분이 많아 만성 피부염, 자궁내막염, 부인병, 중풍, 동맥경화 등의 질환에 좋다고 한다.

📖 효과 100배 코스 | 불영사

불영사 대웅전 ●········· 불영사 연못 ●········· 불영사 응진전

사찰 정보
Temple Information

불영사 | 경북 울진군 서면 불영사길 48 / ☎ 054-783-5004 /www.bulyoungsa.kr

보경사 | 경북 포항시 북구 송라면 보경로 523 / ☎ 054-262-1117

오어사 | 경북 포항시 남구 오천읍 오어로 1 / ☎ 054-292-9554

범어사 · 금정사 · 해동용궁사 · 국청사 · 미륵사 외

명품 해양도시 부산에서
신라의 은은한 향기에 젖어들다

■ ■ ■　한반도의 남동단에 자리한 부산은 천 가지 매력을 지닌 한국 최대의 항구도시다. 산과 바다가 맞닿아 있는 부산은 여느 도시에서는 느낄 수 없는 독특한 멋을 지니고 있다. 부산의 진산인 금정산처럼 수려한 경관을 자랑하는 산들과 해운대 · 광안리 등 천혜의 풍광을 지닌 해수욕장, 계절별로 열리는 다양한 축제들 그리고 범어사 · 금정사 등 유서 깊은 문화유적까지. 부산은 숲 따라, 해안 따라 그만의 다채로운 매력을 남김없이 발산한다.

오랜 기간 역사와 전통 묵묵히 지켜온 명찰 범어사

　우거진 노송과 기암괴석, 깎아지른 듯한 절벽 등 수려한 산세가 마치 금강산 같다하여 신라 때부터 소(小)금강이라 불린 부산의 진산 금정산(802m), 그곳 동쪽 기슭에는 금정총림 범어사가 자리하고 있다. 부산에서는 조계종 중 가장 규모가 큰 사찰이다. 신라 문무왕 18년(678년) 의상대사가 해동 화엄종 십찰 가운데 하나로 창건한 곳이다. 합천 해인사, 양산 통도사와 함께 영남의 3대 사찰로 불리며 한국 불교계를 대표하는 한 곳으로 우뚝 섰다. 상당한 규모를 자랑하는 사찰이었으나 여느 절과 마찬가지로 임진왜란을 겪으며 거의 폐허가 되다시피 하였고 지금의 건물은 광해군 5년(1613년) 묘전화상과 해민스님이 중건한 것이다. 범어사는 역사적으로 많은 고승대덕을 길러내고 선승을 배출한 수행사찰로 이름났다. 의상대사를 비롯하여 원효대사 · 표훈대덕 · 낭백선사 · 용성선사 · 성월선사 · 만해 한용운선사 등 고승들이 이곳에서 수행 정진했다. 범어사는 33관음성지 중의 한곳으로 조계종 제14교구 본사이기도 하다.

▲ 금정산 동쪽 기슭에 자리한 금정총림 범어사는 부산에서는 조계종 중 가장 규모가 큰 사찰로, 영남의 3대 사찰에 속하는 한국 불교계의 대표 사찰이다.

▶ 범어사로 들어가는 첫 관문인 조계문은 모든 이들이 엄지손가락을 치켜들 만큼 일주문 중에서도 단연 첫손가락에 꼽히는 곳이다. 4개의 돌기둥이 일렬로 늘어서 옆에서 바라보면 마치 기둥이 하나인 것처럼 보인다.

　오랜 전통을 지닌 사찰답게 많은 문화재를 보유하고 있다. 대표적인 문화재로 조계문, 삼국유사, 대웅전, 삼층석탑 등이 있다. 범어사로 들어가기 전 일주문에서 약간 떨어진 곳에 당간지주(부산 유형문화재 제15호)가 있다. 고려 말 조선 초기에 세워진 것이다. 기단과 당간의 받침돌은 모두 없어지고 지주만 남아 있다. 지주는 좌우 기둥 모두 가로50㎝, 세로 87㎝, 높이 4.5m의 거대한 돌로 이루어졌다. 지주에는 문양이 조각되지 않고 특별한 장식이 없어 소박한 멋이 난다.

　범어사로 들어가는 첫 관문인 조계문(보물 제1461호)은 모든 이들이 엄지손가락을 치켜들 만큼 일

▲ 범어사로 들어가기 전 일주문에서 약간 떨어진 곳에 있는 당간지주. 문양이 조각되지 않고 특별한 장식이 없어 소박한 멋이 묻어난다.

주문 중에서도 단연 첫손가락에 꼽히는 곳이다. 보통의 일주문이 건물의 안정을 위해 네 귀퉁이에 기둥을 세운 것과 달리 4개의 돌기둥이 일렬로 늘어섰다. 옆에서 바라보면 마치 기둥이 하나인 것처럼 보인다. 그런데도 웅대한 지붕을 균형 있게 잘 떠받치고 있다. 대부분의 일주문이 초석 위에 나무 기둥을 세우는 형태지만 이 문은 둥글고 긴 4개의 돌기둥을 세우고 그 위에 배흘림을 가진 짧은 두리기둥을 세워 틀을 짠 뒤 다포의 포작과 겹처마 위에 지붕을 올려놓음으로써 스스로의 무게를 지탱케 하는 역학적인 구조로 되어 있기 때문이다. 원래 이름은 '범어사 일주문'이었으나 몇 해 전 보물로 승격되면서 '범어사 조계문'이라는 이름을 갖게 되었다. 조선 광해군 6년(1614년) 묘전화상이 사찰 내 여러 건물을 중수할 때 함께 건립했던 것으로 보인다.

▲ 사찰의 중심인 대웅전은 앞면 3칸·옆면 3칸의 다포식 건물로 크기는 그리 크지 않지만 정교한 건축기술이 돋보이는 전각이다. 특히 손으로 깎아 만든 주춧돌과 기둥 위의 장식, 처마의 짜임이 섬세하고 아름답다.

경내에 들어서 계단과 오르막길을 계속 오르면 앞마당이 나타나고 이를 건너 높은 계단을 오르면 사찰의 중심인 대웅전(보물 제434호)이 위엄 있게 자리하고 있다. 앞면 3칸·옆면 3칸의 다포식 건물로 겹처마의 맞배지붕 형태다. 크기는 그리 크지 않지만 정교한 건축기술이 돋보이는 곳이다. 손으로 깎아 만든 주춧돌과 기둥 위의 장식과 처마의 짜임이 섬세하고 아름답다. 내부로 들어서면 다른 대웅전과 달리 석가여래를 중심으로 미륵보살과 가라보살이 좌우로 함께 앉아 있다. 불단과 닫집은 용, 선녀, 학 등으로 정교하고 화려하게 꾸몄다.

대웅전 앞에는 통일신라시대에 세워진 삼층석탑(보물 제250호)이 있다. 탑의 층급 받침이나 기단에 새겨진 코끼리 눈 모양의 조각 등으로 보아 9세기경 건립된 것으로 보인다. 이중 기단으로, 아래층 기단은 각 면에 3구씩의 안상을 조각했고 위층 기단은 각 면석에 꽉 들어차게 안상 한 구씩을 조각했다.

석등(부산 유형문화재 제16호)은 신라의 의상대사가 문무왕 18년(678년)에 조성했다고 전해오나 양식상의 특징으로 보아 범어사 삼층석탑과 같이 9세기경 만든 것으로 보인다. 현재 지대석은 없으며 하대석의 윗면과 상대석은 복엽8판(複葉八瓣)의 복련(覆蓮)이 조각되어 있고, 상대석의 아랫면은 복엽8판의 앙련(仰蓮)이 조각되어 있다. 화사석에는 4면에 장방형의 창을 내었다. 간주석이 빈약하고 상대석이 두터워 균형이 잘 맞지 않고 하대석과의 비례가 맞지 않는데 이는 후대에 보수했기 때문이다.

삼국유사(보물 제419-3호)를 보려면 성보박물관에 가야 한다. 조선후기 불화를 비롯하여 50여 점의 진영, 1,000여 종의 전적과 14종의 목판, 23종의 현판 등 각종 유물이 보관되어 있다. 현재 우리나라에는 모두 5곳에서 삼국유사를 보관하고 있는데 범어사에 있는 삼국유사가 현존하는 삼국유사 가운데 가장 오래된 것으로 알려졌다.

◀ 중창을 거듭하며 전국 각지의 스님들이 모여드는 참선수행도량으로 거듭난 금정사는 최근 교육·수계도량으로 지정됐다.

당대 고승들 흔적 남아 있는 참선 수행도량 금정사

　금정산 능선의 남쪽 끝에는 한 때 부산시민들이 가장 즐겨 찾던 금강공원이 자리하고 있다. 안으로 5분 정도 들어가면 규모가 제법 큰 금정사가 자리하고 있다. 금정사가 위치한 곳은 오랜 옛날부터 사찰이 있었던 곳으로 추정되는데, 약 백 년 전 조선말기에는 부산 동래부의 사형집행장이었다고 한다.

비가 올 때면 이곳에서 원혼들의 울음소리가 들린다는 소문이 나자 원혼들을 달래주기 위해 금우스님이 이곳에 토굴을 짓고 기도를 올렸고 그 후 신도들이 하나둘 모여들어 도량을 이루자 금우스님은 1924년 금정사를 창건했다.

　금정사는 짧은 역사에도 당대 최고의 고승들이 거쳐 가며 명성을 드높였다. 한국전쟁이 일어나 가야총림 해인사가 문을 닫자 스님들이 남하했는데 가야총림 방장 효봉스님이 주석한 곳이 금정사다. 한암스님·경봉스님 등도 이곳에 머물렀으니 부산지

▲ 금정사 대웅전에 봉안되어 있는 목조아미타여래좌상. 조각승 혜희의 후반기 작품으로 불상은 상체를 앞으로 약간 숙여 아래를 굽어보는 듯한 자세를 취하고 있다.

역에서 한국불교계의 거목들이 한 절에 모인 것은 흔치 않은 일이었다. 또한 금정사는 부산과 경남 지역 최초의 방생도량이기도 하였다. 그 후 중창을 거듭하며 진국 각지의 스님들이 모여드는 참선수행도량으로 거듭난 금정사는 최근 교육·수계도량으로 지정됐다.

　금정사의 대웅전은 팔작지붕에 앞면 3칸·옆면 2칸 규모로, 불단에는 목조아미타여래좌상 및 복장유물(부산 유형문화재 제115호)이 봉안되어 있다. 불상은 조선 숙종 3년(1677년)에 낙성하여 전라도 고산현 대둔산 용문사에 봉안했던 것으로, 수인은 아미타인 하품중생인이며 상체를 앞으로 약간 숙여

아래를 굽어보는 듯한 자세를 취하고 있다. 조각승 혜희의 후반기 작품이다. 금정사 곁에는 동래의총(東萊義塚)이 있다. 임진왜란 때 동래에 왜군이 침입하자 동래부사 송상현과 함께 싸우다 순국한 무명의 성민(城民)의 유해를 묻은 무덤이다.

푸른 바다위의 사찰 해동용궁사

▲ 해동용궁사는 바다와 용과 관음대불이 조화를 이루어 진심으로 기도하면 누구나 한 가지 소원을 이룬다는 기도영험 도량으로 유명하다.

부산 기장군 시랑리에 있는 해동용궁사(海東龍宮寺)는 바다와 가장 가까운 사찰로 고려 우왕 2년(1376년) 공민왕의 왕사였던 나옹화상이 창건했다. 바다와 용과 관음대불이 조화를 이루어 진심으로 기도하면 누구나 한 가지 소원을 이룬다는 기도영험 도량으로 유명하다. 양양 낙산사, 남해 보리암과 함께 우리나라 3대 관음성지의 한 곳이다.

용궁사의 원이름은 보문사(普門寺)였는데 임진왜란 때 소실되었다가 통도사 운강(雲崗)이 중창하였다. 1974년 정암이 부임하여 관음도량으로 복원할 것을 발원하고 백일기도를 하였는데 꿈에서 관세음보살이 용을 타고 승천하는 것을 보았다 하여 사찰 이름을 해동용궁사로 변경하였다고 한다. 무한한 자비의 화신인 관세음보살은 바닷가에 상주하면서 용을 타고 화현한다고 한다. 그래서 우리나라의 관음 신앙은 섬이나 해안가에 형성되어 있는 편이다. 보통 사찰은 산속에 있는 경우가 대부분인데 이곳 사찰이 바다 옆에 위치하다 보니 시원한 바다 풍경과 함께 어우러지는 사찰의 멋진 모습을 보기 위해 많은 사람들이 찾는다.

용궁사 초입에 서 있는 포대화상은 코와 배를 만지면 득남을 한다는 소문에 수많은 사람의 손때가 묻어있다. 백팔계단을 걷다 보면 대웅보전이 있는 용궁사와 황금 지장보살상이 모셔져 있는 방생 터가 있다. 용궁사 가장 높은 곳에는 해수관음대불이 위치하고 있는데, 단일 석재로는 국내 최대 석상이라고 한다. 근처에 송정해수욕장과 멸치축제로 유명한 대변항이 있다.

◀ 용궁사 가장 높은 곳에는 위치하고 있는 해수관음대불. 단일 석재로는 국내 최대 석상이라고 한다.

부산에 위치한 다양한 사찰들

금정사, 범어사 이외에도 부산에는 둘러볼만한 사찰이 수없이 많다. 신라 의상대사가 창건한 국청사(國淸寺)는 금정산성을 방어하던 호국사찰이었다. 이름은 '청정한 마음으로 국난을 극복하는 데 앞장서다' 혹은 '나라를 외적으로부터 막고 깨끗이 수호한다'는 의미로 해석할 수 있다. 조선 숙종 29년(1703년) 금정산성의 중성을 쌓은 후 적을 막고 나라를

▲ 신라 의상대사가 창건한 국청사(國淸寺)는 금정산성을 방어하던 호국사찰이었다.

지키고 보호한다는 의미에서 이름 지었다. 당시 승병장이 사용한 '금정산성 승장인'이라는 철제인이 보관되어 있다.

부산 금정산에 자리한 미륵사(彌勒寺)는 신라 문무왕 18년(678년) 원효대사가 세운 절이다. 염화전 뒤쪽에 여러 개의 바위들이 어울려 하나의 거대한 바위 덩어리를 만들었는데 그 모습이 마치 스님이 좌선하는 듯한 모습을 닮았다하여 좌선바위라 부른다. 해가 지고 어둑할 무렵 보면 그 형상이 더욱 뚜렷이 드러난다.

석불사(石佛寺)는 금정산에서 뻗어 나온 산줄기가 남단에서 세 곳으로 갈라지며 급경사를 이루는 곳에 위치해 있다. 100m가 넘는 암벽이 마치 병풍처럼 둘러쳐져 있다 하여 병풍암이라 부르는 바위 아래에 매달리듯이 자리한 석불사는 여러 면에서 여느 사찰들과는 다른 모습을 보여준다. 석재와 철재로 조성했으며 거대한 자연 암석들 사이에 전각과 불상을 세웠고 출입구도 지하와 지상으로 연결되어

있다. 가장 눈길을 끄는 것은 크기가 40m×20m에 달하는 직벽의 암석을 깎아 조각한 마애석불이다.

불광산 기슭에 자리한 장안사(長安寺)는 신라 문무왕 13년(673년)에 원효대사가 창건한 사찰로 당시에는 척판암과 함께 쌍계사라 불렀으나 그 후 애장왕(809년)이 다녀가면서 장안사라 이름 고쳤다. 부산 지정문화재 8종을 보유하고 있다. 대웅전 앞에는 석가모니 진신사리 7기를 모신 삼층석탑이 있다. 장안사에서 오른쪽 길로 30분 정도 오르면 원효가 소반을 던져 1천명의 승려를 구했다는 전설을 간직한 척판암이 나온다.

해운대 달맞이길 와우산 기슭에 자리한 해월정사(海月精舍)는 성철스님이 해운대의 바다와 달빛이 불지를 의미한다고 하여 붙인 이름이다. 성철스님이 생전에 남긴 메모와 논문, 일기 등 300여 점과

▲ 암벽이 병풍처럼 둘러쳐져 있다 하여 병풍암이라 부르는 바위 아래에 매달리듯이 자리한 석불사.

스님의 유품을 모신 봉훈관이 마련되어 있다.

도심 근교에 자리한 홍법사(弘法寺)는 뒤로는 금정산이 자리하고 있고 주변에는 만 5천 평의 숲이 둘러싸고 있다. 경내 곳곳에는 관세음보살상, 드넓은 잔디마당, 독성각, 포대화상과 연못, 생태체험학습장 등 다양한 시설이 들어서있어 보는 재미를 더해준다.

삼광사(三光寺)는 1986년 창건한 절로 1만여 명을 동시에 수용할 수 있는 불교회관을 보유하고 있다. 1997년에 만든 다보탑은 전체 높이가 30m에 달하는 동양 최대의 석탑으로 티베트, 미얀마, 인도에서 모셔온 부처님 진신사리 10과를 봉안하고 있다.

신라 문무왕 15년(675년) 원효대사가 창건한 유서 깊은 사찰인 백양산 선암사(仙巖寺)는 원래 이름은 견강사(見江寺)였으나 뒷산 절벽 바위에서 신라의 화랑도들이 수련했다 하여 선암사라는 이름을 갖게 되었다. 기도를 올리면 영험이 있다고 알려졌으며 특히 약수가 유명하다.

언제 지어졌는지 정확히 알 수 없는 운수사(雲水寺)는 임진왜란 때 소실됐다가 조선 현종 원년

▲ 장안사 대웅전 앞에는 석가모니 진신사리 7기를 모신 삼층석탑이 있다.

(1660년) 재건했다. 운수사라는 이름은 경내에 있는 약수터에서 안개가 피어올라 구름이 되었다하여 붙여졌다. 운수사에서 은은하게 울려 퍼지는 저녁 종소리를 가리켜 운수모종(雲水暮鐘)이라 한다. 금련산에 위치한 마하사(摩訶寺)는 정확한 창건 연대를 알 수는 없으나 신라 내물왕(356~402년) 때 지은 것으로 추측하고 있다. 이름인 마하(Maha)는 산스크리트어로 '훌륭한', '존귀한'이라는 뜻으로 풀이하면 훌륭한 사찰이라는 의미를 가지고 있다.

신라 문무왕 원년(661년) 원효대사가 창건한 안적사(安寂寺)는 임진왜란 때 전소된 이후 여러 차례 중수됐으나 해방 후 거의 폐사가 되었다가 중창을 거쳐 오늘에 이르고 있다. 배산 서쪽에 자리 잡은 혜원정사(慧苑精舍)는 일제강점기인 1925년 지어진 사찰로, 정사(精舍)는 스님들이 머무는 곳이란 뜻으로 사찰이나 암자와 동일한 성격을 지니고 있다. 용비산에 자리한 동명불원(東明佛院)은 동명목재 회장 고 강석진 씨가 건립한 사찰이다. 배산 자락에 위치한 감천사(甘泉寺)는 아담한 비구니 절로 원래는 지하암반에서 솟은 물의 맛이 달다하여 감천암이라 하였다.

백산 남쪽 기슭에 자리한 비구니 사찰 옥련선원(玉蓮禪院)은 신라 문무왕 10년(670년) 원효대사가 백산사라 이름 짓고 성덕왕 9년(910년) 최치원이 참선한 유서 깊은 사찰이다. 조선 인조 13년(1635년) 해운선사가 옥련암으로 이름을 바꿨으며 이후 1976년에 지금의 옥련선원으로 다시 이름을 바꾸었다. 조계사의 말사다. 해운대 바다가 내려다보이는 장산 자락에 위치한 해운정사(海雲井寺), 범어사에서 멀지 않은 곳에 위치한 원효암(元曉庵), 범어사의 말사로 배산 자락에 위치한 영주암(瀛洲庵)도 있다.

주변 둘러보기

하나. 해운대

부산에는 해안선이 발달한 도시로 거대한 규모의 해수욕장이 다른 도시보다 많다. 그 중 여름철이면 가장 많은 피서객이 몰리는 곳은 바로 부산을 대표하는 명소인 해운대다. 광활한 백사장과 아름다운 해안선을 갖추고 있으며 수심이 얕은데다 물결이 세지 않아 해수욕을 즐기기에는 안성맞춤이다. 해수욕장 주변에는 일급 호텔을 비롯한 숙박시설, 오락시설 및 유흥 시설들이 들어서있어 관광을 즐기기에 불편함이 없다. 매년 정월 대보름날 열리는 달맞이 축제를 비롯하여 북극곰수영대회, 모  래 작품전, 부산 바다축제 등 크고 작은 행사들이 수시로 열린다. 해수욕장 주변에는 동백섬, 오륙도, 아쿠아리움, 요트경기장 등 다양한 즐길거리와 볼거리가 있다.

둘. 태종대

부산대교를 지나 영도해안을 따라 9.1㎞의 최남단에 위치하고 있는 태종대는 해안을 따라 줄지은 깎아지른 듯한 절벽과 기암괴석들이 동해의 푸른 물, 요동치는 파도와 어우러져 아름다운 절경을 자아내는 곳이다. 신라 태종무열왕이 전국을 순회하다가 이곳의 울창한 소나무 숲과 삼면이 바다로 둘러싸인 기암절벽 등으로 이루어진 빼어난 해안 절경에 심취해

활을 쏘며 즐겼다고 하여 그 이름이 붙여졌다. 일제강점기부터 오랫동안 군
요새지로 사용되어 일반인의 출입이 제한되어오다 지난 1969년에 관광지
로 지정됐다. 전망대에서 바라보면 왼쪽으로는 오륙도가 보이고 날씨가 맑
으면 일본 대마도까지도 보인다. 관광객들의 편의를 위해 각종 위락시설이
있는 태종대유원지를 조성해놓았다. 주변에 감지자갈마당, 제2송도, 동삼동
패총 전시관, 지하 600m의 태종대 온천 등이 있어 함께 둘러보기에 좋다.

알아두면 좋아요

'금빛 물고기' 설화 깃든 금정산과 범어사

금정산의 정상 바위군 맨 끝에
바위 하나가 우뚝 솟아 있는데
바위의 정수리에는 항상 물이
고여 있다. 사시사철 마르지 않
는 금빛 물이 고여 있다고 하여
금샘이라 한다. 세종실록지리지
와 동국여지승람에 따르면 서
북쪽 산정에 바위가 있는데 높
이가 3장쯤 된다. 바위 위에는
둘레가 10여척이고, 깊이는 7촌 가량되는 샘이 있다. 물이 항
상 가득하여 비록 가물어도 마르지 않으며, 빛깔은 황금색과 같
아 '금샘'이라 한다. 이에 산 이름을 황금우물이라는 뜻의 금정
산(金井山)이라 이름 짓고, 하늘에서 내려온 금빛 물고기 한 마
리가 오색구름을 타고 범천으로부터 내려와 그 속에서 헤엄치
며 놀았으므로 그 아래 있는 절 이름을 '범천에서 내려온 물고
기(梵魚)'라는 뜻의 금정산 범어사라 지었다고 한다.

꼭 들러야할 이색 명소

부산 자갈치시장

부산에서 가장 먼저 아침을 맞이하는 곳은 단
연 자갈치시장이다. 길가에 길게 늘어선 가게
에는 배에서 바로 잡은 싱싱한 해산물들이 종
류별로 가득하다. 맛있고 신선한 해산물을 시
중가보다 훨씬 저렴하게 구매할 수 있어 주중
주말 할 것 없이 연일 사람들로 북새통을 이룬
다. 영화 '친구'의 배경지가 되면서 관광객들의
발길이 더 잦아졌다. 해마다 자갈치시장 일대
에는 먹거리와 볼거리, 즐길거리가 가득한 수
산물 축제도 열린다.

효과 100배 코스 | 범어사

범어사 당간지주   범어사 조계문   범어사 대웅전   범어사 삼층석탑

사찰 정보
Temple Information

금정사 | 부산 동래구 우장춘로 157-79 / ☎ 051-555-1208

범어사 | 부산 금정구 범어사로 250 / ☎ 051-508-3636 / www.beomeo.kr

해동용궁사 | 부산 기장군 기장읍 용궁길 86 / ☎ 051-722-7744

해인사 · 벽송사 · 상연대 · 금대사 외

천년지혜 살아 숨쉬는 명찰
그곳에서 음미하는 마음의 안식

■ ■ ■　가야산국립공원같은 수려한 자연경관을 자랑하며 천년의 지혜 해인사장경판전과 장경각 등 세계적인 문화유산을 간직한 곳, 합천은 천혜의 자연환경과 천년의 문화유산을 간직한 자연과 역사가 함께 하는 고장이다. 경남의 대표적인 '선비의 고장'인 함양은 한옥마을, 정자 등 기품이 스며든 예스런 풍경과 함께 산성과 같은 전략요충지로서의 강인한 모습도 함께 갖추고 있다. 산 좋고 물 좋은 거창은 이름 그대로 해발 1,000m가 넘는 거창한 산들이 즐비하고 산 사이마다 맑고 깨끗한 물이 흘러 아름다운 청정자연을 그대로 느낄 수 있는 곳이다.

1,200여년 역사 자랑하는 유서깊은 불교성지, 해인사

▲ 홍류동계곡을 따라 위치한 해인총림 해인사는 세계문화유산인 장경판전과 세계기록유산인 팔만대장경판을 보유하고 있는 법보사찰로서 높은 명성을 지니고 있다.

　우리나라 12대 명사의 하나인 가야산(1,430m)은 서남쪽 기슭에 지리한 해인사를 비롯하여 곳곳에 사찰과 고적 등이 산재해있는 유서 깊은 불교성지다. 주봉인 상왕봉을 중심으로 두리봉, 남산, 비계산, 북두산 등 해발 1,000m가 넘는 고봉들이 저마다의 산세를 자랑하며 우뚝우뚝 둘러쳐져 있다. 계절이 달라질 때마다 진달래, 철쭉, 억새 등이 산을 온통 화려하게 수놓는다. 가야산은 동서로 줄기가 뻗어 경북 성주군과 경남 합천군의 경계에 있는데 합천 쪽의 산자락은 부드러운 육산인데 반해 성주 쪽은 가파르고 험하다.

　가야산은 다른 명산에서는 찾아보기 힘든 오묘하고 빼어난 산세를 특징으로 한다. 그 중 백미는 해인사 초입부터 해인사까지 이어지는 홍류동 계곡. 붉게 물든 단풍에 계곡의 물마저 붉게 보인다하여 홍류동이라 불리는데 여름에는 금강산의 옥류천을 닮았다 하여 옥류동으로도 불린다. 주변을 둘러싼

▲ 한국불교의 성지인 해인사는 세계문화유산 및 국보, 보물 등 70여 점의 귀중한 문화재를 보존하고 있다.

▲ 가야산에는 뛰어난 경치를 자랑하는 명소가 지천이다. 오랜 세월 물과 바람에 깎여진 기기묘묘한 바위들은 천년 노송과 함께 어울려 계절마다 특색있는 절경을 이룬다.

것은 소나무와 활엽수가 이루는 울창한 숲이다. 오랜 세월 물과 바람에 깎여진 기기묘묘한 바위들은 천년 노송과 함께 어울려 계절마다 특색있는 절경을 이룬다. 최근에는 '해인사소리길'이라는 이름으로 재탄생하여 산에 오르는 이들을 천년의 세월로 인도하고 있다. 그밖에 가야산에는 무릉교, 홍필암, 음풍뢰, 공재암, 광풍뢰, 제월담, 낙화담, 첩석대 등 뛰어난 경치를 자랑하는 명소가 지천이다. 근래 들어서는 '산은 산이요, 물은 물이로다'라는 법어로 잘 알려진 '가야산 호랑이' 성철스님이 해인사 퇴설당에서 열반에 들면서 전국에서 모인 조문행렬이 가야산을 가득 메우기도 하였다.

홍류동계곡을 따라 4km 정도 들어가면 1200여 년의 역사를 자랑하는 해인총림 해인사(海印寺)가 웅장한 모습을 드러낸다. 세계문화유산인 장경판전과 세계기록유산인 팔만대장경판을 보유하고 있는 사찰로 잘 알려져 있다. 조선시대에 강화도에서 팔만대장경을 옮겨온 후 부처님 말씀인 법(法)이 있는 사찰이라 하여 법보사찰로서의 명성을 드높이기 시작했다. 불보사찰 통도사, 승보사찰 송광사와 함께 한국 3보 사찰로 불리는 해인사는 14개의 암자와 75개의 말사를 거느리고 있는 해인사는 조계종 제 12교구 본사로 33관음성지 중 한곳이다.

해동 화엄종의 초조 의상대사의 법손인 순응화상과 그 제자인 이정화상이 당나라에서 유학하고 돌아와 신라 애장왕 3년(802년) 왕과 왕후의 도움을 받아 지금의 대적광전 자리에 창건했다. 신라시대에 화엄종의 정신적인 기반을 확충하고 선양한다는 기치 아래, 화엄십찰(華嚴十刹)의 하나로 세워진 해인사는 고려 때는 희랑, 균여, 의천 같은 빼어난 화상들을 배출하여 선풍을 드높였다. 조선 숙종 때부터 고종에 이르기까지 2백여 년간 7차례나 불이 나 건물 대부분이 타버렸고 지금의 건물들은 대부분 조선시대 후기에 지어졌다.

한국불교의 성지인 해인사에는 세계문화유산 및 국보, 보물 등 70여 점의 귀중한 문화재가 보존되어 있다. 가장 유명한 문화재는 단연 호국안민의 염원을 담아 고려 고종 23년(1236년)부터 15년에 걸쳐 완성한 팔만대장경판(국보 제32호)과 장경판전(국보 제52호)이다. 이 밖에도 반야사원경왕사비(보물 제128호), 석조여래입상(보물 제264호), 원당암다층석탑 및 석등(보물 제518호), 치인리마애불입상

(보물 제222호) 등 국보급 문화재가 즐비하다. 부속암자로 원당암을 비롯하여 홍제암, 용탑선원, 삼선암, 약수암 등이 산 곳곳에 있다.

해인사 장경판전은 고려 대장경판 8만여 장을 보존하는 건물로, 앞면 15칸으로 이루어진 좌우로 긴 두 개의 건물이 앞뒤로 나란히 배치됐다. 앞의 건물을 수다라장이라 하고 뒤에 있는 건물을 법보전이라 한다. 동쪽과 서쪽에 작은 규모의 동·서사간판전이 있다. 장경판전은 앞뒷면 창문의 위치와 크기가 서로 다른 것이 특징이다. 이는 통풍을 원활히 하고 습기를 제거하며 적정온도를 유지하기 위한 과학적 설계에 따른 것이다. 덕분에 내부의 대장경판은 800년이 지난 지금까지도 온전하게 보존되고 있다.

▶ 판전에는 81,258장의 대장경판이 보관되어 있다. 세계에서 가장 오래되고 가장 정확하면서 가장 완벽한 불교 대장경이라 평가받고 있다.

정확한 창건연대는 알 수 없으나 조선 세조 3년(1457년) 어명으로 판전 40여 칸을 중창하고 성종 19년(1488년) 학조대사가 왕실의 후원으로 30칸의 대장경 경각을 중건한 뒤 보안당이라 했다는 기록이 있다. 또한 광해군 14년(1622)에 수다라장, 인조 2년(1624년)에는 법보전을 중수했다. 장경판전은 건축 이후 여러 번의 고비를 겪을 뻔했으나 다행히도 단 한 번도 화재나 전란 등의 피해를 입지 않았다. 대장경판 보관용 건물로는 세계에서 유일한데 과학적 기능을 할 뿐 아니라 건물 자체도 무척 아름답다. 소장 문화재로 대장경판을 비롯하여, 고려각판 2,725판(국보 제206호), 고려각판 110판(보물 제734호)이 있다.

판전에는 81,258장의 대장경판이 보관되어 있다. 세계에서 가장 오래되고 가장 정확하면서 가장 완벽한 불교 대장경이라 평가받고 있다. 판 글자 수가 5천 2백 만 자에 이르지만 오자나 탈자를 찾아보기 어렵고 글자체가 고르고 정밀하여 그 가치가 매우 높다. 경판 표면에 옻칠을 하여 글자의 새김이 생생해 지금 인쇄해도 별 무리가 없을 정도다.

대장경판은 고려 고종 때 대장도감에서 새긴 목판으로, 대장경은 불교경전의 총서를 가리킨다. 고려시대에 판각되었기에 고려대장경이라고도 하고 판수가 8만 판이 넘어 팔만대장경이라고도 한다. 대장경판은 당초 경남 남해에서 판각하여 상화도 내장경판당으로 옮겨 보관했으니 고려 말 왜구의 침입이 빈번하자 조선 태조 때인 1398년 현재의 해인사 장경판전으로 옮겼다. 고려대장경판은 아시아 전역에서는 유일하게 완벽한 형태로 현존하는 판본자료로, 일본, 중국 등에 전해져 표본이 되었으며 영국·미국·프랑스·독일 등 서구 선진국에도 전해져 세계불교 연구에 커다란 영향을 미치고 있다.

해인사는 희랑대, 홍제암, 용탑선원, 삼선암 등 많은 부속 암자들을 두고 있는데 희랑대(希朗臺) 역시 가야산에 위치한 해인사의 산내암자다. 신라 말 해인사 중창주인 희랑조사가 창건하여 수도하였던 곳이다. 창건 이후의 역사는 남아있지 않으나 나한기도성지로 유명하다. 절벽을 뒤로 하고 바위와 바위 사이로 돌을 쌓아 평평한 터를 만들어 그 곳에 삼성전을 세웠는데, 이 삼성전에 모신 독성(獨聖) 나반존자(那畔尊者)의 영험이 불가사의하다 하여 찾는 기도객이 많다. 이곳에는 1명의 승려만이 기거하여 왔는데, 그 이유는 암자 부근의 산 모양이 마치 게 모양으로, 본시 게는 만나기만 하면 서로 달려들

▲ 해인사의 부속 암자인 희랑대는 신라 말 해인사 중창주인 희랑조사가 창건하여 수도했던 곳으로 나한기도성지로 유명하다.

고 엉켜서 싸움을 하기 때문이라 한다. 삼성전 옆에는 희랑이 심었다는 노송이 있고 암자 입구에는 약수터가 있다. 절을 둘러싼 주변 경관이 이루 말할 수 없이 빼어나다.

합천의 다른 절로는 금강선원과 연호사 등이 있다. 금강선원은 통도사의 말사로 유잠산 기슭에 자리하여 유잠산과 유잠호의 아름다운 절경을 한눈에 담을 수 있다. 템플스테이, 휴양공부방, 오디축제 등 다양한 체험프로그램을 실시하고 있다. 석벽 위에 자리한 연호사(烟湖寺)는 신라 선덕여왕 12년(643) 와우선사가 창건했다고 한다. 신라와 백제 간 벌어진 대야성 전투에서 전사한 김춘추의 딸 고타소랑과 신라 장병 2천여 명의 넋을 달래기 위해 지은 원찰(願刹)이다. 이후 연호사의 내력은 전해지지 않고 있으며 현재 극락전, 삼성각, 범종각, 요사채 등의 전각이 있다.

한국 선불교 최고의 종가 벽송사

금강산, 한라산과 더불어 삼신산(三神山)으로 불려온 지리산. 어리석은 사람도 지혜를 얻는다하여 지리산(智異山)으로 불리는데 한편으로는 백두대간이 흘러 내려왔다 하여 두류산(頭流山), 불가에서는 깨달음과 득도의 산이라 하여 큰스님의 처소라는 뜻의 방장산(方丈山)이라고도 한다. 경남의 함양, 산청, 하동과 전남의 구례, 전북의 남원을 모두 품고 있는데 천왕봉에서 노고단에 이르는 지리산맥은 45km에 이르며 그 둘레는 700km에 달한다. 지리산에는 두 개의 큰 강이 흘러내리는데 하나는 남강이고 또 하나는 섬진강이다. 800여 종의 식물과 반달가슴곰 등 400여 종의 동물들이 서식하는 생명의 산으로 산내에 화엄사, 쌍계사, 벽송사 등 유서 깊은 사찰을 많이 보유하고 있다.

벽송사는 지리산이 품고 있는 사찰 중 한곳으로 해인사의 말사다. 정확한 창건연대는 알 수 없으나 경내 위치한 삼층석탑을 통해 신라 말에서 고려초에 지어진 것으로 보인다. 조선 중종 15년(1520년)

▲ 벽송사 경내에는 법당인 원통전을 중심으로 좌우에 방장선원과 간월루가 있고 앞쪽에 산문과 종루, 뒤쪽에 산신각이 자리하고 있다.

에 벽송 지엄대사가 중창하면서 벽송사라 하였다고 전해진다. 이후 한국 선맥(禪脈)을 이어온 벽계정심과 벽송지엄, 부용영관 뿐 아니라 환성지안, 서룡상민 등 8분의 조사가 수도 정진한 도량으로 이름을 드날렸으나 한국 전쟁 때 인민군의 야전병원으로 이용되다가 불에 타 버리고 말았다. 그 후 1960년 원응 구한스님이 중건하여 오늘에 이르고 있다.

▲ 지리산 한자락에 위치한 벽송사는 한 때 한국 선맥을 이어온 벽계정심과 벽송지엄, 부용영관 뿐 아니라 환성지안, 서룡상민 등 8분의 조사가 수도 정진한 도량으로 이름을 드날렸다.

당우로는 법당인 원통전을 중심으로 좌우에 방장선원과 간월루가 있고 앞에는 산문과 종루, 뒤에는 산신각이 자리하고 있다. 심층석탑(보물 제474호)을 비롯하여, 목장승(경남 민속문화재 제2호), 벽송당지엄영정(경남 유형문화재 제316호), 경암집책판, 묘법연화경책판 등의 많은 문화재가 보존되어 있다.

특히 벽송사 목장승은 조각솜씨가 뛰어나며 표정이 풍부하다. 전체 높이는 4m 정도 되며 예전에는 벽송사로 들어가는 길가에 묻혀 있었으나 현재는 경내에 정려를 지어 보관하고 있다. 왼쪽 장승의 몸통 부분에 '금호장군'이라 음각되어 있고, 오른쪽 장승은 '호법대장군'이라 음각되어 있는 것으로 보아 잡귀의 출입을 금하고 불법을 지키는 막는 수문장이자 신장상(神將像)의 역할을 했을 것으로 보인다.

▲ 벽송사에서 50m가량 위쪽에 널찍이 자리한 심층석탑은 신라석탑의 기본양식을 충실히 따른 짜임새가 정돈된 탑이다.

함양에는 벽송사 이외에도 수많은 사찰이 있다. 조선 태종 3년(1403년) 행호조사가 국태민안을 기원하며 창건한 안국사(安國寺)는 이후 소실되었다가 1965년에 중건됐다. 사찰 내 은광대화상부도(경남 유형문화재 제337호), 안국사 부도(경남 유형문화재 제35호), 목조아미타여래좌상(경남 유형문화재 제444호)이 유명하다.

벽송사에서 서쪽으로 600여m 떨어진 곳에 위치한 서암정사(瑞嵓精舍)는 천연 암석과 조화를 이루고 있는 사찰로 벽송사의 부속 암자다. 벽송사를 재건한 원응스님이 자연암반에 무수한 불상을 조각하고 불교의 이상세계를 상징하는 극락세계를 그린 조각법당을 10여년에 걸쳐 완성하여 이룬 절이다. 아름답고 웅장하기로 유명하여 3대 계곡의 하나로 꼽히는 칠선계곡의 초입에 위치하고 있다.

백운산 중턱에 위치한 상연대(上蓮臺)는 신라 경애왕 1년(924년) 최치원이 어머니의 기도처로 건립한 곳으로 관음기도를 하던 중 관세음보살이 나타나 상연(上蓮)이라 이름하여 상연대라 이름 지었다고 한다. 역대 고승, 대덕스님들이 수도 정진한 신령한 수도도량이었으나 한국전쟁으로 소실됐

▲ 백운산 중턱에 위치한 상연대는 신라 경애왕 때 최치원이 어머니의 기도처로 건립한 곳이다.

고 전쟁직후 재건하여 오늘에 이르고 있다. 해인사의 말사다. 일제강점기인 1912년 건립된 보림사(寶林寺)는 해인사의 말사로 대웅전에 옛 용산사지에서 출토된 용산사지석조여래입상(경남 유형문화재 제138호)이 있으며 인근에 함양상림(천연기념물 제154호)이 있다.

신라 태종 무열왕 3년(656년) 행호조사가 창건한 금대암(金臺庵)은 해인사의 말사로 금대사(金臺寺)라고도 한다. 한국전쟁으로 소실됐다가 그 후 중건됐다. 신라 도선국사가 참배지로 인정하고 고려 보조국사, 조선 서산대사가 수도 성취한 곳이다. 경내에 경남 유형문화재로 지정된 삼층석탑(제34호)을 비롯하여 문화재 자료인 동종(제268호), 신중탱화(제269호), 금대암 전나무(경남기념물 제212호)가 있다.

신라 소지왕 9년(487년) 각연대사가 창건한 용추사는 한국전쟁 때 완전히 소실됐다가 1959년 재건했다. 해인사에 버금갈 정도의 규모를 자랑했으나 지금은 해인사의 말사다. 지리산 중턱에 위치한 영원사(靈源寺)는 정확한 창건 연대는 알 수 없으나 통일신라시대 영원대사가 건립했다고 전해진다. 한때 너와로 된 선방(禪房)이 9채에 100칸이 넘는 방이 있었고 서산대사, 청매, 사명, 지안스님 등 당대 내로라하는 100여 명의 고승들이 이곳에서 도를 닦았을 만큼 큰 규모를 자랑했으나 여수 반란사건 때 반란군

▶ 금대사는 신라 도선국사가 참배지로 인정하고 고려 보조국사, 조선 서산대사가 수도 성취한 곳이다

285

이 절터를 아지트로 삼으면서 건물이 모두 불태워져 그 위용을 잃었다. 1971년 중건했다.

　신라 헌강왕 3년(877년) 심광대사가 창건한 영각사는 여러 차례 중수를 거치다 한국전쟁 때 산신각과 창고만 남기고 건물 전체와 문화재급 가치가 있는 화엄경판, 법망경 등이 모두 소실되는 아픔을 겪었다. 1950~60년대에 복원하여 오늘에 이르고 있다. 한국전쟁 이전에는 주변에 비로암, 봉황대를 비롯한 13개의 소속암자를 둘만큼 해인사에 버금가는 큰 수행도량이었다고 하나 지금은 해인사의 말사다.

주변 둘러보기

하나. 함양 일두 정여창 고택

예부터 선비의 기품이 흘렀던 경남 함양군 지곡면 개평마을. 하동 정씨, 풍천 노씨, 초계 정씨의 3개 가문의 집성촌으로 이황, 조광조 등과 함께 조선 5현의 한 분이었던 일두 정여창선생이 이곳 출신이다. 마을에는 60여 채의 한옥이 있는데 일두 정여창선생의 고택도 이 곳에 자리하고 있다. 선생이 타계하고 1세기가 지나 후손들이 중건했는데 남도 지방의 대표적 양반 고택의 모습을 고스란히 볼 수 있다. 3,000여 평의 드넓은 대지에 12동(당초 17동)의 건물이 잘 배치되어 있으며 솟을 대문에 효자와 충신을 배출했음을 알리는 정려편액이 5점 걸려 있다. 대문에 들어서면 행랑채, 사랑채, 안채, 곳간, 별당, 사당 등이 들어서있다. 현재도 사용하고 있으며 중요민속자료 제186호로 지정될 당시의 건물주 이름을 따서 '정병호 가옥'이라고도 한다.

둘. 농월정

경남의 풍류를 제대로 느낄 수 있는 경남 함양 화림동 계곡. 금천이 굽이치며 흐르는 물가에는 농월정을 비롯하여 4개의 고풍스런 정자가 계곡과 어울려 아름다움을 과시하고 있다. 특히 농월정은 달을 희롱하며 논다는 곳으로 많은 시인과 묵객들이 거쳐 간 곳이다. 거대한 너럭바위인 월연암이 뽀얀 속살을 드러내면 그 위로 달빛을 받아 찬란하게 변한 금빛물이 미끄러지듯 세차게 흐르며 깊은 골을 이룬다. 관광편의 시설이 갖추어져 있어 야영, 민박 등 숙식에 불편이 없다. 농월정은 2003년 화재로 전소되어 안타깝게도 옛 자취를 잃어버렸다.

셋, 함양 화림동 거연정(居然亭)

거연정(居然亭)은 조선중기 화림재 전시서(全時敍)가 이 곳에 은거하여 지내면서 억새로 만든 정자를 그의 7대손인 전재학 등이 1872년 재건한 것으로, 거연(居然)은 주자의 시 정사잡영(精舍雜永) 12수 중에 '거연아천석(居然我泉石)'에서 딴 것으로 물과 돌이 어울린 자연에 편안하게 사는 사람이 된다는 뜻이다. 거연정은 정면 3칸, 측면 2칸 규모의 중층 누각 건물이 주변의 기묘한 모양의 화강암 반석, 흐르는 계곡 물 등과 조화를 이루는 등 동천경관을 대표할 만한 명승지이다.

홍류동 계곡과 최치원

홍류동 계곡에는 고운 최치원에 얽힌 전설이 물길따라 흐르고 있다. 최치원은 신라 말의 학자이자 뛰어난 문장가였다. 높은 신분제의 벽에 가로막혀 자신의 뜻을 펼치지 못한 최치원은 괴로움에 전국을 주유하다 가야산 홍류동 계곡에 머물기로 하였다. 그는 송림 사이로 흐르는 물이 기암괴석에 부딪히는 소리에 반하여 매일 같이 물소리를 들었고 결국 자신도 모르게 귀가 먹고 말았다. 그렇게 물소리를 들으며 노년을 보낸 최치원 선생은 홀연히 바위 위에 갓과 신발만 남겨두고 신선이 되어 사라졌다고 한다. 농산정 맞은편에 세워진 큰 바위에는 글자가 새겨져 있는데 최치원 선생의 친필이다.

수승대

경남 거창군 위천면 황산리 황산마을 앞 구연동에 위치한 수승대는 우거진 소나무숲과 물, 바위가 절묘한 조화를 이루어 속세의 근심 걱정을 잊게 할 만큼 승경이 빼어난 곳이다. 삼국시대 때는 신라와 백제의 국경지대였다. 백제와 신라가 대립할 무렵 백제에서 신라로 가는 사신을 전별하던 곳으로 돌아오지 못할 것을 근심하였다 해서 근심 수(愁), 보낼 송(送)자를 써서 수송대(愁送臺)라 하였다가 1543년에 퇴계 이황 선생이 이름이 아름답지 못하다며 음이 같은 수승대(搜勝臺)라 고칠 것을 권하여 이름을 바꾸었다. 조선 중종 때 요수 신권 선생이 머무르며 이곳에 구연서당을 건립하고 제자들을 양성하였으며 대의 모양이 거북을 닮았다하여 암구대(岩龜臺)라 하고 강내를 구연동(龜淵洞)이라 하였다. 경내에는 구연서원, 사우, 내삼문, 관수루, 전사청, 요수정 등이 있다.

효과 100배 코스 | 해인사

홍류동 계곡   해인사 성철스님사리탑   해인사 정중삼층석탑   해인사 수다라장

사찰
정보

Temple
Information

해인사 | 경남 합천군 가야면 해인사길 122 / ☎ 055-934-3000 /www.haeinsa.or.kr

벽송사 | 경남 함양군 마천면 광점길 27-177 / ☎ 055-962-5661 /www.amita.pe.kr

통도사·내원사·신흥사·미타암·홍룡사

자연 가득 품은 양산 길에서
깨침의 소리를 듣다

■ ■ ■ 예로부터 충렬의 고장으로 널리 알려진 양산. 경상남도 동남부에 위치해 있어, 북으로는 정족산맥이 뻗어 내려오고 동남으로는 부산, 서로는 밀양 · 김해와 맞닿아 있다. 양산은 수려한 자연경관과 고찰이 많기로 유명하다. 천년의 숨결을 이어온 통도사와 내원사, 경치가 빼어나 소금강이라 불린 천성산, 내원사 아래 위치한 아름다운 내원사 계곡 그리고 황룡이 승천하는 듯한 홍룡폭포까지. 요란스레 드러내지 않은 양산의 숨은 명소들을 감상하는 재미가 쏠쏠하다.

부처의 진신사리 품은 불보종찰의 위엄 통도사

천성산, 천태산과 함께 양산의 3대 명산으로 불리는 영축산(1,087m)은 울산과 양산 경계에 있는 산세가 수려한 산으로, 영남 알프스를 이루는 주요 봉우리 중 하나다. 영취산, 취서산, 축서산 등 다양한 이름을 갖고 있지만 불교에서 보편적으로 불리는 이름은 영축산이다. 동쪽은 깎아지른 듯 급경사가 이어지는데 반해 서쪽은 경사가 완만하다. 화강암으로 이루어진 까닭에 곳곳에는 부서진 자갈더미들이 있고 그 아래에는 바위절벽이 서있는 깊은 골짜기가 있다.

영축산의 진가는 가을에 드러난다. 신불산으로 이어지는 광활한 능선에는 억새평원이 펼쳐져 금빛 장관을 이룬다. 영축산에는 신선과 독수리가 많이 살았다고 하는 산이다. 산세를 찬찬히 바라보면 마치 독수리가 날개를 펼친 것 같다. 석가모니가 화엄경을 설법한 고대 인도의 마가다국에 있던 영축산과 비슷하다 하여 같은 이름으로 지어졌다고 한다.

명산에는 명찰이 있는 법이다. 영축산의 남쪽 가지산 도립공원에는 영축총림 통도사가 있다. 석가모니의 진신사리와 금란가사(금실로 수놓은 가사)를 모시고 있어 3보 사찰 가운데서도 으뜸인 불보종찰

▲ 영축총림 통도사는 석가모니의 진신사리와 금란가사를 모시고 있는 불보종찰로, 사찰 규모는 위상에 걸맞게 국내 최대를 자랑한다.

로서의 명성을 갖게 되었
다. 33관음성지 중 한곳
이기도 한 통도사는 당나
라에서 수도를 마친 자장
율사가 석가의 진신사리
를 모시고 와 신라 선덕여
왕 15년(646년)에 창건했
다. 통도사(通度寺)의 이
름 유래에 관해서는 3가
지 이야기가 전해온다. 하
나는 절이 위치한 산의 모
양이 부처가 설법하던 인
도 영축산과 통하여 통도
사라 하였다는 깃이고 또

▲ 통도사의 가람은 크게 대웅전을 중심으로 한 상로전과 대광명전을 중심으로 한 중로전 그리고 영산전을 중심으로 한 하루전으로 크게 나누는데, 가람들은 냇물을 따라 자연스럽게 동서로 길게 배치되어 있다.

하나는 승려가 되려는 사람은 모두 금강계단에서 계를 받아야 한다는 의미에서 통도사라 한다는 것이다. 나머지 하나는 모든 진리를 통하여 중생을 제도한다는 의미의 통도라는 것이다.

통도사는 임진왜란 당시 대부분의 전각들이 소실되었고 여러 차례 중건과 중수를 거쳐 오늘에 이르고 있다. 조계종 제15교구 본사인 통도사의 사찰 규모는 위상에 걸맞게 국내 최대를 자랑한다. 경내에는 12개의 큰 법당과 80여동의 전각이 들어서있다. 절 주변으로는 20여 개의 암자가 숲 속마다 자리잡고 있다.

매표소에서 통도사로 들어가는 오솔길에는 기묘하게 쭉쭉 뻗은 노송들이 길을 사이에 두고 좌우로 정렬해있다. 무풍한송로(舞風寒松路)를 지나 일주문을 통과하면 두 갈래 길이 나온다. 산모퉁이를 따라 도는 오른쪽 길은 경내로 향하는 길이고 직진은 산내암자로 오르는 길이다.

통도사의 가람은 크게 대웅전을 중심으로 한 상로전과 고려 말 건물로 경내 가장 오랜 역사를 지닌 대광명전을 중심으로 한 중로전 그리고 영산전을 중심으로 한 하로전으로 크게 나뉜다. 가람들은 냇물을 따라 동서로 길게 배치되어 있다. 상로전에 들어서면 정면으로 웅장한 멋의 대웅전이 보인다. 적멸보궁이기에 대웅전 안에는 불상은 없고 불단만 마련해 놓았다. 대신 대웅전 뒤편의 금강계단에 부처님의 진신사리를 모시고 있다. 대웅전과 금강계단은 국보 제290호로 지정되어 있다. 대웅전은 금강계단이 있는 쪽을 제외하면 삼면에 모두 출입문이 나있고 지붕은 T자형의 합각(合閣) 형태다. 그래서 사방 어느 쪽에서 봐도 건물의 앞을 보는 듯한 착각이 든다. 건물 사면에는 독특하게도 각각 대웅전, 금강계단, 대방광전, 적멸보궁이라고 쓰여진 편액이 걸려 있다. 이름은 달라도 의미는 하나다. 적멸보궁을 제외한 나머지 편액의 글씨는 흥선대원군이 쓴 것이다. 통도사에는 유난히 흥선대원군이 글씨를 쓴 편액이 많다. 일주문 편액인 '영축산통도사((靈鷲山通度寺)'와 행사 때 이용하는 '원통방(圓通房)'

편액도 모두 흥선대원군이 썼다. 추사 김정희 역시 이에 뒤지지 않는다. 주지실의 '탑광실(塔光室)'과 '노곡소축(老谷小築)', '산호벽수(珊瑚碧樹)' 편액과 함께 통도사성보박물관에 있는 '성담상게(聖覃像偈)' 현판도 그의 글씨다.

통도사는 국내에서 문화재를 가장 많이 보유하고 있는 사찰이다. 그 수가 무려 43종에 이른다. 화려한 장식 문양이 돋보이는 고려시대의 향로 은입사동제향로(보물 제334호)를 비롯하여 받침돌 위에 뚜껑이 있는 밥그릇을 얹어놓은 듯한 독특한 생김새의 고려시대 탑 봉발탑(보물 제471호) 등이 대표적이다. 경내를 둘러본 뒤에는 절 입구에 위치한 성보박물관을 꼭 들러보는 것이 좋다. 국내 유일의 불교회화 전문 박물관으로, 국내외를 막론하고 가장 풍부한 불교 유물을 자랑한다. 병풍, 경책, 고려대장경 등 3만여 점의 다양한 불교문화재들을 관람할 수 있다.

◀ 대웅전 뒤편의 금강계단에는 부처님의 진신사리가 모셔져 있다. 대웅전과 금강계단은 국보 제290호로 지정되어 있다.

새소리, 물소리 따라 이르는 비구니도량 내원사

깊은 계곡과 폭포가 어울려 천상의 경치를 자아내 예로부터 소금강산이라 불린 천성산(千聖山·922m)은 경남 양산시 웅상읍, 상북면, 하북면에 경계를 이루고 있는 양산 최고의 명산이다. 높이 1,000m이상 고봉인 가지산, 운문산, 신불산, 영축산과 함께 영남알프스 산군(山群)에 속할 만큼 그 아름다움은 이미 정평이 나있다.

▲ 천성산 기슭에 자리한 내원사는 사람들의 발길이 뜸하여 산새소리와 물소리만이 경내를 가득 채운다.

291

▲ 내원사 마당 한켠에 있는 청동금고(청동북·보물 제1734호). 사찰에서 행사할 때 사용하는 불구(佛具)의 하나로, 범종·운판·목어 등과 함께 소리를 내는 징모양의 도구다. 바깥쪽 원의 구름과 꽃무늬가 섬세하고 수려하다.

천성산의 제1봉인 원효봉의 오른쪽 사면에는 드넓은 평원이 펼쳐져 있는데, 바로 화엄벌이다. 가을이면 끝도 없이 이어진 억새군락으로 일대 장관을 이룬다. 화엄벌 중간쯤 되는 능선에는 보호구역으로 지정된 화엄늪이 있다. 밀밭늪과 마찬가지로 희귀한 동·식물이 자라고 있어 우리나라는 물론 세계적으로도 생태학적 가치가 높은 곳이다. 천성산은 원효대사가 이곳에서 당나라에서 건너온 1천명의 스님에게 화엄경을 설법하여 모두 성인이 되게 했다고 하는데서 이름이 유래됐다.

천성산 기슭에는 통도사의 말사인 내원사가 조용히 자리하고 있다. 사람들의 발길이 뜸하여 산새소리와 물소리가 경내를 가득 채운다. 신라 선덕여왕 15년(646년) 원효대사가 대둔사를 창건하면서 주변에 89개의 암자를 두었는데 내원사도 그 중 하나였다. 한국전쟁 때 불에 탄 것을 1958년 수옥비구니가 재건한 뒤 지금은 동국 제일의 비구니 스님의 기도도량으로 다시 한 번 이름을 떨치고 있다.

사찰이라 하기에는 규모가 좀 작다싶은 내원사의 가장 진귀한 보물은 마당 한켠에 있는 청동금고(청동북·보물 제1734호)다. 사찰의 행사 때 사용하는 불구(佛具)의 하나로, 범종·운판·목어 등과 함께 소리를 내는 징모양의 도구다. 한쪽 면만 두드려서 소리를 내는데, 가운데 부분에 2중선을 돌려 안과 밖을 구분했다. 안쪽 원에는 6개 잎을 가진 꽃을 새기고, 바깥쪽 원에는 구름과 꽃무늬를 새겼는데 그 솜씨가 섬세하고 수려하다.

▶ 한국전쟁 때 소실된 뒤 1958년 재건된 내원사는 동국 제일의 비구니 스님의 기도도량으로 다시 한 번 이름을 떨치고 있다.

양산에 위치한 또 다른 사찰들

통도사, 내원사 이외에도 양산에는 제법 많은 사찰이 있다. 석조여래좌상(보물 제491호)을 품은 용화사(龍華寺)는 경부선 철도변 물금상수도취수장 옆에 위치한 사찰로 요사채, 산신각, 대웅전으로 이루어진 작은 사찰이다. 특히 경내의 석조여래좌상은 화강암으로 만들어진 높이 125cm의 불상으로 주변 강 근처 밭에 있던 것을 옮겨온 것이다. 통일신라시대의 작품으로 추정하고 있으며 대좌와 광배를 갖춘

▲ 신흥사에는 가야 수로왕의 정성어린 기도로 독룡을 내쫓고 그 자리에 절을 지었다는 설화가 내려온다.

완전한 형태지만 광배 상부가 약간 파손된 상태로 대좌 뒤편에 놓여있다.

영취산 계곡 끝자락에 위치하여 빼어난 경관을 품에 안은 신흥사(新興寺)는 통도사의 말사다. 정확한 창건시기는 알 수 없으나 가야 수로왕의 정성어린 기도로 독룡을 내쫓고 그 자리에 신흥사를 지었다는 창건설화가 내려온다. 비로자나불을 모시고 있는 중심 법당인 대광전(보물 제1120호) 안에 수십 종의 벽화가 있다. 제작 연대는 확실치 않으나 대체로 신라초기부터 고려시대까지로 추정된다. 우리나라에서는 유일한 사원(寺院)벽화다.

▲ 천성산 미타암의 제일 보배는 석굴 안에 안치된 석조아미타여래입상(보물 제998호)이다.

원효대사가 창건한 89개 암자 중 한 곳인 천성산 미타암(彌陀庵)은 통도사의 말사로 신라 선덕여왕 15년(646년) 원효대사가 창건한 절이다. 미타암의 제일 보배는 제3의 석굴암이라 불리는 석굴 안에 안치된 석조아미타여래입상(보물 제998호)이다. 주변에 위치한 높이 30m 절벽에서 떨어지는 원산폭포가 볼만하다.

천성산에 위치한 원효암(元曉庵)은 통도사의 말사로 신라 선덕여왕 때 원효대사가 창건한 유서 깊은 고찰이다. 산 정상에 위치한 까닭에 절에서 내려다보는 경관이 천혜의 경관을 자랑한다. 미륵전, 산령각, 범종각 등의 건물이 있는데 특히 주법당 동쪽 석벽에 새겨진 마애아미타삼존불입상(경남 유형문화재 제431호)은 1906년에 조성한 작품으로 조각수법이 정교하고 섬세하다.

홍룡사(虹瀧寺)는 신라 문무왕(661~681) 때 원효대사가 창건했는데 당시 승려들이 절 옆 폭포에

서 몸을 씻고 원효의 설법을 들었다하여 절 이름을 낙수사(落水寺)라 하였다. 임진왜란으로 소실되어 한동안 절터만 남아 있던 것을 일제강점기인 1910년대에 중창했고 절 이름을 홍룡폭포에서 따와 홍룡사로 바꾸었다. 현재 대웅전·종각·선방·요사채 등의 건물이 있고 폭포 옆에 옥당(玉堂)이 있다.

▲ 홍룡사는 원효대사가 창건할 당시 '낙수사'라고 불렸지만, 이후 홍룡폭포에서 이름을 따 새롭게 명명했다.

통도사 말사인 계원암(鷄源庵)은 정확한 창건 시기를 알 수 없으며 구전으로 가야시대에 처음 세웠다고 전한다. 조선시대에 폐사됐다가 일제강점기인 1910년대에 다시 세웠다. 요사채 근처에서 신라시대 토기가 다수 출토되어 7점의 완형 토기 등이 현재 국립김해박물관에 보관 중이나.

역시 통도사의 말사인 법천사(法泉寺)는 금정산 중턱에 자리한 사찰로 신라 혜공왕(765~780) 때 무명대사가 창건하여 건봉사(乾鳳寺)라 이름지었다. 임진왜란 때 폐허가 되었다가 중수되며 이름도 여러 차례 바뀌었다. 법천사라는 이름은 절에서 약간 떨어진 샘터에서 나오는 샘이 일명 '법이 솟는 샘'이라 하여 붙여진 것이다. 샘터는 지금은 메워져 그 흔적만 볼 수 있다. 주 법당인 극락보전을 비롯해 산신각, 요사 3동, 공양간 등을 갖추고 있다.

 주변 둘러보기

하나. 내원사 계곡

영남알프스의 남쪽 주봉인 천성산에서 발원한 계류가 북쪽으로 흐르며 계곡을 이루는데 이를 내원사 계곡이라 부른다. 정상에서 내원사 입구에 이르는 6㎞ 구간도 아름답고 절 아래 4㎞정도 뻗어있는 계곡도 경치로는 뒤지지 않는다. 계곡마다에는 작은 폭포와 소, 바위가 하나씩 자리를 차지하고 있다. 바위는 어느 것 하나 똑같은 모양이 없다. 깎아 지른 듯 높게 솟은 기암괴석이 있는가하면 수십 명이 앉아도 넉넉한 너른 바위가 있다. 절벽에는 소금강이란 글씨가 뚜렷이 새겨져 있다. 그 사이로 흐르는 물은 쉬는 법 없이 세차게 흐른다. 이곳의 물은 연중 마르는 법 없이 맑고 깨끗하며 풍부하여 여름철이면 피서를 즐기기 위한 사람들로 발 디딜 틈이 없다.

둘, 배내골

영남알프스라고 하는 가지산 고봉들이 감싸고 있으며, 산자락을 타고 흘러내리는 맑은 계곡물이 모여 한 폭의 그림을 연상하게 하는 곳이다. 맑은 계곡 옆으로 야생 배나무가 많이 자란다 하여 이천동(梨川洞), 우리말로 배내골이라한다. 아직도 태고의 비경을 그대로 간직하고 있어 봄이면 고로쇠 수액이 나는 것이 알려지면서 이 물을 먹기 위해 관광객들이 많이 찾고 있으며, 통도사, 내원사, 홍룡폭포와 함께 1일 관광코스로 각광받고 있다. 그러나 밀양댐 건설로 인하여 배내골 전역에서의 물놀이 및 취사 행위를 일절 금지하고 있다.

알아두면 좋아요

아홉 마리 용에 얽힌 슬픈 사연이 깃든 통도사 구룡지

통도사 대웅전 서편에는 그리 깊지 않은 자그마한 연못 '구룡지(九龍池)'가 있다. 아무리 가뭄이 심해도 연못의 수량이 줄어들지 않는데 여기에는 아홉 마리 용에 얽힌 슬픈 사연이 담겨 있다. 영축산 기슭 연못에 아홉 마리의 용들이 살면서 백성들을 괴롭혔다. 자장율사는 이들을 쫓아내고 연못을 메워 금강계단을 쌓고 진신사리를 모셨다. 용 여덟 마리는 앞 다투어 달아났지만 한 마리가 이곳에 남아 절을 지키겠다고 굳게 맹세했다. 자장은 용의 청을 들어주기 위해 연못의 한 귀퉁이를 메우지 않고 용이 머물도록 했다. 아무리 가뭄이 심해도 연못의 수량이 줄어들지 않는 것은 용의 맹세덕분인지도 모르겠다.

효과 100배 코스 | 통도사

무풍한송로   통도사 상로전   통도사 대웅전   통도사 추사 편액

꼭 맛봐야할 특산품

원동매실

양산은 기후가 온화하고 일조 조건이 충분하여 매실재배에 적합한 지역특성을 지니고 있다. 양산 원동에서 생산되는 토종매실은 100여 년 전부터 그 명성을 이어오고 있는데 크기는 작지만 과즙이 풍부하고 향과 맛이 뛰어나기로 유명하다. 이에 발맞춰 해마다 봄이면 화사하게 핀 매화를 배경으로 원동면 일대에서는 원동매화축제가 열린다. 양산의 대표 특산물인 원동 매실을 체험할 수 있을 뿐 아니라 다양한 볼거리와 풍성한 이벤트를 함께 즐길 수 있다.

**사찰
정보**
Temple
Information

통도사 | 경남 양산시 하북면 통도사로 108 / ☎ 055-382-7182 / www.tongdosa.or.kr

내원사 | 경남 양산시 하북면 내원로 207 / ☎ 055-374-6466 / www.naewon.or.kr

표충사·관룡사·창녕포교당·해은사 외
전통의 얼과 멋 깃든
산사 풍경에 흠뻑 빠져들다

■ ■ ■   경남에는 전통의 얼과 멋이 깃든 곳이 고장이 여러 곳 있다. 수려한 자연풍광은 저마다의 전설을 간직하며 생생한 이야기를 들려준다. 남으로 낙동강이 유유히 흐르고 동북쪽으로는 재약산이 우뚝 솟아 있는 밀양에는 여름에 얼음이 어는 얼음골, 땀 흘리는 사명대사 비석, 종소리 나는 만어사의 경석 등 3대 신비가 숨어 있고, 옛 가야의 땅 창녕에는 1억 4천만 년 전 태고의 신비를 간직한 우포늪부터 부곡온천, 낙동강, 화왕산 그리고 삼국시대 고분군까지 천혜의 자연자원과 역사가 어우러져 있다. 그런가하면 함안에는 아라가야의 유서 깊은 역사와 문화가 담겨 있고, 그 옛날 금관가야의 탄생지였던 진해에는 찬란한 문화와 역사의 숨결이 머물고 있다.

표충사, 넉넉한 마음으로 유교를 품어내다

천년고찰 표충사 뒤로는 영남알프스 산군 중 하나인 재약산(1,018m)이 우뚝 솟아 있다. 산세는 부드럽지만 정상에는 수미봉, 사자봉 등 거대한 암벽들이 버티고 있어 경관이 아름답다. 재약산 동쪽에는 수미봉, 사자봉, 능동산, 신불산, 영축산으로 이어지는 억새 능선길이 있다. 온통 억새로 뒤덮인 사자평 고원은 그 규모가 5만 평에 이르는 우리나라 최대 규모의 억새벌판이다. 인근에는 얼음골, 호박소, 표충사, 층층폭포, 금강폭포 등 수많은 명소가 있다.

경남 밀양시 단장면 구천리 재약산 기슭에는 통도사의 말사인 표충사가 있다. 절 둘레에는 수미봉, 향로봉, 사자봉, 필봉, 정각봉 등 5개의 봉우리가 연꽃처럼 빙 둘러 있다. 표충사 안에는 유생들을 교육하고 성현들을 제사지내는 표충서원이 함께 자리하고 있다. 불교와 유교가 한 자리에 공존하는 특이한 풍경이다. 신라 무열왕 원년(654년)에 원효대사가 삼국통일을 기원하기 위해 창건하여 죽림사(竹林寺)라 했다가 신라 흥덕왕 4년(829년)에 영정사(靈井寺)로 고쳤고 임진왜란 때 승병으로서 나라를 구하는데 큰 공을 세운 서산대사·사명대사·기허대사 3대사의 충렬을 기리기 위해 세운 표충사당을 헌종 5년(1839년)에 이곳에 옮겨 지으면서 절 이름도 표충사(表忠寺)로 바꾸었다.

◀ 표충사는 수미봉, 향로봉, 사자봉, 필봉, 정각봉 등 5개의 봉우리가 연꽃처럼 빙 둘러져 있는 곳에 자리해있다.

사명대사는 서산대사의 제자
로 임진왜란이 일어나자 스승
을 도와 의승병을 이끌고 평양
성 탈환의 전초 역할을 담당했으
며 1604년 선조의 국서를 받들
고 일본으로 가서 8개월간의 노
력 끝에 포로로 잡혀간 3,000여
명의 동포를 데리고 귀국하는 등
커다란 외교성과를 거두었다. 그
후 해인사에 머물다 결가부좌한

▲ 표충사 안에는 유생들을 교육하고 성현들을 제사지내는 표충서원이 함께 자리하고 있다. 불교와 유교가 한 자리에 공존하는 특이한 풍경이다.

채 입적했고 나라에서는 국장으로 장례를 지내고 밀양 표충사(祠)와 묘향산 수충사(祠)에 서원 편액을 내려 유교식 제향으로 봉행토록 했다. 이 사당을 사찰에서 관리해오다 사당(祠)자가 절 사(寺)자로 바뀌었다.

표충사는 표충비각(경남 유형문화재 제15호), 삼층석탑(보물 제467호), 청동은입사향완(국보 제75호), 대광전(경남 유형문화재 제131호), 석등(경남 유형문화재 제14호), 사명대사의 금란가사와 장삼(중요민속자료 제29호) 등의 문화재를 보유하고 있다.

사명대사의 충의를 새긴 표충비각은 밀양의 3대 신비 중 하나로, 일명 땀 흘리는 비석이라 한다. 나라에 중요한 일이 있는 전후로 높이 3.8m의 비석에서는 땀이 흐른다. 사명대사가 나라와 국민을 염려하는 영험의 징표인 셈이다. 청동은입사향완은 현존하는 가장 오래된 고려시대 향로다.

이밖에 밀양의 대표 사찰로는 만어사, 석골사, 무봉사, 대법사, 영산정사 등이 있다. 만어산(674m)에 위치하고 있는 만어사(萬魚寺)는 가락국 수로왕 5년(46년)에 창건했다고 전해지는 사찰이다. 오랜 가뭄이 지속되면 기우제를 지내던 영험 있는 곳이었으며 신라왕의 공불처(供佛處)였다고 한다. 법당과 떨어진 곳에 고려시대의 것으로 보이는 삼층석탑(보물 제466호)이 있다.

◀ 사명대사의 충의를 새긴 표충비각은 밀양의 3대 신비 중 하나로, 일명 땀 흘리는 비석이라 한다. 나라에 중요한 일이 있는 전후로 높이 3.8m의 비석에서는 땀이 흐른다.

기암절벽과 깊은 계곡에 둘러싸여 아름다운 경관을 자랑하는 석골사(石骨寺)는 통도사의 말사로 신라말 비허선사가 창건한 사찰이다. 석골사 주변에 연중 쉼 없이 흐르는 석골사 폭포와 계곡이 있어 사찰을 찾는 이들의 발걸음이 잦다.

신라 혜공왕 9년(733년) 법조가 영남사의 부속암자로 창건했다고 전해지는 무봉사(舞鳳寺)는 이곳의 지세가 마치 봉황이 춤추는 형국이라 하여 이름이 붙여졌다. 통도사의 말사인 무봉사는 경내에 통일신라시대의 것으로 보이는 석조여래좌상(보물 제493호)을 간직하고 있다. 주변에 흐르는 밀양강과 영남루가 빚어내는 조화로운 풍경 또한 볼만하다.

영취산 대법사(大法寺)는 신라 문무왕 10년(670년) 의상대사가 창건하고 백학암이라 칭한 사찰이다. 그 후 사명대사가 이곳에서 머물렀는데 1610년 사명대사가 입적하자 유생들과 제자들이 표충사(表忠祠)라는 사당을 지었고 이후 표충사당이 영정사(표충사)로 옮겨가자 그 자리에 지은 사찰이 현재의 대법사다. 경내에 사명대사가 짚고 있던 지팡이를 꽂아둔 것이라는 아름드리 모과나무가 있다.

영취산 기슭에 위치한 영산정사(靈山精舍)는 근래에 건립된 사찰이지만 많은 불교 문화재를 보유하고 있는 곳으로 이름 높다. 7층탑 모양의 성보박물관에는 기네스북에 등재된 100만 과의 부처님 진신사리, 팔만대장경 원본인 10만 패엽경 등 국내외에서 수집한 2천여 점의 진귀한 불교문화재가 전시되어 있다.

관룡사, 능히 중생을 구하여 극락세계로 이끌다

경남 창녕군 창녕읍에 자리한 화왕산(757m)은 오래전 화산 활동으로 생긴 산이다. 뜨거운 마그마가 땅을 뚫고 솟구치면서 굳어진 까닭에 동쪽 줄기만 평탄하고 그 이외는 화강암 재질의 가파른 급경사를 이룬다. 정상에 있는 3개의 연못은 분화구의 흔적이다. 인근에 창녕 조(曺)씨의 시조가 여기서 탄생했음을 알려주는 득성비가 있다.

화왕산의 경치 좋은 곳에는 신라 천년 불교의 맥을 이어가는 창녕 최대의 사찰, 관룡사가 있다. 원효대사가 제자들과 함께 이곳에서 100일 기도를 드릴 때 한 줄기 빛을 목격하여 따라갔다가 아홉 마리의 용이 승천하는 것을 보고 절 이름을 관룡사(觀龍寺)라 했다고 전해진다. 통일신라시대 8대 사찰을

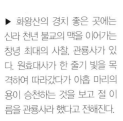

▶ 화왕산의 경치 좋은 곳에는 신라 천년 불교의 맥을 이어가는 창녕 최대의 사찰, 관룡사가 있다. 원효대사가 한 줄기 빛을 목격하여 따라갔다가 아홉 마리의 용이 승천하는 것을 보고 절 이름을 관룡사라 했다고 전해진다.

▲ 관룡사 약사전은 앞면 1칸·옆면 1칸으로 이루어진 자그마한 건물로 맞배지붕. 주심포 양식에 배흘림기둥을 세워 옆면 지붕이 크기에 비해 길게 뻗어 나왔어도 무게와 균형을 잘 이루고 있다는 느낌이다.

이룰 만큼 명찰이었으나 임진왜란을 겪으며 약사전을 제외한 거의 모든 전각이 소실됐다. 그 후 여러 차례 중건을 거치다 1749년 부분 보수를 거쳐 오늘에 이르고 있다.

통도사의 말사인 관룡사에는 4개의 보물을 비롯하여 다양한 문화재가 보관되어 있다. 앞면 1칸·옆면 1칸으로 이루어진 자그마한 약사전(보물 제146호)은 석조여래좌상(보물 제519호)을 모시고 있다. 맞배지붕, 주심포 양식에 배흘림기둥을 세워 옆면 지붕이 크기에 비해 길게 뻗어 나왔어도 무게와 균형을 잘 이루고 있다는 느낌이다. 조선 전기 건축 양식의 특성을 잘 보존하고 있는 몇 안 되는 건물이다. 대웅전(보물 제212호)은 석가모니불뿐 아니라 약사여래, 아미타여래 세 부처님을 함께 모시고 있다. 앞면과 옆면이 모두 3칸이고 팔작지붕에 다포 양식이다. 건물 안쪽 천장을 우물 정(井)자 모양으로 만들어 가운데부분을 한층 높게 했다.

관룡사 서쪽의 봉우리인 용선대 마루에는 동쪽을 바라보며 용선대 석조여래좌상(보물 제295호)이 앉아 있다. 석굴암의 본존불과 똑같은 양식으로 조성된 통일신라시대의 작품으로 추정된다. 불상 바로 앞에는 하대석(下臺石)만 남아 있는 석등이 있다. 이곳에 와서 정성으로 기도하면 한 가지 소원이 꼭 이루어진다는 전설이 전해진다.

불법 수호하고 포교 일선에서 매진하는 창녕포교당

일제강점기인 1939년에 지어진 통도사 창녕포교당(通度寺昌寧布教堂)은 그리 오랜 역사를 지니고 있지는 않지만 석가모니 진신사리를 모신 곳으로 이름이 높다. 신라시대 거찰로 이름난 인왕사(仁旺寺)가 있었던 곳에 자리한 사찰은 불국정토를 만들기 위해 불법을 수호하고 포교에 일선에서 매진하고 있다.

▲ 비교적 짧은 역사를 가진 전통사찰인 통도사 창녕포교당은 불법을 수호하고 포교의 일선에서 매진하고 있는 사찰이다.

팔작지붕에 다포계 익공 양식의 공포로 지어진 적멸보궁 내에는 불상이 봉안되어 있다. 일반적으로 적멸보궁 내에는 불상이나 탱화를 봉안하고 있지 않지만 이곳은 주불과 좌우 협시로 불상 2구를 모시고 있으며 유리창 너머로 사리탑이 보이도록 해놓았다.

불상은 왼쪽에 지장보살, 오른쪽에 와불을 두고 있으며 가운데에는 목조석가여래좌상(보물 제1730호)이 모셔져 있다. 이 불상은 원래 관룡사 팔상전에서 모셨던 것을 한국전쟁이후 옮겨온 것이다. 18세기에 제작된 불상으로 허리를 곧추 세우고 결가부좌를 한 채 머리를 살짝 숙인 듯한 자세를 취하고 있다. 창녕의 다른 절로는 관음사(觀音寺), 석불사(石佛寺), 인양사(仁陽寺), 청련사(靑蓮寺) 등이 있다.

한반도로 불교가 직접 들어온 최초의 전법도량, 해은사

낙동강 하류에 자리 잡은 김해는 옛 가락국의 수도로서 찬란한 가락 문화를 엿볼 수 있는 곳이다. 김해 시내에 위치한 분산(382m)은 가야부터 고려, 조선, 구한말에 이르는 역사를 오롯이 간직한 김해의 진산이다. 가야 때 만든 것으로 추정되는 분산성은 고려와 조선시대에도 왜구를 막는 요새 역할을 하였다. 지금은 약

▲ 해은사는 가야의 김수로왕과 결혼한 허왕후가 인도 아유타국에서 무사히 가락국에 도착할 수 있도록 해준 바다 용왕의 은혜에 감사한 의미로 지은 사찰이다.

900m에 달하는 성벽이 남아 있다. 분산 정상 부근에 위치한 해은사(海恩寺)는 48년 가야의 김수로왕과 결혼한 허왕후가 지금의 인도 아유타국에서 오빠 장유화상과 함께 가락국에 도착한 후 무사히 올 수 있게 해준 바다 용왕의 은혜에 감사한 의미로 지은 사찰이라 하니 2,000년의 세월을 간직한 유서 깊은 사찰이다. 오랜 세월 소실되고 중건되기를 반복했으며 지금은 범어사의 말사다.

해은사는 그 규모는 작지만 인도에서 한반도로 불교가 직접 들어온 최초의 전법도량이다. 대왕전에는 김수로왕과 허왕후의 영정이 모셔져 있다. 영정 앞에는 허왕후가 인도의 망산도에서 올 때 가져왔다는 봉돌이 있는데 신비한 영험이 있어 소원을 이루어준다고 한다. 법당인 영산전 뒤의 타고봉에는 허왕후가 인도에서 모셔온 파사석탑을 원형에 가깝게 복원해놓았으며 안에는 석가모니의 진신사리를 봉안했다. 한반도 최초의 탑인 파사석탑은 임진왜란 때 손실됐다가 복원됐다.

김해에는 해은사 말고도 가야국의 전설이 숨 쉬는 사찰이 또 있다. 은하사, 동림사, 장유사가 그것으로 모두 가락국 시조 김수로왕의 왕비인 허왕후의 오빠 장유화상과 관련이 깊다. 장유화상은 우리나라

에 처음으로 불법을 전파했다고 전해지는 인도 아유타국의 태자이자 승려다. 은하사(銀河寺)는 신령스러운 물고기란 뜻의 신어산(630m) 서쪽 자락에 위치한 절로 절 이름은 신어산의 옛 이름인 은하산에서 유래한 것으로 전해진다. 동림사(東林寺) 역시 은하사와 마찬가지로 신어산에 위치해 있으며 장유화상이 창건한 절이라 전해온다. 동림사는 가락국의 안전과 번영을 염원하는 뜻에서 창건되었으나 은하사와 함께 임진왜란 때 모두 소실됐다가 이후에 복원됐다. 불모산(801m)에 자리한 장유사(長遊寺)는 장유화상이 허왕후를 따라 김해로 온 뒤 최초로 세운 사찰이라 한다. 그는 이곳에서 김수로왕의 일곱 왕자에게 불법을 가르쳤다고 한다. 경내에 장유화상의 사리탑이 있으나 임진왜란 때 왜구들이 탑 안의 부장품을 훔쳐갔다. 한국전쟁을 겪으며 퇴락했다가 1980년부터 중창하여 규모를 갖추었다.

주변 둘러보기

하나. 영남루

경남 밀양의 명승지 중 빼놓지 않고 들러야할 곳이 바로 낙동강 지류인 밀양강변 절벽 위에 위치한 영남루(보물 제147호)다. 화려한 단청과 다양한 문양조각이 어우러진 영남루는 유유히 흐르는 밀양 강과 어울려 그 자체로도 아름답지만 누각에서 바라보는 주변 자연 경관은 매우 수려하다. 특히 영남루의 야경은 탄성을 자아내게 할 만큼 뛰어난 경치를 자랑한다. 고려시대에 지어진 영남루는 조선시대를 거치며 중건을 반복하다 현종 10년(1844년)에 다시 세워졌다. 주로 관원들이 손님을 대접하거나 휴식을 취하던 공간이었다. 진주 촉석루, 평양의 부벽루와 더불어 우리나라 3대 누각 중 하나로 손꼽는다.

둘. 우포늪

경남 창녕의 우포늪은 단연 국내 최대의 자연늪이다. 면적이 무려 2,313㎢(70여 만 평)에 달한다. 끝이 보이지 않는 광활한 늪지에는 수많은 물풀들이 자라고 있다. 부들, 창포, 갈대, 줄, 올방개, 붕어마름, 벗풀, 가시연꽃 등 종류도 다양하다. 여름에는 녹색 융단을 깔아놓은 듯하다가 가을이면 이내 황금빛으로 물든다. 원시 늪의 형태를 그대로 간직하고 있는 이곳은 동물들에게도 천국이다. 국내 어디에서도 우포늪처럼 늪의 모습을 온전히 갖추고 있는 곳을 찾기 어렵다. 우포늪은 '한국관광 으뜸명소' 8곳에 선정되기도 하였다.

셋, 창녕의 아석헌

창녕의 아석헌은 강릉의 선교장, 구례 운조루와 더불어 우리나라 삼대 명택 중의 하나이다. 일명 '창녕 성부자집'으로도 불리우며 집 뒤의 동산에는 대나무숲이 우거져 지금이라도 지네가 꿈틀그리며 나올 흥성이고, 앞에는 화기가 충만한 화왕산을 마주하고 있으며, 앞으로 전개 되는 수백만평의 농지는 일명 '어물리 뜰'이라하여 이지방의 풍요의 들이며 지금은 우리나라 양파의 주산지이며 서쪽으로는 람사르 협약에 의해 관리 되고있는 유명한 우포늪이 자리하고 있다.

알아두면 좋아요

진해 군항제

경남 진해에서는 해마다 봄이 되면 벚꽃축제가 열린다. 진해 곳곳에 피어있는 왕벚나무 36만 그루가 일제히 아름다운 자태를 뽐내며 하얀 꽃망울을 터트리는 장관을 구경하기 위해 해마다 군항제 기간에만 200만 명 이상의 관광객이 찾는다. 특히 내수면생태공원, 여좌천, 경화역, 진해탑, 진해루 등은 풍경이 아름다워 벚꽃명소로 이름난 곳이다. 충무공 이순신 장군의 동상을 북원로터리에 세우고 추모제를 거행한 것이 계기가 되어 50년이 넘게 이어져오고 있다. 문화예술행사, 세계군악페스티벌, 팔도풍물시장 등을 함께 즐길 수 있다.

🎦 꼭 들러야할 이색 명소

무기연당

경남 함안에 자리한 무기연당은 주재성의 생가에 있는 조선 후기의 연못이다. 조선 영조 4년(1728년) 이인좌의 난 때 주재성이 의병을 일으켜 관군과 함께 난을 진압하자 그의 공을 높이 산 관군들이 마을 입구에 창의사적비를 세우고 연못을 만들어주었다. 직사각형의 연못에는 가운데에 작은 산을 만들어 작지만 웅장한 멋이 난다. 후대에 연못 주위에 담을 쌓고 연못 서쪽에 영귀문이라는 출입문을 내었다. 연못 주변에 하환정, 충효사, 풍욕루, 영정각 등이 있어 더욱 조화를 이룬다. 연못의 북쪽에 연당 쪽으로 난간을 낸 앞면 2칸 · 옆면 2칸의 홑처마 팔작지붕 정자인 하환정이 있고 남쪽에는 흥선대원군이 내린 서원철폐령에 훼철되었던 기양서원 자리에 들어선 충효사가 있다. 현재 주씨 종손이 관리하고 있는 무기연당은 중요민속자료로 지정되어 있다.

효과 100배 코스 | 표충사

표충사   팔상전 탱화   표충비각

**사찰
정보**
Temple
Information

표충사 | 경남 밀양시 단장면 표충로 1338 / ☎ 055-352-1150 / www.표충사.kr

관룡사 | 경남 창녕군 창녕읍 화왕산관룡사길 171 / ☎ 055-521-1747

창녕포교당 | 경남 창녕군 창녕읍 신당2길 4-3 / ☎ 055-533-2295

해은사 | 경남 김해시 가야로405번안길 210-162 / ☎ 055-333-0705

대원사 · 내원사 · 겁외사 · 법계사

물길마다 산길마다 발길 닿는 곳
참선의 장 되리라

■ ■ ■ 　경남 서북부에 자리한 산청은 지명 그대로 산으로 둘러싸인 고장이다. 서쪽으로는 천왕봉을 주봉으로 한 지리산맥이 남북으로 질주하고 동쪽으로는 백운산의 지봉인 황매산이 우뚝 버티고 있다. 산이 있으면 물이 있는 법. 경호강이 남북으로 중앙을 관통하여 흐르고 다시 황매산을 원천으로 하는 양천강, 지리산을 유원으로 하는 덕천강과 만나 남강을 이룬다. 산 맑고 물 맑고 사람 또한 맑은 삼청(三淸)의 고장, 산청에는 아직 물길마다 산길마다 역사와 전통이 그대로 담겨 있다.

산 높고 골 깊은 곳에 안긴 대원사

▲ 지리산 천왕봉에서 발원하여 대원사를 안고 굽이쳐 흐르는 대원사 계곡은 우거진 송림 사이로 맑고 차가운 계곡물이 묘기하듯 기암괴석을 타고 흐르며 장중한 물소리를 일으킨다

　지리산은 사찰을 많이 품은 산으로 유명하다. 굽이굽이 이어진 깊은 골짜기에는 크고 작은 사찰들이 안기듯 들어앉아 있다. 경남 산청에 위치한 절들도 지리산을 터로 두고 있다. 첫 번째는 대원사다. 대원사 입구 주차장에서 대원사에 이르는 약 2km의 계곡길은 빼어난 경치는 물론, 굽이굽이 계곡마다 저마다의 전설을 간직하여 더욱 신비로움을 발한다. 가락국의 마지막 왕인 구형왕이 소와 말의 먹이를 먹인 곳이라는 소막골, 그가 넘은 고갯길인 왕산과 망을 본 곳인 망덕재 그리고 군장미를 저장했다는 도장굴이 있다. 위쪽으로는 용이 100년간 살다가 승천했다는 용소가 자리하고 있다. 그 중 으뜸의 경치는 산청 9경 중 하나인 대원사 계곡이다. 지리산 천왕봉에서 발원하여 대원사를 안고 굽이쳐 흐른다. 우거진 송림 사이로 맑고 차가운 계곡물이 묘기하듯 기암괴석을 타고 흐르며 장중한 물소리를

일으키고 이내 바람소리, 새소리가 어울려 멋진 합주곡을 연주한다.

계곡 인근에 자리한 대원사는 해인사의 말사로, 비구니 참선 도량이다. 신라 진흥왕 9년(548년) 연기조사가 지었다가 후에 중창을 거듭했고 1948년 여순사건으로 전부 소실됐다가 1954년에야 중창됐다. 예스러운 멋은 없지만 사리전 앞에는 8층의 탑신을 세운 조선 전기의 다층석탑(보물 제1112호)이 남아 있다. 신라 선덕여왕(善德女王) 15년(646년)에 자장율사가 부처님의 사리를 봉안하기 위해서 건립했다고 전해진다. 위층 기단의 모서리마다 인물상을 두었고 4면에는 사천왕상을 새긴 것이 독특하다. 철분을 많이 함유한 화강암으로 만들어 전체적으로 붉은 빛이 난다. 나라에 중요한 일이 있을 때마다 탑에서 파란빛이 나고 향기가 퍼진다는 전설이 있다. 절 근처에는 타지에서 수도하러온 비구니들이 머무는 암자인 사리전을 비롯하여 예부터 선비들이 학문을 탐구하고 머물렀다는 거연정(居然亭), 군자정(君子亭) 능이 있다.

▶ 대원사는 비구니 참선 도량으로 신라 때 연기조사가 지은 천년고찰이다.

내원사, 대자연의 품에서 평온을 느끼다

지리산 깊은 곳으로 좀 더 들어가면 작은 사찰 내원사(內院寺)와 마주한다. 골짜기 속의 골짜기인 장당골을 따라 곧장 들어가야 하는데, 외딴 곳에 위치해있어 세인들의 발길이 뜸하다. 해인사의 말사로, 비구니 도량이다. 신라 태종 무열왕 4년(657년)에 덕산사라는 이름으로 창건되었다가 그 후 화재로 오랫동안 폐사된 상태로 방치되었다. 1959년 절터만 남아 있던 것을 최근에야 절을 다시 세워 절의 면모를 갖추고 내원사라 이름 지었다. 자그마한 경내에는 10여 채의 건물이 들어서있다. 두 점의 보물이 남아 있어 옛 절의 흔적을 찾아볼 수 있다. 삼층석탑(보물 제1113호)과 산청 석남암사지 석조비로자나불좌상(보물 제1021호)이다. 사리전 앞에 서있는 삼층석탑은 2단 기단 위에 삼층의 탑신

▲ 지리산 깊은 곳에 위치한 아담한 규모의 내원사는 외딴 곳에 위치해있어 세인들의 발길이 뜸하다.

을 세운 통일신라시대의 탑이다. 불에 타서 손상이 심한데다 도굴꾼들에 의한 손상이 심하여 맨 위 지붕돌이 많이 부서져있고 상륜부는 아예 사라져버렸다. 비구니들이 기거하는 사리전은 출입이 금지되어 있기에 다층석탑을 가까이서 볼 수는 없다.

석조비로자나불좌상은 내원사에서 가장 높은 곳에 위치한 비로전에 모셔져 있다. 원래 지리산 중턱의 석남암사지에 있던 것을 내원사로 옮겨놓은 것이다. 오랜 세월을 지내오며 세부표현은 많이 사라졌지만 부드러운 곡선미가 살아있어 어깨와 허리의 굴곡이 잘 드러난다. '영태2년명납석제호'라는 이름의 사리함은 국보 제233호로 지정되어 현재 부산광역시립박물관에 소장되어 있다. 절 주변에 창건 당시 암자로 추측되는 절터 12개소가 남아 있다.

▲ 통일신라시대 탑의 전형적인 모습을 보여주는 내원사 삼층석탑(보물 제1113호). 각각의 지붕돌 모서리를 올려 경쾌함이 느껴지며 안타깝게도 맨 위의 지붕돌이 많이 부서졌다.

성철스님의 흔적 묻어있는 절 겁외사

산청군 단성면에 자리한 겁외사(劫外寺)는 한국 불교계의 정신적 지주인 성철스님의 흔적이 묻어있는 사찰이다. 경남 산청에서 태어난 성철스님은 평생을 소박하고 청빈하게 살며 수행을 이어나갔다. 해인총림 초대방장과 대한불교조계종 제7대 종정을 역임하며 '산은 산이요 물은 물이로다(山是山 水是水)'라는 유명한 법어를 남기기도 하였다. 해방 이후 왜색에 오염된 한국불교를 선풍운동으로 바로잡으며 평생을 중도사상과 돈오사상을 설파하는데 힘썼다.

▲ 성철스님이 82세의 나이로 열반에 들자 그를 추모하고 뜻을 기리기 위해 성철스님의 생가터에 지은 절이 겁외사다.

1993년 82세의 나이로 열반에 들자 그를 추모하고 뜻을 기리기 위해 성철스님의 생가터에 지은 절이 겁외사다. '상대유한의 시간과 공간을 초월한 절'이라는 뜻을 담아 2001년에 지었다. 규모는 그의 평생의 신념대로 작고 소박하다. 입구에는 일주문 대신 18개의 기둥이 있는 누각인 벽해루를 세웠다. 경내 마당에는 성철스님을 기리는 동상과 사리탑이 있다. 절 주변에 최근 복원한 그의 생가와 유품을 전시한 기념관이 있다.

법계사에 걸터앉아 속세를 굽어보다

산청군 시천면 중산리 지리산 천왕봉 동쪽 중턱에는 해인사의 말사인 법계사가 있다. 한국에서 가장 높은 해발 1,400m에 위치한 사찰이다. 때문에 법계사 가는 길은 고행의 길이고 절에서 드리는 기도는 더욱 간절하고 지극할 수밖에 없다. 신라 진흥왕 5년(544년)에 연기조사가 세웠다고 전해진다. 오랜 역사를 이어나가지 못하고 한국전쟁 때 불에 타 토굴만으로 명맥을 이어오다 최근에야 중건했다.

유물로는 삼층석탑만이 남아 있다. 적멸보궁인 법당 왼쪽에 자리한 삼층석탑(보물 제473호)은 자연 바위를 기단으로 삼아 그 위에 올려져 있다. 이런 양식은 신라 이후에 유행했는데 드물게도 아래 기단부를 간략하게 처리하는 등 전체적으로 간략하고 투박한 느낌이 강해 고려시대의 것으로 추정된다. 탑의 머리장식 부분에 얹힌 포탄 모양의 돌은 나중에 보충한 것으로 보인다.

▶ 법계사 법당 왼쪽에 자리한 삼층석탑은 자연바위를 기단으로 삼아 올려진 고려시대의 탑으로, 탑의 머리장식 부분에 얹힌 포탄 모양의 돌은 나중에 보충한 것으로 보인다.

주변 둘러보기

하나. 남사예담촌

경남 산청 지리산 아래 자리한 남사예담촌은 우리 전통 한옥의 아름다움을 700년간 이어온 곳이다. 경북 안동하회마을과 더불어 경상도의 대표적인 전통한옥마을로 손꼽힌다. 작은 마을이지만 한국 전통 고유의 고풍스러움과 단아함이 느껴진다. 집성촌을 이루는 성씨는 없고 진양 하씨, 성주 이씨, 밀양 박씨 등이 어울려 살고 있다. 예담촌에서 가장 오래된 가옥은 이씨고가로, 대문 앞에 수령 300년이 넘은 회화나무가 서로 몸을 꼰 채 서있다. 산청군 내 가장 아름다운 9경 중 6번째이며 농촌전통 테마마을로 지정된 곳이다.

📷 꼭 들러야할 이색 명소

덕천서원과 산천재

산청군 시천면에는 조선 중기의 유명한 유학자인 남명 조식과 관련된 유적이 있다. 유적지는 크게 두 곳으로 나뉘는데 사리마을에는 산천재, 별묘, 신도비, 묘비가 있고, 원리마을에는 덕천서원과 세심정이 있다. 덕천서원은 조식 선생의 학덕을 기리기 위하여 후학들이 창건한 서원이다. 조선 선조 9년(1576년)에 지었고 광해군 원년(1608)에 나라의 지원을 받는 사액서원이 되었다. 하지만 고종 때 흥선대원군의 서원철폐령으로 훼철되었고 그 후 1930년대에 다시 지어져 오늘에 이르고 있다. 현재 사당, 신문, 강당, 동재와 서재, 외삼문 등의 건물이 남아 있다. 입구에 들어서면 정면에 강당인 경의당이 있고 좌우에 유생들의 숙소인 동재와 서재가 있다. 조식 선생의 선비정신을 기리고 남명 사상을 재조명하기 위해 매년 남명선비문화축제가 일대에서 열린다. 산천재는 조식 선생이 학문을 닦고 후학을 기르던 곳으로, 명종 16년(1561년)에 세운 앞면 2칸 · 옆면 2칸의 건물이다.

💡 알아두면 좋아요

내원사에 얽힌 설화

경치가 아름다운 명당에 자리한 내원사는 예부터 각 지방에서 찾아오는 관람객들로 줄을 이었다. 붐비는 인파를 감당하기 어려웠던 주지스님은 소란을 막기 위한 방책을 궁리했다. 그러던 중 한 노승이 절에 찾아와 해결책을 일러주었다. 앞에 보이는 남쪽의 산봉우리 밑까지 길을 내고 앞으로 흐르는 개울에 다리를 놓으라는 것이었다. 주지스님은 노승이 일러준 대로 개울에 통나무 다리를 놓고 봉우리 밑까지 길을 냈다. 그러자 홀연히 고양이 울음소리가 세 번 들려오는 것이 아닌가. 이유인즉슨 앞에 있는 봉우리는 고양이 혈이고 절 뒤에 있는 봉우리는 쥐 혈인데 그 사이에 길을 내고 다리를 놓으니 고양이가 쥐 혈에 찾아가서 쥐를 잡아먹는 형국이라는 것이다. 실제로 그렇게 많이 왕래하던 사람들은 점차 줄어들었고 스님들은 조용한 가운데 수도에 정진할 수 있게 되었다고 한다.

📍 효과 100배 코스 ｜ 대원사

대원사 계곡길 ● ─── ● 원통보전 ─── ▼ 사리전 다층석탑

**사찰
정보**
Temple
Information

대원사 ｜ 경남 산청군 삼장면 평촌 유평로 453번지 / ☎ 055-972-8068 / www.daewonsa.net

내원사 ｜ 경남 산청군 삼장면 대하내원로 256 / ☎ 055-973-0535 / www.055-973-0535.ktl114.net

겁외사 ｜ 경남 산청군 단성면 묵곡리 210 / ☎ 070-8809-1615

법계사 ｜ 경남 산청군 시천면 지리산대로 320-103 / ☎ 055-973-1450

쌍계사 · 다솔사 · 용문사

초록 융단 깔아놓은 남도 땅에서
그윽한 차향에 취하다

■ ■ ■ 봄이 되면 경남 하동·사천·남해는 초록 융단을 깔아놓은 듯하다. 산과 강, 너른 들판은 온통 그윽한 차향으로 가득하다. 이곳에 자리한 사찰들도 곁에 차밭을 두고 있으며 해마다 차축제를 벌인다. 남쪽으로는 한려해상국립공원과 맞닿아 있어 아름다운 남해 절경을 선사한다. 천년 역사가 흐르는 진주는 풍부한 관광자원과 함께 지역 특유의 별미가 가득하여 경치를 즐기며 몸을 보하는 여행을 즐길 수 있다.

고색창연한 산사에 감도는 진한 차향, 쌍계사

지리산 인근에 위치한 사찰 중에서 제법 큰 규모를 자랑하는 쌍계사는 지리산 자락과 계곡의 아름다움을 가장 잘 간직한 곳에 위치해 있다. 봄이면 십리벚꽃길로, 여름에는 깊고 맑은 계곡으로, 가을이면 계곡을 따라 수놓은 단풍여행지로, 계절마다 다른 색깔의 화려한 절경을 드러낸다. 쌍계는 두 갈래의 계곡이 하나로 만난다고 하여 붙여진 이름이다.

고색창연한 자태와 웅장한 모습을 자랑하는 쌍계총림 쌍계사는 신라 성덕왕 21년(722년) 대비, 삼법 두 스님이 당나라에서 중국 선종의 6대조인 혜능선사의 정상(머리뼈)을 모시고 와 지금의 금당 자리에 봉안한 것이 그 시초다. 당시 꿈에서 "지리산 설리 갈화처(눈 쌓인 계곡 칡꽃이 피어있는 곳)에 봉안하라"는 계시

▲ 지리산 자락과 계곡의 아름다움을 가장 잘 간직한 곳에 위치해있는 쌍계사는 봄이면 십리벚꽃길로 화려한 절경을 드러낸다.

를 받고 호랑이의 인도로 이곳을 찾아 절을 지었다 한다. 처음의 이름은 옥천사였으나 후에 나라에서 쌍계사라는 사명을 내렸다. 그 후 수차례 중창을 거쳐 오늘에 이르고 있다.

조계종 제13교구 본사이자 33관음성지 중 한곳으로 선원, 강원, 율원, 염불원 등을 갖춘 종합수행도량으로서의 역할을 하고 있다. 쌍계사는 다른 사찰과 다른 세 가지 특색을 지니고 있다. 도의국사와 동시대에 활약한 진감선사가 혜능선사의 남종 돈오선을 신라에 최초로 전법한 도량이며, 차의 발상지고, 불교음악인 범패의 발원지다. 그래서 쌍계사를 선(禪), 다(茶), 음(音)의 성지라 일컫는다.

쌍계사가 차와 처음 인연을 맺은 것은 신라 때다. 흥덕왕 3년(828년) 김대렴이 당나라에서 차나무 씨를 가져와 왕명으로 지리산에 처음 심었고 이후 진감선사가 쌍계사와 화개 부근에 차밭을 조성, 보급하였다고 한다. 절 입구 차시배지에는 '차시배추원비, 해동다성진감선사추앙비, 차시배지' 기념비

▲ 고색창연한 자태와 웅장한 모습을 자랑하는 쌍계총림 쌍계사는 신라 때 대비, 삼법 두 스님이 당나라에서 혜능선사의 정상(머리뼈)을 모시고 와 지금의 금당 자리에 봉안한 것이 그 시초다.

가 있다. 범패는 인도의 불교음악으로, 진감국사가 당나라에 유학 갔다 오면서 배워 우리나라에 맞게 고쳤다. 진감국사가 섬진강에서 은어가 꼬리치고 헤엄쳐 노는 모습을 보고 지었다고 하여 이전에는 어산(魚山)이라고 불렀다. 팔영루는 그가 범패를 만든 곳이다.

쌍계사는 규모와 명성에 걸맞게 귀중한 문화재를 많이 보유하고 있다. 국보 1점, 보물 6점(대웅전-보물 500호, 쌍계사 부도-보물 300호, 팔상전 영산화상도-보물 925호, 대웅전 삼세불탱-보물 1364호, 팔상전팔상댐-보물 1365호, 대웅전 목조 삼세불좌상 및 사보살입상-보물 1378호)의 국가지정문

▲ 쌍계사는 규모와 명성에 걸맞게 국보 1점, 보물 6점 등 귀중한 문화재를 많이 보유하고 있다.(사진은 보물 500호인 대웅전)

화재와 일주문, 금강문, 청학루, 마애불, 명부전, 적묵당, 육조정상탑전, 범종, 사천왕상, 신중탱, 불경책판 등의 22점의 지방지정분화재 등 총 29점의 문화재가 있나.

대웅전 아래 마당에 세워진 진감국사대공탑비(국보 제47호)는 신라 진성여왕 원년(887년)에 진성여왕이 진감국사의 도덕과 법력(法力)을 흠모하여 시호와 탑호를 내리고 이를 만들도록 했다. 비문은 신라 최고의 문장가인 최치원이 썼는데 우리나라 4대 금석문(金石文) 가운데 첫째로 꼽는다. 쌍계사 북쪽 탑봉우리 능선에는 진감선사의 사리탑인 진감선사 부도(보물 제380호)가 있다.

옥천을 건너 영모전 뒤로 가면 혜능선사의 정상을 모신 금당이 있다. 건물 안에 있는 7층석탑은 1800년대에 목암사의 석탑을 옮겨 놓은 것으로 육조정상탑이라 부른다. 금당의 앞쪽에는 '육조정상탑(六祖頂相塔)'과 '세계일화조종육엽(世界一花祖宗六葉)' 편액이 걸려 있는데 모두 추사 김정희가 썼다. 쌍계사 만허스님이 직접 만든 차를 선물하자 그 보답으로 쓴 것이라 한다.

사찰 주변에 칠불암, 국사암, 불일암 등 4개의 부속암자가 있다. 절에서 500m쯤 떨어진 곳에 있는 국사암 뜰에는 진감국사가 짚고 다니던 지팡이가 자라고 있다는 천년이 넘은 느릅나무 사천왕수가 있다.

지리산의 또 다른 절 칠불사(七佛寺)는 가야 불교의 발상지다. 기록에 의하면 가락국의 시조인 김수로왕의 일곱 왕자가 이 곳에 와서 수도한 후 모두 성불했는데 이 소식을 들은 수로왕이 크게 기뻐하여 절을 짓고 일곱 부처가 탄생한 곳이라 하여 이름 지었다고 한다. 중국을 통해 불교가 전해졌다는 북방불교 전래설과 달리 가락국이 바다를 통해 인도로부터 직접 불교를 받아들였다는 남방 불교 전래설을 뒷받침하는 사찰 중 한 곳이다.

소나무와 잣나무가 호위하듯 감싸고 있는 다솔사

사천시 곤명면 용산리에 있는 봉명산(407m)은 숲이 울창하고 경치가 수려하여 삼림욕장으로 각광받는 곳이다. 하늘을 가릴 정도로 쭉쭉 뻗은 소나무들과 잣나무, 편백나무들이 입구부터 빽빽이 들어서 숲 안에 있으면 절로 정신과 건강이 좋아지는 느낌이다. 정상에 오르면 남쪽으로는 금오산과 다도해, 서쪽으로는 백운산, 서북쪽으로는 지리 능선과 웅석봉 등이 한 눈에 시원스레 펼쳐진다. 봉황이 우는 형국이라 해서 봉명산이라 불리는 이곳에는 보안암석굴,

▲ 적멸보궁(대웅전) 내 후불탱화 속에서 108과의 부처님 진신사리가 발견되어 다솔사는 적멸보궁이 되었다. 보통은 적멸보궁에 불단만 있으나 이곳의 대웅전에는 누워있는 부처인 와불이 자리하고 있다.

▲ 쌍계사와 마찬가지로 차로도 유명한 다솔사. 사찰을 창건한 연기조사나 의상대사, 도선국사 등이 모두 이름 난 차승들이다. 사찰 뒤편에는 1만여 평의 널따란 차밭도 있고, 샘물 맛도 좋아 차향이 일품이다.

이맹굴, 서봉사지 등 많은 볼거리가 숨어 있다. 봉명산은 와룡산이라고 하기도 하고 불교에서는 방장산이라 칭하기도 한다.

그윽한 차향 따라 봉명산에 오르다보면 범어사의 말사인 다솔사(多率寺)가 있다. 숲 사이로 난 오솔길을 따라가다 보면 큰 바위 하나를 만난다. 바위에는 '어금혈봉표(御禁穴封表)'라고 새겨져 있다. 어명으로 다솔사 내에 무덤 쓰는 것을 금한다는 뜻이다. 고종 22년(1885년) 한 관리가 다솔사 자리에 묘를 쓰려하자 다솔사 스님들이 해당 관리의 비행을 고발하며 가까스로 지켜냈다 한다.

▲ 요사채인 다솔사의 안심료는 만해가 머물며 '독립선언서'의 초안을 작성했던 곳이다.

다솔사에는 신라 지증왕 4년(503년)에 연기 스님이 창립했다는 전설이 내려온다. 원래 이름은 영악사(靈岳寺)였으나 그 후 이름이 여러 번 바뀌었고 신라 말기에 도선이 증축하면서 지금의 이름을 갖게 되었다. 절 이름에 대해서는 설이 분분하다. 주변에 소나무가 많기 때문이라는 이야기도 있고 방명산의 모양새가 마치 대장군처럼 앉아 군사들을 기슬처럼 기느리고 있다하여 붙여졌다는 설도 전한다. 임진왜란 때 소실되었고 조선 숙종 때 중건한 대양루를 제외한 나머지 건물들은 19세기 이후에나 세워졌다.

다솔사는 크게 3가지로 유명하다. 하나는 일제 강점기에 항일 승려로 이름이 높인 한용운, 최범술과 소설가 김동리가 머문 곳이다. 요사채인 안심료에서 머물며 만해 선생은 '독립선언서'의 초안을 작성했고 김동리는 소설 '등신불'을 썼다. 독립운동과 근대문학의 발상지였던 셈이다.

두 번째는 1978년 적멸보궁(대웅전) 내 후불탱화 속에서 108과의 부처님 진신사리가 발견되어 세상을 떠들썩하게 하였다. 그 후로 다솔사는 적멸보궁이 되었다. 보통은 진신사리가 모셔져있는 적멸보궁의 경우 법당에는 불단만 있고 창을 통해 사리탑을 보도록 하고 있으니 이곳의 대웅전에는 누워있는 부처인 와불이 있다. 물론 뒤쪽에 난 창을 통해서도 사리탑을 볼 수 있다. 쌍계사와 마찬가지로 차로도 유명하다. 다솔사를 창건한 연기조사나 의상대사, 도선국사 등이 모두 이름 난 차승들이다. 언제부터였는지 알 수는 없으나 사찰 뒤편에는 1만여 평의 널따란 차밭도 있다. 다솔사 샘물의 물맛이 좋아 차 맛 또한 일품이다.

유서 깊은 사찰이니 귀중한 문화재를 많이 간직하고 있다. 경남 지방유형문화재로 지정된 문화재가 4점이다. 18세기 양식의 누각인 대양루와 응진전, 극락전, 그리고 다솔사 산하의 보안암 석굴이다. 인근에 보안암과 서봉암 등이 있다.

다솔사 이외에 사천에는 백천사와 대방사 등의 사찰이 있다. 와룡산 자락에 자리한 백천사(百泉寺)는 신라 문무왕 3년(663년) 때 의선대사가 창건한 사찰로 임진왜란 때는 승군(僧軍)의 주둔지 역할을 하였다. 하지만 오랜 세월을 겪으며 소실됐으며 지금의 사찰은 근래에 와서 새로 지어진 것이다. 백천사에 가면 좀처럼 보기 힘든 거대한 크기의 약사와불과 목탁치는 우(牛)보살을 만날 수 있다.

대방사(大芳寺)는 삼천포 바닷가 근처에 위치한 각산에 있는 사찰이다. 대방사에서 눈에 띄는 건물은 청기와로 된 대웅전과 10년 동안 조성한 높이 12m에 달하는 미륵보살반가사유상이다. 보살상 아래에는 코끼리상 2개와 석상이 있으며 보살상 뒤편에는 스님 석상들이 호위하듯 둘러싸고 있다. 근처에 약수터와 각산산성이 있어 관광객들의 발길이 잦다.

승천하는 용의 기세를 닮은 용문사

남해 호구산(650m) 계곡에 호젓하게 자리한 용문사는 남해 12경 중에 하나일 만큼 주변 경관이 뛰어나다. 용이 승천했다는 전설이 깃든 용문사 입구의 맑은 계곡은 깊은 숲과 어울려 남해 제일의 절경을 뽐낸다. 신라 문무왕 3년(663년) 원효대사가 보광산(금산)에 건립한 보광사(일명 봉암사)를 전신으로 하고 있다. 건립이후

▶ 조선 숙종 때 왕실의 보호를 받는 사찰이었던 용문사에는 당시 왕실로부터 받은 연옥등, 촛대와 번, 수국사금패 등이 전해져오고 있다.

점점 사운(寺運)이 기울자 이곳으로 사찰을 옮겼고 중창을 거듭하다 조선 현종 7년(1666년)에 백월대사가 대웅전을 건립하면서 용문사라 이름 지었다. 조선 숙종 때는 왕실의 보호를 받는 사찰이었다. 당시 왕실로부터 받은 연옥등, 촛대와 번, 수국사금패 등이 지금도 전해져오고 있다. 또한 임진왜란 때는 호국사찰로서의 역할을 하여 왜구로부터 나라를 구하는데 일조했으며 당시 승병들이 사용한 총구 세 개인 삼혈포와 승병의 끼니를 담았던 목조 구시통이 남아 있다. 또

▶ 용문사는 임진왜란 때 호국사찰로서의 역할을 하여 왜구로부터 나라를 구하는데 일조했는데 당시 승병들의 끼니를 담았던 목조 구시통이 남아있다.

한 용문사는 우리나라의 대표적인 지장도량이다. 명부전에 원효대사가 조성했다고 전해지는 지장보살이 모셔져 있다. 지장보살은 지옥에서 고통 받는 중생을 교화하는 구원자다. 용문사에서는 죽은 이의 넋을 기리는 천도재 및 지장기도가 자주 열린다. 용문사는 남해에서 가장 많은 문화재를 보유한 절이다. 처마 밑에 수많은 용조각과 연꽃무늬 장식을 단 대웅전(경남 유형문화재 제85호), 대웅전 중앙에 위치한 장방형 불단 위에 각각의 연화좌를 두고 그 위에 봉안된 남목조아미타삼존불좌상(경남 유형문화재 제446호), 조선 인조 때의 시인 촌은 유희경 선생의 촌은집책판 52권을 비롯하여 문화재자료 천왕각, 명부전이 있다. 용문사의 산내 암자로 백련암과 염불암이 있다. 수행처로 이름난 백련안에는 독립선언 민족대표 33인 중의 한 사람인 용성스님, 조계종 종정을 지낸 석우스님, 성철스님이 머물렀다. 용문사 뒤에 차밭이 있다.

주변 둘러보기

하나. 하동송림

섬진강이 흐르는 드넓은 백사장 안에 자리한 하동송림은 푸른 강물과 초록의 울창한 송림이 어울려 단연 국내 제일의 노송숲을 자랑한다. 조선 영조 21년(1745년)에 당시 도호부사가 강바람과 모랫바람의 피해를 막기 위하여 조성한 숲으로, 700그루가 넘는 소나무가 규모 26,400㎡의 땅에서 아직도 푸른 기운을 뽐내며 군건히 자라고 있다. 숲 안에는 궁도장인 하상정이 있으며 여름철이면 하동송림의 경치를 즐기려는 피서객들로 북새통을 이룬다. 천연기념물 제445호로 지정되었다.

둘. 진주성 촉석루

진주8경 중 제1경인 촉석루는 진주를 상징하는 영남 제일의 누각이다. 평양 부벽루, 밀양 영남루와 함께 우리나라 3대 누각을 이룬다. 호국충절이 서려있는 진주시 남강변 석벽 위에 위엄 있는 모습으로 서있는 촉석루는 성의 남쪽에 있다하여 남장대, 향시를 치르는 고사장이라 하여 장원루라고도 한다. 고려 고종 28년(1241년) 진주목사 김지대가 창건했으며, 한국전쟁 때 불에 탔으나 1960년 진주고적보존회에서 중건했다.

섬진강 두꺼비 전설

경남 하동과 전남 구례를 갈라놓는 섬진강에는 이름과 관련하여 두꺼비 전설이 내려오고 있다. 고려 말 왜구들이 강 하구로부터 침입해오자 두꺼비 수십만 마리가 섬진나루터로 몰려와 울부짖었고 이에 왜구들이 놀라 도망갔다. 또 한 번은 강 동편에서 왜구들에 쫓긴 우리 병사들이 꼼짝없이 붙들리게 생기자 두꺼비 떼들이 강물 위로 떠올라 다리를 놓아 병사들이 무사히 건널 수 있었다. 뒤쫓아 온 왜구들도 두꺼비 등을 타고 강을 건넜으나 강 한가운데에 이르자 두꺼비들이 그대로 강물 속으로 들어가 버려 왜구들이 모두 빠져죽었다. 이런 일이 있은 후 다사강, 모래내, 두치강 등으로 불리던 강은 두꺼비 섬(蟾)자를 써서 섬진강이라 불렸다.

꼭 들러야할 이색 명소

금산과 보리암

남해의 소금강이라 불리는 삼남 제일의 명산 금산(681m)은 그리 높지 않은 산이지만 산 전체가 기암괴석으로 뒤덮여 아름답고 신비로운 절경을 이룬다. 원효대사가 이 산에 보광사를 짓고 보광산이라 불렀으나 조선 태조 이성계가 왕이 되기 전에 이 산에서 백일기도를 드리고 후에 조선왕조를 개국하자 온 산을 비단으로 두른다는 뜻으로 금산으로 이름을 바꿨다고 한다. 이름처럼 마치 고운 비단을 두른 듯 수려한 풍광을 자랑하여 크지 않은 산에 망대, 문장암문 등 절경이 38곳에 이른다.

정상에는 3대 관음성지 중 한 곳인 보리암이 있다. 관음성지란 관세음보살이 상주하는 성스러운 곳이란 뜻이다. 이곳에서 기도발원을 하면 그 어느 곳보다 관세음보살의 가피를 잘 받는 것으로 알려져 있다. 신라 신문왕 3년(683) 원효대사가 세웠다고 한다. 처음 세울 때는 보광사였으나 조선 현종 때 보리암으로 이름이 바뀌었다. 태조 이성계가 이 사찰에서 100일 동안 기도를 하고 조선을 건국했다고 전해진다. 경내에는 옛날 인도 월지국에서 김수로왕의 왕비 허태후(허황옥)가 가져왔다는 관세음보살상과 함께 범종각, 보광전, 만불전, 삼층석탑(경남 유형문화재 제74호), 간성각 등이 있다. 주변에 기암절벽이 가득하고 절에서 바라보는 바다경치가 수려하여 찾는 이들이 많다.

효과 100배 코스 | 다솔사

방명산 바라보기   안심료   대웅전 와불

**사찰
정보**
Temple
Information

쌍계사 | 경남 하동군 화개면 쌍계사길 59 / ☎ 055-883-1901 / www.ssanggyesa.net

다솔사 | 경남 사천시 곤명면 다솔사길 417 / ☎ 055-854-5279 / www.dasolsa.co.kr

용문사 | 경남 남해군 이동면 용소리 868 / ☎ 055-862-4425 / www.yongmunsa.net

옥천사·문수암·운흥사·용화사

하늘과 땅, 바다가 맞닿은 곳에서
미륵세상을 꿈꾸다

■ ■ ■ 경남 끄트머리에 자리한 고성 · 통영 · 거제는 산과 바다, 항구의 풍경을 모두 안은 곳으로, 산과 바다를 동시에 즐길 수 있는 재미가 있다. 게다가 천혜의 자연경관을 배경으로 자랑스러운 문화유적이 자리하여 생생한 시간여행 또한 가능하다. 바다에 접하고 있으니 싱싱한 해산물을 비롯한 풍부한 먹거리와 각종 해양 레포츠까지 즐길 수 있어 그야말로 최고의 가족여행지라 할만하다.

활짝 핀 연꽃이 부드럽게 감싸 안은 옥천사

▲ 고성 연화산의 북쪽 기슭에 수령 수백 년이 넘는 울창한 아름드리 솔숲을 뒤로 하고 유서 깊은 옥천사가 자리하고 있다.

고성의 연화산(524m)은 산세가 부드럽고 아기자기한 멋이 있는 아담한 산이다. 바위 대신 흙이 있어 장중한 대신 수수하고 고즈넉한 매력이 있다. 길이 험하지 않아 가볍게 오르기 좋다. 옥녀봉, 선도봉, 망선봉의 세 봉우리가 겹겹이 이루어진 형상이 마치 연꽃과도 같다. 산 중턱에 큰 대밭이 있고 정상에 오르면 동쪽으로 당항포가 한눈에 들어온다.

연화산의 북쪽 기슭에 수령 수백 년이 넘는 울창한 아름드리 솔숲을 뒤로 하고 유서 깊은 옥천사(玉泉寺)가 자리하고 있다. 신라 문무왕 10년(676년) 의상대사가 창건했는데 대웅전 뒤에 맑은 물이 나오는 샘이 있어 옥천사라 불렀다. 화엄 10대 사찰의 하나였으나 지금은 쌍계사의 말사다. 여러 차례 중창을 거쳤으며 지금의 건물은 고종 20년(1883년)에 중건한 것이다.

많은 문화재 가운데 가장 눈에 띄는 것은 보물 제495호로 지정된 임자명반자다. 불교 제례 의식에 사용한 악기로, 지름 55㎝, 너비 14㎝의 고려시대 반자다. 앞면은 막혀 있고 뒷면은 비어 있는 형태로, 앞면은 굵은 동심원으로 4등분하고 중앙에 7개의 연자를 배치한 다음 윤곽을 따라 2줄의 선을 돌렸다. 그 주위로는 중엽의 연

▲ 대웅전 뒤에 있는 옥천샘. 위장병, 피부병에 효험이 있다고 알려지면서 많은 이들이 찾고 있다.

꽃이, 바깥 둘레에는 쌍구형의 당초무늬가 유려하게 장식됐다.

그 밖에도 자방루·반종·대웅전·향로 등의 지방유형문화재들이 있으며 1744년에 제작된 삼장보살도·시왕도·지장보살도 등도 전한다. 대웅전 뒤에는 위장병, 피부병에 효험이 있다고 알려진 옥천샘이 있다. 주변에 백련암, 청연암, 연대암 등의 암자와 적멸보궁이 있다. 극락보궁과 삼성각 사이에 있는 삼층석탑에 진신사리가 봉안되어 있다고 한다. 옥천사에서 출가한 지성 스님이 주지로 재임하던 2002년 태국 달마 길상사와 자매결연 하고 태국서 가져온 것이다.

하늘과 바다를 품에 안은 문수암과 운흥사

고성에는 500m를 넘나드는 산들이 여럿 있는데 멀지 않은 곳에 무이산(청량산·546m)이 있다. 높지는 않아도 산세가 제법 가파르다. 정상에 올라 바라보는 풍경은 힘들인 만큼의 가치가 있다. 산자락 너머로 장엄하게 펼쳐지는 고성 앞바다 다도해 풍광은 그 어느 곳에서도 볼 수 없는 그림 같은 풍광을 전해준다. 쪽빛 바다 사이마다 알알이 박혀 있는 섬

▲ 문수암에서는 산자락 너머로 장엄하게 펼쳐지는 고성 앞바다 다도해 풍광을 감상할 수 있다.

▲ 무이산 정상 가까이에는 우리나라 4대 문수보살 기도성지 중 한 곳인 문수암이 자리 잡고 있다. 문수보살은 지혜를 상징하는 보살로, 수능을 앞두고 수험생을 눈 학부모들이 기도 드리는 보살로 유명하다.

들이 물결에 출렁이며 마치 손에 잡힐 듯하다.

정상 가까운 곳에 우리나라 4대 문수보살 기도성지 중 한 곳인 문수암이 자리 잡고 있다. 문수보살은 지혜를 상징하는 보살로, 관음보살 다음으로 많이 신앙되는 석가모니불과 비로자나불의 좌협시 보살이다. 수능을 앞두고 수험생을 둔 학부모들이 기도를 드리는 보살이 바로 문수보살이다.

▲ 의상대사가 창건한 정겨운 느낌의 사찰인 운흥사는 화원(화가)을 양성하던 사찰로도 이름을 널리 알렸다.

쌍계사의 말사인 문수암은 신라 신문왕 8년(688년) 의상대사가 창건했다고 알려졌다. 부석사·범어사·화엄사 등 화엄 10대 사찰을 건립하고 말년을 보낼 토굴 자리를 찾기 위해 남해 금산으로 향하던 의상대사는 고성에서 우연히 만난 두 걸인의 추천을 받아 무이산으로 향했고 최적의 수도도량임을 깨닫고는 지금의 자리에 문수암을 세웠다고 한다. 두 걸인은 문수와 보현보살로, 법당 뒤에는 두 보살이 의상대사를 인도한 후 사라졌다는 문수단이 있다.

석벽 아래에 적힌 문수단이라는 글씨는 의상대사가 쓴 것이라 전해진다. 석벽의 갈라진 틈 사이를 자세히 보면 문수보살의 얼굴이 나타난다고 한다. 이를 보며 소원을 빌면 이루어진다고 하여 사람들의 발길이 잦다. 문수단 오른쪽 아래에는 바위 틈에서 샘솟는 석간수가 있다. 문수암은 창건 이후 수도 도량으로서 많은 고승들을 배출하였으나 여러 차례 중창을 거치며 안타깝게도 옛 모습을 많이 잃어버렸다.

▲ 운흥사 경내에 들어서면 가장 먼저 눈에 띄는 것은 둥그런 담으로 둘러싸인 장독대다. 담은 흙과 납작한 돌을 켜켜이 쌓아올리고 기왓장으로 덮은 토속적인 형태다.

문수암에서 멀지 않은 와룡산 향로봉 중턱에는 천년고찰 운흥사가 있다. 신라 문무왕 16년(676년) 의상대사가 창건한 소박하고 정겨운 느낌의 사찰이다.

운흥사는 화원(화가)을 양성하던 사찰로도 이름을 널리 알렸다. 영조 때 불화를 잘 그리기로 이름난 의겸스님이 이곳 출신이다. 영조 6년(1730년)에 의겸스님과 문화생들이 그린 영산대재에 사용하는 영산회괘불탱(가로 768cm, 세로 1,136cm)이 보물 제1317호로 지정되어 있다. 서있는 석가모니불을 중심으로 좌우에 문수보살과 보현보살을 배치하고 여러 존상을 화면 가득히 그려 넣었다. 조화롭고 밝은 색채의 사용, 세련된 필치의 화려하고 정교한 문양 등이 돋보인다. 일제강점기 때 일본인들이 이 괘불을 몰래 반출하려했지만 세 번 모두 심한 풍랑을 만나 결국 가져가지 못하고 다시 제자리에 갖다 놓았다고 한다.

경내에 들어서면 가장 먼저 눈에 띄는 것은 둥그런 담으로 둘러싸인 장독대. 담은 흙과 납작한 돌을 켜켜이 쌓아올리고 기왓장으로 덮은 토속적인 형태다. 장독대 옆에는 운흥사의 또 하나의 명물인 옥샘이 있다. 연일 마르는 법 없이 언제나 넉넉히 솟아 나오는 약수다. 몸에 좋은 성분이 들었다는 입소문을 타면서 샘물을 마시려는 인파가 전국 각지에서 줄을 잇는다.

이밖에도 고성에는 계승사와 장의사 등의 사찰이 있다. 금태산(340m)에 안긴 계승사(桂承寺)는 신라 문무왕 15년(675년) 의상대사가 창건했다고 전해지는데 임진왜란 때 완전히 소실된 뒤 오랫동안 폐허로 남아 있었다. 1960년대 중창하면서 절 이름을 계승사라 하였다. 당시 사찰 터에서 금동불상입상, 금동불상 좌상 등의 문화재가 나왔다고 하나 도난당하여 지금은 그 소재를 알 수 없다. 거류산(570m) 중턱에 위치한 장의사는 신라 선덕여왕 1년(632년) 원효대사가 창건한 사찰로 한국전쟁 때 소실됐다가 그 후 여러 차례 중건되어 오늘에 이르고 있다. 사찰 뒤로 우뚝 솟아있는 기암괴석이 사찰과 절묘한 조화를 이룬다.

미륵산 품에서 당당한 품세를 자랑하는 용화사

통영에서 가장 큰 섬인 미륵도 한가운데 우뚝 솟은 미륵산(461m)은 그다지 높은 산이 아님에도 당

▲ 미륵산 자락에는 고찰 용화사가 있다. 용화(龍華)란 미래부처님이 하생(下生)할 장소를 이른다.

당한 산세를 자랑하는 우리나라 100대 명산 중 하나다. 울창한 숲과 맑은 계곡, 사이마다 자리 잡은 갖가지 모양의 기암괴석과 바위굴이 미륵산에 운치를 더한다. 미륵산의 진가는 정상에서 더 잘 드러난다. 산정에 오르면 통영의 진수를 맛볼 수 있다. 바다와 섬이 어우러진 수려한 한려해상의 다도해 풍경과 동양의 나폴리라 불리는 통영의 해안가 풍경이 근사하게 펼쳐진다. 정상까지 이어진 케이블카가 있어 누구나 쉽게 이용이 가능하다.

미륵산 정상에는 특이하게도 두 개의 우체통이 있다. 하나는 일반 우체통이고 다른 하나는 1년 후 편지를 전달하는 느린

▲ 불사리4사자법륜탑은 우리나라에서는 좀처럼 보기 힘든 고대 아쇼카양식의 원주석탑으로, 안에 진신사리 7과가 봉안되어 있다

우체통이다. 멋진 경관을 본 뒤 추억을 쌓으려는 이들에게 인기 만점이다. 미륵산의 다른 이름은 용화산이다. 이 산에 고찰 용화사가 있어 그렇게 부른다고도 하고, 원효대사가 이곳을 다음 세상에 미륵존불이 강림하실 용화회상이라 하여 미륵산과 용화산을 함께 쓴다고도 한다.

미륵산 자락에는 고찰 용화사와 함께 산내암자인 관음암, 도솔암이 있다. 용화사는 신라 선덕여왕 원년(532년) 은점선사가 미륵산 중턱에 절을 짓고 정수사라 한 것이 처음이다. 고려 원종 원년(1260)에 큰 비가 내려 산사태로 허물어지자 3년 뒤 자윤, 성화 두 화상이 옮겨 짓고는 천택사라 불렀다. 조선 인조 6년(1628년)에 화재로 소실되자 영조 28년(1752년) 벽담선사가 지금의 자리에 새로 짓고 용화사라 고친 것이 오늘에 이른다. 용화(龍華)란 미래부처님이 하생(下生)할 장소를 이른다.

탑비와 3층, 5층석탑이 있는 부도전을 지나 경내로 들어서면 정면에 아미타삼존불을 모신 법당인 보광전이 있고 좌우로 선실인 적묵당과 강당인 탐진당이 있다. 이외에도 미륵불을 모신 용화전, 지장보살과 십왕상을 모신 명부전, 칠성전, 문루인 해월루와 요사채와 함께 7각형의 종루, 효봉대종사 5층사리탑, 그리고 불사리4사자법륜탑이 있다. 특히 불사리4사자법륜탑은 우리나라에서는 좀처럼 보기 힘든 고대 아쇼카양식의 원주석탑으로, 진신사리 7과가 봉안되어 있다.

통영에서 찾아가볼만한 사찰로는 연화사, 안정사, 미래사 등이 있다. 연화도 낙가산(250m) 아래 위치한 연화사(蓮華寺)는 1998년 창건된 그리 오래 되지 않은 사찰이나 400여 년 전 연화도사, 사명대사, 자운선사 등이 이곳에서 수행했다고 한다. 경내에 대웅전을 비롯하여 삼각구층석탑, 요사채 2동, 진신사리비, 연화사창건비 등을 보유하고 있다.

벽방산(650m) 기슭에 자리한 안정사(安靜寺)는 신라 태종 무열왕 원년(654년) 원효대사가 창건했다고 알려진 사찰로 통일신라시대에는 14채의 당우에 천여 명의 승려가 수도했다고 할 만큼 대찰이었

다. 여느 사찰과 마찬가지로 임진왜란 때 소실되어 여러 번 중건과 중수를 거쳐 오늘에 이르고 있다. 대웅전을 비롯하여 다수의 문화재를 보유하고 있으며 산내암자로 가섭암·은봉암·의상암·천개암 등을 두고 있다.

미륵산 남쪽 기슭에 자리 잡은 미래사(彌來寺)는 해방 이후인 1954년 세운 암자였다. 우리나라에서 좀처럼 보기 힘든 십자팔작누각(十字八作樓閣)으로 만들어진 종각과 티베트에서 모셔온 부처님 진신 사리 3과가 봉안되어 있는 삼층석탑을 볼 수 있다. 사찰 주변에 울창한 편백나무 숲이 있어 함께 둘러 보기에 좋다.

주변 둘러보기

하나. 은하수를 끌어와 병기를 씻는 세병관

통영에서 빼놓을 수 없는 볼거리 중 하나가 세병관(국보 제305호)이다. 조선시대 경상·전라·충청 삼도수군을 총 지휘했던 본부의 객사건물이다. 선조 37년(1604년) 제6대 통제사인 이경준이 설계하여 완성했으며 그 후 여러 차례 중수를 거쳤다. 세병관은 은하수를 끌어와 병기를 씻는다는 뜻으로 두보의 시에서 따왔다고 한다. 앞면 9칸·옆면 5칸에 단층팔작지붕을 단 웅장한 건물이다. 경복궁 경회루, 여수 진남관과 함께 조선시대 건축물 중에서는 가장 큰 규모를 자랑한다. 장대석 기단에 50개의 민흘림기둥을 세우고 벽체나 창호 없이 통칸으로 트여 있다. 내부 바닥에는 우물 정(井)자 모양의 우물마루를 깔고 천장에는 서까래가 드러난 연등천장을 시설했으며 뒤쪽 중앙에는 한단을 올려 궐패를 보관하는 공간을 두었다.

둘. 해금강과 외도

거제도에 있는 해금강은 해상에 위치한 두 개의 인접한 큰 바위섬을 말한다. 원래는 칡뿌리가 뻗어 내린 형상 같다 하여 갈도(葛島)라 불렀으나 섬의 아름다움이 마치 금강산의 해금강을 닮은 것 같다하여 지금의 이름이 붙여졌다. 거제도 최고의 경치를 자랑하는 해금강은 갖가지 기암괴석들로 절경을 이룬다. 십자동굴. 석문. 사자바위. 두꺼비바위. 쌍촛대바위. 미륵바위. 해골바위. 곰바위 등의 바위들이 저마다의 자태를 뽐내며 신비로운 모습을 드러낸다. 해금강은 예부터 약초가 많아 '약초섬'이라고도 불렸는데,

중국을 통일한 진나라의 진시황제에게 바칠 불로장생초를 구하기 위해 신하들이 들렀다고도 한다.

해금강에서 약 4km 떨어진 곳에 또 하나의 아름다운 섬, 외도가 있다. 동도와 서도로 나뉘어져 있는데 연중 물이 풍부하고 기온이 따뜻하여 식물이 자라기 좋은 환경이다. 기암괴석으로 둘러싸인 가운데 섬 전체가 하나의 식물원으로 꾸며져 있다. 이국적인 분위기로 꾸며져 있고 희귀식물들도 많다. 이른바 해상농원인 셈. TV 드라마와 광고 등의 배경지로 자주 이용되어 유명해졌다.

알아두면 좋아요

통영 굴

미네랄의 보고로 잘 알려진 굴은 찬바람이 불기 시작하는 10월 중순부터 생산을 시작해 11~12월이 제철이다. 석화나 생굴, 굴 보쌈 등 날로 먹는 것이 영양이나 맛으로 가장 좋지만 굴밥, 굴구이, 굴튀김 등도 별미다. 특히 통영 굴은 국내 굴의 70%를 차지하는데 알이 굵고 통통하여 맛이 좋다. 굴 산지인 통영에는 다양한 굴 음식을 종류별로 맛볼 수 있는 음식점들이 즐비하여 구미에 맞게 선택할 수 있다.

📷 꼭 들러야할 이색 명소

공룡발자국 화석지

고성은 국내 최초로 공룡발자국 화석이 발견된 곳이다. 미국 콜로라도, 아르헨티나 서부해안과 함께 세계 3대 공룡발자국 화석산지로 꼽힌다. 군 전역에 걸쳐 약 5천여 족의 공룡발자국 화석이 산재되어 있다. 공룡의 흔적을 찾으려면 1박 2일 코스가 적당하다. 먼저 공룡 및 새발자국 화석산지인 상족암군립공원에 들린 뒤 전 세계적으로 가장 작은 축에 속하는 아기공룡 보행렬 발자국 화석지인 회화면(어신리)을 거쳐 발자국 길이가 1m가 넘는 초대형 공룡발자국이 있는 동해면(작은 구학포)를 기행한다.

효과 100배 코스 | 문수암

문수단   석간수   문수암

사찰 정보 Temple Information

옥천사 | 경남 고성군 개천면 연화산1로 471-9 / ☎ 055-672-0100 / www.okcheonsa.or.kr

문수암 | 경남 고성군 상리면 무선리 134 / ☎ 055-672-8078

운흥사 | 경남 고성군 하이면 와룡2길 248-28 / ☎ 055-835-8656 / www.055-835-8656.kti114.net

용화사 | 경남 통영시 봉수로 107-82 ☎ 055-645-3060 / www.yonghwasa.org

석남사 · 동축사 · 문수사 · 백양사

진리 머무는 저 산사에서
마음의 넉넉함을 새삼 구하다

■ ■ ■ 자연, 역사, 음식이 공존하는 최적의 여행지로 꼽히는 울산. 가지산, 무룡산, 신불산 억제평원 등 아름다운 풍광으로 이름난 울산 12경을 감상한 후 국보급 문화재인 선사시대를 대표하는 유적 반구대암각화를 둘러보고 나서 언양 한우불고기로 허기를 채우다보면 어느새 울산이 지닌 맛과 멋에 흠뻑 취하고 만다.

석남사, 산사에 깃든 장엄한 풍경에 취하다

울산 울주군과 경남 밀양시, 경북 청도군에 걸쳐있는 가지산(1,241m)은 해발 1,000m가 넘는 준봉들이 이루는 영남알프스의 최고봉으로, 특히나 웅장한 산세를 자랑한다. 주변을 둘러싼 높은 산들과 어울려 이루어내는 풍경이 장엄하다.

가지산은 넓은 산자락 안에 큰 계곡을 4개나 품고 있다. 정상에서 석남사 뒤쪽으로 흘러내리는 주계곡 (석남계곡), 쌀바위 쪽에서 북쪽으로 흘러내리는 지류와 정상 북쪽에서

▲ 비구니 수련도량인 석남사는 국내외 가장 큰 규모의 비구니 종립특별선원으로 알려져 있다.

흘러내린 지류가 만나서 이루어진 운문 학심이골, 또 정상에서 남남서 쪽으로 흘러 내려 구연폭포를 지나 호박소로 이어지는 계곡, 가지산 남동릉 중간쯤에서 발원하여 석남재에서 오른쪽으로 크게 꺾어 흘러 내려 호박소와 합류하는 쇠점골이 있다. 어느 곳이나 흰 바위와 작은 폭포와 소들이 줄지어 울창한 숲과 조화를 이룬다.

곳곳의 기암괴석들도 비경을 이룬다. 베틀 같은 베틀바위, 딴청을 부리고 있는 딴바위, 끼니마다 한 사람이 먹을 만큼 나오던 쌀이 욕심쟁이의 탐욕으로 나오지 않게 되었다는 전설이 있는 쌀바위 등 제각각의 바위들이 저마다 이야기를 품고 있다. 석남고개에서 정상에 이르는 억새밭은 가을이면 장관을 이룬다. 정상에는 나무가 별로 없는 대신 암릉이 있다.

울주군 상북면 덕현리 가지산 동쪽 기슭에는 통도사의 말사이자 비구니 수련도량인 석남사가 자리 잡고 있다. 가지산 보림사의 개종자인 도의국사가 신라 헌덕왕 16년(824년)에 세웠다고 한다. 도의국사는 당나라에 건너가 지장의 제자가 된 뒤 불법을 물려받고 신라로 돌아와 남선을 전파시켰는데 도의의 남선은 북선과 함께 두 줄기 선문을 이루었다. 도의국사는 돌아온 지 3년 만에 석남사를 창건했

▲석남사(石南寺)라는 이름은 가지산을 석면산이라고 하는데 이 산의 남쪽에 있다 해서 지었다는 이야기가 전해온다.

다. 여러 차례 중건되고 중수된 석남사는 한국전쟁으로 완전히 폐허가 되어 신라 고찰의 모습을 전혀 찾아볼 수 없게 되었다. 몇 년 방치되었다가 1957년 비구니인 인홍스님이 주지로 부임하면서 석남사를 재건했고 차츰 사찰의 면모를 갖추기 시작하면서 비구니들의 수도처가 되었다. 국내외 가장 큰 규모의 비구니 종립특별선원으로 알려져 있다. 석남사(石南寺)라는 이름은 가지산을 석면산이라고 하는데 이 산의 남쪽에 있다 해서 지었다는 이야기가 전해온다.

대웅전, 극락전, 정수원 등 30여 동의 건축물이 있는데 가장 오래된 건물은 조선 정조 15년(1791년)에 세운 극락전이고 다음으로 오래된 것이 순조 3년(1803년)에 세운 대웅전이다. 경내에는 보물로 지정된 석조부도 1기와 지방문화재로 지정된 삼층석탑, 놀로 만는 수조 등의 문화재가 있다.

대웅전 뒤편 언덕 위에 있는 승탑(보물 제369호)은 통일신라말기의 양식을 갖춘 화강암으로 만든 높이 3.53m의 돌탑이다. 승탑은 이름난 스님들의 유골을 모시기 위해 세운 탑을 이르는데 석남사 승탑은 도의국사의 사리탑으로 전한다. 전체적으로 8각의 형태를 취하고 있으며 바닥돌 위에 기단부와 탑신을 놓았다. 아래받침돌은 2단 형식인데 역동적인 사자와 구름을 도드라지게 표현했다. 가운데받침돌은 가운데가 볼록한 팔각형으로 각 면에 안상을 장식하고 그 안에

▲ 이층 기단 위에 세운 석남사 삼층석탑. 높이 2.5m 규모로 아담한 크기며 모서리 각을 줄여 둥글게 처리한 것이 특징이다.

▶ 대웅전 극락전 정수원 등 30여 동의 건축물을 갖춘 석남사에서 가장 오래된 건물은 조선 정조 때인 1791년에 세워진 극락전이다.

꽃모양의 띠를 둘렀다. 윗받침돌은 연꽃을 새겼다.

　석남사에는 두 개의 삼층석탑이 있다. 극락전 앞에 있는 삼층석탑(울산 유형문화재 제22호)은 원래 대웅전 앞에 있었으나 1973년에 현재 위치로 옮겨 세웠다. 통일신라시대의 양식으로 세워진 높이 2.5m의 작은 탑이다. 기단의 아래층 일부는 땅에 묻혔으며 모서리의 각은 둥글다. 상륜부는 노반석, 앙화(위로 향한 꽃), 보륜, 보개 등을 갖추고 있다. 또 하나의 삼층석탑은 원래 도의가 호국의 염원아래 15층으로 세운 것이라 전해지나 임진왜란 때 파괴되어 방치되어오다 1973년 스리랑카의 승려가 사리 1과를 봉안하면서 삼층으로 개축한 것이다.

울산에서 둘러볼만한 사찰 – 동축사, 문수사, 백양사 외

　울산에서 둘러볼만한 사찰로는 동축사, 문수사, 백양사, 신흥사, 월봉사 등이 있다. 통도사의 말사인 동축사(東竺寺)는 신라 진흥왕 34년(573년) 만들어진 사찰이다. 인도 아육왕이 불상 조성에 실패하고 인연 있는 나라에서 불사가 이뤄지기를 비는 마음으로 배에 황철과 황금을 실어 보냈는데 신라에서 이를 재료로 하여 삼존불상을 만들고 이를 황룡사에 봉안한 후 배에 실려 온 목형 모형물을 봉안하기 위해 만든 절이 동축사라는 이야기가 전해온다. 당시 모형물은 지금은 전하지 않아 볼 수 없으나 동축사가 유서 깊은 사찰임은 분명하다.

▲ 동축사는 인도의 옛 이름인 천축국에 대비되는 신라를 일컫는 절 이름이다.

문수사(文殊寺)는 절이 위치한 문수산(599m)에서 이름을 딴 절이다. 문수산은 신라와 고려 때는 영축산이라 부르다가 조선시대에 들어 문수산이라 하였다. 산 이름을 문수산이라 한 것은 화엄경 제10법 운지로서 보살들이 살던 곳이어서 문수보살의 응현이 있었기 때문이었다고 한다. 신라 선덕여왕 15년(646년) 자장율사가 세웠으며 이후 범어사의 말사가 되면서 사명을 문수암이라 고쳤다가 1989년에 중건하면서 다시 문수사로 부르기 시작했다.

함월산에 자리 잡은 백양사(白楊寺)는 신라 마지막 임금인 경순왕 6년(932년) 백양선사가 신라의

▲ 문수산에 위치한 문수사. 산신각 뒤에 화강암으로 제단을 쌓고 모신 대형 불상이 있다.

호국염원과 울산고을의 안과 태평을 비는 원찰로 창건한 사찰이다. 여러 차례 중건을 거치다 일제강점기인 1922년 새로 지어 지금에 이르고 있다. 내부에 대웅전, 명부전, 칠성각, 산령각, 선실 등의 건물과 석조 형부 2기가 있다.

동대산(447m) 정상 부근에 위치한 신흥사(新興寺)는 신라 선덕여왕 4년(635년) 명랑조사가 세웠다. 신라가 만리성을 쌓는 동안 승병 100여 명이 이 절에 머물며 무술을 닦았다고 한다. 오랫동안 폐사 상태로 있다가 1990년대 들어 복원되기 시작해 사찰의 모습을 완연하게 갖춘 것이 얼마 되지 않았다. 현재 통도사의 말사다. 함월산에 안겨 있는 월봉사(月峰寺) 역시 통도사의 말사다. 신라 경순왕 4년(930년) 성도율사가 처음 창건하였다.

주변 둘러보기

하나. 태화루

신라 선덕여왕 12년(643년) 태화사가 건립되면서 함께 세워진 것으로 보인다. 태화루는 태화사 경내에 조성된 누각으로, 태화강변 황룡연 절벽 위에 위치해 있다. 고려와 조선시대를 거쳐 성종이 방문하고 여러 문인들이 들러 시를 남기는 등 정사를 돌보던 장소이자 풍류와 문학의 공간으로 지리 잡았으나 임진왜란 전후로 멸실되는 운명을 겪었다. 조선시대의 막새기와를 비롯하여 청해파문 평기와가 발굴됐다. 2014년 다시 건립되어 400여 년 전의 모습을 다시 찾았다.

둘, 반구대

반구대(盤龜臺)는 언양읍 대곡리의 사연호 끝머리에 층을 이룬 바위 모양이 마치 거북이 넙죽 엎드린 형상을 하고 있어 붙여진 이름이다. 반구산(265m)의 끝자락이 뻗어내려와 우뚝 멎은 곳에 테라스처럼 층층이 쌓인 기암절벽이 솟아있고, 돌 틈새에 뿌리를 내린 소나무와 그 아래를 굽이쳐 흐르는 대곡천(大谷川)의 맑은 물이 절묘하게 뒤섞여 한폭의 신경산수화를 연출한다.

알아두면 좋아요

가지산 쌀바위에 얽힌 전설

가지산 정상 인근에는 쌀바위라는 큰 바위가 있다. 옛날 한 스님이 이 바위 밑에 초막을 짓고 수도 정진하였는데, 양식이 떨어지면 마을로 내려가 탁발(동냥)을 얻어야 했다. 스님의 고행이 가여웠는지 부처님이 기적 같은 자비를 내렸다. 그 바위에서 날마다 한사람이 먹을 수 있는 쌀이 물방울 떨어지듯 또딱또딱 나왔던 것이다. 스님은 수없이 부처님께 감사의 염불을 올린 뒤 쌀을 소중히 거두었다. 그러나 욕심이 생긴 스님은 구멍을 크게 하면 더 많은 쌀이 나올지도 모른다는 생각을 하게 되었다. 쌀을 팔아 돈을 모으면 큰 절을 지어 주지로 출세할 수도 있다는 환상에 사로잡힌 스님은 수도 정진은 뒤로 하고 바위 구멍 뚫는데 온힘을 쏟았다. 하지만 바위 구멍에서는 쌀은 안 나오고 쉴 새 없이 맑은 물만 흘러나왔다. 스님은 그때서야 자신의 어리석음을 깨닫고 뉘우치며 통곡했지만 이미 소용없는 일이었다. 그 후로 쌀은 영영 나오지 않고 이름만이 쌀바위, 미암(米岩)으로 전해오고 있다. 지금도 바위틈에서는 물이 졸졸 흘러내리고 있다. 인간의 탐욕을 꾸짖는 이야기다.

꼭 들러야할 이색 명소

쇠부리놀이

울산의 쇠는 예부터 그 명성이 대단하여 삼한시대 때부터 동예와 왜는 물론, 낙랑과 대방을 거쳐 중국에까지 공급되어 마치 화폐처럼 통용됐다고 한다. 영남의 여러 고을에서는 조선조 초기에 이르기까지 쇠의 세공지로 지정되어 각기 철장을 가졌는데 특히 울산은 그 가운데서도 가장 많은 생철 1만 2천 5백 근을 세공했다는 기록이 있다. 세종이후 한동안 폐쇄되었다가 1657년에 이의립에 의해 일제강점기 초까지 활발한 채광이 이루어졌으나 울산의 쇠산업은 일본 기업가의 대량생산에 밀려 막을 내렸다. 울산 화봉동 서당골점터를 비롯하여 일대에 100개소에 가까운 쇠불이 유적이 있다. 울산의 쇠부리놀이는 오랜 철 생산의 과정을 놀이로 재구성한 것이다. 매년 5~6월경 쇠부리축제가 열린다.

효과 100배 코스 | 석남사

석남사 나무사잇길   삼층석탑   엄나무 구유

사찰 정보
Temple Information

석남사 | 울산 울주군 상북면 석남로 557 / ☎ 052-264-8900 / www.seoknamsa.or.kr

태고사 · 안심사 · 금산사 · 망해사 외

깊은 산 속 사찰,
몸과 마음 깨우는 안빈의 공간 되다

100대 명산인 모악산 아래 자리한 완주, 전주, 김제는 전북 서부에 위치한 고장으로 우리나라에서 유일하게 지평선을 볼 수 있는 호남평야가 광범위하게 펼쳐진 곳이다. 전북평야의 젖줄인 만경강과 동진강의 맑은 물과 끝없이 펼쳐진 비옥하고 풍요로운 땅을 안은 이들 고장은 화려하고 요란함 대신 평화롭고 소박한 풍경을 전해주어 마음이 저절로 치유되는 특별한 곳이다.

태고사, 경내 거닐며 고산준봉의 풍광 즐기다

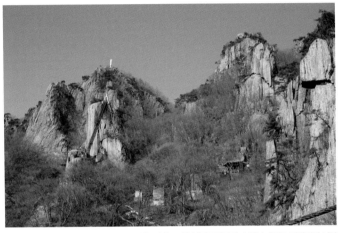

한반도 정맥 중 하나인 금남정맥 줄기가 만경평야를 굽어보며 뻗어나간 곳에 우뚝 선 완주의 진산, 대둔산(878m). 큰 덩이의 산을 뜻하는 한듬산을 한자화한 이름이라는 이야기가 전한다. 호남의 금강산이라 부르는 대둔산은 흙보다는 바위 덩어리로 이루어진 산이다. 여기저기 우뚝 솟은 봉우리는 잘 다듬은 듯 저마다 독특한 형상을 하고 있어 신비롭고 웅장하다.

▲ 대둔산 정상 마천대에서 바라보는 경관은 기기묘묘한 암봉들의 잔치다. 깎아지른 듯 이리저리 서 있는 바위들은 감탄이 절로 나올 만큼 아름답고 사방으로 뻗은 산줄기는 수려하기 그지없다

대둔산은 완주군 운주면과 충남의 금산군, 논산시에 걸쳐 있는데 운주 방면이 좀 더 산세가 수려하다. 계곡과 능선을 따라 동심바위, 금강문, 삼선봉, 마천대, 왕관바위, 칠성봉, 용문굴 등 다양한 형상의 암봉과 기암괴석들이 둘러서있다. 정상으로 오르기 위해서는 철계단과 돌계단을 밟아야하고 출렁이는 구름다리도 건너야한다. 특히 길이 50m에 이르는 흔들거리는 금강구름다리와 높이 80m의 수직으로 뻗은 삼선계단은 대둔산 최고의 절경을 선사하는 대둔산의 명물이지만 길을 건너기가 쉽지 않아 웬만한 강심장이 아니고서는 엄두를 내지 못한다.

정상 마천대에서 바라보는 대둔산은 기기묘묘한 암봉들의 잔치다. 깎아지른 듯 이리저리 서있는 바위들은 감탄이 절로 나올 만큼 아름답고 사방으로 뻗은 산줄기는 수려하기 그지없다. 산림과 수석의 아름다움이 대단하여 한국 8경으로도 지정됐다. 사계절 모두 특색 있는 풍광을 자랑하지만 그 중에서 제일은 설경이며 특히 낙조대에서 맞이하는 일출과 낙조가 장관이다. 대둔산을 둘러싼 주요 사찰로 금산 지역의 태고사와 안심사, 관촉사, 운주의 화암사 등이 있다.

태고사는 대둔산 최고봉 마천대 다음 제2 봉우리 낙조대 아래 동북쪽에 자리 잡고 있는 금산의 고찰

▲ 전통사찰의 경내를 거닐며 고산준봉의 풍광을 즐길 수 있다는 것은 태고사의 남다른 매력이다.

이디. 전통사찰의 경내를 거닐며 고
산준봉의 풍광을 즐길 수 있다는 것
은 또 다른 매력이다. 주변에 높은 산
이 없기 때문에 태고사가 위치하고
있는 고도 상에서도 고산준봉에 오른
듯 풍광을 즐길 수 있기 때문이다.

원효대사가 창건한 이래 이 절은 고
려시대 태고화상(太古和尙)이 중창
하였으며, 조선시대에는 진묵대사가
재건하였다고 알려져 있다. 태고사
는 한국전쟁 때 소실된 것을 1974년

▲ 대웅진 역할을 하고 있는 극락보전은 석가모니불을 중심에 모시고 그 좌우에 문수보살 보현
보살을 모시고 있다.

부터 복원하였는데 대웅전을 비롯하여 무량수전, 관음전, 선방 등을 지었다. 대웅전 역할을 하고 있는
극락보전은 현재 충청남도 문화재자료 제27호로 지정되어 있다. 극락보전은 석가모니불을 중심에 모
시고 그 좌우에 문수보살, 보현보살을 모시고 있다.

제일 처음 이 절터를 본 원효대사가 너무 기뻐 3일 동안 춤을 추었다고 했을 만큼 주변 경관이 뛰어
나다. 한용운(韓龍雲)도 "대둔산의 태고사를 보지 않고 천하의 승지(勝地)를 논하지 말라."고 할 만큼
빼어난 곳이다. 이 절의 영험설화로는 전단향나무로 조성된 삼존불상을 개금(改金)할 때 갑자기 뇌성
벽력과 함께 폭우가 쏟아져서 금칠을 말끔히 씻어 내렸다는 전설과 잃어버린 태고사 불궤에 얽힌 전

설 등이 전해지고 있다

우암 송시열 선생이 공부하던 곳으로도 유명하다. 선생의 자취는 아직도 이 절에 선명히 남아 있다. 선생이 바위에 새긴 한자가 그것. 절 아래 거대한 바위사이로 간신히 한사람 지날 정도의 틈이 있는데 이 바위틈이 절의 일주문을 대신하고 있다. 이를 두고 우암 선생은 석문이라 했고 이 문에 한자로 석문이라 새겨 넣어 이곳이 태고사의 일주문임을 알리고 있다.

▶ 송시열 선생이 쓴 한자, 석문. 이 바위틈이 절의 일주문을 대신하고 있다.

세상사 지친 마음이 쉬어가는 절 안심사

안심사(安心寺)는 영조 35년(1759년)에 세워져 제법 큰 규모를 유지했으나 한국전쟁 때 경내 30여 채의 건물과 주변 13개의 암자가 모두 소실되는 아픔을 겪었다. 만해 한용운의 '명찰순례기'에 의하면 2층 대웅보전에는 658판의 한글언해본 경판이 있었다고 기록되어 있어 더욱 안타깝기만 하다. 지금은 부처님 진신사리와 치아사리를 모신 적멸보궁 부도와 안심사의 역사를 말해주는 사적비만이 남아 있어 옛 흔적을 더듬어볼 뿐이다. 전쟁 때 불타버린 전각들은 복원이 진행 중이다. 안심사는 현재 비구니 사찰이다.

◀ 안심사 사적비에 의하면 안심사는 신라 선덕여왕 때 자장율사가 부처님 진신사리 10과와 치아사리 1과를 모시기 위하여 창건했다.

335

대웅전 왼쪽에 있는 안심사 금강 계단(보물 제1434호)은 부처의 치아사리 1과와 의습(衣襲) 10벌을 봉안하기 위해 조선 중기에 조성된 불사리탑이다. 계단은 승려들이 계를 주고받는 의식 장소를 말한다. 바닥에 긴 직사각형의 돌을 놓아 넓은 기단을 쌓았다. 계단 면석에는 연화문과 격자 문양을 조각했는데 그 수법이 장식성과 섬세함에 있어 탁월

▲ 안심사는 영조 35년(1759)에 세워져 제법 큰 규모를 유지했으나 한국전쟁 때 경내 300여 채의 건물과 주변 13개의 암자가 모두 소실되는 아픔을 겪었다. 전쟁 때 불타버린 전각들은 현재 복원이 진행 중이다.

하다. 계단 가운데에는 석종형 부도를 놓았고 네 귀퉁이마다 부처님 사리탑을 수호하려는 듯 장군 모양의 신장상을 놓았다.

안심사의 연혁은 상세히 알려져 있지 않으나 그나마 사적비를 통해 1759년까지의 역사를 대략이나마 알 수 있다. 사적비(전북 유형문화재 제110호)에 의하면 안심사는 신라 선덕여왕 7년(638년) 자장율사가 부처님 진신사리 10과와 치아사리 1과를 모시기 위하여 창건했다. 이와 관련된 창건이야기가 전한다. 자장율사가 삼칠일을 기도하던 중 부처님이 나타나 열반성지 안심입명처로 가라는 말씀을 하셨다. 이에 스님이 이곳에 와서 기도정진하는데 마음이 매우 편안하여 절 이름을 안심사라 했다는 것이다. 사적비의 비문은 조선 효종 때 안심사 주지 처능화상의 청을 받아 우의정을 지낸 김석주가 글을 지었고, 이조판서를 지낸 홍계희가 글씨를 썼으며 영의정을 지낸 유탁기가 대둔산 안심사비라는 전서를 썼다.

◀ 대웅전 왼쪽에 있는 안심사 금강 계단(보물 제1434호)은 부처의 치아사리 1과와 의습(衣襲) 10벌을 봉안하기 위해 조선 중기에 조성된 불사리탑으로, 계단 면석에 조각된 연화문과 격자 문양의 수법이 화려하고 섬세하다.

이외에 완주에서 가볼만한 사찰로는 조선 광해군 14년(1622년) 승려 응호승명·운쟁·덕림·득정·홍신 등이 보조국사의 뜻에 의해 세웠다고 전해지는 송광사(松廣寺)를 비롯하여 고려말 나옹스님이 중건하여 오늘날 전북을 대표하는 비구니 선원으로 자리 잡은 추줄산 위봉사(威鳳寺), 국내 단 하나 뿐인 하앙(下昂) 구조형 건물을 가지고 있는 불명산 기슭의 화암사(花嚴寺), 우리나라 불교의 5교 가운데 하나인 열반종을 세운 진덕화상의 제자였던 일승·심정·대원 등 세 승려가 세웠다는 모악산 동쪽 중턱의 대원사(大院寺), 서방산의 수려한 절경을 품에 안은 신라 고찰 봉서사(鳳棲寺), 1,200여 년 전 진묵대사가 오백나한을 모시기 위해 창건했다는 원등산 중턱의 원등사(遠燈寺), 신라 진성여왕 2년(889년) 도선국사가 창건했다고 전해지는 정수사(靜水寺) 그리고 삼국시대 혜명스님이 창건한 봉실산 정상 부근의 학림사(鶴林寺) 등이 있다.

백제의 찬란한 불교예술 엿볼 수 있는 금산사

김제평야의 동쪽에 우뚝 솟아있는 모악산(793.5m·母岳山)은 호남 4경의 하나로 꼽을 만큼 경관이 빼어나다. 전북 전주와 김제, 완주에 걸쳐 있는데 능선이 길어 산세가 수려한데다 능선 사이에는 아름다운 계곡이 자리 잡고 있어 경치 좋기로 이름났다. 골짜기마다 숲이 무성하고 계곡이 깊어 고산다운 풍모를 풍긴다. 정상에 오르면 전주시내는 물론이고 저 멀리 김제평야와 만경강, 변산반도가 시야에 들어온다. 정상 아래에 있는 쉰길바위의 모양이 마치 아기를 안은 어머니의 모습 같다고 하여 모악(母岳)이라는 이름이 붙여졌다. 옛 이름은 높고 큰 산을 뜻하는 엄뫼었다.

특히 모악산 아래에는 미륵신앙의 근본도량으로 추앙받는 33관음성지 중의 한 곳인 금산사(金山寺)가 자리하고 있어 백제의 찬란한 불교 예술을 엿볼 수 있다. 금산사는 전북 최대의 사찰로 수많은 말

▲ 모악산 아래에는 미륵신앙의 근본도량으로 추앙받는 33관음성지 중의 한 곳인 금산사가 자리하고 있어 백제의 찬란한 불교 예술을 엿볼 수 있다.

사를 거느리고 있는 조계종 제17교구 본사다.

금산사가 창건된 때는 백제 법왕 원년(599년)으로, 국가의 번영과 왕실의 안녕을 기원하고 명복을 빌기 위해 세워진 사찰이라 하나 확실하지는 않다. 초기에는 규모가 다소 작았으나 신라 혜공왕 2년(766년)에 진표율사가 크게 중창하면서 사찰의 모습을 갖추기 시작했고 이 때 금당을 짓고 미륵장륙상을 봉안했으며 법당 남쪽 벽에는 미륵보살이

▲ 금산사 경내 넓은 마당을 걸어 들어가면 웅장한 모습으로 우뚝 서있는 미륵전은 우리나라에서 유일한 삼층 법당이다. 미륵전 안에 있는 본존불은 동양 최대의 옥내 입불이다.

자기에게 계법을 주던 모습을 그렸다고 한다. 금산사가 미륵신앙의 성시로 널리 알려지기 시작한 것도 이 무렵부터다. 그후 후백제 왕실의 후원으로 크게 번창했으나 아이러니하게도 후백제를 세운 견훤은 그의 아들들에 의해 이곳 금산사에 유폐되기도 하였다.

금산사에는 국보와 보물 등 문화재가 많아 볼거리가 풍부하다. 주요 건축물로는 당간지주(보물 제28호) · 미륵전(국보 제62호) · 대장전(보물 제827호) · 석등(보물 제828호) · 5층석탑(보물 제25호) · 방등계단(보물 제26호) · 6각다층석탑(보물 제27호) · 노주(보물 제22호) · 석련대(보물 제23호) · 혜덕왕사진응탑비(보물 제24호) · 북강삼층석탑(보물 제29호) 등이 있다.

일주문과 금강문, 천왕문을 지나 경내로 들어서면 먼저 당간지주가 보인다. 통일신라시대인 8세기 후반에 세운 것으로 추정되는 높이 3.5m의 건조물로, 드물게도 그 형체가 온전하게 보존되어 있다. 넓은 마당을 걸어 들어가면 웅장한 모습으로 우뚝 서있는 법당이 눈에 띈다. 우리나라에서 유일한 삼층 법당인 미륵전이다. 내부에는 바닥이 없는 통층구조로 되어 있다. 원래 이곳에는 용이 살던 연못이었으나 한 고승의 가르침에 따라 참숯으로 연못을 메우고 용을 내쫓아 미륵전을 건립했다고 전해진다. 미륵전 안에는 미륵불을 본존불로 하고 좌우로 법화림 보살과 대묘상 보살을 모신 삼존불이 있다. 삼존불은 조선 인조 4년(1626년)에 조성된 것으로 추정되는데 양 협시불은 진흙으로 만든 소조불로 8.8m에 달하고 가운데 본존불은 높이 11.8m에 달한다. 동양 최대의 옥내 입불이다.

대장전은 앞면 3칸 · 옆면 3칸의 단층 팔작지붕 형태로 원래는 불경을 보관하는 목탑이었으나 정유재란 때 소실된 후 재건되어 1922년 지금의 위치로 옮겨졌다 한다. 대장전 앞에 있는 8각석등은 고려

◀▲ 금산사 경내는 온통 국보와 보물 등 진귀한 문화재가 그득하다. 사진은 6각다층석탑(보물 제27호 · 왼쪽)과 석련대(보물 제23호 · 오른쪽).

시대의 것으로, 지대석에서 보주까지 거의 완전한 모습으로 남아 있다. 대장전을 옮길 때 함께 옮겼다고 한다. 미륵전 북쪽 위 송대라 불리는 높은 지대에는 5층석탑과 방등계단이 있다. 적멸보궁 뒤편의 창을 통해 부처님의 사리가 모셔진 5층석탑과 방등계단 사리탑을 볼 수 있다. 보통 석탑은 법당 앞마당의 중간에 서있지만 금산사 5층석탑은 방등계단을 장엄하는 정중탑 역할을 한다. 5층석탑과 나란히 있는 방등계단 사리탑에는 부처님의 전신사리가 모셔져있다.

6각다층석탑은 고려 초기의 것으로 추정되는 높이 2.18m의 탑으로, 특이하게도 흑색 점판암을 사용하여 만들었다. 군데군데 부서진 흔적이 있지만 정교하면서도 우아한 공예탑의 특성을 보여준다. 상륜부는 없어진 것을 화강석재로 복원했다. 노주는 고려 초기의 작품으로 추정되며 그 용도를 알 수 없고, 역시 고려 초기의 작품으로 보이는 석련대는 중심부에 귀꽃 모양이 인상적이다. 금산사의 중심이 되는 법당인 대적광전은 원래 보물로 지정되었으나 두 차례 화재를 겪으며 전소된 후 보물에서 해제됐다.

새만금과 망망대해 품고 있는 망해사

만경평야와 서해가 만나는 김제 진봉면 심포항 인근에 위치한 진봉산(72m) 자락에는 아담하고 소박한 절, 망해사(望海寺)가 있다. 이름 그대로 앞으로는 새만금과 망망대해를 품고 있고 뒤로는 드넓은 만경평야가 펼쳐져있어 이곳에서 보는 해질녘의 낙조 풍경은 황홀하기 그지없다.

백제 의자왕 2년(642년) 부설거사가 개창한 망해사는 경덕왕 13년(754년) 당나라 중도법사(일명 통장화상)가 중창했고 조선 인조 때 진묵대사가 재건복구하여 크게 번창하였는데 그 때가 망해사 최고

▲ 만경평야와 서해가 만나는 진봉산 자락에는 아담하고 소박한 절 망해사가 있다. 이곳에서 보는 해질녘의 낙조 풍경은 황홀하기 그지없다.

의 전성기였다. 이 후 흥망성쇠를 거듭하다 오늘에 이르렀다. 경내에는 보광명전, 낙서전, 칠성각과 요사 그리고 4개의 부도가 있다.

비구니들이 기거하는 낙서전(전북 문화재자료 제128호)은 조선 선조 22년(1589년)에 진묵대사가 세웠고 그 후 중수됐다. 앞면 3칸·옆면 3칸 건물로, 주심포 형식에 팔작지붕을 갖춘 ㄱ자형 목조 기와집이다. 주불로 아미타불좌상을 모시고 있으며 우측 부처상으로는 관세음보살상을 모시고 있다. 낙서전 맞은편에는 수령 400년 이상된 팽나무 2그루가 홀연히 서있다.

김제의 또 다른 사찰로는 일제강점기 때인 1915년 진묵조사를 숭앙하기 위해 지은 조앙사(祖仰寺)와 신라 문무왕 16년(676년) 의상대사가 세웠다는 귀신사 등이 있다.

▶ 망해사 낙서전 맞은편에는 400여 년의 세월을 이겨낸 팽나무가 홀연히 서있다.

하나. 경기전

전주 완산구 풍남동에는 누전인 경기전이 있다. 조선 태종 10년(1410)에 전주·경주·평양의 3곳에 이성계의 초상화를 모시기 위한 전각을 지었는데, 그 중 전주에 지은 곳이 지금의 경기전이다. 처음엔 어용전이라 부르다가 세종 24년(1442)에 지금의 이름으로 부르기 시작했다. 소실과 중수를 반복하던 경기전은 조선왕조의 맥을 끊으려는 일제에 의해 정전을 제외한 별전과 부속사가 철거되는 수난을 겪었다. 대신 그 자리에는 일본인 초등학교가 들어섰다. 해방 이후 초등학교 교사를 철거했고 2004년에야 부속채들을 복원했다. 앞면 3칸·옆면 3칸으로 되어 있고, 본전 외 창고를 비롯하여 여고와 실록각이라는 문고가 있다.

알아두면 좋아요

전주한옥마을

전주를 대표하는 세계적인 명소는 단연 전주시 완산구 교동과 풍남동 일대에 위치한 한옥마을이다. 서울 북촌이나 경주, 안동에 자리한 한옥마을들과 달리 전주한옥마을은 도심에 위치해있어 쉽게 접할 수 있다. 100년이라는 비교적 짧은 시간 동안 생겨난 마을이기에 전통 한옥이 아닌 도시 환경과 구조에 맞게 발전되어온 '도시형 한옥'을 갖추고 있다. 아름다운 한옥의 모습을 볼 수 있을 뿐 아니라 여러 가지 전통체험과 먹거리들도 함께 즐길 수 있어 매년 수백만 명의 관광객들이 찾는다.

📷 꼭 들러야할 이색 명소

김제 지평선 축제

우리나라 제일의 곡창지대인 호남평야와 동양에서 가장 오래되고 큰 수리시설인 벽골제가 있는 전북 김제에서는 가을이면 어김없이 우리나라 최대 농경문화 축제인 김제지평선축제가 열린다. 농경문화와 관련된 다양한 볼거리와 즐길거리가 가득하고 지역민과 내방객이 함께 어우러질 수 있는 축제다. 다양한 농경문화체험 프로그램과 체류형 야간 프로그램 등 관광객 눈높이에 맞춘 전통문화행사, 체험행사 등이 풍성하게 펼쳐진다.

📖 효과 100배 코스 ┃ 금산사

금산사 미륵전 · · · · 적멸보궁 · · · · 사리탑 · · · · 6각다층석탑

**사찰
정보**
Temple
Information

안심사 ┃ 전북 완주군 운주면 안심길 372 / ☎ 063-263-7475 /www.ansimsa.or.kr

금산사 ┃ 전북 김제시 금산면 모악15길 1 / ☎ 063-548-4441 /www.geumsansa.org

망해사 ┃ 전북 김제시 진봉면 심포10길 94 / ☎ 063-543-3187

안국사·백련사·금당사·탑사 외

천하 절경, 호남의 지붕에서 속세의 인연 잠시 놓다

■ ■ ■ 과거 전북 무주와 진안은 무진장(무주·진안·장수)이라 불리며 쉽게 찾을 수 없는 전북 최고의 오지였다. 구불구불한 고갯길이 많은 동부 고원지역으로 마치 호남의 지붕과도 같았다. 하지만 고속도로가 뚫리면서 지금은 맑고 깨끗한 공기와 신비로운 풍경, 유서 깊은 문화유산, 풍성한 눈 등 볼거리와 즐길거리가 무진장 풍성한 곳으로 자리매김하여 많은 사람들의 발걸음을 이끌고 있다.

산중 별천지에 위치한 오국의 염원, 안국사

한국 백경(百景) 중 하나로 손꼽히는 무주 적상산(1,034m·赤裳山)은 단풍이 아름답기로 이름난 산이다. 오죽하면 가을 단풍이 붉게 물들면 사면을 둘러싼 층암절벽이 붉은 치마를 차려입은 듯하다하여 이름에 붉을 적(赤)에 치마 상(裳)자를 썼

▲ 적상산에 위치한 자그마한 사찰 안국사는 임진왜란 이후 적상산 사고를 지키기 위한 승병들의 숙소로 사용해 왔다.

을까. 적상산에는 향로봉을 비롯하여 천일폭포, 송대폭포, 장도바위, 장군바위, 안렴대 등 자연명소와 상부댐인 산정호수(적상호), 적상산성, 안국사 등 유서 깊은 사적지가 자리하고 있다.

특히 안렴대는 적상산의 정상 남쪽 층암절벽 위에 위치하여 사방에 낭떠러지가 내려다보이는 곳으로 가장 빼어난 전망을 자랑한다. 고려 때 거란이 침입하자 삼도(三道) 안렴사가 군사들을 이끌고 이곳으로 들어와 진을 치고 난을 피한 곳이라 하여 안렴대라 하였다. 병자호란 때는 적상산 사고 실록을 안렴대 바위 밑에 있는 석실로 옮겨 난을 피했다는 이야기가 전한다. 적상산성 서문아래에는 하늘을 찌를 듯이 서있는 바위 하나가 있다. 장도바위다. 고려 말 최영 장군이 적상산을 오르다가 길이 막혀 장도(긴 칼)를 내리쳐 바위를 가른 뒤에 올라갔다는 전설이 있다. 산정호수는 적상산 분지(800m)에 위치한 인공호수다. 양수발전소에 이용할 물을 담아두기 위해 만든 호수로 적상호라고도 한다.

적상산에 위치한 자그마한 사찰 안국사(安國寺)는 고려 충렬왕 3년(1277년) 월인화상이 창건했다고도 하고 조선 초기 무학대사가 왕명을 받아 세웠다고도 하는데 둘 다 역사적인 근거는 없다. 다만 광해 5년(1613년) 사찰을 중수하고 그 다음 해에 창건된 적상산 사고를 지키기 위한 승병들의 숙소로 사

용해 왔다. 고종 2년(1865년) 사찰을 중수하고 남긴 안국사중수기에 '옛날 풍수지리학자의 건의에 따라 산성을 쌓고 승병을 모아 지키게 했는데, 안국사는 곧 승병이 거처할 영사(營舍)로 지은 사찰'이라고 한다는 기록이 있다. 당시 보경사 또는 산성사 등으로 불렸으나 영조 47년(1771년) 법당을 중창하고 안국사라 칭했다. 원래 적상산 분지에 있었으나 1990년 초에 양수댐을 건설하면서 사찰 지역이 물에 잠기게 되자 건물을 해체하고 1993년에 현재의 위치로 옮겨 복원했다.

경내 건물로는 극락전과 천불보전·청하루·지장전·삼성각·범종각 등이 있다. 이 중 본전인 극락전(전북 유형문화재 제42호) 내부에는 본래 영조 48년(1772년) 제작된 후불탱화가 있었으나 도난당했으며 현재의 탱화는 최근에 만든 것이다. 또 보물 제1267호인 석가가 영축산에서 설법하는 장면을 그린 영산회괘불탱이 보관되어 있다. 이외에 정조 12년(1788년)에 제작된 범종과 조선 후기의 부도탑 등이 있다. 안국사 초입에 길이 8km에 달하는 적상산성이 있다.

▶ 안국사 극락전 내 봉안된 목조아미타삼존불상. 가운데 아미타불을 중심으로 왼쪽에는 관세음보살, 오른쪽에는 세지보살이 협시하고 있다.

넉넉하고 따뜻한 어머니의 품 같은 백련사

적상산의 남서쪽에 우뚝 솟은 덕유산은 우리나라에서 네 번째로 높은 명산이다. 가장 높은 봉우리인 향적봉의 높이가 해발 1,614m에 이른다. 소백산맥이 지리산을 향해 남쪽으로 내리뻗어가는 중간에 솟아나 전북 무주군·장수군과 경남 거창군·함양군에 걸쳐 있으면서 영·호남을 한 눈에 굽어본다.

덕유산(德裕山)의 본래 이름은 광려산(匡廬山)이었다. 임진왜란 때 백성들이 왜군의 눈을 피해 덕유산에 숨어들자 짙은 안개를 드리워 사람들이 발각되지 않도록 했다고 하여 덕이 많은 산이라는 의미로 덕유산이라 부르기 시작했다고 한다. 이후 구한말에는 구국항쟁에 앞장섰던 의병들의 은신처가 되어주었으니 이름 그대로 넉넉한 따뜻한 어머니 품 같은 산이다. 덕유산은 넓은 품안에 수많은 명승과 명소를 품고 있다. 구천동계곡과 칠연계곡이 절경을 이루고 천연기념물인 설천면의 반송을 비롯하여 정상 인근에서 군락을 이루며 사는 주목은 화려하고 아름답다. 구천동계곡 따라 33가지 경치를 볼 수 있는 무주구천동 33경을 비롯하여 구천동 관광단지와 국내 최대의 야영장인 덕유대, 구한말 의병의 유적지인 칠연의총도 빼놓을 수 없는 볼거리다. 덕유산이 가장 화려하고 아름다운 때는 겨울이다. 적설량이 많아 모든 나무들은 눈꽃을 피워내고 산능선은 이내 설릉으로 변신한다. 매년 겨울이면 덕유산 정상은 설경을 만끽하려는 사람들로 가득 붐빈다.

구천동 계곡에는 한 때 14개의 사찰이 들어서 구천명에 이르는 승려들이 수도하기도 하였다. 구천동(九千洞)이라는 이름도 여기에서 유래한 것이다. 지금은 단 하나의 사찰이 계곡을 지키고 있으니 백련사(白蓮寺)다. 구천동계곡을 거슬러 올라가면 향적봉의 동쪽 해발 900m 지점에 위치해 있다. 우리나라에서 가장 높은 곳에 있는 사찰 중의 하나로, 아담한 규모임에도 주변 경관과 어울려 자못 웅대한 풍모를 풍긴다.

▲ 구천동계곡을 거슬러 향적봉의 동쪽 해발 900m 지점에 위치해있는 백련사. 우리나라에서 가장 높은 곳에 있는 사찰 중의 하나다.

신라 신문왕(681~692년) 때 백련선사가 숨어 살던 곳에 하얀 연꽃이 피어나 절을 짓고 백련암이라 했다고도 하고 신라 흥덕왕 5년(830년) 무렵국사가 창건했다는 설도 있다. 한국전쟁 때 모두 불에 탄 것을 이후 중건하여 지금은 대웅전, 원통전, 선수당 등의 건물을 갖추고 있다. 조선 중기에는 부용, 부휴, 정관, 벽암대사 등 수많은 고승들을 배출한 불교성지로 이름을 드높이며 구천동사라 불리기도 하였다. 지금은 금산사의 말사다.

일주문 옆 부도밭에는 매월당 설흔법사의 사리를 모신 승탑이 있다. 매월당 부도(전북 유형문화재 제43호)는 정조 8년(1784년)에 세운 석종형 탑으로 설흔법사의 조카인 임선행이 세웠는데 받침돌과 부도의 윗부분에 연꽃을 화려하게 새겼다. 그 밖에도 정관당 일선선사의 사리를 봉안한 정관당 부도와 신라시대 때 만들어진 백련사 계단, 신문왕 때 백련선사가 숨어 살던 절터인 백련사지 등의 유적이 있다.

또한 무주에는 향로봉 동남쪽 기슭에 위치한 아담한 규모의 북고사(北固寺), 신라 때 창건되어 조선 말기 일본군에 항거하던 의병들의 활동 근거지로 이용된 원통사(圓通寺), 금산사의 말사로 비구니 스님들의 수행처인 향산사(香山寺) 등의 사찰이 있다.

마이산이 품은 아름다운 절, 금당사

우리나라에서 가장 특이한 모양의 바위산을 꼽으라면 십중팔구는 아마 마이산을 꼽을 것이다. 진안군 진안읍 남쪽에 두 개의 바위봉으로 이루어진 독특한 모양의 산이다. 동쪽에 탑처럼 우뚝 솟은 동봉(667m)은 숫마이봉, 서쪽에 자리를 튼 서봉(673m)은 암마이봉이라고도 부르는데, 모두 백악기의 역암으로 이루어져 있다. 남쪽의 섬진강과 북쪽의 금강이 이곳에서 발원한다. 숫마이봉 중턱에는 화암굴이 있는데 이 암굴 안에서 솟아나는 물을 마시고 산신에게 빌면 아들을 얻는다는 전설이 내려온다.

▲ 금당사 경내에 들어서면 지붕에 금칠을 한 화려한 대웅전이 눈에 띈다.

　신라 때는 서다산, 고려 시대에는 용출산, 조선 초에는 속금산이라 부르다 조선 태종 12년 이후, 마이산(馬耳山)이라 부르기 시작했다. 산 모양이 마치 말의 귀를 닮았다하여 붙여진 이름이다. 진안 사람들은 아직도 속금산이라는 명칭을 쓰기도 한다. 국가지정문화재 명승 12호로 지정된 마이산은 몇해 전 세계 최고의 여행안내서인 프랑스의 미슐랭 그린가이드에서 별 3개 만점을 받아 대한민국 최고의 여행명소로 꼽기기도 하였다.

　동봉과 서봉사이의 협곡에는 금당사, 탑사 등의 사찰이 들어서있다. 마이산을 조금 오르면 천년고찰

금당사(今塘祠)가 있다. 창건과 관련하여서는 두 가지 설이 전해온다. 하나는 백제 의자왕 10년(650년) 고구려에서 백제로 건너온 보덕의 제자 무상이 그의 제자인 금취와 함께 세웠다는 섯이고 다른 하나는 신라 헌덕왕 6년(814년) 중국승 혜감이 창건했다는 것이다. 한때 큰 사찰의 면모를 갖추었으나 여러 차례 중건 및 중수를 거쳐 지금은 금산사의 말사다.

◀ 대웅전 앞에 위치한 석탑은 고려 말 조선 초에 세워진 것으로 추정되나 기단부와 상륜부는 나중에 보수한 흔석이 있다.

규모는 비교적 작은 편으로 경내에 들어서면 우선 지붕에 금칠을 한 화려한 대웅전이 눈에 띈다. 대웅전 앞에는 석탑(전북 문화재자료 제122호) 하나가 있다. 고려 말 조선 초에 세워진 것으로 추정되나 기단부와 상륜부는 나중에 보수한 흔적이 있다.

가장 주목해야할 문화재는 여래를 홀로 그린 괘불인 괘불탱(보물 제1266호)이다. 17세기 후반에 그린 작품으로, 가뭄이 심할 때 내걸고 기우제를 지내면 비가 내렸다는 이야기가 전해진다. 통도사의 관음보살괘불탱화나 무량사의 미륵보살괘불탱화와 더불어 보살 괘불탱화의 걸작으로 꼽힌다. 은행나무를 깎아 만든 목불좌상(전북 유형문화재 제18호)도 금당사의 명물이다.

만인의 죄 속죄하는 돌탑들, 탑사

금당사에서 20분쯤 오르면 암마이봉 남쪽 기슭에 자리한 탑사(塔寺)가 보인다. 경내는 온통 크고 작은 돌탑(전북 기념물 제35호)들의 잔치다. 고종 25년(1885년)경에 임실에 살았던 처사 이갑룡이 25세에 수행을 위하여 마이산에 입산한 뒤 시대가 뒤숭숭해지자 백성을 구하겠다는 구국일념으로 기도하며 혼자 쌓았다는 탑들이다. 30여 년 솔잎으로 생식하며 마이산신의 계시를 받아 108기의 돌탑을 쌓았다고 하나 지금은 약 80여기만 남아 있다. 석재를 다듬어 만들지 않고 자연석을 차곡차곡 쌓아올렸는데 탑의 모양은 원뿔형과 일자형으로 다양하고 높이 또한 1m에서 최고 13.5m에 이른다. 이름도 천지탑, 오방탑, 월광탑, 일광탑, 약사탑 등 제각각이다. 쌓은 지 100여년이 지났지만 워낙 견고하여 비바람에도 무너지는 법이 없다. 중생을 구제하고 만인들의 죄를 속죄한다는 의미로 만불탑이라고도 부른다. 기록에 의하면 1927년까지 이갑룡 처사는 특별히 불교를 표방하지 않았으나 점차 마이산을 찾

▲ 암마이봉 남쪽 기슭에 자리한 탑사는 온통 크고 작은 돌탑들의 잔치다. 자연석을 차곡차곡 쌓아올린 탑은 크기와 모양이 제각각이며 이름도 천지탑, 오방탑, 월광탑, 일광탑, 약사탑 등으로 다양하다.

아 치성을 들이는 사람들이 늘어나자 자연스럽게 삼신상과 불상이 안치되면서 사찰이 되었다고 한다. 대적광전 앞에는 도양 최대의 법고라고 알려진 북이 있다.

진안에서 가볼만한 사찰로는 고림사, 보흥사, 옥천암, 은수사, 천황사 등이 있다. 고림사(古林寺)는 금산사의 말사로 신라 문무왕 12년(672년) 원효대사가 창건했다고 전해진다. 절 이름은 근처에 거목들이 가득하여 언제부터인가 불렸다고 한다. 근대에 와서 절이 불타 모두 소실됐고 유일하게 관세음보살만이 남았다. 그 후 중창을 거쳐 오늘에 이른다.

보흥사(寶興寺) 역시 금산사의 말사로 신라시대에 창건한 절이다. 오랫동안 폐허 상태로 있다가 일제강점기 때 새롭게 지어졌다. 절 입구 주변에는 용이 승천했다는 전설이 깃든 용소와 육탕폭포가 있고 절 뒤쪽으로는 피부병에 좋다는 약수와 귀를 밝게 한다는 이명천(耳明泉)이 있다.

옥천암(玉泉庵)은 천태산(717m)에 자리 잡은 절로 절 입구 주변에 흐르는 맑고 깨끗한 옥류천(玉流泉)에서 이름을 따온 듯하다. 원래 규모가 상당했다고 하니 용담댐 건설 때 사유(寺有)토지가 없어지면서 이전하여 현 위치에 자리했다.

마이산 숫마이봉에 자리한 은수사(銀水寺)는 상원사, 정명암으로 불리다가 1920년 중창되면서 지금의 이름을 갖게 되었다. 근래 극락전, 태극전, 대웅전 등을 건립하면서 규모를 갖추기 시작했으며 경내에 국내 최대 크기였던 법고(1982년 제작)를 소장하고 있다.

구봉산에 자리한 천황사(天皇寺)는 신라 헌강왕 원년(875년) 무염국사가 창건하고 고려 문종 19년(1065년) 대각국사 의천이 중창한 사찰로 숙종 때 중건하면서 현재의 자리로 옮겨졌다. 현재 금산사의 말사다. 현재 대웅전을 비롯하여 명부전, 설선당, 요사채 등의 건물을 갖추고 있다.

주변 둘러보기

하나. 구천동계곡

무주의 제일가는 여름 휴가철 명소인 구천동계곡은 설악산 천불동계곡과 지리산 칠선계곡, 한라산 탐라계곡과 함께 우리나라 4대 계곡의 하나로 꼽힌다. 27km에 이르는 길에는 소(沼)와 담(潭), 폭포가 이어지고 거기에 울창한 숲이 어우러져 천혜의 절경을 선사한다. 기암절벽을 타고 내리는 장엄한 폭포수가 장관인 구천동계곡은 33가지 절경을 보여준다. 나제통문(제1경)을 시작으로 은구암(제2경), 청금대(제3경), 와룡담(제4경), 학소대(제5경), 일사대(제6경), 수

심대(제12경), 구천폭포(제28경), 연화폭포(제30경) 등 덕유산 정상에 이르기까지 서로 다른 매력의 별천지가 펼쳐진다. 특히 제1경인 나제통문은 그 옛날 신라와 백제의 경계였던 곳으로, 설천면과 무풍면을 가로막고 서있는 암벽을 뚫은 동굴문이다. 이른바 신라와 백제의 경계관문 역할을 했던 곳이다. 넓이가 차 두 대가 나란히 다녀도 될 만큼 넉넉하여 지금도 이 문을 통해 차들이 다닌다. 제3경인 청금대는 계곡가에 서있는 기암이 마치 거북이가 숨어 있는 것과 비슷하다 하여 은구암이라고도 하고, 선녀들이 내려와 목욕을 하던 곳이라 하여 강선대라고도 부른다.

알아두면 좋아요

마이산에 얽힌 전설

아주 먼 옛날 큰 죄를 지어 하늘나라에서 쫓겨난 한 산신 부부가 인간 세상에 살고 있었다. 두 아이를 낳아 기르며 오랜 세월 속죄의 시간을 보낸 부부에게 마침내 하늘로 승천할 기회가 찾아왔다. 남편은 아내에게 승천하는 모습을 사람들에게 들키면 부정 타니 사람들이 깊이 잠든 한밤중에 승천하자고 말했다. 그러자 아내는 한밤중은 무섭기도 하거니와 너무 피곤하므로 푹 자고 난 뒤 이른 새벽에 올라가는 것이 좋겠다고 설득했다. 남편은 다소 염려되었지만 아내의 고집을 꺾을 수 없어 아내의 말을 따르기로 결정했다.
마침내 승천하기로 한 날 새벽이 밝아왔고 산신 부부는 승천을 시도했다. 하늘을 향해 산이 쑥쑥 올라갈 때 때마침 아랫마을에 사는 한 아낙네가 치성을 드리기 위해 정화수를 뜨려고 우물을 찾았다가 그 장면을 목격하고 말았다. 아낙네는 생전 처음 보는 광경에 놀라 비명을 질러 댔고 결국 산신부부는 꿈에 그리던 승천을 하지 못하고 그 자리에 굳어져 지금의 암마이봉과 숫마이봉이 되었다고 한다.
이와 함께 내려오는 얘기로는 화가 난 남편 산신이 아내 산신을 걷어차고 두 아이마저 빼앗아 버렸다고 한다. 그래서인지 마치 숫마이봉은 두 아이를 거느리고 있는 듯한 모양새고 암마이봉은 숫마이봉을 등지고 앉아 한없이 고개를 떨군 듯한 모습이다.

📷 꼭 들러야할 이색 명소

무주반딧불축제

청정지역 전북 무주에서는 해마다 여름을 앞두고 반딧불이의 향연인 무주반딧불축제가 열린다. 반딧불이는 깨끗한 청정지역에서만 사는 환경지표 동물로 지금은 천연기념물 제322호로 지정된 귀한 곤충이다. 반딧불이를 소재로한 환경축제인 만큼 반딧불이를 주제로 한 다양한 공연과 프로그램이 펼쳐진다. 또한 반딧불이의 일생을 볼 수 있는 생태체험관도 마련되어 반딧불이에 대한 세심한 관찰도 가능하다. 어른들에게는 어렸을 적의 추억을, 어린이들에게는 환경의 소중함을 일깨워준다.

효과 100배 코스 | 탑사

탑사 ----- 천지탑 ----- 오행탑

사찰 정보
Temple Information

안국사 | 전북 무주군 적상면 산성로 1050 / ☎ 063–322–6162

백련사 | 전북 무주군 설천면 백련사길 580 / ☎ 063–322–3395 / www.백련사.com

금당사 | 전북 진안군 마령면 동촌리 41 / ☎ 063–432–0108

탑 사 | 전북 진안군 마령면 마이산남로 367 / ☎ 063–433–0012 / www.maisantapsa.co.kr

선운사 · 문수사 · 내소사 외

자연과 전통 어우러진 곳에서
오감으로 느끼는 사찰 풍경

■ ■ ■　호남의 서남권 지역으로 이웃하고 있는 고창과 부안은 아름다운 청정 자연과 전통의 아름다움을 한 번에 둘러볼 수 있는 종합선물세트와 같은 곳이다. 고창의 고인돌유적지와 고창읍성, 선운사 그리고 부안의 채석강과 내소사 등 명소가 많아 눈이 즐겁고 부안의 뽕, 고창의 복분자 등 지역 특산물이 입을 즐겁게 한다.

꽃무릇과 동백꽃 붉은 물결이 황홀한 선운사

▲ 선운사의 경내는 굉장히 넓다. 그런데 여느 사찰처럼 앞뒤로 긴 것이 아니라 옆으로 길다. 오랜 역사를 지닌 만큼 경내에는 귀중한 불교 문화재들이 꽤 많다.

　전북 고창군 아산면과 심원면 경계에 위치한 선운산(禪雲山 · 336m)은 다른 명산에 비하면 굉장히 낮은 산이지만 기암괴석으로 이루어진 봉우리와 울창한 숲이 이루는 경관이 빼어나 호남의 내금강으로 불리는 명승지다. 급경사가 별로 없어 산책하듯 즐겁게 오르며 능선길 따라 서있는 독특한 모양의 바위들을 감상할 수 있다. 산은 낮지만 산세가 깊어 산을 오를수록 그 절경에 감탄하게 된다. 가을 단풍도 기가 막히지만 특히 붉디붉은 동백꽃으로 물드는 봄풍경이 빼어나다.

　입구에서 선운사 대웅전 뒤편으로 약 4㎞에 걸쳐 펼쳐진 동백나무숲(천연기념물 제184호)에는 수령 약 500년 된 3천 그루의 동백나무들이 마치 붉은 꽃병풍을 두른 듯 군락을 이루고 있다. 절에서 불을 켜기 위한 동백기름을 얻으려고 심었다고 하기도 하고 산불로부터 절을 보호하기 위한 사찰 보호림으로 심었다고도 한다. 또한 수령 600년이 넘는 반송인 장사송(천연기념물 제354호)과 절벽을 뒤덮고 올라가는 늘 푸른 덩굴식물인 송악(천연기념물 제367호) 등이 도처에 심어져있어 더욱 빼어난 경관을 이룬다. 옛날에는 미륵불이 있는 도솔천궁, 즉 불도를 닦는 산이라는 뜻으로 도솔산이라 하였으나 백

▲ 선운사 천왕문 현판의 글씨를 쓴 이는 조선의 문신이자 서예가로 이름을 날린 원교 이광사다. 동국진체라는 그의 독특한 글씨체는 물 흐르듯 유연하면서도 힘이 넘친다.

▲ 일주문을 통과하면 오른쪽에 조선시대에 만든 것으로 보이는 부도와 부도비들이 있다.

제 때 창건한 선운사가 유명해지면서 산 이름 역시 선운산으로 바뀌었다. 선운이란 구름 속에서 참선한다는 뜻이다.

남동쪽 사면에는 천년 고찰 선운사가 있다. 조계종 제24교구 본사로 33관음성지 중의 한곳이다. 백제 위덕왕 24년(577년)에 검단선사가 창건했다고 한다. 선운사는 특히 봄과 가을에 찾으면 더욱 아름다운 산사 풍경을 감상할 수 있다. 봄에는 동백꽃, 가을에는 꽃무릇과 단풍이 주변을 아름답게 수놓는다. 아름다운 절경은 때로는 시로 읊어지고 때로는 노래로 흥얼거려졌다. 김용택 시인은 '여자에게 버림받고 살얼음 낀 선운사 도량문을 맨발로 건너며 발이 아리는 시냇물에 이 악물고 그까짓 사랑 때문에 그까짓 여자 때문에 다시는 울지 말자 다시는 울지 말자 눈물을 감추다가 동백꽃 붉게 터지는 선운사 뒤 안에 가서 엉엉 울었다.'라고 시를 읊었고 송창식은 '선운사에 가신적이 있나요 바람불어 설운 날에 말이에요 동백꽃을 보신 적이 있나요 눈물처럼 후두둑 지는 꽃 말이에요.'라며 노래를 불렀다.

일주문을 통과하면 오른쪽에 부도와 부도비들이 있다. 대부분 조선시대의 것들이다. 선운사에서는 두 명의 명필을 만날 수 있다. 추사 김정희(1786~1856)와 원교 이광사(1705~1777)가 그들이다. 김정희가 추사체라는 필법을 남겼다면 이광사는 동국진체라는 독특한 서체를 창안했다. 부도군 가운데 추사 김정희가 글과 글씨를 쓴 백파율사비가 있다. 백파는 선운사에 주석하던 큰 스님이었다. 원교의 글씨는 천왕문 현판에 새겨져있다.

선운사의 경내는 굉장히 넓다. 그런데 여느 사찰처럼 앞뒤로 긴 것이 아니라 옆으로 길다. 오랜 역사를 지닌 만큼 경내에는 귀중한 불교 문화재들이 꽤 많다. 대웅전(보물 제290호)·금동보살좌상(보물 제279호)·지장보살좌상(보물 제280호) 등 3점의 보물을 비롯하여 40여점이 넘는 문화재가 자리한다.

대웅전은 다포계 맞배 지붕으로 꾸민 앞면 5칸·옆면 3칸 규모의 중심 법당으로, 원래 신라 진흥왕 때 세워졌으나 지금의 건물은 임진왜란 때 불탄 것을 광해군 5년(1613년)에 다시 지은 것이다. 빗살 여닫이문이 화려한 건물로, 안에 비로나자불과 좌우로 약사

▲ 가을이면 선운사는 만개한 꽃무릇으로 붉게 물든다.

여래불, 아미타불의 삼존불을 모시고 있다. 금동보살좌상은 청동 표면에 도금한 것으로 머리에 두건을 쓰고 있고 이마에 두른 굵은 띠가 배까지 내려온다. 넓적하고 풍만한 얼굴과 건장한 신체를 지녔으며 옷의 주름이 두텁고 굴곡이 거의 드러나지 않는다. 지장보살좌상은 사후세계의 주존인 지장보살을 조각한 것으로 고려 후기 불상 가운데 최고의 걸작으로 평가받는다. 조각 수법이 사실적이고 균형 잡힌 얼굴과 유연한 어깨 곡선이 특징이다.

현재 성보박물관, 산사체험관과 함께 조계종 전문교육기관인 불학승가대학원을 운영하고 있으며 매년 5월에 문화예술제인 동백제를 열고 있다. 선운사가 번창할 때는 골짜기마다 89개의 암자와 189개의 요사가 들어섰다하나 현재는 도솔암, 석상암, 동운암, 참당암만이 남아 있다.

오색창연한 단풍이 너무나 아름다운 문수사

▲ 문수사 가는 길의 단풍나무 숲은 우리나라에서 유일하게 천연기념물(제463호)로 지정된 단풍 숲이다.

전북 고창과 전남 장성과의 경계에 선 문수산(621m) 중턱에는 문수사(文殊寺)가 있다. 문수사 역시 선운사와 마찬가지로 절경이 빼어난데 특히 이곳의 단풍나무 숲은 우리나라에서 유일하게 천연기념물(제463호)로 지정된 단풍 숲이다. 일주문에서 사찰에 이르는 100m 숲 내에는 수령 100년에서 최

▲ 석가모니를 모시고 있는 문수사 대웅전 고종 때 묵암대사가 지은 건물로, 앞면 3칸·옆면 3칸 규모에 공포가 기둥 위와 기둥 사이에도 배치된 다포양식 건물이다.

대 400년 수령을 자랑하는 당단풍나무 500여 그루가 빼곡히 들어서있다. 둘레가 2m를 넘는 노거수도 만날 수 있다. 당단풍은 잎은 작지만 색이 선명하기로 이름 높다.

단풍에 취해 걷다보면 금세 천년고찰 문수사에 닿는다. 인적이 드물어 맑고 깨끗한 계곡물, 오색창연한 단풍과 고즈넉한 천년고찰이 이루어내는 풍경이 그림과도 같다. 백제 의자왕 3년(643년)에 신라의 자장율사가 창건했다고 전해지는 문수사는 문수보살을 모시고 있다. 자장율사가 문수보살의 가르침을 깨닫고 당나라에서 돌아와 우연히 이곳에 머물며 기도를 드리다 땅속에서 문수보살이 나오는 꿈을 꾸고 땅을 파보니 화강암으로 된 문수보살 입상이 나와 산 이름을 문수산(청량산)이라 하고 절을 세운 뒤 문수사라 지었다고 한다. 그 뒤 조선 효종 4년(1653년)과 영조 40년(1764년)에 다시 지어 오늘에 이르고 있다.

전북 유형문화재로 지정된 대웅전, 문수전, 부도, 목조삼세불상, 목조지장보살좌상 등과 함께 명부전, 한산전 등의 건물이 남아 있다. 특히 석가모니를 모신 대웅전은 고종 13년(1876년)에 묵암대사가 다시 지은 건물로, 앞면 3칸·옆면 3칸 규모에 공포가 기둥 위와 기둥 사이에도 배치된 다포양식 건물이다.

전나무 숲길에서 품어내는 맑은 향, 내소사

한반도 서쪽 끝에는 평야지대 위에 홀로 우뚝 선 산이 있다. 변산(424m)이다. 반도 자체가 국립공원으로 지정되어 있을 만큼 아름답기로 유명하다. 변산은 예부터 능가산이라고도 불렸는데 석가모니 부처가 불교경전인 능가경을 설법했다는 능가성에서 따온 이름이다. 그리 높지 않지만 산세가 깊고도 아름다워 호남의 5대 명산에 당당히 든다. 빼어난 절경의 산봉우리들이 경쟁하듯 솟아있는 산악지대인 내변산과 바다를 품에 안은 해안지역인 외변산으로 나뉘어있다.

능가산 남쪽 기슭의 주봉인 관음봉 자락에는 33관음성지 중의 한 곳인 천년고찰 내소사(來蘇寺)가 앉아 있다. 내소사를 찾는

▲ 반도 자체가 국립공원으로 지정되어 있을 만큼 아름답기로 유명한 변산의 능가산 남쪽 기슭의 주봉인 관음봉 자락에 앉은 천년고찰 내소사.

이들은 하나같이 입을 다물지 못한다. 내소사 진입로에 자리한 울창한 전나무 숲 때문이다. 일주문에 들어서면 드디어 600m에 이르는 광활한 전나무 숲길이 펼쳐진다. 수령 100년은 족히 넘는 전나무들 700여 그루가 들어서 위용을 자랑한다. 시각적인 즐거움도 있지만 걷는 내내 침엽수가 뿜어내는 은은하고 맑은 향을 맡다보면 저절로 몸과 마음이 건강해지고 새로워지는 기분이다. 전나무 숲길이 끝나면 이번에는 벚나무 길이다. 내소사는 그 어느 사찰보다 자연과의 조화가 돋보이는 절이다.

내소사는 백제 무왕 34년(633년) 비구니 승려인 혜구두타가 세웠다고 전한다. 혜구두타가 이 곳에 두 개의 절을 세워 큰 절을 '대소래사', 작은 절을 '소소래사'라고 하였는데 그 중 대소래사는 불타 없어졌

◀ 조선 중기 때 건립된 앞면 3칸·옆면 3칸의 단층 팔작 건물인 대웅보전은 단청이 없어 소박하면서도 자연스런 멋이 난다.

다하고 홀로 남은 소소래사가 지금의 내소사다. 이름이 바뀐 이유에 대해서는 정확한 기록이 남아 있지 않으나 '내소사에 오는 모든 사람들이 새롭게 소생한다'는 의미의 불교 범어 '내자개소(來者皆蘇)'에서 유래했을 거란 이야기가 설득력을 얻고 있다. 오랫동안 중건과 중수를 거듭하다 임진왜란 때 대부분 건물이 소실됐고 인조 때 다시 중창과 중건을 거쳐 대웅보전, 설선당 등의 건물이 세워졌다.

내소사에서는 독특하게도 해마다 정월대보름이면 석포리 당산제를 연다. 수령 1천년된 내소사 경내의 들당산과 수령 700년 된 입암마을의 날당산 느티나무에 내소사와 마을의 안녕을 기원하며 제사를 지내는 의식이다. 민간의식과 불교의식이 결합된 복합적인 형식으로 그 유례를 찾기 힘든 전통문화유산이다. 또한 내소사는 국가 지정문화재 4점과 지방 유형문화재 2점을 보유하고 있다. 보물 제291호로 지정된 대웅보전은 조선 중기 때 건립된 앞면 3칸·옆면 3칸의 단층 팔작 건물로 전면에 정교하게 꽃살무늬를 조각한 문짝을 달았다. 단청이 없어 소박하면서도 자연스런 멋이 난다. 건물 안 벽에는 우리나라에 남아있는 가장 큰 후불벽화인 백의관음보살좌상이 그려져 있다. 동종(보물 제277호)은 고려 고종 9년(1222년)에 청림사 종으로 만들었으나 조선 철종 원년(1850년)에 내소사로 옮겨온 것이다. 종의 아랫부분과 윗부분의 덩굴무늬 띠와 어깨부분의 꽃무늬 장식 등의 표현이 정교하고 사실적이어서 고려 후기 걸작으로 손꼽힌다. 영산회괘불탱(보물 제1268호)은 본존불인 석가불을 화면 중앙에 가득 차게 그리고 좌우로 문수보살과 보현보살을 배치했으며 그 뒤로 다보여래와 아미타여래, 관음보살, 세지보살 등 4보살을 그려 넣었다. 숙종 26년(1700년)에 그려진 것으로, 콧속의 털까지 묘사할 만큼 정밀하며 옷의 무늬와 채색이 화려하다.

이 외에도 법화 경절 본사본(보물 제278호)을 비롯한 설선다와 요사, 삼층석탑 등의 문화재가 잘 보존되어 있다. 부안에는 변산반도에 자리한 선운사의 말사인 개암사(開巖寺), 백제 의자왕 내 탄생하여 천년을 이어온 용화사(龍華寺) 등의 사찰도 있다.

주변 둘러보기

하나. 고창읍성

전북 고창군 고창읍 읍내리에 자리한 고창읍성은 고창의 봄꽃 명소로 잘 알려진 곳으로, 조선 단종 원년(1453)에 외침을 막기 위하여 전라도민들이 축성한 자연석 성곽이다. 나주진관, 입암산성 등과 더불어 호남대륙을 방어하는 요충지 역할을 하였다. 성의 둘레는 1,684m이고 높이는 4~6m에 달하는데 성곽을 따라 산책

하기에 좋다. 동·서·북문과 3개소의 옹성, 6개소의 치성을 비롯하여 성 밖의 해자 등 전략적 요충시설을 두루 갖추고 있다. 축성 당시에는 동헌과 객사 등 22동의 관아건물이 있었으나 병화로 소진됐고 이후 꾸준히 복원공사를 하여 원형에 가까운 모습을 되찾았다. 해마다 봄이 되면 성곽을 따라 벚꽃과 철쭉이 흐드러지게 피어 한층 화사한 정취를 풍긴다.

알아두면 좋아요

선운사 창건 설화

전북 고창에 위치한 천년고찰 선운사는 절의 창건과 관련하여 여러 가지 설화를 지니고 있는데 그 중에서 검단선사 이야기가 가장 많이 알려져 있다. 원래 선운사 자리는 용이 살던 커다란 연못이었다. 검단선사는 절을 세우기 위해 연못에서 용을 몰아내고 돌을 던져 연못을 채워나갔다. 그 무렵 마을에는 눈병이 심하게 돌았고 이와 함께 연못에 숯을 한 가마씩 갖다 부으면 눈병이 낫는다는 소문이 퍼져나갔다. 마을 사람들은 눈병을 낫기 위해 저마다 연못에다 숯을 가져다 넣었고 연못은 금세 매워졌다. 이렇게 하여 검단선사는 절을 세우고 절의 이름을 '오묘한 지혜의 경계인 구름(운)에 머물며 갈고 닦아 선정(선)의 경지를 얻는다'고 하여 선운사로 지었다고 한다.

📷 꼭 들러야할 이색 명소

고창 고인돌유적지

고창에는 청동기시대 대표적인 무덤양식인 고인돌의 천국이다. 우리나라 전역에 3만여 기 이상이 분포되어 있는데 그 중에서도 고창지역에만 1,700기 가까운 고인돌이 분포하고 있다고 알려져 있다. 단일 구역으로는 우리나라에서 고인돌이 가장 밀집된 지역이다. 고창 고인돌은 죽림리와 상갑리, 도산리 일대에 주로 무리지어 있다. 특히 죽림리 일대에는 442기의 고인돌이 밀집되어 있는데 이는 세계적으로 유례를 찾기 힘들다. 탁자식과 바둑판식, 개석식 등 다양한 형식과 크기의 고인돌이 자리하고 있다. 그 가치를 인정받아 강화도 고인돌유적지, 화순 고인돌유적지와 함께 유네스코 세계유산에 등재됐다.

효과 100배 코스 | 선운사

선운사 동백꽃길   추사 김정희 비문   선운사 만세루

사찰 정보
Temple Information

선운사 | 전북 고창군 아산면 선운사로 250 / ☎ 063-561-1422 / www.seonunsa.org

문수사 | 전북 고창군 고수면 칠성길 135 / ☎ 063-562-0502

내소사 | 전북 부안군 진서면 내소사로 243 / ☎ 063-583-7281 / www.naesosa.org

내장사 · 실상사 · 관음사 · 대복사

울긋불긋 꽃 정경 헤쳐 가며
불심의 길을 걷다

■ ■ ■   향긋한 구절초 내음이 물씬 풍기는 정읍은 물이 맑은 옥정호와 울창한 소나무 숲을 간직한 사계절 아름다운 고장이다. 특히 울긋불긋 단풍비경을 품은 내장산은 정읍이 자랑하는 제일의 볼거리다. 전통적인 문화관광도시인 남원의 지리산 자락은 봄이면 분홍빛 꽃길로 아름다운 자태를 뽐내고 춘향과 몽룡의 사랑이 시작된 남원의 상징 광한루는 그림 같은 풍광이 펼쳐지는 우리나라 최고의 정원이다.

충과 효의 정신이 깃든 호국사찰 내장사

▲ 내장사 일주문에서 경내에 이르는 단풍 터널에는 중생의 번뇌와 성찰을 상징하는 108 그루의 단풍나무가 심어져있어 특히 절경을 자랑한다.

우리나라에서 단풍 명소 일순위로 꼽는 곳은 단연 곱고 화려한 단풍으로 전국 최고를 자랑하는 내장산(763m)이다. 전북 정읍시 내장동과 입암면, 순창군 복흥면, 전라남도 장성군 북하면의 경계에 위치해 있다. 노령산맥의 중앙에 솟은 산으로, 주봉인 신선봉을 비롯하여 월령봉·서래봉·연지봉·장군봉 등 600~700m의 기암괴봉들이 이어져 말굽 모양을 이루고 있다. 봉우리마다 비자나무, 굴거리나무 등 천연기념물과 함께 참나무·단풍나무·층층나무 등 낙엽활엽수림이 울창하다.

경관이 아름다워 일찌감치 대한 8경에 이름을 올렸고 지리산·일출산·천관산·능가산과 함께 호남의 5대 명산으로 손꼽힌다. 원래 영은산이라 불렀으나 산 안에 숨겨진 것이 많다 하여 내장산이라는 이름을 갖게 되었다. 내장산은 북동부의 내장산지구와 남서부의 백양사를 중심으로 한 백암산지구로 나뉜다. 특히 내장산국립공원은 산악풍경이 뛰어나고 백양사·내

▲ 내장사 일주문 전경. 전통사찰 제3호로 지정된 유서 깊은 사찰 내장사는 임진왜란 때 현재 세계기록유산으로 등재된 조선왕조실록과 태조 어진을 이안하여 지켜낸 호국사찰이자 충과 효의 근본 도량이다.

장사 등의 사찰과 등산로가 있어 관광객과 등산객들의 발길이 잦다. 내장산에 자리한 내장사 주변은 내장산 가운데서도 특히나 단풍여행지로 유명하다. 내장사 일주문에서 경내에 이르는 단풍 터널에는 중생의 번뇌와 성찰을 상징하는 108그루의 단풍나무가 심어져있어 특히 절경을 자랑한다.

내장사(內藏寺)는 전통사찰 제3호로 지정된 유서 깊은 사찰이다. 백제 무왕 37년(636년)에 영은조사가 지금의 절 입구 부도전 일대로 추정되는 자리에 대웅전 등 50여 동에 이르는 대가람을 세우고 영은사라 이름 지은 것이 그 출발이다. 고려 숙종 3년(1098년) 행안선사가 당우를 중창한 이후 몇 번의 중장과 개축을 거치다 조선 중종 34년(1539년) 폐찰령에 따라 불태워졌으며 다시 수차례 중수와 중건을 반복했지만 결국 한국전쟁으로 전소되는 비운을 겪었다. 이후 꾸준히 건물을 중건하고 복원했으나 2012년 불의의 화재로 대웅전이 다시 소실되었고 다시 복원을 눈앞에 두고 있다.

한편 내장사는 임진왜란 때 현재 세계기록유산으로 등재된 조선왕조실록과 태조 어진을 이안하여 지켜낸 호국사찰이었으며 부모은중경을 발간하여 효 사상을 교육시킨 충과 효의 근본 도량이기도 하였다. 최근에는 대웅전 앞에 삼층 사리탑을 건립하여 부처님의 진신사리 1과를 봉안했다. 높이 10.27m에 달하는 사리탑의 1층 탑신에는 진신사리와 함께 소형 순금함과 수정 항아리에 봉안내력을 적은 연기문이 봉안됐다. 이는 인도 정부의 주선으로 지난 1978년 대영박물관이 소장하던 32과의 진신 사

◀ 부처님의 진신사리 1과를 봉안하고 있는 내장사 진신사리탑.

리 가운데 하나를 주지였던 성진스님이 국내로 반입한 뒤 보관해오던 것이다.

정읍에는 또한 원적암, 벽련암 등의 사찰이 있다. 내장산 불출봉 아래 자리한 조그마한 암자인 원적암(圓寂庵)은 고려 선종 3년(1086년) 적암대사가 창건한 것이라 전해온다. 특이하게도 인도로부터 들여온 상아(옥돌)로 만든 반상(槃像)이 머리를 북으로 하고 서쪽을 향해 누워있는 자그마한 와상(臥像)을 보유하고 있었으나 일제강점기인 1910년 일본인에게 도난당했다. 주변을 둘러싼 비자림 숲의 아름다운 풍경을 즐길 수 있다.

내장산 서래봉 기암 아래 위치한 벽련

▲ 내장사 극락전 내 모셔진 아미타불. 아미타불은 인간의 가장 큰 고통인 죽음을 물리치고 영원한 생명을 주신다는 부처님이다.

암(碧蓮菴)은 원래 내장사라 일컬었는데 근세에 와서 영은암(현 내장사)을 내장사로 개칭하면서 백련암(白蓮菴)이라 부르다가 지금은 벽련암으로 이름을 고쳤다. 선운사의 말사인 내장사의 부속 암자다. 백제 의자왕 20년(660년) 환해선사가 창건했으며 한국전쟁 때 소실됐다가 최근에서 복원됐다.

실상사, 처음으로 선종가람의 문을 열다

전남 구례군과 전북 남원시, 경남 산청군과 하동군, 함양군에 걸쳐 있는 지리산은 우리나라에서 단연 가장 크고 웅장한 산이다. 최고봉인 천왕봉(1,915m)을 주봉으로 서쪽 끝의 노고단(1,507m), 서쪽 중앙의 반야봉(1,751m) 등 3봉을 중심으로 동서로 거대한 산악군을 형성하고 있는데 1,000m 이상의 40여 개의 봉우리가 첩첩산중을 이루며 장엄한 산세를 자랑한다.

지리산은 물이 풍부한 산이다. 천왕봉에서 노고단에 이르는 주능선을 중심으로 하여 남북으로 두 개의 큰 강이 흘러내린다. 하나는 낙동강 지류인 남강의 상류가 함양, 산청을 거쳐 흐르고, 또 하나는 마이산과 봉황산에서 흘러온 섬진강이 흐른다. 봉우리에서 발원한 물들은 거세게 흐르며 제각기 독특한 특색의 골짜기들을 만들어낸다. 가을 단풍으로 유명한 피아골을 비롯하여 뱀사골 · 칠선 · 한신 등 4대 계곡 외에 심원 · 대성동 · 백무동 등 20여 개의 크고 작은 골짜기들은 저마다의 비경을 연출한다.

산세에 걸맞게 동 · 식물 또한 풍부하여 800여 종의 식물과 400여 종의 동물 등이 자리하고 있으며 반달가슴곰(제329호), 수달(제330호), 하늘다람쥐(제328호) 등의 천연기념물들이 살고 있다. 명산이니만큼 실상사를 비롯하여 화엄사, 쌍계사, 연곡사, 대원사 등 대사찰과 많은 암자가 남아있다.

전북 남원시 산내면 입석길 지리산 천황봉 서편에 자리한 실상사(實相寺)는 신라 흥덕왕 3년(828년)

▲ 지리산은 우리나라에서 단연 가장 크고 웅장한 산이다. 최고봉인 천왕봉(1,915m)을 주봉으로 서쪽 끝의 노고단(1,507m), 서쪽 중앙의 반야봉(1,751m) 등 3봉을 중심으로 동서로 거대한 산악군을 형성하고 있다.

에 홍척스님이 세운 절이다. 신라 말기에는 불법보다 참선을 중시한 선종의 여러 종파가 전국 명산에 절을 세웠는데, 실상사는 이렇게 세워진 최초의 선종가람이다. 창건 당시의 이름은 지실사였다.

▲ 신라말기에는 불법보다 참선을 중시한 선종의 여러 종파가 전국 명산에 절을 세웠는데, 실상사는 이렇게 세워진 최초의 선종가람이다.

고려시대에 조계종 실상산파로 종명을 개칭하며 실상사는 번성기를 맞기도 했으나 고려 말 이후 잦은 병화로 쇠퇴해지기 시작했다. 숭유억불 정책을 펼친 조선시대에는 실상사의 말사였던 원수사의

관할에 속하다 15세기 중반에 이르러서는 완전히 폐사되고 말았다. 정유재란 때 건물이 모두 불에 타 이후 200년간 경작지로 사용되며 방치되어 오다 숙종 때 비로소 대적광전을 비롯하여 36동의 건물을 중창했다. 그러나 또다시 고종 때 화재를 당했고 후에 소규모로 복구해 놓았다. 지금은 금산사의 말사다. 지금도 논 한가운데 위치한 실상사는 암자인 약수암과 백장암의 문화재를 포함하여 경내에 국보 1점과 보물 11점 등을 보유하고 있는데, 이는 단일 사찰이 갖고 있는 가장 많은 문화재다.

국보 제10호인 백장암 삼층석탑은 실상사의 북쪽에 위치한 백장암 아래 경작지에 세워져 있다. 독특

▲ 실상사 천왕문 내 삼지창을 든 북방 다문천과 비파를 든 동방 자국천

하게도 탑의 1, 2, 3층의 너비가 거의 일정하며 지붕돌의 받침은 층을 이루지 않고 두툼한 한 단으로 표현되어 있다. 또한 기단에서 지붕에 이르기까지 탑 전체에 다양한 조각이 새겨져있다.

실상사 수철화상능가보월탑(보물 제33호)은 극락전 오른쪽에 서있는 탑으로, 수철화상의 사리를 모셔 놓은 사리탑이다. 수철화상은 신라 후기의 승려로, 이 절의 두 번째 창건주다. 탑은 바닥돌에서 지붕까지 모두 8각을 이루고 있다. 실상사 증각대사 응료탑(보물 제33호)은 홍척국사의 사리를 모신 탑인데, 8각의 평면을 기본으로 삼고 있는 전형적인 팔각원당형 부도다. 홍척은 통일신라 후기의 승려로 시호는 '증각'이다.

남원에 있는 또 다른 절로는 관음사, 대복사, 선국사, 선원사, 백장암, 미륵암 등이 있다. 관음사(觀音寺)는 고려 후기에 보현사의 산내 암자로서 안불암(安佛庵)이라는 이름으로 지어졌으나 누가 창건했는지는 알 길이 없다. 일제강점기에 폐사되어 사찰 터가 전답으로 사용되다가 1960년대 중건을 시작하여 10여 년만에 전통 가람의 면모를 갖추었다. 팔각구층석탑에는 미얀마의 원도피 에일킬라 대승

▲ 실상사 북쪽에 위치한 백장암 아래 경작지에 세워진 백장암 삼층석탑(국보 제10호). 탑의 1, 2, 3층의 너비가 거의 일정하며 지붕돌의 받침은 층을 이루지 않고 두툼한 한 단으로 표현된 것이 독특하다.

정이 기증한 석가여래 진신 사리 7과가 봉안되어 있다.

교룡산에 있는 대복사(大福寺)는 금산사의 말사로 비구니 승려들의 수행도량이다. 신라 진성여왕 7년(893년) 도선국사가 이곳의 강한 지세를 누르기 위해 대곡암(大谷庵)이라는 절을 세웠는데 정유재란 때 불에 타버렸고 19세기에 다시 절을 짓고는 대복사로 이름 지었다고 한다.

선국사(善國寺)는 금산사의 말사로 산성 내에 있다고 하여 산성절이라고도 부른다. 신라 신문왕 5년(685년) 창건됐으며 주변에 용천(龍泉)이라는 샘이 있어 용천사(龍泉寺)라 하였다가 절의 성격이 나라를 지켜낸 호국도량으로 바뀌면서 절 이름도 선국사로 바뀌었을 것으로 보인다. 나라에 위기가 닥치자 군량미를 절을 둘러싼 교룡산성에 보관했는데 이 때 선국사는 산성을 지키는 수비대 본부 역할을 했다고 한다.

만행산에 자리 잡고 있는 선원사(禪院寺)는 금산사의 말사로 신라 헌강왕 원년(875년) 도선국사가 창건했다. 도선국사는 남원의 진압사찰로 절을 창건하고 약사여래를 봉안했는데 초창기 규모는 당우가 30동이 넘는 수준이었다고 한다. 정유재란 때 불타버렸는데 그 후에 재건하면서 창건 당시의 철조여래좌상(보물 제422호)을 약사전에 안치했다. 백장암(百丈庵)은 통일신라시내에 지어진 실상사의 암자고 비륵암(彌勒庵)은 통일신라시대 도선스님이 세운 암자다.

주변 둘러보기

하나, 역사의 불길, 동학농민혁명기념관

1894년 1월에 일어난 고부 농민봉기를 시발점으로 한 동학농민혁명은 우리나라 역사에 있어 최초로 민중의 자각에 의한 전국적 농민항쟁으로서 근대사회를 여는 계기가 되었다. 이때 전봉준 · 김개남 · 손화중 등 수만의 무명(無名)의 동학농민군이 전주감영에서 파견한 관군을 크게 이긴 최초의 전승지로, 향후 고부민란이 동학농민혁명으로 나아가는데 결정적 역할을 한 성지로 이를 추모 및 기념하기 위한 공간으로 조성하였다. 평등, 자유, 자치의 원칙에 기초한 새로운 사회경제체제의 수립을 목표로 한 동학농민혁명은 결국 보수 양반계층의 연합세력, 그리고 이들이 끌어들인 외세에 의해 실패로 돌아갔지만 그 맥은 이후 활빈당 운동, 영학당 운동으로 이어졌으며 항일 의병항쟁 및 3.1운동 등의 원동력이 되었다

둘. 뱀사골

남원시 산내면 지리산 북시면에 위치한 뱀사골은 14km의 골짜기로, 지리산국립공원 안에 있는 여러 골짜기들 가운데서 가장 계곡미가 뛰어나기로 이름 높다. 뱀처럼 심하게 곡류하는 계곡이라 하여 뱀사골이라는 이름이 붙여졌다. 계곡은 온통 기암절벽으로 이루어졌는데 곳곳에 100여 명이 앉아도 거뜬한 넓은 바위와 함께 100여 개의 크고 작은 폭포와 소가 줄지어 있다. 지리산 뱀사골 계곡은 곳곳에 비경을 숨기고 있어 사시사철 관광명소로 많은 관광객이 찾지만 특히 시원하고 찬 계곡물로 여름철에 가장 많은 이들이 찾는다.

춘향제와 흥부제

남원은 춘향전과 흥부전의 발상지로 남원 곳곳이 춘향과 흥부의 사연이 얽혀 있다. 이를 기념하여 남원에는 두 개의 향토문화축제가 열리고 있으니, 춘향제와 흥부제가 그것이다. 춘향과 이도령의 아름다운 사랑과 정절, 잘못된 사회상에 항거하는 불굴의 정신

등을 널리 선양하고자 열리는 춘향제는 매년 석가탄신일 전후에 5일간 개최되며 흥부의 착한 마음씨와 선한 행위를 축제로 승화시킨 흥부제는 매년 음력 9월 9일에 이틀간 열린다. 축제기간동안에는 각종 공연과 경연대회, 체험행사 등이 곁들여져 풍성한 즐길거리를 제공한다.

꼭 들러야할 이색 명소

광한루원

전북 남원은 고전 춘향전의 발상지로, 이곳에는 춘향전의 배경으로 잘 알려진 광한루원이 자리하고 있다. 신선이 사는 이상향을 지상에 건설한 조선시대 대표적인 정원이다. 하늘나라 월궁을 상징하는 광한루에 천상의 은하수를 의미하는 호수와 오작교를 그 아래에 놓고 신선들이 산다는 전설 속의 삼신산을 연못 가운데 조성하여 전체적으로 천체우주를 지상에 옮겨 놓았다. 역사가 오래되고 아름다워 경회루, 촉석루, 부벽루와 함께 우리나라 4대 누각을 이룬다. 광한루원에는 완월정, 춘향사당, 춘향관, 월매집, 그네 등 다양한 볼거리와 즐길거리가 있다.

효과 100배 코스 | 내장사

내장사 일주문   진신사리탑   내장사 원적암

**사찰
정보**

Temple
Information

내장사 | 전북 정읍시 내장산로 1253 / ☎ 063-538-8741 / www.naejangsa.org

실상사 | 전북 남원시 산내면 입석길 94-129 / ☎ 063-636-3031 / www.silsangsa.or.kr

화엄사 · 천은사 · 연곡사 외

지리산 자락 굽이굽이 넘나들며
불심 흔적 찾아 떠나다

■ ■ ■ 봄이면 산수유꽃으로 사방이 노랗게 물드는 구례는 예부터 세 가지가 큰 '3대'와 세 가지가 아름다운 '3미'를 품은 고장으로 잘 알려져 왔다. 산세가 수려한 지리산과 들판을 굽이쳐 흐르는 섬진강, 너른 들판이 3대고 아름다운 경관과 풍성한 곡식, 넉넉한 인심이 3미다. 조선시대 지리학자 이중환은 '택리지'에서 구례를 일컬어 '사람이 살기 좋은 곳'으로 소개했다. 게다가 명산에 걸맞은 명찰 또한 많이 있으니 그 가치가 더욱 빛난다.

유서 깊은 불교문화의 요람지 화엄사

▲ 화엄사는 지리산 8대 사찰 가운데서는 가장 큰 규모다. 유서 깊은 불교문화의 요람지답게 많은 부속건물이 자리하고 있고 귀중한 문화재들이 넘쳐난다.

지리산 깊은 곳 동백나무를 배경삼아 들어앉은 화엄사(華嚴寺)는 처음 백제 성왕 22년(544년) 인도의 승려로 알려진 연기조사가 해회당과 대웅상적광전을 세운 이후 자장율사, 도선국사, 의상대사가 차례로 중건하며 큰 가람을 이루다가 임진왜란 때 모두 소실되고 인조 때 다시 중건됐다. 현재는 33관음성지 중 한곳으로 조계종 제19교구 본사다.

경내를 들어서면 우선 그 웅대하고 우아한 사찰의 모습에 경탄하게 된다. 지리산 8대 사찰 가운데서는 가장 큰 규모다. 유서 깊은 불교문화의 요람지답게 많은 부속건물이 자리하고 있고 귀중한 문화재들이 넘쳐난다. 영산회괘

▶ 화엄사 각황전 옆 홍매화가 꽃망울 터뜨리기 시작하면 경내는 온통 아름답고 화려한 진분홍빛으로 물든다.

▲ 조선 숙종 때 중건된 화엄사 각황전은 앞면 7칸·옆면 5칸의 2층 팔작지붕 형태로 이루어진 동양 최대의 목조건물이다.

불탱(국보 제301호) 등 국보 4점, 동5층석탑(보물 제132호), 서5층석탑(보물 제133호), 대웅전(보물 제299호), 원통전앞사자탑(보물 제300호) 등 보물 8점, 올벚나무(천연기념물 제38호), 매화(천연기념물 제485호) 등 천연기념물 2점을 비롯한 수많은 문화재가 산재해있다.

　조선 숙종 때 중건된 각황전(국보 제67호)은 동양 최대의 목조건물이다. 앞면 7칸·옆면 5칸의 2층 팔작지붕 형태다. 법당 안에는 3불 4보살인 관세음보살, 아미타불, 보현보살, 석가모니불, 문수보살, 다보여래, 지적보살이 모셔져 있다. 원래 각황전 터에는 삼층짜리 장륙전이 있었고 전각 벽면에는 화

엄경을 새긴 돌판이 둘러져있었다고 하나 임진왜란 때 파괴되었고 지금은 만여 점이 넘는 파편만이 남아 있다. 조선 숙종 28년(1702년)에 다시 건물을 지었는데 각황전이란 이름은 숙종이 지어 현판을 내린 것이라 한다. 부처님을 깨달은 왕(성인 중에 성인)이라는 뜻과 숙종임금에게 불교 사상을 일깨워 주었다는 뜻이 담겨있다.

　각황전은 거대한 석등 하나를 안고 있다. 통일신라시대에 축조된 이 석등(국보 제12호)은 신라 문무왕 17년(677년)에 의상조사가 조성한 것으로, 높이 6.4m에 이르는 우리나라 최대의 석등이다. 전체적

◀ 전체 높이 6.4m로 우리나라에서 제일 큰 규모를 자랑하는 화엄사 각황전 앞 석등(국보 제12호).

인 모양이 마치 3천 년 만에 한 번 핀다는 우담 바라꽃을 닮았다.

각황전 왼편으로 나있는 좁은 길을 따라 올라 가면 백팔 계단이 나온다. 고뇌와 번뇌의 길 끝에는 너른 마당이 있고 두 개의 탑이 마주보고 서있다. 신라 선덕여왕14년(645년)에 자장율사 가 부처님 진신사리 73과를 모시고 세웠다는 사 리탑과 공양탑이다. 두 개의 탑은 약간의 간격 을 두고 마주보고 있는데 모두 이전에 볼 수 없 었던 특이한 형상이다. 사리탑은 위층 기단에 암수 네 마리의 사자가 각 모퉁이를 떠받치고 있고 그 가운데에 합장하고 있는 한 여인상이 서있다. 맞은편에 있는 공양탑에는 오른쪽 무릎 을 땅에 꿇고 앉아 차를 바치는 모습의 승상이 기둥 역할을 하며 석등을 떠받치고 있다.

여인과 승상은 누구를 형상화한 것일까? 전 해오는 얘기로는 화엄사를 창건한 연기조사와 그의 어머니라 한다. 연기조사의 지극한 효성 과 항상 어머니를 생각하는 마음이 그대로 읽 혀진다. 사리탑의 정식 명칭은 사사자(四獅 子)삼층석탑으로 일명 효대(孝臺)라고도 하는 데 국보 제35호로 지정되어 있다.

▲ 화엄사의 암자인 구층암의 승방을 지탱하는 울퉁불퉁한 모양의 모과나무 기둥. 임진왜란 때 암자와 함께 해를 입은 수백 년 된 나무를 승방을 다시 지 을 때 사용한 것이다.

성보박물관도 잊지 말고 둘러봐야할 곳이다. 화엄석경(보물 제1040호)과 서5층석탑 사리장엄구(보 물 제1348호) 등 많은 성보문화재가 보관되어 있다.

화엄사 대웅전에서 우측으로 오르면 소박하고도 작은 규모의 구층암(九層庵)에 이른다. 화엄사에 딸 린 암자로 영험한 기도처로 널리 알려져 있다. 구층암을 방문하면 모두가 놀라는 것이 있다. 바로 승 방을 지탱하는 울퉁불퉁한 모양의 모과나무 기둥이다. 대개 건물을 지탱하는 기둥이 곧고 반질한 느 낌인데 반해 이곳의 기둥은 괴이한 모양의 모과나무를 껍질만 벗겨내고 다듬지도 않았다.

전해오는 얘기로는 임진왜란 때 암자가 불에 타면서 근처에 심어진 수백 년 모과나무도 해를 입었는 데 절에서 승방을 다시 지을 때 그 모과나무를 사용했다고 한다. 절을 창건할 당시는 몰라도 지금은 이 모과나무 기둥을 보러 일부러 구층암을 찾는 이가 적지 않다. 구층암의 이름에 대해서는 정확한 기 록은 없고 다만 9층탑이 있던 곳이라 그런 이름을 갖지 않았나 추측해볼 뿐이다. 승방 앞에는 다 부서 진 삼층석탑이 힘겹게 서있다.

▲ 해발 1,100m에 달하는 지리산일주도로 입구에 위치한 천은사(泉隱寺)는 한국의 아름다운 길 중 하나로 손꼽힌다.

지리산에 기대어 천년을 이어온 천은사

한국의 아름다운 길 중 하나로 손꼽히는 해발 1,100m에 달하는 지리산일주도로 입구에 위치한 천은사(泉隱寺)는 신라 흥덕왕 3년(828년) 인도 승려였던 덕운조사와 스루기 절을 지은 것으로 처음의 이름은 감로사(甘露寺)였다. 경내에 이슬처럼 맑고 찬 샘이 있어 지은 이름이었다. 그 샘물을 마시면 정신이 맑아진다는 소문을 듣고 전국 각지에서 스님들이 몰려들어 한때는 천명이 넘는 스님들이 지냈으며 날로 번성하여 고려 충렬왕 때는 '남방제일선원'으로 지정됐다.

그러나 임진왜란 때 절이 완전히 소실되어 중건하던 중 샘가에 큰 구렁이가 자주 나타나자 잡아 죽였더니 더 이상 샘이 나오지 않았다고 한다. 그 때 샘이 숨었다 하여 조선 숙종 때 천은사라 이름을 바꾸었다. 헌데 이상하게도 절 이름을 바꾼 후부터 사찰에 원인 모를 화재가 자주 나고 재화가 끊이질 않자 절의 수기를 지켜주는 뱀을 죽였기 때문이라는 소문이 돌았고 이를 전해들은 조선 4대 명필의 한명인 원교 이광사가 구불구불 물 흐르는 듯한 글씨체로 '智異山 泉隱寺(지리산 천은사)'라고 써서 현판을 걸었

◀ 천은사 극락전 후불벽에는 구도와 기법 등이 훌륭하고 보존 상태가 좋은 아미타후불탱화가 있다. 전국의 아미타후불탱 중 가장 뛰어나다는 평가를 받는 명작 중의 명작이다.

더니 이후로는 화재가 일어나지 않았다고 한다. 지금 일주문에 걸려 있는 현판이 바로 그것이다.

천은사의 주된 전각은 극락보전으로 높직한 방형의 장대석으로 기단을 마련하고 그 위에 민흘림의 둥근 기둥을 올린 다포계 양식의 건물로 전체적으로 아담한 편이다. 극락전 후불벽에는 구도와 기법 등이 훌륭하고 보존 상태가 좋아 보물 제924호로 지정된 아미타후불탱화가 있다. 전국의 아미타후불탱 중 가장 뛰어나다는 평가를 받는 명작 중의 명작이다. 아미타불이 극락세계에서 설법하는 광경을 옮겨놓았는데 중앙의 사각대좌 위에 앉은 아미타불을 중심으로 8대보살과 사천왕, 10대제자 등이 둥글게 배열되어 있다. 광배의 한쪽에 붉은색 사각형 칸을 만들고 흰 글씨로 각각의 불보살들 명칭을 적어놓았다.

제비가 날아간 자리에 들어선 연곡사

전라남도 구례군 토지면 내동리 지리산 피아골 입구에 있는 연곡사(鷰谷寺)는 화엄사의 말사로, 백제 성왕 22년(544년)에 화엄사종주 연기조사가 창건한 천년고찰이다. 연기조사가 처음 이곳에 왔을 때 법당 자리에 있던 큰 연못에서 제비 한 마리가 날아가는 것을 보고 그 자리에 법당을 세웠다하여 연곡사라 이름 붙였다.

▲ 지리산 피아골 입구에 있는 연곡사는 화엄사의 말사로, 백제 성왕 때 화엄사 종주인 연기조사가 창건한 천년고찰이다.

신라 말부터 고려초에 이르기까지 선도량으로 유명했으나 임진왜란과 한국전쟁을 겪으며 소실됐고 현재도 복원 중에 있다. 문화재는 의외로 많다. 대웅전 뒤편에 있는 동승탑(국보 제53호)을 비롯하여 북승탑(국보 제54호) · 소요대사탑(보물 제154호) · 동승탑비(보물 제153호)가 남아 있고 절에서 좀 떨어진 곳에 삼층석탑(보물 제151호)과 현각선사탑비(보물 제152호) 등이 있다. 1967년 삼층석탑을 해체 · 수리할 때 하층기단에서 동으로 만

◀ 신라 말부터 고려초에 이르기까지 선도량으로 유명했던 연곡사는 많은 건물들이 임진왜란과 한국전쟁을 겪으며 소실됐고 현재도 복원 중에 있다.

든 불입상 1구(동국대학교 박물관)를 발견했다.

동승탑은 도선국사의 사리를 보관하던 곳이라 하나 확실치는 않으며 연곡사에서 가장 오래된 통일신라 말기의 부도다. 이 시기에 만들어진 부도 가운데 조각이 가장 섬세하고 아름답다고 알려졌다. 일제강점기 때 동경대학으로 반출될 위험에 처했지만 다행히 지금은 제자리를 지키고 있다. 동부도에서 멀지 않은 곳에 마치 동승탑과 쌍둥이처럼 보이는 북승탑이 서있다. 못지않게 조각 수법이 세심하다. 부도에 새겨진 문비, 향로, 사천왕상 등의 윤곽이 매우 정교하여 우리나라 부도로는 단연 으뜸이다. 승탑에 기록이 남아 있지 않아 어떤 스님을 기리기 위한 것인지 현재로선 알 수 없으며 고려 전기에 건립된 것으로 보인다.

구례의 다른 사찰로는 문수사, 사성암 등이 있다. 지리산 문수사(文殊寺)는 백제 성왕 25년(547년) 연기조사가 창건한 이후 원효대사, 의상법사, 사명대사 등 여러 고승들이 수행정진한 문수도량이다. 임진왜란과 한국전쟁 때 파괴되어 방치됐다가 20세기 들어 차츰 복원하며 사찰의 면모를 갖추기 시작했다.

자라모양의 오산(531m) 정상에 자리한 사성암(四聖庵)은 깎아지른 듯한 기암절벽에 지어진 암자로 아담하면서도 특이한 건축양식을 자랑한다. 백제 성왕 22년(544년) 연기조사가 건립했으며 원래는 오산암이라 불렸다고 하나 이곳에서 의상대사·원효대사·도선국사·진각선사 등 4명의 이름난 고승이 수도한 곳이라 하여 사성암으로 이름이 바뀌었다. 사성암에서 멀지 않은 가파른 암벽에 약사전이 있고 안쪽 암벽에 마애여래입상(전남 유형문화재 제220호)이 새겨져있는데 원효대사가 손톱으로 새겼다고 전해진다.

▶ 동승탑은 연곡사에서 가장 오래된 통일신라 말기의 부도로, 이 시기에 만들어진 부도 가운데 조각이 가장 섬세하고 아름답다고 알려졌다.

주변 둘러보기

하나. 운조루

전남 구례군 토지면 오미리에 위치한 운조루는 99칸의 대규모 집으로, 조선 후기 양반집의 전형적인 모습을 보여준다. 조선 영조 때 낙안군수를 지낸 류이주가 세운 것으로 지금은 600여 칸이 남아 있다. 운조루라는 이

름은 중국의 도연명이 지은 귀거래혜사의 한 구절인 "구름은 무심히 산골짜기에 피어오르고 새들은 날기에 지쳐 둥우리로 돌아오네"의 첫머리인 운(雲)과 조(鳥)를 따온 것이라 한다. 운조루는 집이 세워진 자리가 명당이라는 소문이 나면서 더욱 유명해졌다. 집을 짓기 전 집터를 잡고 주춧돌을 세우기 위해 땅을 파는 도중 부엌자리에서 어린아이의 머리크기만한 돌거북

이 출토되었던 것 당시 땅 속에서 꺼낸 돌거북은 운조루의 가보로 전해 내려왔으나 도난당하여 지금은 찾아볼 수 없다. 운조루에는 홍살문에 걸린 호랑이뼈, 66칸의 집 우마차의 나무바퀴, 추사 김정희 병풍 등 볼거리도 풍부하다.

알아두면 좋아요

구례 산수유꽃축제

산수유하면 가장 먼저 떠오르는 곳은 전남 구례군이다. 전국 생산량의 73%, 수확면적의 84%를 차지하는 구례 산수유는 품질이 우수하고 무기성분 또한 많이 들어있기로 이름 높다. 사과산이 가장 많이 들어있어 신맛이 강한 독특한 맛을 낸다. 산수유는 계절마다 서로 다른 색깔을 뽐낸다. 그래서 구례는 봄에는 노란 꽃으로 물고, 가을에는 빨간 열매로 장관을 이룬다. 그래서 구례에서는 봄이면 구례산수유꽃축제, 가을이면 구례산수유열매체험행사가 열린다. 가족과 연인이 함께 참여하고 즐길 수 있는 다양한 프로그램이 마련되어 해마다 많은 이들이 찾고 있다.

📷 꼭 들러야할 이색 명소

노고단 운해와 노고단 설경

구례 1경과 10경은 노고단 풍경이다. 노고단(1,507m)은 천왕봉, 반야봉과 더불어 지리산 3대 주봉의 하나다. 옛날 이곳에 지리산신령 선도성모를 모시는 남악사가 있었다하여 산신 할머니를 모시는 단이라는 뜻에서 노고단이라고 이름 붙였다. 노고단은 언제 보아도 아름답지만 특히 남쪽으로부터 밀려온 구름과 안개가 노고단을 감싸 안을 때 단연 으뜸이다. 노고단 산허리에서 펼쳐지는 구름바다의 절경은 지리산을 더욱 신비롭고 장엄하게 만든다. 노고단은 사계절 모두 특색 있는 광경을 자랑한다. 봄에는 철쭉, 여름에는 원추리와 운해, 가을에는 단풍이 제법 볼만하다. 그 중 겨울의 설화는 아름다움의 극치를 보여주는 최고의 절경을 선사한다.

🗺 효과 100배 코스 | 화엄사

화엄사 각황전   각황전 석등   탑 둘러보기

사찰 정보
Temple Information

화엄사 | 전남 구례군 마산면 화엄사로 539-1 / ☎ 061-782-0015 / www.hwaeomsa.com

천은사 | 전남 구례군 광의면 노고단로 209 / ☎ 061-781-4800 / www.choeunsa.org

연곡사 | 전남 구례군 토지면 피아골로 774 / ☎ 061-782-7412

송광사 · 선암사 · 향일암 외

너른 바다 품에 안은
남도 땅에서 참된 붓다 만나다

■ ■ ■ 남도 여행을 할 때 일순위는 단연 순천이다. 독특하고 때 묻지 않은 순수한 자연 풍광을 간직한 순천만과 광양일대는 물론, 아름답고 유서 깊은 사찰, 맛있고 특색 있는 음식 등은 순천만이 갖고 있는 천혜의 매력이다. 바다를 곁에 둔 여수는 바다에서 건져 올린 풍성한 먹거리가 강점이다. 톡 쏘는 맛이 일품인 갓김치와 간장게장, 싱싱한 활어회와 해산물에 반해 여수 맛기행을 하는 이들도 적지 않다. 특히 신비로운 아름다움을 간직한 수많은 섬과 리아스식 해안, 그리고 바다풍경은 여수여행의 즐거움을 한층 더해준다.

16명의 국사 배출한 한국불교의 성지, 승보사찰 송광사

▲ 송광사는 우리나라에서 가장 많은 국사를 배출한 수행·정신 도량으로 큰스님들을 많이 배출했다하여 승보사찰이라 이른다

　전남 순천시 송광면·승주읍 일대에 자리한 조계산(884m)은 산세가 부드럽고 아늑한 가운데 웅대한 폭포, 맑고 깊은 계곡, 울창한 숲, 고로쇠 약수 등 천혜의 수려한 자연경관을 갖춘 곳으로 이름이 높다. 침엽수와 활엽수가 어울려 무성한 숲을 이루는 가운데 천연기념물로 지정된 400년 수령의 이팝나무와 800년 된 곱향나무(일명 쌍향수)가 그 위용을 자랑하며 자리 잡고 있다.

　깊은 계곡에는 크고 작은 8개의 사찰이 있다. 그 중 양대 거찰을 이루는 유명한 두 도량이 있으니 주능선을 중심으로 산 서쪽에 자리한 조계총림 송광사와 동쪽에 위치한 태고총림 선암사. 모두 통일신라 때 창건된 천년사찰로 송광사에는 보조국사 지눌, 선암사에는 대각국사 의천의 자취가 서려있다. 조계산을 오르는 이들은 보통 두 거찰을 함께 순례하는데 선암사에서 올라 장군봉을 거쳐 송광사로 내려오거나 그 반대의 코스를 이용하여 조계산을 동서로 횡단한다.

　송광사(松廣寺)는 3보사찰 중 승보사찰로 유명하다. 불교에서는 불보(佛寶), 법보(法寶), 승보(僧寶)를 불교를 받치는 세 가지 보배라는 뜻에서 3보라 하는데 각각의 요소를 대표하는 사찰을 3보사찰이라 한다. 우리나라 3보사찰은 경남 양산의 통도사와 경남 합천의 해인사, 전남 순천의 송광사다. 부처님의 진신사리를 모신 통도사는 불보사찰, 부처님의 가르침인 팔만대장경 경판을 모신 해인사는 법보사찰이며 송광사는 큰스님들을 많이 배출했다 하여 승보사찰이라 이른다. 송광사는 그동안 16명의 국사를 배출하여 우리나라에서 가장 많은 국사를 배출한 수행·정신 도량으로서의 명성을

▲ 특이하게 문 옆에 담장을 두른 송광사 일주문.

유지하고 있다. 16국사의 영정은 송광사 국사전에 봉안되어 있으나 개방하지 않아 실제로 볼 수는 없고 송광사 성보박물관에 영인본이 전시되어 있다. 또한 송광사는 조계종 제21교구 본사이자 관음기도성지이기도 하다.

송광사는 맑고 깨끗한 물이 쉴 새 없이 흐르는 계곡을 끼고 있고 뒤로는 만수봉과 모후산을 병풍처럼 두고 있다. 풍요로운 경관을 가진 덕분에 사찰은 누구든 받아줄 것만 같은 넉넉한 품을 자랑한다. 지금은 제법 큰 규모와 명성을 자랑하지만 송광사는 신라말기 혜린선사가 창건할 때만 해도 비교적 아담한 사찰이었다. 고려 인종 때 석조대사가 사찰을 크게 확장하려했으나 뜻을 이루지 못하고 입적하여 50여 년 동안은 거의 폐허가 되다시피 하였다.

그러다 보조국사 지눌스님이 정혜결사(定慧結社)를 이곳으로 옮기면서부터 사찰은 한국불교의 중심으로 우뚝 서기 시작했다. 지눌스님이 9년 동안 정성을 다한 결과 송광사는 마침내 조선 명종 27년

◀ 화려한 처마가 인상적인 송광사 대웅보전 지붕 끝의 처마가 겹쳐져있는 겹처마 지붕을 갖추고 있다.

▲ 송광사는 천년고찰답게 특히나 희귀한 문화재들이 많다. 국보 3점, 보물 10점 등 총 6천여 불교문화재가 있다.

(1197년) 중창불사로 면모를 일신하고 한국불교의 중심에 서며 1969년 조계총림이 되었다. '송광'이라는 절 이름은 조계산의 옛 이름인 송광산에서 따 왔다고 전해지나 절을 정확히 언제 세웠는지에 관해서는 자료가 남아 있지 않다.

특이하게 문 옆에 담장을 두른 일주문을 들어서면 온갖 불교문화재와 마주하게 된다. 천년고찰답게 특히나 희귀한 문화재들이 많다. 목조삼존불감(국보 제42호)·고려고종제서(국보 제43호)·국사전 (국보 제56호)·경패(보물 제175호)·하사당(보물 제263호)·약사전(보물 제302호)·영산전(보물 제303호) 등 국보 3점, 보물 10점 등 총 6천여 불교문화재가 있다. 귀한 문화재가 많다보니 성보박물관을 두었다.

그 중 목조삼존불감은 보조국사 지눌스님의 원불(願佛)로, 원불이란 자신이 일생 동안 섬기는 작은 부처(불상)를 지칭한다. 지눌스님이 당나라에서 가져온 것으로 약 13㎝이며 3부분으로 이루어졌다. 가운데 방을 중심으로 양쪽에 작은 방이 문짝처럼 달려 있으며 문을 닫으면 윗부분이 둥근 팔각기둥 모양이 되는데 매우 작으면서도 세부묘사가 정교하여 우수한 조각기술을 보여주고 있다. 고려고종제서는 고종 3년(1216년) 고종이 진각국사 혜심에게 내린 문서로, 혜심의 학문과 덕망을 찬양하여 대선사의 호를 내릴 것을 허락한 내용이다. 마름모꼴 꽃무늬의 홍·황·백의 색비단 7장을 이어서 만든 두루마리에 먹으로 썼다.

송광사에는 반드시 봐야할 3대 명물이 있는데 첫째는 부처님에 공양 올릴 때 사용하던 용기인 능견난사(전남 유형문화재 제19호)다. 모두 29점의 바리때(공양그릇)가 성보박물관에 소장되어 있다. 송광사 제6대 국사인 원감국사 충지가 원나라에 다녀오면서 가져온 것으로, 제작기법이 특이하여 어느 순서로 포개어도 꼭 들어맞는다고 한다. 조선 숙종이 장인(匠人)에게 그와 똑같이 만들 것을 명했으나 만들지 못하자 '눈으로 볼 수는 있지만 만들기는 어렵다'는 뜻에서 능견난사(能見難思)라는 이름을 붙여주었다고 한다.

또 하나는 사찰에서 국재를 모실 때 사찰에 온 사람들에게 나눠주려고 밥을 저장했던 목조 용기인 비사리구시다. 승보전 앞에 놓여있는데 4천여 명이 먹을 수 있는 쌀 7가마를 담을 수 있을만큼 거대한 크기를 자랑한다.

나머지 하나는 송광사 부속암자인 천자암에 있는 향나무 두 그루인 쌍향수(雙香樹)다. 몸을 기이하게 뒤튼 채 하늘을 향해 뻗어있는 모양이 거대하다. 고려 때 보조국사가 중국에서 돌아올 때 짚고 온 향나무 지팡이를 심은 자리에서 났다는 전설이 깃들어 있다. 나무를 만지면 극락에 갈 수 있다는 말이 전해져 이곳에 들린 이들은 한 번씩 쌍향수 만지기를 빼놓지 않는다. 주위에는 광원암·감로암·천자암 등의 암자가 있다.

▶ 송광사 부속암자인 천자암에 있는 향나무 두 그루인 쌍향수(雙香樹). 고려 때 보조국사가 중국에서 돌아올 때 짚고 온 향나무 지팡이를 심은 자리에서 났다는 전설이 깃들어 있다.

태고종 널리 전파하는 호남의 중심사찰 선암사

선암사(仙巖寺) 역시 송광사와 마찬가지로 유서 깊은 사찰이다. 창건시기에 대해서는 다소 의견이 엇갈리는데 백제 성왕 때 아도화상이 창건했다고도 하고 신라 말 도선국사가 창건했다고도 전한다. 이후 대각국사 의천이 선암사 대각암에 주석하면서 선암사를 중창하여 태고종을 널리 전파하는 호남의 중심사찰로 자리 잡았다. 선암사 역시 임진왜란과 한국전쟁을 겪으며 많은 건물과 문화재가 소실되었다.

굴곡진 역사 속에서도 많은 문화재가 남아 있다. 대웅전 앞의 삼층석탑 2기(보물 제395호), 입구의 아치형 석조 다리인 승선교(보물 제400호), 대각국사진영(보물 제1044호), 대가암부도(보물 제1117

호), 북부도(보물 제1184호), 동부도(보물 제1185호) 등 9개의 보물급 문화재를 보유하고 있다. 특히 순조가 친필로 쓴 '대복전'(大福田)과 '천인'(天人)이라는 편액이 남아 있다. 정조가 후사가 없자 눌암스님과 해붕스님이 이곳에서 각각 100일 기도를 하여 1790년에 순조가 태어났고 후에 순조가 편액을 내리면서 은향로·쌍용문가사·금병풍·가마 등을 함께 하사했다고 한다.

▲ 선암사의 경내로 들어가려면 아름답기로 유명한 아치형 석조 다리인 승선교를 건너야한다.

순천의 다른 절로는 금강암, 금둔사, 도선암, 동화사, 정혜사, 향림사 등이 있다. 금강암(金剛庵)은 의상대사가 창건한 암자로 금강은 가장 단단한 보석으로 부처의 지혜가 금강과 같아서 모든 번뇌망상(煩惱妄想)을 깨트린다는 뜻이다. 본래 금둔사의 암자였으나 인근 송광사와 선암사의 지원을 받아 명맥을 유지해오면서 지금은 송광사의 부속암자가 되었다.

금둔사(金芚寺)는 그동안 창건시기에 대해 여러 의견이 있었으나 최근 조사 결과 9세기경에 창건된 사찰임이 밝혀졌다. 정유재란 때 완전히 폐사됐으나 20세기 들어 중창됐다. 경내에 삼층석탑(보물 제945호)과 석불입상(보물 제946호)을 보유하고 있다. 운동산 중턱의 작은 암자인 도선암(道詵庵)은 정확한 기록은 없으나 신라 말 도선국사가 창건했다고 전해온다. 하지만 현재 사찰 내 대적광전, 삼성각, 조사당, 요사채 3동의 건물은 모두 근래에 지어진 것들이다.

동화사(桐華寺)는 화엄사의 말사로 고려 문종 원년(1047년) 문종의 넷째 아들 의천 대각국사가 이곳을 지나다 하늘에서 상서로운 구름이 피어나는 것을 보고 창건했다고 한다. 동화사는 구름 속 봉황이 오동나무 둥지로 알을 품으려 날아드는 듯한 형국에 세운 절이라하여 이름 붙여졌다 한다. 정유재란 때 전소됐다가 그 후 중수되어 오늘에 이르고 있다. 중요 문화재로 삼층석탑(보물 제831호)과 속장경의 판본 135판이 있다. 계족산 중턱에 자리한 정혜사(定慧寺)는 신라 경덕왕(742~765) 때 혜조국사가 창건한 사찰로 한 때 대사찰로 이름났으나 여순사건과 한국전쟁을 겪으며 그 세가 기울었다. 사찰 부근의 고로쇠나무가 유명하다. 비봉산에 위치한 향림사(香林寺)는 신라 경문왕 5년(865년) 도선국사가 세운 사찰로 전국에 세운 3,800여 비보사찰 가운데 순천의 도선암과 함께 2대 대표사찰로 알려져 있다. 향림사 부근의 지형이 봉황이 알을 품고 있는 형상이기에 강력한 지세를 누르기 위해 절을 세웠다고 한다. 절 주변에 작설차 재배단지가 있어 절 이름 그대로 경내는 차향으로 향기롭다. 또한 절 주변에는 울창한 송림과 맑고 깨끗한 석현천이 있어 휴식공간으로도 그만이다.

관세음보살이 상주하는 성스러운 곳 향일암

화엄사의 말사인 여수 금오산 향일암은 동해 낙산사 홍련암, 서해 석모도 보문사와 더불어 3대 관음성지의 한 곳이다. 관세음보살이 상주하는 성스러운 곳으로, 이곳에서 기도를 올리면 그 어느 곳보다 기도효험이 좋다고 알려져 늘 기도 소리가 끊이지 않는다.

향일암은 돌산도 끝 해안가 가파른 절벽 위에 위치해 있다. 암자로 오가는 길에 기암괴석이 만들어낸 석굴이 여러 곳 있어 가는 길이 심심치 않다. 기

▲ 향일암은 동해 낙산사 홍련암, 서해 석모도 보문사와 더불어 3대 관음성지의 한 곳으로, 기도를 올리면 그 어느 곳보다 기도효험이 좋다고 알려져 있다.

암절벽 사이로 동백나무 등의 아열대 식물이 무성하여 주변 풍광이 뛰어나다. 암자에서 바라다보는 풍광도 뛰어나다. 암자에서 바라다보는 드넓은 바다 풍경은 물론, 이른 아침 떠오르는 일출을 감상하기에 더할 나위 없이 좋다.

◀ 돌산도 끝 해안가 가파른 절벽 위에 위치해 있는 향일암에서 바라다보는 드넓은 바다 풍경은 최고의 절경을 사아낸다.

인위적으로 자리를 만드는 대신 평평한 곳을 골라 전각을 만들어 자연과 잘 조화를 이룬다. 암자 곳곳에는 커다란 돌들이 만든 석굴이 여러 곳 있다. 석굴을 통과해야 다른 전각을 만날 수 있어 마치 입구 같은 역할을 한다. 경내를 다니다보면 제일 많이 마주치는 것이 머리와 등에 동전 하나씩을 짊어진 돌거북이 조각물이다. 향일암이 위치한 금오산이 마치 바다로 들어가려는

▲ 경내를 다니면서 제일 많이 마주치는 것은 돌거북이 조각물이다. 마치 바다로 들어가려는 것처럼 하나같이 바다를 향해 고개를 내밀고 있다.

거북이 형상을 하고 있는 것처럼 경내의 돌거북이들도 바다를 향해 고개를 내밀고 있다.

백제 의자왕 13년(644년) 원효대사가 원통암(圓通庵)이란 이름으로 창건했다고 전해진다. 금오암으로 개칭됐다가 조선 숙종 때 인묵대사가 남해의 수평선에서 솟아오르는 해돋이 광경이 아름답다하여 향일암(向日庵)이라 다시 이름 붙였다 한다. 지난 2009년 사찰에 큰 불이 나 대웅전 등 주요 전각이 모두 불에 탔는데 현재는 복구를 끝낸 상태다. 향일암에서 가장 중요한 전각인 관음전은 앞면 3칸·옆면 1칸 규모로 맞배지붕으로 꾸민 건물로, 관음보살을 모시고 있어 주로 관음기도가 이루어지는 곳이다. 경내에서 가장 높은 곳에 자리해 있어 경관이 뛰어나다. 관음전 옆에는 오른손에 감로수병을 들고 자애로운 미소로 바다를 바라보고 서있는 해수관음상이 있다.

향일암 이외 여수에는 석천사, 흥국사, 용문사, 용월사, 은적사, 한산사 등의 수많은 사찰이 자리하고 있다. 석천사(石泉寺)는 임진왜란 직후인 1599년에 지어진 사찰로 자운스님과 옥형스님이 이순신의 충절을 기리며 충민사 옆에 건립했다고 한다. 자운스님과 옥형스님은 전란 때 이순신 장군과 뜻을 같이 하며 전투에 참여했다. 석천사 의승당 나무 기둥에는 이순신 장군, 자운 스님, 옥형스님과 의승군을 기리는 글이 새겨져 있다.

◀ 흥국사는 임진왜란 때 우리나라에서는 유일하게 수군 승병이 있었던 곳이다.

영취산에 자리한 흥국사(興國寺)는 고려 명종 25년(1195년) 보조국사가 세운 사찰로 이름 그대로 나라의 부흥을 기원하며 세웠다. 경내 대웅전, 원통전, 팔상전 등의 건물이 있는데 특히 빗살문을 달아 모두 열 수 있도록 한 대웅전(보물 제396호)과 대웅전

▲ 흥국사는 임진왜란 때 우리나라에서는 유일하게 수군 승병이 있었던 곳이다.

내 후불탱화(보물 제578호)가 눈여겨볼만하다. 흥국사는 임진왜란 때 우리나라에서는 유일하게 수군 승병이 있었던 곳이다.

비봉산 중턱의 아담한 사찰 용문사(龍門寺)는 신라 효소왕 원년(962년) 당나라 고승 도증법사가 창건했다고 알려져 있으나 정확하지는 않다. 비봉산에서 내려온 용이 절을 지나 고내마을 앞 바다로 들어갔다 하여 용문사라 이름 지었다고 전한다. 무탑식 산지 가람으로 일주문이 없으며 하엄사의 말사다.

너른 남해 바다를 품에 안은 용월사(龍月寺)는 가파른 해안 절벽 위에 자리한 사찰로 근래에 지어진 사찰이다. 관세음보살이 사는 보타락정토를 모델로 세웠다고 하며 남해 바다를 향해 서 있는 해수관음상이 인상적이다.

주변 둘러보기

하나, 순천 죽도봉 공원

죽도봉이라는 지명은 산죽과 동백 숲이 울창하고 봉우리 모양이 마치 바다에 떠 있는 섬과 같다는 데서 유래했다. 봄에 피는 벚꽃이 실로 장관을 이룬다. 죽도봉(101.8m)정상에 오르면 순천 시내가 한눈에 들어온다. 공원 안에는 연자루·팔마탑·현충탑·활터 등의 시설이 있다. 연자루(사진)는 고려 때 지은 2층 누각으로 원래 남문교 옆에 있던 것을 1979년 8월에 복원해 현

재 위치에 세웠다. 팔마탑은 고려 충렬왕 승평(지금의 순천)부사 최석의 청백리 정신을 기리기 위해 세운 것이다. 현충탑은 1979년 5월 죽도봉 정상에 있던 반공 순국 위령탑과 충혼비, 향림사 충혼비 등에 모시던 순국선열들의 넋을 기리기 위해 옮겨 세운 탑이다.

둘. 여수 진남관

여수 10경 중 하나인 진남관(국보 제304호)은 임진왜란이 끝난 후 이순신 후임 통제사 겸 전라좌수사 이시언이 정유재란

때 불타버린 진해루 터에 지은 75칸의 대규모 객사로 국내 최대의 단층 목조건물이다. 남쪽의 왜구를 진압하여 나라를 평안하게 한다는 의미에서 진남관(鎭南館)이라 이름 지었다. 이 곳은 본래 충무공 이순신이 전라좌수영의 본영으로 사용한 진해루가 있던 자리다. 진남관은 조선 역대 왕들의 궐패를 모시고 정례참배, 하례, 봉도식 등을 거행했으며 때로는 대신과 외국 사신을 접대하는 건물로 사용하기도 했다. 최근 이순신 장군의 명량대첩 승리를 소재로 다룬 영화 '명량'의 인기로 관광객들의 발길이 끊이질 않고 있다. 전남 여수시 동문로에 자리 잡고 있다.

📷 꼭 들러야할 이색 명소

세계 최대의 연안 습지, 순천만 갈대밭

전남 순천시 교량동과 대대동, 해룡면의 중흥리, 해창리, 선학리 등에 걸쳐 있는 순천만은 갈대밭과 칠면초 군락으로 유명한 세계 최대의 연안 습지다. 특히 면적 26.5km²(870만 평)의 순천만 갯벌 중 5.6km²(180만 평)에 달하는 갈대밭은 사람의 키를 훌쩍 넘어서는 갈대들이 빼곡히 들어선 우리나라 최대 규모의 갈대 군락지다. 햇살에 따라 은빛에서 잿빛으로, 다시 금빛 등으로 채색되는 모습이 장관을 이루고 바람이 불 때마다 마치 황금물결이 출렁이는 듯하다. 뿐만 아니라 순천만갈대밭에는 물억새, 쑥부쟁이뿐 아니라 흑두루미, 재두루미, 저어새, 검은머리물떼새 등 희귀조류와 천연기념물로 지정된 새들이 찾아들어 전 세계 습지 가운데 가장 희귀 조류가 많은 곳으로 알려져 있다.

알아두면 좋아요

여수거북선축제

여수거북선축제는 1967년부터 시작된 우리나라에서 가장 오랜 역사를 지닌 호국문화축제다. 여수는 이순신 장군이 임진왜란 당시 가장 큰 역할을 한 전라좌도수군절도영 본영이 있었던 곳이다. 축제는 이순신 장군이 나라를 구하기 위해 첫 출정을 했던 1592년 5월 4일을 기념하기 위해 매년 5월 초에 개최하고 있다. 전통 복장을 갖춘 수군들의 무예와 전라좌수영 출정식, 거문도 뱃노래, 현천 소동패 놀이 등의 행사가 진행된다.

📍 효과 100배 코스 | 송광사

성보박물관 · · · · · · 송광사 승보전 · · · · · · 송광사 천자암

**사찰
정보**
Temple
Information

송광사 | 전남 순천시 송광면 송광사안길 100 / ☎ 061-755-0107 / www.songgwangsa.org

선암사 | 전남 순천시 승주읍 선암사길 450 / ☎ 061-754-5247 / www.seonamsa.net

향일암 | 전남 여수시 돌산읍 향일암로 60 / ☎ 061-644-4742 / www.hyangiram.org

관음사 · 백양사 · 불갑사 외

백제 향기 그윽한 풍광 바라보며
지극한 불심 그리다

■ ■ ■ 산과 강 사이에 계곡이 많아 이름 붙여진 전남 곡성은 땅의 2/3 이상이 산지이면서도 섬진강과 보성강 등의 물길을 품고 있다. 증기기관차 또는 나룻배를 타고 강을 건너는 과거로의 여행이 가능한 것도 곡성의 매력이다. '담양 10景', '담양 10味' 그리고 '담양 10亭子'에 이르기까지 담양은 볼거리와 먹거리가 풍부할 뿐 아니라 아름다운 정자문화를 간직한 고장이다. 또한 편백나무 숲으로 유명한 축령산과 아름다운 경관의 장성호, 호남 제일의 단풍명소로 꼽히는 천년고찰 백양사가 자리한 장성은 산 좋고 물 맑은 곳이다. 호남에서 눈과 입이 가장 즐거운 고장은 단연 영광이다. 백수해안도로를 질주하며 천혜의 바다 풍경을 감상하고 굴비를 비롯한 백합 조개, 젓갈 등 특산물이 즐비하여 맛있는 여행을 즐길 수 있다.

1700년 이어온 찬란한 백제의 향기 관음사

전남 곡성의 검장산과 성덕산의 두 산맥이 선세마을까지 나란히 내리뻗어가며 이룬 5km 가량의 좁은 계곡 사이에 관음사(觀音寺)가 있다. 절 앞에는 계곡물 위로 놓인 금랑각이 있다. 다리는 곧 일주문인 것이다. 금강문에는 칼을 번쩍 든 금강역사가 좌우로 서있다.

관음사는 백제 분서왕 3년(300년) 성덕보살이 낙안포에서 관세음보살상을 모셔와 봉안하여 창건한 내륙 유일의 관음성지다. 백제가 불교를 공인한 시기가 384년이니 1700여 년이나 된 고찰이다. 현재는 송광사의 말사다. 백제 최초의 사찰로 한때 80여개의 전각이 들어서며 번창한 관음사는 고려말까지 다섯 차례 중건을 거쳤고 임진왜란 때는 원통전만 남기고 소실됐다. 그리고 한국전쟁 때 무장공비들의 은신처라는 이유로 사찰 대부분이 소실되고야 말았다. 이 때 국보 제273호였던 원통전이 불에 소실됐고 그 안에 보존된 국보 제214호였던 금동관음보살좌상 역시 몸통은 불에 타고 겨우 머리 부분만 남았다. 이 불두는 도난당했다 한 불자에 의해 고물상에서 되찾았다 한다. 현재 금동관음상은 원통전 내에 모셔져있다.

◀ 관음사 앞에는 계곡물 위로 놓인 금랑각이 있다. 다리가 마치 일주문 역할을 한다.

▲ 관음사는 백제 분서왕 3년, 성덕보살이 낙안포에서 관세음보살상을 모셔와 봉안하여 창건한 내륙 유일의 관음성지다.

▲ 원통전에는 한국전쟁 때 훼손되어 검게 그을린 금동 관음보살좌상의 머리 부분이 보관되어 있다.

현존 건물 7채 중 3채만이 타지 않았고 나머지 건물 4채는 전쟁 직후 이 절에서 1km가량 위에 있던 대은암(大隱庵)의 건물을 옮겨다 세운 것이다. 현재는 사찰 전체가 전라남도 문화재자료 제24호로 지정되어 있다.

관음사에는 고대소설 심청전의 근원설화로 추정되는 원홍장 이야기가 내려온다. 곡성에 원량이라는 장님이 부인을 잃고 딸 홍장과 함께 살았는데 홍장의 효성이 지극하여 아버지의 눈을 뜨게 했다는 내용이다. 곡성 오곡면 송정리에는 심청을 테마로 꾸민 전통체험 공간인 심청이야기마을이 있다. 인당수에 뛰어드는 심청의 모습을 재현한 동상을 비롯하여 심봉사가 젖동냥을 하는 모습, 심청이가 탄생하는 장면들이 밀랍과 돌로 만들어져 있다.

관음사 이외 곡성에는 태안사와 도림사 등의 전통사찰이 있다. 동리산 자락에 위치한 태안사(泰安寺)는 신라 경덕왕 원년(742년) 대안사라는 이름으로 창건했다고 알려져 있다. 한 때 선암사, 송광사, 화엄사 등을 거느린 대사찰이자 혜철선사와 도선국사가 득도한 정량수도의 도량으로 명성을 드날렸으나 점차 그 세가 기울어 일제강점기 때 화엄사의 말사가 되었다. 한국전쟁 때 불에 탄 것을 최근 다시 지었다.

동악산 형제봉(성출봉) 중턱에 자리한 도림사(道林寺)는 신라 무열왕 7년(660년) 원효대사가 지은 사찰로 도선국사, 사명대사, 서산대사 등 도인들이 숲같이 많이 모여들었다하여 이름 붙여졌다고 하며 인근에 도림사 계곡이 있다. 현재 응진당, 지장전, 칠성각, 요사채 등의 건물이 있고 절 입구에 허백련 화백이 쓴 현판이 걸려있다.

학이 날개를 편 곳에 내려앉은 백양사

드넓은 호남평야를 마주하고 솟아오른 백암산(741m)은 내장산 국립공원에 포함된 산이다. 예부터 '봄은 백양, 가을은 내장', '산은 내장, 고적은 백암'이라는 말이 있듯이 백암산의 절경은 내장산에 버금간다. 봄·여름 초록이었던 산은 가을에 이르면 오색으로 물든 듯 장관을 이룬나. 백학봉과 상왕

▲ 백양사는 8대 총림이자 조계종 최초의 총림이다. 백양사는 고려 말 정토사 시절 각진국사가 중창하고 호남제일선원이라 명하면서 호남의 명찰로 이름을 드높였다.

봉, 사자봉 등 기암괴석이 많아 산세가 비교적 험준하다. 특히 비자나무숲(천연기념물 제153호)과 회색 줄무늬 다람쥐가 유명하다. 백암산 전경을 오롯이 보려면 내장산 신선봉에 오르면 된다.

이곳에는 조계종 제18교구 본사이자 33관음성지 중의 한 곳인 고불총림 백양사가 있다. 뒤로는 상왕봉을 비롯한 다섯 개의 봉우리가 백양사를 지켜주듯 당당히 서있다. 대웅전 뒤로 하늘을 뚫을 듯 우뚝 서 있는 흰색의 기암절벽은 학이 날개를 펴고 있는 듯 하다하여 이름 붙여진 백학봉(일명 학바위)이다. 백양사로 이르는 길을 안내하는 것은 봄이면 흐드러지게 피어나는 벚꽃이고 가을이면 오색찬연한 빛을 내는 단풍나무들이다. 백양사 곁으로는 장성8경 중 제1경인 백암산 계곡과 백암산에서 흘러내린 계곡물이 모인 연못이 자리하고 있다.

▶ 백양사 대웅전 뒤로 백학봉이 학이 날개를 펴고 있는 듯 우뚝 서있다.

주변을 둘러싼 숲 또한 멋스럽다. 고려 고종 때 각진국사가 승려들의 구충제로 쓰기 위해 심었다는 비자나무부터 애기단풍나무, 각진국사가 지팡이를 꽂은 자리에 자랐다고 전해지는 수령 700년의 이팝나무, 우리나라에서 가장 나이가 많다는 700년 수령의 갈참나무, 그리고 백양사 내 400년 묵었다는 홍매화인 고불매에 이르기까지, 좀처럼 볼 수 없는 귀한 나무들이 어우러져 제각기 아름다운 자태를 뽐낸다. 40여 개의 절을 거느리는 대사찰답게 가히 천하절경을 다 품었다.

백양사는 백제 무왕 33년(632년)에 신라 고승 여환조사가 창건했다. 처음의 이름은 백암사(白巖寺)였으나 고려 때 중연선사가 중창을 하며 정토사(淨土寺)라 개칭했고 다시 조선 때 지완스님(훗날 환양선사)이 설법으로 양을 환생시킨 후 백양사로 개명했다.

백양사에서 가장 눈길을 끄는 건물은

▲ 백양사 입구 연못가에는 이층 누각인 쌍계루가 서있다. 쌍계루 아래 연못에 비춰지는 산과 나무, 쌍계루의 모습이 마치 한 폭의 수채화 같다.

사찰 입구 연못가에 서있는 이층 누각 雙溪樓(쌍계루)다. 쌍계는 영지(影池) 연못을 이루는 백학봉 좌우로 흐르는 두 계곡을 이른다. 쌍계루 아래 연못에는 산과 나무, 쌍계루의 모습이 그대로 비춰져 또한 폭의 수채화를 그려낸다. 이곳에서 고려 충절 포은 정몽주는 임금을 그리는 애틋한 마음을 담아 시를 남겼다. 뿐만 아니라 목은 이색, 면앙정 송순, 하서 김인후, 사암 박순 등 고려 말에서 조선시대에 이르는 유명한 학자와 문인들이 이곳을 찾아 백학봉과 쌍계루의 풍광에 반해 시를 남겼다. 쌍계루 벽면에는 정몽주 등의 글이 걸려있다.

백양사의 자연경관에 취해 백양사의 진면목을 보지 못하면 안 된다. 쌍계루를 지나 들어서면 백양사에서 가장 오래된 전각인 극락보전(전남 유형문화재 제32호)을 비롯하여 본당인 대웅전(전남 유형문화재 제43호), 사천왕문(전남 유형문화재 제44호), 석가모니 진신사리가 안치되어 있는 9층탑 등이 있다. 대부분의 건물은 일제강점기 때 다시 모습을 되찾았고 마침내 1947년 선원, 강원, 율원을 갖춘 고불총림을 개창했다.

백양사는 8대 총림이자 조계종 최초의 총림이다. 백양사는 고려 말 정토사 시절 각진국사가 중창하고 호남제일선원이라 명하면서 호남의 명찰로 이름을 드높였다. 이곳에는 왕명으로 세운 각진국사비가 있다. 백학봉의 기운을 받은 탓일까. 백양사는 수많은 고승을 배출해낸 도량으로 유명하다. 고려 각진국사를 비롯 조선 때 소요, 태능, 편양, 백파, 학명 스님 등이 정진했다. 근세 들어서는 용성, 운봉, 전강 스님 등이 상주하며 선풍을 드날렸다.

장성에 위치한 사찰로는 봉정사(鳳停寺), 백양사의 소속 암자인 청류암(淸流庵) 등이 있다.

▲ 극락보전은 백양사에서 가장 오래된 전각이다. 석조기단 위에 주춧돌을 놓고 배흘림 기둥을 세워 안정감이 느껴진다.

붉게 물든 산사에는 그리움이 한가득, 불갑사

영광군 불갑면 불갑산(516m) 기슭에 자리 잡은 불갑사는 인도의 고승 마라난타가 백제 침류왕 원년(384)에 가장 먼저 지은 불법 도량이라하여 절 이름을 불갑사(佛甲寺)라 하였다고 전한다. 불갑사가 들어앉은 산이라 하여 산 이름 역시 원래 이름인 모악산이 있으나 불갑산이라 부른다. 불갑사에 이르는 길목은 봄에서 가을까지 꽃잔치다. 봄에는 벚꽃, 여름에는 백일홍이 피어나고 가을에는 온통 상사화(꽃무릇)로 이 일대가 붉게 물든다. 과연 상사화 전국 최대 군락지답다.

통일신라와 고려를 거치며 중창을 거듭한 불갑사는 각진국사가 머물며 크게 번창하여 한 때 승방 70여 개와 암자 31개를 갖춘 거찰을 이루기도 하였다. 현재는 백양사의 말사다. 불갑사에는 대웅전(보물 제830호), 목조삼세불좌상(보물 제1377호), 불복장전적(불교 제1470호) 등 3점의 보물을 비롯하여 많은 불교 문화재를 갖고 있다. 특히 대웅전은 화려한 꽃살문과 교살문을 지닌 법당으로 특이하게도 용마루 중간에 자기로 만든 사리탑(스투파)을 지니고 있다. 대웅전 앞에는 중층형루인 만세루가 있다. 대개의 문루는 누(樓) 아래로 드나드는 형태지만 이곳은 화엄사의 보제루와 마찬가지로 낮은 중

◀ 불갑사란 이름은 인도의 고승 마라난타가 백제 침류왕 원년(384)에 가장 먼저 지은 불법 도량이라고 한데서 유래한다.

층을 이루고 있어 건물 모서리로 돌아가야 한다. 또한 불갑사는 현존하는 목조상으로는 국내에서 가장 큰 사천왕상이 있다. 그 밖에 불상, 불화, 공예 전적 등의 문화재는 성보박물관에서 볼 수 있다.

불갑사는 해불암을 비롯하여 전일암, 불영대, 수도암, 오진암 등 5개 암자를 지녔는데 특히 해불암은 예부터 호남지역 참선도량의 4성지로 알려져 있다.

▶ 대웅전 앞에 위치한 중층형루인 만세루. 대개의 문루는 누(樓) 아래로 드나드는 형태지만 이곳은 화엄사의 보제루와 마찬가지로 낮은 중층을 이루고 있어 건물 모서리로 돌아가야 한다.

주변 둘러보기

하나. 필암서원

전남 장성군 황룡면 필암리에 위치한 필암서원은 선조 23년(1590)에 하서 김인후를 추모하기 위해 세운 서원이다. 조선 효종이 필암서원이라고 쓴 현판을 직접 내렸으며, 1672년에 지금의 위치로 자리를 옮겼다. 휴식처인 확연루와 수업을 하는 청절당이 앞쪽에 있고 그 뒤로 학생들이 생활하는 공간인 동재와 서재가 있다. 북쪽에는 문과 담을 갖춘 사당이 있다. 청절당의 처마 밑에 걸린 필암서원 현판은 윤봉구가 쓴 것이고 확연루의 현판은 우암 송시열이 쓴 것이다. 사당의 동쪽에는 경장각이 있는데, 이곳에 소장된 서책이나 문서 등은 보물 제587호로 지정되어 있다.

둘. 식영정 · 면앙정 · 송강정

담양은 정자의 고장답게 30개가 넘는 정자를 품고 있는데 그 중 식영정 · 면앙정 · 송강정은 담양의 대표적인 정자로 담양 10정자에도 속해 있다. 담양의 고즈넉한 경치를 즐기며 휴식을 취하기에 더할 나위 없이 좋은 곳이다. '그림자가 쉬는 정자'인 식영정(息影亭)은 앞면 2칸 · 옆면 2칸의 팔작지붕 건물로, 특이하게도 반은 방이고 나머지 반은 대청마루가 차지하고 있다. 조선시대 문인 김성원이 지어 장인인 석천 임억령에게 증여한 것이다. 풍경이 아름다워 송강 정철은 이곳 식영정과 환벽당, 송강정 등에 머물며 성산별곡을 짓기도 하였다. 봉산면 제월리 제봉산 자락에 있는 면앙정(俛仰亭)은 송순이 세운 정자로, 학문을 논하고 후학을 기르던 곳이다. 앞면 3칸 · 옆면 2칸의 팔작지붕 형태로 주위에는 굴참나무, 상수리나무 등이 울창한 숲을 이루고 있다. 수많은 학자 · 가

객·시인들의 창작 산실이었던 곳으로, 정자 안에는 이황·김인후·임제·임억령 등 이름난 문장가들의 시문들이 판각되어 걸려 있다.

송강정(松江亭)은 정철이 관직에서 물러난 후 초막을 짓고 은거생활을 한 곳에 후손들이 그를 기리기 위해 세운 정자다. 앞면 3칸·옆면 3칸의 건물에는 중재실이 있고 가운데에는 방이, 앞과 양쪽에는 마루가 있다. 정각 옆에는 사미인곡 시비가 있다. 노송과 참대가 어우러진 정자의 절경은 가히 뛰어나다.

알아두면 좋아요

영광 불갑산 상사화축제

가을에 접어들면 영광 불갑산 일대는 온통 상사화(꽃무릇)로 붉게 물든다. 불갑산은 자생 상사화 군락지로 전국 최대 규모를 자랑한다. 상사화는 꽃과 잎이 함께 피지 않고 잎이 져야만 화려한 꽃을 피우기에 이룰 수 없는 사랑이라는 꽃말을 지니고 있다. 수선화의 일종인 상사화는 진노랑상사화, 석산화 등의 종류가 있다. 해마다 가을에 열리는 영광불갑산상사화축제는 기간동안 체험행사, 전시행사, 문화행사 등 다양한 체험 프로그램도 함께 진행된다.

꼭 들러야할 이색 명소

소쇄원

담양군 남면 지곡리에 있는 소쇄원은 중종 25년(1530) 학자 양산보가 스승인 조광조가 기묘사화로 화를 입자 시골로 은거하러 내려가 지은 정원이다. 원래 10여 개의 건물이 들어섰다하나 정류재란 때 소실되었고 지금은 복원한 광풍각과 제월당. 대봉대만이 남아 있다. 전체 면적은 1,400여 평에 불과하나 자연과 인공의 조화를 잘 이루었다는 평가를 받는다. 대나무, 매화, 창포, 맥문동. 오동. 동백. 치자 등이 조화를 이루며 심어져있고 너락바위, 우물, 연못 등이 함께 어우러져 있다. 입장료 있음.

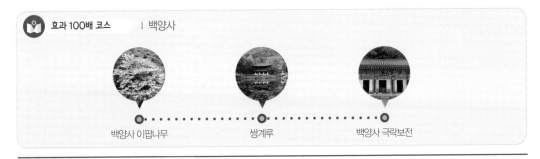

효과 100배 코스 | 백양사

백양사 이팝나무 · · · · · · 쌍계루 · · · · · · 백양사 극락보전

사찰 정보
Temple Information

관음사 | 전남 곡성군 오산면 성덕관음길 453 / ☎ 061-362-4433

백양사 | 전남 장성군 북하면 백양로 1239 / ☎ 061-392-7502 / www.baekyangsa.or.kr

불갑사 | 전남 영광군 불갑면 불갑사로 450 / ☎ 061-352-8097

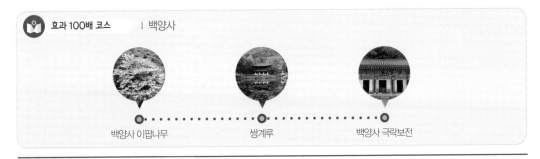

대흥사 · 미황사 · 무위사 · 도갑사 외

부처님 시선 닿는
땅끝마을에서 참선에 들다

■ ■ ■ ■ 국토 최남단 땅끝 전남 해남은 어머니 품처럼 푸근하고 편안한 곳이다. 500년 수령의 비자나무 숲에 둘러싸인 해남 윤씨 종택과 고즈넉한 매력이 있는 대흥사는 해남의 매력을 가장 잘 간직한 곳이다. 해남의 옆에 위치한 강진은 문화유산 보물창고다. 그 중심에 다산 정약용이 19년간 유배생활을 했던 다산초당과 조선시대 전략적 요충지였던 항구 마량면이 있고 신라시대의 청해진과도 지척이다. 무엇보다 자기 생산지로 유명하여 가마터가 많이 남아 있다. 호남의 명산인 월출산과 남도의 젖줄 영산강을 품에 안은 영암은 구림마을, 일본 아스카 문화의 시조인 왕인박사 유적지, 도기박물관 등 이야기가 담긴 역사적인 장소들이 즐비한 매력적인 곳이다.

조선불교의 중심도량이자 호국불교 산실, 대흥사

▲ 두륜산 능선 가운데 위치한 조계종 제22교구 본사인 대흥사(大興寺)는 33관음성지 중의 한곳으로 34개의 말사를 지닌 명찰 중의 명찰이다.

전남 해남군 삼산면 구림리에 위치한 두륜산(703m)은 가련봉을 비롯한 8개의 높고 낮은 봉우리들이 원형으로 이어진 산이다. 동쪽은 급경사인데 반해 서쪽은 비교적 완만하여 2~3시간 정도면 가련봉 정상에 오를 수 있다. 이른 봄의 흐드러지게 핀 동백, 여름의 울창한 숲, 가을의 오색창연한 단풍을 자랑한다. 특히 5월의 두륜산은 천연기념물로 지정된 왕벚나무숲에서 핀 꽃으로 일대 장관을 이룬다. 봉우리 정상에서는 남해와 서해 바다가 한눈에 보인다.

예부터 영산으로 명성을 얻은 두륜산은 한 때 100개가 넘는 사찰을 품었다고 하나 지금은 대흥사, 관음암 등만이 남아 있다. 그 중 두륜산 능선 가운데 위치한 조계종 제22교구 본사인 대흥사(大興寺)는 33관음성지 중의 한곳으로 34개의 말사를 지닌 명찰 중의 명찰이다. 신라 진흥왕 7년(546년) 아도화상이 세웠다고 전해지는 대흥사는 임진왜란 때 나라를 구한 서산대사의 의발(衣鉢)이 전해지면서 발전하기 시작해 조선불교의 중심도량이자 호국불교의 산실로 자리 잡았다. 13명의 대종사(大宗師)와 13명의 대강사(大講師)를 배출한 대흥사를 대표하는 선승은 서산대사로, 절 안에는 서산대사의 행적과 업적을 기록한 정보와 그의 유물을 보관한 서산대사 사당이 있다.

▲ 일주문을 지나면 낮은 담장에 둘러싸인 부도전이 있다. 서산대사와 초의선사 부도 등 500여 기의 부도와 10여 기의 부도비가 질서 있게 섰있다.

대흥사로 가는 길은 2km의 숲길이다. 좌우로 늘어선 느티나무, 참나무 등이 고개를 숙여 숲터널을 이룬다. 걷다 보면 어느새 시름은 잊히고 홀가분함을 느낀다. 일주문에 다다르면 '頭崙山 大芚寺(두륜산 대둔사)'라고 쓰여 있다. 일제강점기를 거치며 지금의 이름인 두륜산(頭輪山) 대흥사로 바뀌었다.

일주문을 지나면 낮은 담장에 둘러싸인 부도전이 있다. 서산대사와 초의선사 부도 등 50여 기의 부도와 10여 기의 부도비가 있다. 유구한 역사를 지닌 대흥사와 산내 암자에는 귀한 문화재가 많이 남아 있다. 북미륵암 마애여래좌상(국보 제308호), 북미륵암 삼층석탑(보물 제301호), 탑산사 동종(보물 제88호), 응진전 삼층석탑(보물 제320호), 서산대사 부도(보물 제1347호), 천불전(보물 제1807호) 등 국보 1점과 보물 5점, 천불상, 용화당, 대광명전 등 전남 유형문화재, 표충사 등 전남 기념물 등이 있고 대흥사 전체가 사적명승지로도 지정되어 있다. 대흥사의 각종 문화재 및 서산대사의 유물과 초의선사에 관련된 유물 등은 대흥사 성보박물관에 보관 및 전시되고 있다.

넓은 산간분지에 자리한 대흥사는 인위적으로 가람을 배치하는 대신 지형에 따라 당우들을 자유롭게 배치했다. 사찰은 세분화하면 네 구역으로 나뉜다. 대웅보전을 중심으로 명부전, 응진전 등이 들어선 북원, 천불전을 중심으로 용화당, 가허루가 있는 남원, 사당영역인 표충사, 그리고 대광명전 구역이다.

삼진교를 건너 침계루를 통과하면 북원이 나온다. 일자로 길게 쌓은 석축 위로 대웅보전과 명부전, 응진전, 범종각이 일렬로 나란하게 서 있고, 응진전 앞에는 대흥사에서 가장 오래된 유물인 삼층석탑(보물 제320호)이 있다.

남원의 주요 전각인 천불전으로 가려면 가허루를 통과해야 하는데 가허루 문턱은 독특하게도 아래로 둥글다. 가허루 문턱을 오른발로 디디고 들어가면 아들이, 왼발을 디디고 들어가면 딸이 잘 된다는 이야기가 있다. 가허루에 들어서면 높은 기단 위에 천불전이 있다. 앞면과 옆면 모두 3칸으로 문창살은 화려한 꽃창살이다. 안에는 서로 다른 모양의 옥돌 불상 천개가 빽빽이 들어차 있다. 모든 불상에는 독특하게도 가사를 입혔다. 원래 이 불상들은 경주 석공 10명이 6년에 걸쳐 만든 것으로 경주에서 배로 실어오다가 그만 한척이 일본에 표류했는데 일본인들이 불상을 모시려하자 꿈에서 해남 대둔사에 가는 길이니 보내달라고 하여 돌아오게 되었다고 한다. 하지만 불상을 돌려보내기 싫었던 일본인들이 불상의 어깨나 좌대마다 '日'자를 표기하여 이를 가리기 위해 가사를 입힌 것이다.

표충사는 서산대사와 사명당, 뇌묵당의 화상을 모시는 사당이다. 세 분을 추모하기 위해 세운 표충사의 편액은 조선 정조가 직접 써서 내려준 것이라 한다. 내부에는 세분의 영정이 나란히 걸려 있고 표충사 좌우로는 조사전과 표충비각이 자리 잡고 있다. 표충사 뒤에는 대광명전과 보현각, 요사채가 자리하고 있다.

▶ 남원의 주요 전각인 천불전으로 가려면 가허루를 통과해야 하는데 가허루 문턱은 독특하게도 아래로 둥글다. 가허루 문턱을 오른발로 디디고 들어가면 아들이, 왼발을 디디고 들어가면 딸이 잘 된다는 이야기가 전해온다.

남도 바다 전경과 일몰이 일품인 미황사

빼어난 풍광으로 이름난 진남 해남군 송지면 서정리 달마산(489m)은 두륜산 끝자락에 이어진 산으로 삼면이 모두 바다와 맞닿아 있다. 이곳의 지맥은 바다를 통해 한라산으로 이어진다. 소나무와 참나무가 무성한 가운데 산등성이에는 온갖 기암괴석이 들쭉날쭉 솟아 있어 멀리서 보면 마치 공룡의 등을 보는 듯하다.

▲ 수려한 달마산을 배경으로 삼아 들어선 미황사는 신라 경덕왕 8년(의조화상이 창건했다.

▲ 미황사 대웅전은 단청이 거의 벗겨져 있어 화려함은 없으나 오히려 나뭇결이 살아나 소박하면서도 고풍스러운 멋을 풍긴다.

수려한 달마산을 배경으로 삼아 들어선 미황사(美黃寺)는 신라 경덕왕 8년(749년) 의조화상이 창건했다. 정유재란 때 일부 소실됐고 그 이후로도 여러 번의 중창을 거쳤다. 옛날에는 통교사를 비롯하여 20여 동의 전각이 들어선 대사찰이었다고 한다. 그러던 중 주지인 혼허와 40여 명의 스님들이 절의 중창을 위해 모금차 군고단을 이끌고 완도 청산도로 향하다 배가 조난당하여 젊은 승려들이 모조리 몰살당했고 결국 군고단 준비에 진 빚 때문에 쇠퇴하기 시작했다고 한다.

대흥사의 말사인 미황사 경내에는 현재 대웅전과 응진당, 명부전, 요사채만이 남아있다. 대웅전(보물 제947호)은 단청이 거의 벗겨져 있어 화려함은 없으나 오히려 나뭇결이 살아나 소박하면서도 고풍스러운 멋을 풍긴다. 기둥은 가운데가 볼록한 배흘림기둥이다. 가장 눈에 띄는 것은 주춧돌이다. 특이하게도 자라, 게, 물고기 등의 바나동불 문양이 양각되어 있다. 응진당(보물 제1183호)은 부처님과 그의 제자 16나한을 모셔놓은 전각으로, 경내에서 가장 높은 곳에 위치하여 이곳 마당에서 바라보는 바다 전경과 일몰이 일품이다.

미황사에서 가장 독특한 것은 부도전이다. 대웅전의 남쪽에 21기의 남부도전이 있고 서쪽에 6기의 서부도전이 있다. 부도에는 물고기, 게, 문어, 거북이 등 온갖 특이한 문양들이 부도의 기단부나 전면에 조각되어 있다. 대흥사 부도밭과 함께 우리나라에서 가장 규모가 큰 부도 중 하나다.

이밖에도 해남에는 도솔암, 성도암, 태영사, 진흥사, 성도사, 은적사, 도장사 등의 사찰이 있다. 신라 말 의상대사가 창건한 절로 알려져 있는 도솔암(兜率庵)은 미황사의 열두 암자 중 하나로 달마산의 정상부에 위치해 있다. 달마산 미황사를 창건한 의조화상을 비롯하여 여러 스님들이 이곳에서 수행정진했다고 한다. 정유재란 때 소실됐다가 근래 들어 복원 중창했다. 도솔암에서 머지 않은 곳에 용이 승천했다는 설화가 깃든 용담샘이 있다.

저수지 아래에 자리한 성도암(星道庵)은 지어진 지 약 100여 년 된 사찰로 한 부인이 이곳에서 기도를 올린 뒤 아들을 얻어 지은 절이라고 한다. 일제강점기와 여순반란사건을 거치며 소실된 뒤 여러 차례 옮겨지며 중건됐다가 1994년 지금의 자리로 옮겨지었다.

천태산에 그윽이 자리한 태영사(台迎寺)는 조선 명종 7년(1552년)에 창건했다고 전해지나 정확하지는 않다. 원래 칠성암(七星庵)이라는 이름으로 지어졌으며 임진왜란 때 폐허가 되어 이후 중건되면서 지금의 이름으로 고쳐졌다. 현재 대흥사의 말사다. 1985년 폭풍우로 건물이 붕괴되자 인근 주민들이 뜻을 모아 절을 다시 지었는데 이 때 참여한 신도들의 이름이 사찰 입구의 중수석비에 새겨져 있다.

두륜산 자락에 자리한 진흥사(眞興寺)는 1909년 김진성각 보살이 창건했으며 원래 이름은 양도암(養道庵)이었으나 양도사를 거쳐 지금의 이름을 갖게 되었다. 경내에 대웅보전과 극락보전, 요사채 건물이 있다. 역시 두륜산 남쪽에 자리한 성도사(星道寺)는 대흥사의 말사였던 암자로 백제 아도화상이 창건했다고 전해진다. 구한말과 일제강점기 항일운동의 무대가 되었다. 한국전쟁 때 폐찰이 된 것을 최근 복원했다.

금강산(481m) 북쪽 산중턱에 있는 은적사(隱寂寺)는 신라 진흥왕 21년(560년) 창건된 사찰로 원래 다보사(多寶寺)의 부속암자였으나 19세기에 다보사가 폐허가 되면서 은적사로 이름을 바꾸었다. 울창한 숲이 이루는 아름다운 풍경을 배경삼아 은적사에서 은은하게 퍼지는 저녁 종소리를 은사모종(隱寺暮鐘)이라 하여 해남팔경의 하나로 꼽기도 하였다.

보타산 중턱에 자리한 도장사(道場寺)는 대흥사의 말사다. 조선후기에 창건된 것으로 보인다. 원래 도장사(道藏寺)로 창건됐다가 1950년대 이후 지금의 이름으로 바뀐 것으로 추정되는데 대웅전의 오른쪽 평방위에 '보타산성주사(補陀山聖住寺)'라는 현판이 걸려있어 한때 이름이 성주사였던 것으로 보인다.

▲ 경내에서 가장 높은 곳에 위치한 응진전 마당에서 바라보는 해남 바다 전경과 일몰이 일품이다.

물 맑고 골 깊은 월출산의 명찰, 무위사

전남 강진군 성전면과 영암군 영암읍에 걸쳐있는 월출산(809m)은 기암절벽으로 이루어진 수려한 자연경관으로 이름 높다. 천황봉을 비롯한 봉우리들은 골짜기마다 기묘하게 조각해놓은 듯한 기암괴석들을 한 아름씩 안고 있다. 월출산의 정상에는 수백 명이 앉아도 거뜬한 평탄한 암반과 9마리의 용이 산다는 9개의 웅덩이가 있다. 그 아래에는 큰 암벽에 조각된 월출산마애불좌상(국보 제144호)이 있다. 산세가 수려한데다 많은 유물과 유적을 품고 있어 남원의 지리산 등과 함께 호남 5대 명산으로 꼽힌다.

월출산의 명물은 시루봉과 매봉을 잇는 주황색 구름다리다. 한국에서 가장 높은 곳(해발 510m)에

▲ 천하절경 월출산을 품에 안고 있는 무위사는 화려하고 웅대하기 보다는 수수하고 소박한 절이다.

건설된 다리이자 한국에서 가장 긴(52m) 구름다리다. 다리를 건너며 고개를 쳐들면 깎아지른 듯한 봉우리가 하늘을 찌를 듯 우뚝 서있고 고개를 숙이면 발 아래로 드넓은 영암들판이 시원하게 펼쳐져있다. 기암괴석 사이로 폭포수가 7단계로 떨어지는 칠치 폭포와 구절폭포, 무위사와 도갑사로 내려가는 길목의 미왕재 억새밭이 황홀한 풍경을 자아낸다.

월출산은 2개의 천년고찰을 품었는데 무위사와 도갑사다. 천황봉을 중심으로 동남쪽에는 무위사, 서쪽에는 도갑사가 있다. 대흥사의 말사로서 관음기도노량으로 유명한 무위사(無爲寺)는 신라 진평왕 39년(617년) 원효대사가 창건하여 관음사라 불렀다고 하나 정확치는 않다. 이후 신라 헌강왕 원년(875년) 도선국사가 중창하면서 갈옥사라 했으며 조선 명종 10년(1555년) 태감선사가 다시 중창하면서 무위사라 불렀다는 기록이 있다.

무위사는 화려하고 웅대하기 보다는 수수하고 소박한 절이다. 무위사에 현존하는 건물 중 가장 오래된 것은 세종 12년(1430년)에 건립된 극락보전(국보 제13호)이다. 건물을 해체, 복원하면서 발견된 명문을 통해 효령대군이 지었음이 밝혀졌다. 안에 모셔진 아미타여래삼존좌상(보물 제1312호)도 이 시기에 조성된 것으로 보인다. 화려한 단청이 없는 건물은 소박하고 단아하다. 건물 내부에는 기둥이 전혀 없이 널찍한데 뒷벽에는 아미타부처를 중심으로 왼쪽에 관세음보살, 오른쪽에 지장보살이 서있는 아미타여

▶ 무위사에 현존하는 건물 중 가장 오래된 극락보전(국보 제13호)은 화려한 단청이 없어 소박하면서도 단아해 보인다.

래삼존벽화(국보 제313호)가 있다. 법당 사방 벽면에 있던 아미타내영도 등 벽화 29점은 성보박물관에 보관되어 있다.

극락보전 벽화와 관련하여 이야기가 전해 내려온다. 극락보전을 짓고 난 뒤 얼마 안 돼 한 노인이 찾아와서는 법당의 벽화를 그릴 것이니 49일 동안 절대로 법당 안을 들여다보지 말 것을 당부했다. 노인이 벽화를 잘 그리는지 궁금했던 주지스님은 그만 참지 못하고 마지막 날 문에 작은 구멍을 뚫어 법당 안을 몰래 들여다봤다. 법당 안에는 파랑새 한 마리가 입에 붓을 물고 날아다니며 그림을 그리고 있었고 그 광경에 놀란 주지 스님이 놀라서 인기척을 내자 마지막으로 관음보살의 눈동자를 그리고 있던 파랑새는 입에 붓을 문 채 사라져 버렸다. 과연 전설대로 극락보전 벽화 속 관음보살에는 눈동자가 없다.

극락보전 서쪽에는 이곳에 머무른 선각대사를 기리기 위해 고려 때 세운 선각대사탑비(보물 제507호)가 있고 그 앞에는 고려 때 만든 것으로 보이는 삼층석탑이 있다.

강진에 있는 다른 사찰로는 백련사, 남미륵사 등이 있다. 신라 말에 창건했다고 전해지는 백련사(白蓮寺)는 고려 후기에 8국사를 배출하고 조선 후기에 8대사가 머물렀으며 조선 고종 19년(1232년) 원묘국사 3세가 보현도량을 개설하고 백련결사를 일으킨 명찰이었다. 남도 끝자락에 위치한 남미륵사(南彌勒寺)는 1980년 창건한 사찰로 동양 최대 규모의 황동 아미타좌불상을 모시고 있는 것으로 유명하다. 특이하게도 일주문부터 경내까지 500나한상이 배치되어 있다.

벚꽃으로 아름다운 경관 연출하는 도갑사

영암군 군서면에 위치한 도갑사(道岬寺)는 월출산 지역에서는 가장 규모가 큰 절이다. 원래 이곳은 문수사라는 절이 있었던 터였으나 신라 문무왕 때 도선국사가 중국에 다녀온 뒤 이곳에 도갑사를 지

▲ 도갑사 오르는 길에는 아름드리 벚나무가 가득하여 봄철이면 흐드러지게 핀 벚꽃으로 아름다운 경관을 연출한다.

▲ 도갑사에서 가장 오래된 해탈문은 모든 번뇌를 벗어버린다는 뜻이 담겨 있다.

었다고 한다. 고려 후기에 크게 번성했다고 전하나 여러 차례 중창을 거치다 한국전쟁 때 대부분의 건물이 불타버렸고 그 후 새로 지어 오늘에 이르고 있다.

사찰로 오르는 길에는 아름드리 벗나무가 가득하여 봄철이면 흐드러지게 핀 벗꽃으로 아름다운 경관을 연출한다. 통일신라시대이 것으로 보이는 해탈문(국보 제50호)·미륵전 내 모셔진 석조여래좌상(보물 제89호)·문수 보현보살 사자코끼리상(보물 제1134호), 조형미가 돋보이는 고려 초기의 5층석탑(보물 제1433호)·도갑사를 세운 도선국사와 중창한 수미선사를 추모하기 위해 1653년에 세운 도선수미비(전남 유형문화재 제38호) 등의 문화재가 있다.

영암의 또 다른 사찰로는 천황사가 있다. 월출산(809m) 동쪽 사면에 위치한 천황사(天皇寺)는 창건 시기는 정확히 알 수 없으나 본래 명칭이 사자사(獅子寺)였으며 고려 전기에 대각국사 의천이 사찰을 찾아왔다고 한 것으로 보아 어느 정도 사세를 유지한 것으로 보인다. 출토된 유물 대부분이 16세기 후반을 넘지 않아 정유재란을 기점으로 사세가 기운 것으로 추정된다.

주변 둘러보기

하나. 고산윤선도고택

전남 해남군 해남읍에는 오백년 전통의 고산 윤선도 고택인 녹우당이 있다. 원래는 사랑채의 이름이 '녹우당'이었으나 지금은 해남 윤씨 종가 전체를 통틀어 이르는 말로 쓰인다. 전라남도에 남아 있는 민가 가운데 가장 규모가 크고 오래된 집으로, 조선시대 양반가의 기품을 느낄 수 있는 곳이다. 윤선도는 봉림대군(효종)의 사부이기도 하였는데 녹우당은 봉림대군이 왕위에 오른 후 고산에게 하사한 집이다. 집은 ㅁ자형을 이루며 안채와 사랑채, 문간채로 이루어져있다. 한때 아흔 아홉 칸에 달했으나 현재 55칸 정도만 남아 있다. 집 뒤편 담장 너머에는 추원당(제각)이 있고 그 동쪽에는 해남 윤씨의 중시조인 어초은공 윤효정과 윤선도의 사당이 있다. 집안에는 작은 연못과 정원 등이 잘 가꾸어져 있다.

둘, 영암 녹동서원

녹동서원은 영암에서는 유일한 사액·서원이다. 조선 후기 서원 훼철령으로 헐린 뒤 복설이 이루어지지 못하다가 1977년에 이르러서야 다시 지어졌다. 사액 서원답게 서원 운영에 관계되는 많은 고문서와 목판들이 전해지고 있어 중요한 유물로 관리되고 있다. 녹동서원은 목조 기와 건물로 삼문과 담장이 둘러져 있으며 규모는 정면 3칸, 측면 1칸의 맞배지붕 집이다. 강당은 정면 4칸, 측면 2칸의 규모로 팔작지붕 집이다.

알아두면 좋아요

왕인박사유적지와 왕인문화축제

영암 구림마을의 동쪽 문필봉 기슭에 자리한 왕인유적지는 왕인이 새롭게 조명되면서 그의 자취를 복원해 놓은 곳이다. 왕인은 1600여 년 전 일본 응신천황의 초청을 받아 도공·야공 등과 함께 일본으로 건너가 논어와 천자문을 전하며 일본 태자의 스승이 되었고 일본 아스카 문화의 토대를 마련했다. 왕인이 태어난 영암에서는 매년 4월경 왕인의 학문과 업적을 기리기 위해 왕인문화축제를 연다. 다양한 체험행사와 민속놀이, 마당극 등이 펼쳐져 다채로운 체험을 즐길 수 있다.

📷 꼭 들러야할 이색 명소

다산초당

강진 만덕산 기슭에 자리한 다산초당은 다산 정약용 선생이 강진 유배 18년 중 10여 년동안 생활했던 곳이다. 그는 이 곳에서 목민심서, 경세유표, 흠흠신서 등 600여 권에 달하는 책을 쓰며 조선조 후기 실학을 집대성했다. 다산 정약용은 예문관 검열, 병조참지, 형조참의 등을 지내다 황사영 백서사건으로 강진으로 유배됐다. 다산초당에는 다산이 '丁石'이라는 글자를 직접 새긴 정석바위, 다산이 직접 파서 차를 끓였다는 샘인 약천, 차를 끓일 때 사용한 마당 내 평평한 돌인 다조, 연못 가운데 돌을 쌓아 산처럼 만든 연지석가산 등 다산 4경이 있으며 이와 함께 후대에 지어진 천일각이라는 정자가 있다.

🅜 효과 100배 코스 ㅣ 대흥사

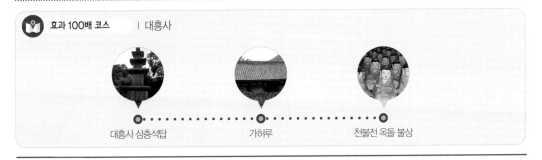

대흥사 삼층석탑 · · · · · 가허루 · · · · · 천불전 옥돌 불상

사찰 정보
Temple Information

미황사 ㅣ 전남 해남군 송지면 미황사길 164 / ☎ 061-533-3521 / www.mihwangsa.com

대흥사 ㅣ 전남 해남군 삼산면 대흥사길 400 / ☎ 061-534-5502 / www.daeheungsa.co.kr

무위사 ㅣ 전남 강진군 성전면 무위사로 308 / ☎ 061-432-4974 / www.muwisa.com

도갑사 ㅣ 전남 영암군 군서면 도갑사로 306 / ☎ 061-473-5122 / www.dogapsa.org

운주사·달성사·쌍계사 외

발길 따라 마음 따라
절경 끝없이 펼쳐지는 이곳이 극락

■ ■ ■　산악 지대로 이루어진 풍요로운 고장 화순은 천불천탑의 운주사부터 세계문화유산으로 지정된 고인돌유적지, 산벚꽃과 물안개가 어우러진 세량제에 이르기까지 다양한 매력을 지닌 관광명소가 즐비하다. 그런가하면 항구도시 목포는 홍어, 세발낙지 등 목포 특유의 먹거리가 풍부하여 식도락 여행이 가능한 데다 한적한 바닷가 도시의 매력을 느끼기에 충분한 곳이다. 전라남도 서남단에 위치한 섬 진도는 천연기념물 진돗개를 비롯해 특산물인 홍주와 구기자, 그리고 진도대교 아래 울돌목, 한국판 모세의 기적으로 불리는 신비의 바닷길, 운림산방 등 마음을 끄는 명소들이 가득하다.

천불천탑의 신비와 명성 간직한 운주사

▲ 화순 천불산에 자리한 운주사는 산 이름처럼 천 개의 불탑과 천 개의 불상을 갖춘 절이었다 한다. 천불천탑의 신비를 간직한 그 명성은 기록에 고스란히 남아 있다.

　전남 화순 도암면 천불산(千佛山)에 자리한 송광사의 말사인 운주사(雲住寺)는 수많은 불상과 불탑을 갖추고 있는 사찰이다. 일반적인 절들이 대웅전 앞에 한 개 또는 두 개의 탑을 갖추고 있는 것을 생각하면 기이하고 신비로운 일이 아닐 수 없다.

　원래 운주사는 산 이름처럼 천 개의 불탑과 천 개의 불상을 갖춘 절이었다 한다. 천불천탑의 신비를 간직한 운주사의 명성은 기록에 고스란히 남아 있다. 조선 성종 때(1481년) 펴낸 신증동국여지승람과 인조 10년(1632년)에 발간된 능주읍지(화순군)에는 '천불산에 있는 운주사는 좌우에 석불과 석탑이 천 개씩 있고 석실에 두 석불이 서로 등을 맞대고 앉아 있다'고 쓰여 있다.

　그렇다보니 절과 관련하여 다양한 전설이 내려온다. 신라 말 효공왕 때 도선국사가 우리나라 지형을 배로 비유하며 서쪽인 호남 지방이 동쪽인 영남 지방보다 산이 적어 배가 기울 것을 염려하여 이곳에 돛대와 사공을 상징하는 천탑과 천불을 하룻낮, 하룻밤 사이에 도력으로 세웠다고도 하고, 운주(雲住)라는 스님이 세워서 운주사라고 했다는 설도 있으며 마고 할매가 세웠다는 이야기도 있다.

석불과 석탑들은 고려 중기인 12세기 무렵 만든 것으로 보이는데 한꺼번에 만들지 않고 오랜 기간을 두고 만든 것으로 보인다. 사찰 전체가 사적 제312호로 지정되어 있다. 그동안 절이 겪은 아픈 역사를 대변하듯 지금 경내에는 석탑 17기와 석불 80여 기만이 남아있다. 불상과 불탑들은 크기와 모양이 다양해 저마다 독특한 개성을 드러낸다. 운주사에서 가장 높은 곳에 세워진 석탑으로 옆면의 꽃문양이 돋보이는 9층석탑(보물 제796호)·우리나라에서는 좀처럼 보기 힘든 형태인 받침돌, 몸돌, 지붕돌이 모두 둥근 모형인 원형다층석탑(보물 제798호)·건물 밖에 만들어진 감실 안에 특이하게도 석불좌상 2구가 등을 맞대고 있는 석조불감(보물 제797호) 등이 있다.

▲ 석불과 석탑들은 고려 중기인 12세기 무렵 만든 것으로 보이는데 한꺼번에 만들지 않고 오랜 기간을 두고 만든 것으로 보인다.

▶ 운주사 경내에는 서로 다른 크기와 모양으로 저마다 독특한 개성을 드러내는 불상과 불탑들이 즐비하다.

운주사 이외 화순에서 둘러볼만한 사찰로는 규봉암, 만연사, 유마사, 쌍봉사, 개천사 등이 있다. 무등산에 위치한 규봉암(圭峰庵)은 신라 진평왕 47년(625년) 의상대사가 지었다고도 하고 보조국사가 창건했다고도 전해진다. 한국전쟁 때 전부 소실됐으나 이후 일부를 복원하여 오늘에 이르고 있다.

만연사(萬淵寺)는 고려 희종 4년(1208년) 만연선사가 창건했다고 전해진다. 만연선사가 무등산 원효사에서 수도를 마치고 조계산 송광사로 돌아가다가 잠시 잠이 들었는데 16나한이 석가모니불을 모실 역사를 하는 꿈을 꾸었다. 잠이 깨보니 주변은 온통 눈인데 선사가 누운 자리만 녹아 김이 나는 것

▲ 고려 희종 4년(1208) 만연선사가 창건했다고 전해지는 만연사.

이었다. 선사는 그곳에 만연사를 세웠다고 한다. 부속암자로는 학당암, 침계암, 동림암, 연혈암을 둔 제법 큰 사찰이었으나 한국전쟁 때 전소됐고 이후 복원됐다.

모후산 자락에 자리한 유마사(維摩寺)는 송광사의 말사로 계곡을 거슬러 올라간 곳에 위치해 있다. 백제 무왕 28년(627년) 중국 당나라 고관이었던 유마운과 그의 딸 보안이 창건했다고 한다. 해련선사의 부도인 해련탑(보물 제1116호)이 있으며 호남 최초로 비구니 승가대학을 설립했다.

쌍봉사(雙峯寺)는 정확한 창건시기는 알 수 없으나 곡성 태안사에 있는 혜철부도비에 혜철이 신라 신무왕 원년(839년)에 쌍봉사에서 여름을 보냈다는 내용이 있어 적어도 839년 이전에 창건된 것으로 보인다. 정유재란과 한국전쟁을 겪으며 대부분의 건물이 소실됐으며 근래 대웅전을 비롯하여 해탈문, 요사채, 종각 등이 건립됐다.

천태산 중턱에 안긴 개천사(開天寺)는 신라 헌덕왕(809~825) 때 도의선사가 보림사에 이어 창건했다고도 하고 신라 말기 도선국사가 세웠다고도 한다. 정유재란과 한국전쟁 때 전각 대부분이 소실됐다가 복구됐다. 개천사에는 5개의 부도가 있는데 모두 18~19세기의 것으로 석종형 또는 팔각원당식 변형의 모습이다.

유달산에 울려 퍼지는 은은한 종소리, 달성사

전남 목포 남서부에 있는 유달산은 높이 228m로 그리 높지는 않지만 노령산맥이 남단에서 용솟음한 산답게 갖가지 기암괴석이 첩첩이 쌓인 바위산이다. 바위 사이마다 많은 나무들이 심어져있어 바위와 수림이 이루는 풍광이 아름답다. 기암괴석은 기묘한 모양답게 신비로운 전설과 사연을 간직하고 있다. 사람이 죽

▲ 목포 유달산 동남방에 자리한 대둔사의 말사인 전통사찰 달성사가 있다.

▲ 달성사의 지장보살반가상은 특이하게 왼쪽 다리만 가부좌하고 오른쪽 다리는 아래로 내렸다. 임진왜란 이전에 조성한 지장보살반가상으로는 국내에서 유일하다.

으면 일등바위(율동바위)에서 영혼이 심판을 받고 이등바위(이동바위)로 이동하여 대기하다가 극락세계로 가거나 용궁으로 간다는 전설이 내려져 온다. 가파른 산정에 오르면 목포와 저 멀리 다도해가 한눈에 들어올 만큼 조경이 멋있다. 산기슭에는 우리나라 최초의 야외 조각공원과 난(蘭)공원이 있다. 또한 경치가 좋은 대학루·달성각·유선각·소요정 등의 정자와 오포대와 노적봉 등의 역사유적지, 달성사·유달사·수도사 등의 사찰이 있다

유달산 동남방에 자리한 대둔사의 말사인 전통사찰 달성사는 일제강점기인 1913년 노대련선사가 창건한 것으로 알려져 있다. 원래 일본식으로 세워졌으나 허물고 근래에 지금의 목조건물로 다시 지었다. 달성사라는 이름은 유달산(濡達山)에 있는 사찰이라서 붙여진 것으로 보인다.

달성사는 전남 유형문화재로 지정된 목조아미타삼존불좌상(제228호)과 목조지장보살반가상(제229호)을 보유하고 있다. 아미타삼존불좌상은 숙종 4년(1678년)에 강진 만덕산 백련사에서 조성한 것으로 보인다. 명종 20년(1565년) 남평(나주) 웅점사(운흥사)에서 조성한 지장보살반가상은 특이하게 왼쪽 다리만 가부좌했고 오른쪽 다리는 아래로 내렸는데 임진왜란 이전에 조성한 지장보살반가상으로는 국내에서 유일하다.

달성사에는 옥정이라는 우물이 하나 있다. 사찰을 창건한 노대련선사가 백일기도를 하던 중 팠다고 한다. 가뭄에도 마르지 않는 우물로 유명하며 현재는 수도관으로 연결해서 이용하고 있다. 달성사는 목포 8경에 속하는 풍경을 갖고 있다. 해가 저물 즈음에 마당 가득히 울려 퍼지는 종소리 즉 달사모종이다. 경내에는 1915년 노대련선사가 해남 대흥사에서 가져온 범종이 있는데 정조 10년(1786)에 주조한 것으로 원래 백성들이 대흥사 만일암에 시주한 것이라 한다. 달성사 주변 바위에는 '미륵불(彌勒佛)'이라는 글씨가 새겨진 바위가 있다.

▶ 달성사에 있는 우물은 사찰을 창건한 노대련선사가 백일기도를 하던 중 팠다고 한다. 가뭄에도 마르지 않는 우물로 유명하며 현재는 수도관으로 연결해서 이용하고 있다.

▲ 첨찰산에 자리 잡은 쌍계사는 산 남쪽 기슭의 울창한 상록수림에 숨은 듯이 자리하고 있다. 절 양쪽으로 계곡이 흘러 쌍계사라는 이름이 붙여졌다.

도선국사의 얼이 살아 숨 쉬는 쌍계사

전라남도 서남단에 위치한 섬 진도는 비교적 낮은 산을 갖추고 있는데 그 중 가장 높은 산은 첨찰산 (485m)이다. 첨찰산은 뾰족한 정상에서 주변을 살핀다는 뜻으로, 정상은 주변을 조망하기에 최적의 장소다. 정상에 봉화대가 있어서 봉화산이라고도 부른다. 첨찰산 일대에는 구실잣밤나무, 동백나무, 참가시나무 등 상록수림(천연기념물 제107호)이 가득한데 특히 5~6월경이 되면 쌍계사 계곡 일대에는 활짝 핀 구실잣밤나무꽃으로 황금색 물결을 이룬다. 상록수림과 동백나무 군락지를 곁에 둔 쌍계 사계곡은 숲이 매우 울창하여 삼림욕하기에도 좋다. 능선에는 쌍계사, 운림산방, 용장산성 등 많은 볼거리가 자리하고 있다.

◀ 쌍계사는 진도에서는 가장 오래된 절로, 현존하는 건물로는 대웅전, 명부전, 해탈문, 종각, 요사채 등 건물이 현존하고 있다.

첨찰산 남쪽 기슭에 울창한 상록수림에 숨은 듯 자리한 쌍계사(雙溪寺)는 절 양쪽으로 계곡이 흘러 쌍계사라 이름 지었다는 절이다. 신라 문성왕 19년(857년) 도선국사가 창건한 것으로 알려져 있어 진도에서는 가장 오래된 절이다. 현존하는 건물로는 대웅전, 명부전, 해탈문, 종각, 요사채가 있다. 숙종 23년(1697년)에 세워진 것으로 확인된 대웅전(전남 유형문화재 제121호)은 앞면 3칸 · 옆면 3칸의 맞배지붕 건물로 안에 같은 시기에 만들어진 목조삼존불좌상을 모시고 있다. 대웅전 앞마당에는 배롱나무가 심어져있는데 늦여름이면 흐드러지게 피는 진분홍색 꽃과 대웅전이 조화를 이루어 더욱 운치 있는 풍경을 자아낸다.

▶ 숙종 때 세운 것으로 확인된 쌍계사 대웅전 내 목조삼존불좌상.

주변 둘러보기

하나. 해양유물전시관

전남 목포에 있는 해양유물전시관은 우리나라 유일의 해양유물전시관으로 1976년에 발굴된 신안선을 시작으로 전국에서 발굴된 모든 해양유물이 모여 있다. 국립해양문화재연구소가 운영하고 있으며, 해양 역사와 문화를 느끼고 체험할 수 있는 전시실로 꾸며져 있다. 상설전시실은 1층 고려선실과 신안선실, 2층 어촌민속실과 선박사실 등 총 4실로 이루어져 있으며 지하에는 중앙홀과 어린이해양문화체험관, 기획전시실이 있다.

둘. 목포근대역사관

목포근대역사관은 근대역사 전용 박물관으로, 옛 목포 일본영사관을 리모델링하여 1관으로 쓰고 있는데 이 건물은 목포에서 가장 오래된 근대 건축물이다. 건립 당시의 외관을 잘 간직하고 있어 대한민국의 사적 제289호로 지정되어 있다. 박물관 내부에는 목포의 개항과 당시 조선의 역사, 일제의 야욕과 수탈의 상징적 사진들이 전시되어 있다. 대개 근대자료사진전을 기획 전시하고 있다.

셋. 보길도

전남 완도에 있는 보길도는 대부분의 지역이 해발 300m 이하의 산지로 간척지를 제외하면 평야를 거의 찾아볼 수 없다.

적자봉·광대봉·망월봉 등의 산이 사방에 솟아 있는 가운데 동백나무·상록활엽수림이 섬 전체를 뒤덮고 있다. 주위에는 노화도·소안도를 비롯한 큰 섬과 예작도·장사도 등의 작은 섬들이 있다. 해안은 단조로우며 대부분 암석해안이다. 어부사시사를 지은 고산 윤선도가 머문 곳으로, 섬 내에 윤선도 유적(사적 제368호)과 예송리의 상록수림(천연기념물 제40호), 완도 예송리의 감탕나무(천연기념물 제338호), 완도 황칠목(전남기념물 제154호) 등의 문화재가 있다

알아두면 좋아요

운주사 와불에 얽힌 이야기

운주사는 주변 산등성이에 와불(臥佛)을 갖고 있다. 평평한 자연석 위에 나란히 누워있는 두 부처가 새겨져있다. 이와 관련하여 전설이 내려온다. 도선국사가 하룻낮 하룻밤 사이에 천불천탑을 세워 새로운 세상을 열려고 하였다. 그러나 공사가 끝나갈 무렵 일하기 싫었던 한 동자승이 "꼬끼오"하고 닭소리를 냈고 이를 들은 석수장이들은 모두 날이 샌 줄 알고 하늘로 가버려 결국 와불로 남게 되었다고 한다. 와불이 일어나는 날 이 땅 위에 새로운 세상이 열리고, 이 와불이 덕으로 다스리는 시대가 온다는 이야기가 전한다.

꼭 들러야할 이색 명소

운림산방

전통남화의 성지라 할 수 있는 진도 운림산방은 조선조 남화의 대가인 소치 허유가 말년에 거처하던 화실의 당호로 일명 '운림각'이라고도 한다. 소치는 스승인 추사 김정희가 붙여준 호다. 명승 제80호로 지정되어 있는 운림산방은 200여 년간 5대에 걸쳐 8명의 화가를 배출한 곳으로 한국 남화의 본거지라 할 수 있다. 주변에 쌍계사, 상록수림, 진도아리랑비가 한데 어우러져 관광객들이 많이 찾고 있다. 운림산방 앞에는 35m 가량 되는 연못이 있는데 그 중심에는 자연석으로 쌓아 만든 둥근 섬 안에 소치가 심었다는 백일홍 한 그루가 있다.

효과 100배 코스 | 달성사

달성사 지장보살반가상 · 옥정우물 · 미륵불 암각

사찰 정보
Temple Information

운주사 | 전남 화순군 도암면 천태로 91-44/ ☎ 061-374-0660 / www.unjusa.org

달성사 | 전남 목포시 죽교동 317 / ☎ 061-244-1489

쌍계사 | 전남 진도군 의신면 운림산방로 299-30 / ☎ 061-542-1165

관음사 · 약천사 · 산방굴사 외

국토 막내 제주의 아름다움에
매력 더하는 부처의 미소

■ ■ ■ 우리나라 최남단에 위치한 타원형 모양의 아름다운 섬, 제주는 다양하고 독특한 화산 지형을 자랑한다. 화산 활동으로 섬 중심에는 한라산이 우뚝 솟아 있고 섬 전역에는 크고 작은 오름과 용암동굴이 흩어져있어 경이로움을 더한다. 제주 화산섬과 용암동굴은 수려한 자연경관을 인정받아 우리나라에서는 유일하게 세계자연유산으로 등재되어 세계인이 함께 보호해야할 소중한 유산이 되었다.

민족의 영산 한라산에 터를 잡은 관음사

▲ 관음사 일주문에서 사천왕문까지 일렬로 늘어선 미륵석불들이 만들어내는 모습이 장관이다.

한반도 최남단인 화산섬 제주도에 위치한 한라산은 해발 1,950m로 우리나라에서 가장 높은 산이다. 다양한 동·식물이 살고 있어 산 전체가 천연기념물 제182호 한라산천연보호구역으로 지정·보호되고 있다. 백여 차례에 걸친 화산 폭발과 융기로 한라산은 다른 곳에서는 찾아볼 수 없는 독특한 풍경들을 만들어낸 동굴, 병풍바위, 왕관바위, 선녀폭포, 탐라계곡 등 각종 절경을 품었을 뿐 아니라 주변에 360여 개의 오름을 두었다. 한라산 등반 코스는 여러 곳이 있지만 한라산 북쪽코스가 계곡이 깊고 산세가 웅장하여 한라산의 진면목을 보기에 적격이라고 한다. 한라산은 사계절 모두 아름다운 풍광을 뽐내지만 뭐니 뭐니해도 눈 덮인 설경을 최고로 친다. 정상에는 화구호인 백록담이 있다.

민족의 영산 한라산에 터를 잡은 절은 제주도 내 30여개의 사찰을 관장하는 조계종 제23교구 본사인 관음사다. 고려 문종 때인 11세기에 지어졌다고 하나 정확치는 않다. 조선 숙종 때 제주에 잡신이 많다 하여 다른 사찰들과 함께 완전히 폐사됐고 그 후 제주도에는 200년간 불교와 사찰이 없었으나

▲ 민족의 영산 한라산에 터를 잡은 관음사 경내에는 대웅전, 종루, 산신각 등을 비롯하여 해월굴, 해월각, 제주기념물 제51호인 왕벚나무 자생지 등 볼거리가 많다.

1908년 비구니 안봉려관 스님이 관음사를 복원하여 오늘에 이르고 있다. 관음사는 제주의 아픈 근현대사를 간직한 곳이다. 제주도 4·3사건(1948년) 말기 유격대와 군 토벌대의 치열한 격전지였으며, 군 주둔지로 이용되기도 하였다.

경내에는 대웅전을 비롯하여 명부전, 종루, 산신각, 불이문, 일주문 등이 들어서있다. 일주문을 지나면 좌우로 수많은 좌불상이 정렬해있다. 사천왕문을 거쳐 경내에 이르면 미륵대불이 있고 그 뒤로 수많은 작은 불상들이 술지어 들어서있다. 절 뒤에는 문수보살상, 관세음보살상, 보현보살상이 있다. 관음사 내에는 해월굴, 해월각, 제주기념물 제51호인 왕벚나무 자생지 등 많은 볼거리가 있다. 제주불교성지를 순례하는 '지계의 길'이 관음사에서 관음정사까지 14km가량 이어진다.

◀ 사천왕문을 거쳐 경내에 이르면 미륵대불이 있고 그 뒤로 수많은 작은 불상들이 줄지어 들어서있다.

동양 최대 규모의 법당 자랑하는 약천사

서귀포시에는 동양 최대의 법당을 갖춘 사찰로 유명한 약천사가 있다. 극락도량으로 알려진 약천사 중앙에 자리한 대적광전은 1991년 지은 29m 높이의 건물로 단일 법당으로는 동양 최대 규모다. 면적은 지하 강당을 포함해서 3,380.84㎡(1,043평)에 이른다. 외부에서 볼 때는 삼층이지만 내부는 천장까지 트여 있어 한층 웅장하다. 내부에는 역시 목불로서는 국내 최대 규모를 자랑하는 비로자나불을 주불로 모시고 있다. 높이 4.5m로 백두산에서 가져온 목재로 조성했다. 광배에는 53분의 작은 부처님이 모셔져 있다.

왼쪽에는 약사여래불, 오른쪽에는 아미타불을 모시고 있는데 모두 청동

▶ 동양 최대의 법당을 갖춘 사찰로 유명한 약천사는 제주도만의 이국적인 풍경을 대변하는 분위기가 물씬 풍긴다.

▲ 약천사 중앙에 자리한 대적광전은 1991년 지은 29m 높이의 건물로 단일 법당으로는 동양 최대 규모를 자랑한다.

으로 조성됐다. 내부의 4개 기둥에는 여의주를 부처님께 공양하는 청룡과 황룡 조각상이 있다. 법당 2층 회랑에는 8만불 보살이 모셔져 있으며 삼층에는 4개의 윤장대가 마련되어 있다. 약천사서 제일 높은 곳에 위치한 굴법당에는 약사여래불이 모셔져 있다.

원래 이곳에는 1,485㎡(450평) 크기의 절터에 59.4㎡(18평) 규모의 약수암이 제주 전통 초가집 형태로 서있었는데 1981년 혜인스님이 큰 절을 짓겠다는 원력을 세우면

▲ 약천사 대적광전 안에는 목불로는 국내 최대 규모를 자랑하는 비로자나불을 주불로 하여 왼쪽에는 약사여래불, 오른쪽에는 아미타불을 모시고 있다. 4개 기둥에는 여의주를 부처님께 공양하는 청룡과 황룡 조각상이 있다.

서 차츰 규모를 갖추기 시작했다. 오래 전부터 약천사 자리에는 수질 좋고 영험 있는 약수터가 있어 절이름을 약천사(藥泉寺)라 하였다. 지금도 약천사 약수는 수량이 풍부하고 수질이 좋아 약수를 마시려는 사람들이 일부러 절을 찾기도 한다. 법당 내 목조비로자나불상과 후불목각탱화 등 뛰어난 작품을 갖추면서 보존 가치가 인정되어 전통사찰로 지정됐다.

제주의 신비로운 전설 품은 산방굴사

산신이 한라산 봉우리를 뽑아 던진 것이 날아와 생겼다는 산방산(395m)은 제주도 서귀포시 해안가에 서있는 종모양의 화산이다. 제주도 화산암 중 가장 먼저 생긴 것으로 화구는 없고 사방이 절벽이

다. 우리나라에서 좀처럼 보기 힘든 독특한 화산 지형으로 산정상 부근에는 구실잣밤나무 · 후박나무 · 까마귀쪽나무 등 상록수림 울창한 숲을 이루고 있으며 암벽에는 지네발란 · 동백나무겨우살이 등 해안성 식물이 자생하고 있다. 희귀식물인 섬회양목 자생지이기도 하고 제주도에서 유일하게 도라지가 서식하는 곳이다.

산방(山房)은 산 속의 굴을 뜻하는데 산방산 남측면 해발 150m쯤에 해식동굴이 있어 산방산이라 한다. 산방굴은 부처를 모시고 있어 산방굴사(山房窟寺)라고도 하는데, 길이 10m, 너비 5m, 높이 5m 정도이다. 산방굴사까지는 계단이 있어 쉽게 접근이 가능하다. 고려시대의 고승 혜일이 수도했다고 하며 귀양 왔던 추사 김정희가 즐겨 찾기도 했다. 굴 내부 천장 암벽에서는 한 방울씩 물이 떨어져 약수를 이루는데 이 산을 지키는 여신 산방덕이 흘리는 눈물이라 전해지며, 마시면 장수한다는 속설에 많은 이들이 찾고 있다.

◀ 산방굴사는 산방산에 자연스럽게 형성된 둥근 동굴 형태의 절로, 안에 모신 부처의 모습이 평화로워 보인다.

▼ 산방굴사까지는 계단이 있어 쉽게 접근이 가능하다. 이곳에 오르면 제주 앞바다가 훤히 보인다.

 주변 둘러보기

하나. 용머리해안

바닷속으로 들어가는 용의 머리를 닮았다고 하여 이름 붙여진 용머리해안은 약 80만 년 전에 수중에서 용암이 분출되어 만들어진 사암층 절벽으로 오랜 세월 파도에 의해 침식되어 기묘한 모양을 이룬다. 해안선을 따라 화산재와 모래가 겹겹이 쌓인 절벽이 이어지며 그림 같은 해안절경을 자아낸다. 절벽과 바다 사이에 길이 나있어 침식 절경을 감상하며 산책하기에 좋다. 용머리 해안을 따라 가면 산방산도 있고 하멜표류기념비도 만날 수 있다.

산방굴에 얽힌 슬픈 사랑이야기

산방산 중턱의 산방굴 내부 천장에서는 약수 물이 한방울씩 떨어져 작은 샘을 이루는데 이는 산방산을 지키는 여신인 산방덕의 눈물이라는 전설이 내려온다. 산방덕은 원래 산방굴에 사는 여신이었는데 어느 추운 겨울 노모를 모시고 산머루를 따러 산방산에 올랐다가 눈보라를 피해 굴로 들어온 고승이라는 청년을 만나게 된다. 고승의 착한 마음씨에 감동한 여신은 고승과 함께 지내고 싶어 인간으로 환생한 뒤 고승과 함께 살았다. 산방산에서 왔다하여 산방덕이라는 이름을 갖게 되었다. 그런데 고을의 못된 사또가 산방덕의 미모에 반해 그녀를 차지하기 위해 고승에게 누명을 씌워 귀양을 보냈다. 남편을 잃은 산방덕은 절망하여 산에 올라가 고승을 생각하며 하염없이 눈물을 흘렸다. 산방덕은 점점 바위로 변했고 그 뒤 바위는 하루도 쉬지 않고 고승을 그리워하는 눈물을 흘리고 있다고 전해진다.

꼭 들러야할 이색 명소

형제섬

산방산 아래 바다 한가운데에는 바위처럼 보이는 크고 작은 섬 2개가 있다. 마주보는 두 섬이 마치 형과 아우 같다하여 형제섬이라 한다. 무인도로 길고 큰 섬을 본섬, 작은 섬을 옷섬이라 한다. 본섬에는 작은 모래사장이 있고 옷섬에는 주상절리층이 있어 경치가 일품이다. 주변의 작은 바위들은 평소에는 바닷물에 잠겨 있다가 썰물 때면 모습을 드러낸다. 뱅어돔, 감성돔이 많이 서식한다.

효과 100배 코스 | 약천사

약천사 대적광전   약천사 비로자나불   약천사 약수

사찰 정보
Temple Information

관음사 | 제주 제주시 산록북로 660 / ☎ 064-724-6830 / www.jejugwaneumsa.or.kr

약천사 | 제주 서귀포시 이어도로 293-28 / ☎ 064-738-5000 / www.yakchunsa.org

산방굴사 | 제주 서귀포시 안덕면 사계리 산 16 / ☎ 064-794-2940

牛步千里 주말 사찰여행
산사에서 나를 보다

2판 찍은 날   2021년 1월 10일
2판 펴낸 날   2021년 1월 15일

펴 낸 이   심 재 추
펴 낸 곳   (주) 디플랜네트워크

등록번호   제16-4303
등록일자   2007년 10월 15일
주   소   서울시 성동구 성수일로8길 5 SK V1타워 1004호
전   화   02-518-3430
팩   스   02-518-3478
홈페이지   www.diplan.co.kr

도움 주신 분들

사진제공 송화가족 故 김덕종 님, 사찰생태연구가 故 김재일 님